接入网技术

（第3版）微课视频版

余智豪　何志敏　编著

清华大学出版社

北 京

内 容 简 介

本书全面系统地阐述了接入网的主流技术和最新研究成果,既深入介绍了各种有线宽带接入技术,如xDSL、HFC、以太网、光纤等;又详细介绍了各种无线宽带接入技术,如WiFi、WiMAX、3G、4G、5G等。内容涵盖了接入网的关键技术、基本原理、系统结构、技术标准和通信协议等。本书是截止到2020年的最新接入技术教材,本次修订增加了第五代移动通信技术,并录制了全书微课视频。全书共分为12章,内容包括接入网技术概述、接入网的体系结构、接入网的接口、电话铜线接入技术、电缆调制解调器接入技术、以太网接入技术、光纤接入技术、无线局域网接入技术、无线城域网接入技术、无线广域网接入技术、电力线接入技术、第五代移动通信技术。

本书可供高等学校计算机、网络工程、通信工程及相关专业的研究生或本科生参考,也可作为大专院校相关专业和各类培训班的教材,对于从事通信工程、网络工程及相关领域工作的科研人员和工程技术人员也是一本很好的参考书。

图书在版编目(CIP)数据

接入网技术:微课视频版/余智豪,何志敏编著.—3版.—北京:清华大学出版社,2021.7(2024.3重印)
ISBN 978-7-302-58114-7

Ⅰ.①接… Ⅱ.①余… ②何… Ⅲ.①接入网 Ⅳ.①TN915.6

中国版本图书馆 CIP 数据核字(2021)第 084273 号

责任编辑:刘向威 常晓敏
封面设计:文 静
责任校对:郝美丽
责任印制:丛怀宇

出版发行:清华大学出版社
　　　网　　址:https://www.tup.com.cn,https://www.wqxuetang.com
　　　地　　址:北京清华大学学研大厦 A 座　　　　　邮　　编:100084
　　　社 总 机:010-83470000　　　　　　　　　　邮　　购:010-62786544
　　　投稿与读者服务:010-62776969,c-service@tup.tsinghua.edu.cn
　　　质量反馈:010-62772015,zhiliang@tup.tsinghua.edu.cn
　　　课件下载:https://www.tup.com.cn,010-83470236
印 装 者:天津安泰印刷有限公司
经　　销:全国新华书店
开　　本:185mm×260mm　　　　印　　张:26.5　　　　字　　数:647 千字
版　　次:2012 年 8 月第 1 版　　2021 年 9 月第 3 版　　　印　　次:2024 年 3 月第 3 次印刷
印　　数:2301~2900
定　　价:79.00 元

产品编号:090615-01

前　言

　　本书为《接入网技术》(第 3 版)(微课视频版),是编者在 2017 年 1 月清华大学出版社出版的《接入网技术》(第 2 版)的基础上修订而成的。为了方便读者学习,本书所有章节都录制了微课视频,可以直接扫描二维码观看。本书还融入了近年接入网技术领域的最新研究成果(包括光纤接入技术和第五代移动通信技术(5G)等)。在本次修订中,编者结合多年来"接入网技术"课程教学实践的心得和体会,虚心听取读者的宝贵意见,对原书进行了认真的修订、补充、优化和完善。

　　接入网是现代通信网络的重要组成部分,是将用户设备连接到核心网的网络,使用户可以使用核心网提供的各种业务。在新一代的通信网络体系结构中,接入网技术已经发展成为一个重要的技术分支,与核心网技术并驾齐驱,共同构成现代通信网络。

　　近年来,各高等学校、大专院校的通信工程专业、网络工程专业、计算机应用及相关专业均开设了"接入网技术"课程。因此,为了全面系统地介绍接入网技术,满足教学和社会生产实践的需要,培养社会急需的通信和计算机网络工程专业技术人才,我们编写了这本教材。

　　接入网已经成为一个相对独立完整的系统,接入网技术的教材应该包含接入网的体系结构、总体技术标准、各种技术的分类和特点、适用环境、用户接入管理等主要内容。尽管专门针对接入网技术的教材已经较多,但是详细论述 5G 等新一代接入技术的教材并不多见。随着互联网的普及,各种宽带接入技术日新月异,正展开激烈的市场竞争。因此,接入网技术教材有必要与时俱进,深入、详细、系统地分析和论述各种有线和无线宽带接入网的新技术,这也对从事"接入网技术"教学工作的高校一线教师提出了更高的要求。

　　众所周知,第五代移动通信技术是近年来飞速发展和普及的新技术,为了使广大读者对第五代移动通信技术有比较全面的了解,本书专门新增一章,对第五代移动通信技术的关键技术进行了简明扼要的阐述。

　　本书的特点是强调新颖性和实用性,力求全面、客观地分析和论述接入网的基本概念、基本原理,并尽力保持教材内容的先进性。书中论述了多种接入网技术,以便让读者对接入网技术的发展和演变有比较深入的了解。

　　全书共分为 12 章,各章的主要内容如下。

　　第 1 章为接入网技术概述,主要介绍接入网的定义、发展简史、分层模型、功能结构、接口、分类和宽带接入技术等基础知识。

　　第 2 章为接入网体系结构,主要介绍电信接入网的总体标准 G.902 和 IP 接入网总体标准 Y.1231。

第3章为接入网接口,主要介绍接入网的业务节点接口、用户网络接口、电信管理网接口、V5接口以及最新的VB5接口。

第4章为电话铜线接入技术,主要介绍电话铜线用户线路网、铜线对增容技术、普通Modem拨号接入、ISDN拨号接入,以及HDSL接入技术、ADSL接入技术、VDSL接入技术和第二代xDSL接入技术。

第5章为电缆调制解调器接入技术,主要介绍HFC网络和Cable Modem的系统原理、技术要点。

第6章为以太网接入技术,主要介绍以太网的发展和技术标准等。

第7章为光纤接入技术,主要介绍无源光网络(PON)、APON、EPON、GPON的系统结构、协议模型、技术要点等。

第8章为无线局域网接入技术,主要介绍无线局域网的体系结构、CSMA/CA协议、无线局域网的物理层和无线局域网的安全技术。

第9章为无线城域网接入技术,主要介绍IEEE 802.16标准、IEEE 802.16物理层、IEEE 802.16 MAC层以及WiMAX与其他技术的比较。

第10章为无线广域网接入技术,主要介绍无线广域网的接入体系、陆地无线广域网接入技术和卫星接入技术。

第11章为电力线接入技术,主要介绍电力接入网的基本概念、电力接入网的系统结构、电力线接入的工作原理。

第12章为第五代移动通信技术,主要介绍各种5G接入的关键技术,包括5G架构、5G频谱、大规模天线技术、新型多址接入技术、同频同时全双工技术、D2D通信技术、信道编码技术、超密集组网和软件定义网络等。

为了便于读者学习,本书相比于第2版,在每章后面的复习思考题除了原来的简答题以外,都新配备了单项选择题和填空题这两种题型。在本书的附录中,还提供了复习思考题答案、两套模拟试题和常用英文缩写对照表,并附上了接入网技术的3个模拟实验。

由于接入网涉及的内容较广,新技术发展迅速,因此资料更新较快,编写的工作量和难度都比较大。本书是佛山科学技术学院计算机科学系的余智豪老师和多位同事近十年来全力合作、深入探讨、不懈努力的劳动成果。

2012年,在深入研讨、反复磋商确定编写大纲的基础上,余智豪老师、胡春萍老师和李娅老师参与了《接入网技术》第1版的编写工作。其中,第1~4章、第7章、第8章、第10~12章由余智豪老师编写;第5章和第6章由胡春萍老师编写;第9章由李娅老师编写;罗海天副教授、周灵副教授认真审阅了第1版的书稿;雷晓平副教授对书稿提出了许多宝贵意见,全书由余智豪老师负责统稿。

2017年,顾艳春老师和范灵老师参与了《接入网技术》(第2版)的修编工作,其中顾艳春老师认真审阅和更正了第1~6章的全部内容;范灵老师认真审阅和更正了第7~12章的全部内容,并给出了许多改进意见。第2版全书由余智豪老师负责统稿。

2021年,余智豪老师、何志敏老师参与了《接入网技术》(第3版)(微课视频版)的修编工作。其中,余智豪负责编写了第12章第五代移动通信接入技术,并录制了所有章节的微课视频,每段视频的时间约为20~25分钟;何志敏老师认真地审阅了全部书稿,并补充、完善了参考文献。微课视频版全书由余智豪老师负责统稿。

此外,在本书的修编过程中,得到了许多专家和同行的热心帮助和指导,在此一并致以感谢。

由于编者水平所限,本书疏漏和不当之处难以避免,恳切希望各位读者不吝指正。

余智豪

2021 年 4 月于佛山科学技术学院

目　　录

VIII

X

第1章　接入网技术概述

接入网位于电信网接入用户的最后一千米处,是电信网的重要组成部分,负责将各种电信业务数据透明地传送到用户。随着互联网的日益普及和发展,用户对接入网传送质量的需求不断提高,传统的 Modem 拨号接入方式和 ISDN 拨号接入方式已经不能满足用户的需求。近年来,各种接入网的新技术不断涌现,展开激烈的竞争,争夺互联网的最终用户。目前,xDSL 接入技术、Cable Modem 接入技术、光纤接入技术、无线接入技术等宽带接入网技术并行发展,不断提高接入网的性能,使接入网迈向数字化、光纤化、宽带化。

1.1　接入网的基本概念

1.1.1　接入网的定义

接入网(Access Network,AN)的概念是在电信网的基础上演变而来的。在通信网络发展的不同阶段中,人们对接入网的概念有着多种不同的理解。早期的用户接入线被称为用户环路系统,指的是从端局到用户之间的所有机电设备,有时简称为用户网。

从地理的角度划分,电信网(Telecommunication Network,TN)可以分为三部分:用户驻地网(Customer Premises Network,CPN)、接入网、核心网(Core Network,CN),如图 1-1 所示。其中,接入网是整个电信网的一个重要组成部分,是指市话局或远端模块与用户之间的部分;核心网包括长途网和中继网,长途网是指长途端局以上的部分,中继网是指市话局之间和长途端局与市话局之间的部分;用户驻地网是指某个家庭或某个企业的内部网络,可以包含计算机、电话机、ADSL Modem、路由器和交换机等设备。从图 1-1 中可以看出,接入网位于用户驻地网和核心网之间,它的主要任务是将用户可靠地接入核心网,向用户透明地提供各种电信业务。

图 1-1　电信网的组成示意图

多年来,随着接入网技术的进步,接入网正从原来单一的电话铜线网向 xDSL、Cable Modem、光纤、无线接入网等多元化的宽带接入技术方向发展。

1975 年,英国电信(Britain Telecommunication,BT)在 CCITT 研讨会上首次提出接入网组网的概念,以降低接入段线路的投资,这种观点得到电信专家和学者们的认同。

1979 年 CCITT 以远端用户集线器(Remote Subscriber Concentrator,RSC)命名这类设备,并进行了框架性的描述。从此,接入网正式诞生。

1995 年 7 月,国际电信联盟电信标准部(International Telecommunications Union-Telecommunications Standardization Section,ITU-T)对接入网给出了准确的定义:接入网是由业务节点接口(Service Node Interface,SNI)和相关用户网络接口(User Network Interface,UNI)之间的一系列传送实体(如线路设施和传输设施)所组成的,它是一个为传送电信业务提供所需传送承载能力的实施系统,接入网可经由 Q3 接口进行配置和管理。

1.1.2 接入网的发展简史

从 1876 年贝尔发明电话至今,已经有一百多年了。电话用户环路采用双绞线作为传输介质,一直沿用到现在。电话用户环路、局用主配线架和集中供电电源,这些线路和设备标志着接入网开始形成。

电信接入网常常被形象地称为"最后一千米"。当初,这仅是指电话局连接到用户终端的各种线缆及其附属设备,在电话通信网中,通常把这些线缆设施称为用户线、本地环路等。长期以来,这些用户线不仅只是电话网接入用户的专用设施,在相当长的一段时期内甚至成为某些特定电话交换机的专用设施。这种封闭的情况增加了维护的复杂性,增加了网络建设和升级的成本,阻碍了技术的发展。

为了改变这种封闭的局面,从 20 世纪 70 年代中后期开始,国际标准化组织和电信运营商进行了不懈的努力。1975 年和 1978 年,在苏格兰格拉斯哥举行了两次国际电信研讨会。英国电信在第一次研讨会上首次提出了接入网组网的概念,其主要目的是降低接入段线路的投资;在第二次研讨会上,国际电信技术界确认了这种组网方式,并正式命名为"接入网组网"技术。随后由 Willesm 等共同编辑了此次会议的文献集《电信网技术》。

20 世纪 80 年代后期,国际电信联盟(以下简称国际电联)电信标准部开始着手制定接入网的接口规范——V1~V5 系列建议,进一步对接入网进行更为准确的界定。然而,V1~V4 接口并没有得到很好的应用,虽然 V5 接口应用得更好一些,但是由于 V5 接口是独立于厂商的开放性接口,推广 V5 接口将会打破电信设备制造商技术垄断的局面,直接影响制造商的利益。因此,窄带接口 V5 的推广并不顺利。

20 世纪 90 年代,国际电联制定了接入网的宽带接口标准——VB5 系列建议,制定了接入网的总体标准——G.902。从此,接入网开始进入正常发展期。电信技术的快速发展和电信市场的开放,冲击了传统电信业的保守技术和市场垄断。同时,新运营商要进入市场,也需要采用新技术手段以降低运营成本,提高竞争能力。

2000 年,国际电联制定了 IP 接入网的总体标准——Y.1231。此后,各种宽带技术相继涌现,参与接入网的市场竞争,无论是传统的电信接入网还是新兴的 IP 接入网,都进入了快速发展期。随着 VB5 接口和各种宽带技术的广泛应用,接入网不再是某种型号程控交换机的附属设备,它已经摆脱了传统电信网的约束,成为一个相对独立的、完整的、可提供多种类型接入服务的重要网络。

在接入网的发展进程中,最大的一次飞跃是光纤的诞生与应用。光纤最大的优点是高带宽性,其带宽可高达 3000GHz,最好的同轴电缆的带宽不超过 1GHz,微波的带宽也不超过 300GHz,因此,光纤的传输性能比其他传输介质高得多。光纤的另一个优点是抗干扰性能高,由于在光纤中以全反射方式传输光信号,远距离传输的光信号完全不会受到途中的电信号干扰,也几乎无损耗,光纤信道接近理想信道。目前,光纤主要应用在核心网和骨干网,而配线和引入线的光纤化才刚刚开始,随着成本的下降和宽带业务需求的增加,接入网光纤化的程度将日益提高。

当然,在接入网光纤化的同时,以往花费巨资建设的电话铜线设施不可能在短期内被光纤淘汰,光纤化是一个长期发展的过程,在过渡时期仍然要充分利用现有的电话铜线,并最大限度地发挥电话铜线的作用。因此,20 世纪 90 年代初,出现了多种以铜线技术为基础的接入网新技术:用户线对增容技术、高速数字用户线路(HDSL)、非对称数字用户线路(ADSL)和甚高速率数字用户线路(VDSL)等一系列 xDSL 技术,使传统的电信运营商掌握了商机。

另外,随着接入网市场的开放,有线电视网络运营商也采用 Cable Modem 技术进入了接入网市场,其业务正从传统的单一有线电视直播业务朝双向的多业务方向转变,既能提供有线电视业务,也能提供话音、数据、图像以及其他交互性业务,成为电信部门的具有实力的竞争对手。

1.1.3　接入网的分层模型

接入网的分层模型可以用 G.803 分层模型进行描述,接入网的功能结构是以 G.803 分层模型为基础定义接入网中各实体间的互联的。接入网的 G.803 分层模型如图 1-2 所示。

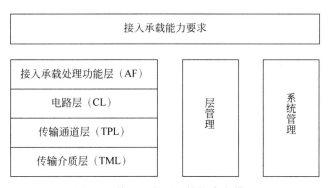

图 1-2　接入网的通用协议参考模型

G.803 分层模型对接入网内同等层实体间的交互给出了明确的规定。由图 1-2 可知,接入网分为 4 层,即接入承载处理功能层(Access Bearing Processing Functions Layer,AF)、电路层(Circuit Layer,CL)、传输通道层(Transmission Path Layer,TPL)和传输介质层(Transmission Media Layer,TML)。其中,后三层又构成传送层。在传送层中,每一层又包含 3 个基本功能:适配、终结和矩阵连接。此外,构成传送层的三层之间相互独立,各层有自己独立的操作和维护能力(如保护倒换和自动恢复等)。这种规定给改进各层的功能带来极大的灵活性,并且最大限度地降低了对其他各层的影响;相邻两层之间的关系是服务和被服务的关系。例如,传输通道层既是下面传输介质层的客户,也是上面电路层的服务者。

1. 接入网中各层的功能

1) 电路层

电路层直接为用户提供通信业务,如电路交换业务、分组业务和租用线业务等。

通常,按照提供业务的不同划分不同的电路层网络。电路层网络的设备包括用于各种交换业务的交换机和用于租用线业务的交叉连接设备。对于接入网来说,电路层上面还应该有接入网特有的接入承载处理功能层。

2) 传输通道层

传输通道层为电路层网络节点(如交换机)提供透明的传输通道(即电路群),传输通道的建立由交叉连接设备完成。

3) 传输介质层

传输介质层与传输介质(如双绞线、同轴电缆、光纤等)相关,为传输通道层提供点到点的信息传输。传输介质层可以支持一个或多个传输通道层,它们可以是 SDH 通道,也可以是 PDH 通道。

2. 接入网分层模型的特征

(1) 接入网对于所接入的业务提供承载能力,实现业务的透明传送。

(2) 接入网对用户信令是透明的,除了一些用户信令格式转换外,信令和业务处理的功能依然在业务节点中。

(3) 接入网的引入不应限制现有的各种接入类型和业务,接入网应通过有限个标准化的接口与业务节点相连。

(4) 接入网有独立于业务节点的网络管理系统(简称网管系统),该网管系统通过标准化接口连接电信管理网(TMN)。电信管理网实施对接入网的操作、管理和维护。

1.1.4 接入网的功能结构

接入网有 5 个主要功能:用户端口功能(User Port Function,UPF)、业务端口功能(Service Port Function,SPF)、核心功能(Core Function,CF)、传送功能(Transmission Function,TF)和系统管理功能(System Management Function,SMF)。接入网的功能结构如图 1-3 所示。以下分别介绍这 5 个功能。

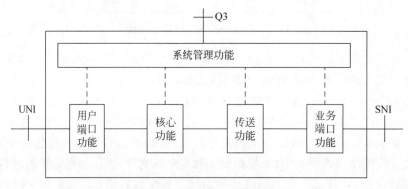

图 1-3　接入网的功能结构

1. 用户端口功能

用户端口功能直接与 UNI 相连,主要作用是将特定 UNI 的要求与核心功能和管理功能相匹配。其主要功能如下。

(1) 终结 UNI 功能。

(2) A/D 转换和信令转换。

(3) UNI 的激活/去激活。

(4) 处理 UNI 承载通路和容量。

(5) UNI 的测试和 UPF 的维护。

(6) 管理和控制功能。

2. 业务端口功能

业务端口功能的主要作用有两个:一个是将特定 SNI 规定的要求与公用承载通路相匹配,以便核心功能进行处理;另一个是选择有关信息,以便在 AN 系统管理功能中进行处理。其主要功能如下。

(1) 终结 SNI 功能。

(2) 将承载要求、时限管理和操作运行映射到核心功能组。

(3) 特定 SNI 所需要的协议映射。

(4) SNI 的测试和 SPF 的维护。

(5) 管理和控制。

3. 核心功能

核心功能位于 UPF 和 SPF 之间,其主要作用是将各个用户端口的承载要求或业务端口的承载要求适配到公共传送承载体之中,包括对协议承载通路的适配和复用处理。核心功能可以在接入网中分配,其主要功能如下。

(1) 接入承载通路的处理。

(2) 承载通路的集中。

(3) 信令和分组信息的复用。

(4) ATM 传送承载通路的电路模拟。

(5) 管理和控制功能。

4. 传送功能

传送功能为接入网中的不同地点之间的公共承载通路提供传输通道,并进行所用传输介质的适配。其主要功能如下。

(1) 复用功能。

(2) 交叉连接功能(包括疏导和配置)。

(3) 管理功能。

(4) 物理媒介功能。

5. 系统管理功能

系统管理功能的主要作用是对 UPF、SPF、CF 和 TF 功能进行管理,如配置、运行、维护等,并通过 UNI 和 SNI 来协调用户终端与业务节点的操作。其主要功能如下。

(1) 配置和控制。

(2) 业务协调。

（3）故障检测与指示。

（4）用户信息和性能数据收集。

（5）安全控制。

（6）经过 SNI 协调 UPF 与 SN 的时限管理和操作功能。

（7）资源管理。

接入网的系统管理功能通过 Q3 接口与电信管理网（TMN）进行通信，从而实现 TMN 对接入网的管理和控制。此外，为了实现实时控制，接入网的系统管理功能还通过 SNI 与业务节点系统管理功能进行通信。

1.1.5 接入网的接口

在电信网中，接入网的接口如图 1-4 所示。接入网所覆盖的范围可由 3 个接口来界定：接入网的用户侧通过用户网络接口与用户终端相连；业务侧通过业务节点接口与位于市话端局或远端交换模块（RSU）的业务节点（Service Node，SN）相连；管理侧通过 Q3 接口与电信管理网（Telecommunications Management Network，TMN）相连。接入网由电信管理网进行配置和管理，完成电信业务的交叉连接、复用和传输。

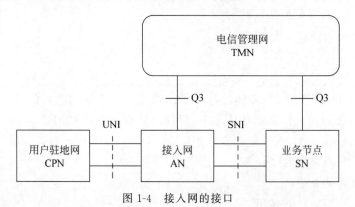

图 1-4　接入网的接口

业务节点是提供具体业务服务的实体，可以接入各种交换型和永久连接型电信业务的网络单元。对于交换业务来说，业务节点提供接入呼叫和连接控制信令，进行接入连接和资源处理。能够提供规定的业务节点有本地交换机、IP 选路器租用线或者特定配置下的点播电视和广播电视节点等。

1. 业务节点接口

业务节点接口（SNI）是接入网（AN）和业务节点（SN）之间的接口。如果 AN-SNI 侧和 SN-SNI 侧不在同一地方，可以通过透明传送通道实现远端连接。通常，接入网（AN）需要大量的业务节点接入类型，SN 主要分为 3 种类型：第一，仅支持一种专用的接入类型；第二，支持多种接入类型，但是所有接入类型仅支持相同的接入承载能力；第三，可以支持多种接入类型，且每一种接入类型支持不同的承载能力。按照特定业务节点类型所需要的能力，以及根据所选择的接入类型、接入承载能力和业务要求，可以规定合适的业务节点接口。

业务节点接口可分为模拟接口（Z 接口）和数字接口（V 接口）。Z 接口对应于 UNI 的模拟二线音频接口，可提供普通电话业务。随着接入网的数字化和业务的综合化，Z 接口逐渐被 V 接口取代。

到目前为止,V 接口的发展经历了 V1～V5 的 5 个阶段。V1～V4 接口的标准化程度有限,不支持综合业务接入。V5 接口是本地数字交换机与接入网之间开放的、标准的数字接口,支持多种类型的用户接入,可以提供语音、数据、专线等多种业务,支持接入网提供的业务向综合化方向发展。目前,SNI 普遍采用 V5 接口。

2. 用户网络接口

用户网络接口(UNI)是用户和网络之间的接口。在单个 UNI 的情况下,ITU-T 所规定的 UNI(包括各种类型的公用电话网和 ISDN 的 UNI)应用于 AN 中,以支持所提供的接入类型和业务。UNI 主要包括 PSTN 模拟电话接口(Z 接口)、ISDN 基本速率接口(BRI)、ISDN 基群速率接口(PRI)和各种专线接口。

3. Q3 管理接口

Q3 管理接口是操作系统(OS)和网络单元(NE)之间的接口,Q3 接口支持信息传送、管理和控制功能。在接入网中,Q3 接口是 TMN 与接入网设备各部分相连的标准接口。TMN 通过 Q3 管理接口实施对接入网的管理,进而提供用户所需的接入类型和承载能力。

1.2　宽带接入技术

1.2.1　宽带接入技术的概念

什么是宽带接入技术?这是一个很难准确回答的问题。不同的时期、不同的接入服务商、不同的用户,对这个问题都会有不同的答案。

宽带网的概念起源于 20 世纪 90 年代,当时,互联网刚刚开始普及,人们通常使用普通话带 Modem 通过电话铜线拨号上网,数据传输速率很低,仅有 56kb/s,这显然是一种窄带接入技术。

电视网络运营商推出的电缆调制解调器(Cable Modem,CM)接入技术,一下子把带宽提高到 10MHz,这显然是一种宽带接入技术。激烈的市场竞争催生了广告词——宽带上网,从此,关于什么才是"宽带接入技术"的争论正式展开,涉及接入网的技术、市场、运行等方面,时至今天仍未平息。

那么,到底达到什么样的传输速率才算是"宽带"接入技术呢?有的接入服务商认为512kb/s 就可以算作宽带,也有的接入服务商把 2Mb/s 视为宽带的下限,还有的接入服务商声称"今天的宽带,至少也要达到 10Mb/s"。

虽然关于什么是宽带,这些市场竞争的各方有不同说法,各执一词,莫衷一是,但是,这些争论正好说明宽带接入技术时代已经来临,各种宽带接入技术正推动着接入网市场的发展。

宽带是相对传统拨号上网而言,尽管目前没有统一标准规定宽带的带宽应达到多少,但依据大众习惯和网络多媒体数据流量考虑,网络的数据传输速率至少应达到512kb/s 才能称之为宽带,其技术指标应远远超过早期的普通 Modem 拨号和 ISDN 拨号上网方式。

1.2.2　宽带接入技术概况

近年来,各种宽带接入技术如雨后春笋般地涌现,使接入网市场热闹非凡。以下简要介绍常用的宽带接入技术。

1. xDSL 接入

xDSL 是一种新的传输技术,在现有的铜质电话线路上采用较高的频率及相应调制技术,即利用在模拟线路中加入各种不同的数字数据的信号处理技术获得高传输速率(理论值可达到 52Mb/s)。各种 DSL 技术最大的区别体现在信号传输速率和距离的不同,以及上行信道和下行信道的对称性不同两方面。

xDSL 是各种类型 DSL(Digital Subscriber Line,数字用户线路)的总称,包括 ADSL、RADSL、VDSL、SDSL、IDSL 和 HDSL 等。

2. Cable Modem 接入

Cable Modem 与 Modem 一样,都是将数据进行调制后在 Cable(电缆)的一个频率范围内传输,接收时进行解调,传输的工作原理与普通 Modem 相同。不同之处在于它是通过有线电视 CATV 的某个传输频带进行调制解调的;而普通 Modem 的传输介质在用户与访问服务器之间是独立的,即用户独享通信介质。Cable Modem 属于共享介质系统,其他空闲频段仍然可用于有线电视信号的传输。Cable Modem 彻底解决了由于声音、图像的传输而引起的阻塞,其上行速率已达 10Mb/s 以上,下行速率则更高。

3. 电力网接入

用电力线进行通信的研究已经进行了多年,这是由于电力线的用户覆盖率远大于有线电视网和电话网,因此用电力线作为宽带接入网技术多年来一直备受关注。数字电力载波虽然比模拟电力载波有更好的传输质量,但因为其可用的模拟带宽只有 400kHz,不可能支持宽带接入,且信号如何通过变压器是一个不好解决的问题。美国 Media Fusion 公司发明了一项副载波调制技术,该技术并不是通过电力线本身来传送数据,而是通过设置在这些电缆线周围的磁场上的微波信号来实现。其数据传输速率可达 2.5Gb/s,并且还解决了数据传输时如何通过变压器的问题。这项技术使一向不被人们重视的电力线接入成为宽带接入网技术领域的一枝新秀。

4. 局域网接入

局域网接入一直被认为是企业内部网接入国际互联网的首选方案,智能化小区的迅速发展也促进了局域网接入技术的应用。智能化小区采用超五类线入户,可以为用户提供 100Mb/s 的接入速率,能够很好地支持 Internet 接入和 VOD 业务。不过,对于几十套至上百套电视节目的接入,其传输速率仍然不够。

5. 光纤接入

光纤接入网泛指从交换机到用户之间的馈线段、配线段及引入线段的部分或全部以光纤实现接入的通信网络。由于光纤通信具有通信容量大、传输距离长、性能稳定、抗电磁干扰、保密性强等优点,因此,在众多的接入网技术中,光纤宽带接入网具有独特的优势。光纤在骨干线通信中已经广泛应用,在接入网通信中,光纤将发挥越来越重要的作用。

6. 无线接入

无线接入是广大用户最为向往的接入方式,对用户的约束最小,具有很好的移动性。无线接入的技术难度大,环境干扰多,传输质量不高,而且价格昂贵。尽管如此,人们对使用方便性的追求大力推动了无线接入的迅速发展。

无线接入技术可以分为无线局域网技术、无线城域网技术、无线广域网技术等。

1.2.3 宽带接入技术的发展趋势

1. 高带宽

从业务发展现状来看,高带宽的消耗业务逐步涌现,带宽提速成为迫切需求,每个用户至少需要 10Mb/s 带宽。但是,带宽似乎永远没有够用的时候。

2. 全业务

基于各种传统网络技术的业务接入逐步走向融合,要求在一个接入网内实现专线/VPN、Stream Video/VOD、Video phone/VoIP、HSIA(高速互联网接入)等,这不仅要求接入网络能够实现各种接入技术,更需要一个有机的平台能够很好地承载各类业务,并保证业务质量。目前,综合宽带接入平台大力发展,正体现了这种趋势。

3. 与下一代网络无缝融合

下一代网络(Next Generation Network,NGN)是网络的发展趋势,宽带接入网的发展必须实现对 NGN 的支持。NGN 要求提供电信级的服务,既要求承载网络提供严格的 QoS 保障,也要求宽带接入网提供与 NGN 核心网配套的电信级接入能力。

4. 光纤化

光纤布线发展的最根本原因在于能够提供近乎无限的带宽,因此是个必然的发展趋势,但有一个渐进的过程,如从 FTTC(Fiber + xDSL)→ Near FTTH→ FTTH。目前,PON技术已经成为光纤接入技术发展的热点。

5. 无线化及移动化

无线化及移动化提供了接入的方便性。根据场合的不同,对无线/移动的技术要求也不同,相应技术对业务的支持能力也不同。目前,5G 已经成为最新的无线接入技术。

6. 扁平化网络架构

网络结构扁平化、简单、清晰、扩展方便。接入模块尽量靠近用户,保障带宽。这个要求与全网的扁平化要求相一致。

1.3 接入网技术的分类

目前,接入网技术种类很多,可以是有线的,也可以是无线的;可以是建立在电信网基础上的,也可以是建立在有线电视网基础上的。根据不同的角度进行分类,可以把接入网划分为不同的类型。

按照接入网所用的传输介质来分类,可以分为有线接入网和无线接入网两大类。有线接入网可以进一步分为电话铜线接入网、有线电视电缆接入网、光纤接入网和电力线接入网等;而无线接入网则可以进一步分为无线局域网、无线城域网和无线广域网。

按照接入网传输带宽来分类,接入网可以分为窄带接入网和宽带接入网两大类。其中,窄带有线接入可分为普通 Modem 拨号接入、ISDN 拨号接入、DDN 接入等;宽带有线接入可分为 xDSL 接入、光纤接入、Cable Modem 接入和电力线接入;窄带无线接入可分为 PAS 无线市话接入和 450Mb 无线接入等;宽带无线接入可分为多点多信道分布业务(MMDS)、本地多点分布式业务(LMDS)、无线局域网(WLAN)、无线城域网(WMAN)、无线广域网

（WWAN）等。

按照接入网所采用的各种不同的技术,接入网的分类如图 1-5 所示。

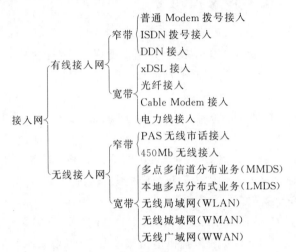

图 1-5　接入网技术的分类

在实际应用中,接入网可能会用到多种传输介质。例如,主干网段用光纤传输,其余的网段用电话铜线,甚至还可能用到无线传输介质,这样就构成了混合式接入网。

以下对常用的接入网技术分别进行简要的介绍。

1.3.1　电话铜线接入网

电话铜线接入网即采用传统的电话铜双绞线作为传输介质的接入网,可以分为普通 Modem 拨号接入、ISDN 拨号接入和各种 xDSL 拨号接入方式。

1. 普通 Modem 拨号接入

普通 Modem 拨号是指利用普通电话调制解调器（Modem）,在公用电话交换网（PSTN）的普通电话线上进行数据信号传送的技术。当用户发送数据时,发送方的调制解调器将计算机发出的数字信号转化为模拟信号,通过电话线发送出去;当接收方的用户接收数据信号时,接收方的调制解调器将经过电话线传来的模拟信号还原为数字信号提供给计算机。

普通 Modem 拨号接入的基本配置是一对电话铜线、一台计算机和一个调制解调器。普通 Modem 拨号接入技术简单、成本低、容易安装,但是,这种接入方式的传输速率较慢,最高速率只有 56kb/s,而且数据业务和语音业务不能同时进行,即当线路用来打电话时不能同时上网;反之,上网时不能打电话。普通 Modem 拨号接入的结构如图 1-6 所示。

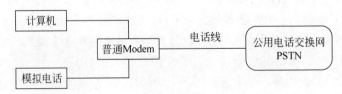

图 1-6　普通 Modem 拨号接入示意图

由于普通电话网的普及率远远高于宽带接入网,而且普通 Modem 的价格非常便宜,因此,尽管传输速率比较低,在仅实现了电话通信却尚未开通宽带接入的边远地区,普通 Modem 拨号接入仍然是简便和可行的接入方式。在笔记本电脑中,通常都配备了普通 Modem,这为移动用户随时通过电话线和普通 Modem 拨号接入互联网提供了方便。

普通 Modem 拨号接入的技术标准是 V.90 和 V.92。这两种标准的接入速率都达到了 56kb/s。虽然 V.92 标准可以实现短时间的"一线双通"功能,即用户可以一边上网一边接听或拨打电话,但是通话时间仅限制在 3min 内。

2. ISDN 拨号接入技术

ISDN 俗称"一线通",可以同时上网和打电话,而且不受时间限制,是真正的"一线双通"。ISDN 拨号接入的结构如图 1-7 所示。

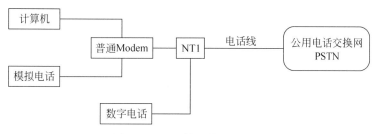

图 1-7 ISDN 拨号接入示意图

ISDN 拨号接入与普通 Modem 拨号接入相似,基本配置是一对电话铜线、一台计算机和一个网络终端(NT)。ISDN 用户通过电话铜线连接到交换机的数字模块,电话线上传输的是数字信号。ISDN 采用数字传输和数字交换技术,可以同时为用户提供电话、传真、图像和数据等多种业务。

ISDN 接入可分为窄带 ISDN(N-ISDN)和宽带 ISDN(B-ISDN)。

窄带 ISDN 同时提供两个 64kb/s 数据信道(B 信道)和一个 16kb/s 信令通道(D 信道),简称为 2B+D 信道,最高传输速率为 144kb/s,是普通 Modem 拨号的两倍多。

宽带 ISDN 通过基群复用技术,可实现 2.048Mb/s 的接入速率。最高可以提供 30 个 B 信道和两个 D 信道,简称为 30B+2D 信道。

ISDN 的主要调制技术是 2B1Q,它是在交替传号反转(Alternate Mark Inversion,AMI)技术的基础上发展起来的基带调制技术,能够利用 AMI 一半的频带达到与 AMI 同样的传输速率。由于降低了对带宽的要求,因此提高了传输距离。2B1Q 主要应用于 ISDN、HDSL 和 SDSL 等技术中。

2B1Q 是一种四级脉冲幅度调制(Pulse Amplitude Modulation,PAM)技术,将两个数据信道(2B)的数据调制成一个四进制(1Q)数据信号,每个信号对应线路中振幅和极性的 4 种变化之一。因此,信令速率为比特速率的一半,而传输速率提高了一倍。

3. xDSL 拨号接入技术

xDSL 拨号接入技术是指多种采用不同调制方式将信息在普通电话铜线上高速传输的技术。xDSL 宽带接入网的结构示意图如图 1-8 所示。

DSL(Digital Subscriber Line,数字用户线路)是以电话线为传输介质的传输技术组合。DSL 技术在传统的公用电话网络的用户环路上支持对称和非对称传输模式,解决了经常发

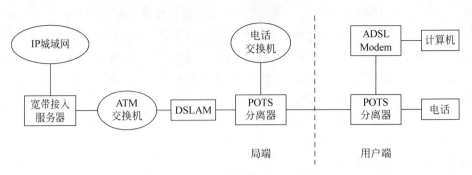

图 1-8　xDSL 宽带接入网示意图

生在网络服务供应商和最终用户间的"最后一千米"的传输瓶颈问题。由于电话线路已经大量铺设,如何充分利用现有的线路资源,通过铜质电话线实现高速接入就成为业界的研究重点,因此 DSL 技术很快就得到重视,并在许多国家和地区得到广泛应用。

人们通常把所有的 DSL 技术统称为 xDSL,x 代表不同种类的数字用户线路技术。各种数字用户线路技术的不同之处主要表现在信号的传输速率和距离,以及对称和非对称的区别上。xDSL 技术主要分为对称和非对称两大类。

1) 对称 DSL 技术

对称 DSL 技术主要有 HDSL、SDSL、MVL 等。对称 DSL 技术主要用于替代传统的 T1/E1 接入技术。与传统的 T1/E1 接入相比,DSL 技术具有对线路质量要求低、安装调试简单等特点。

(1) HDSL。HDSL 是比较成熟的一种技术,已经在数字交换机的连接、高带宽视频会议、远程教学、移动电话基站连接等方面得到了较为广泛的应用。这种技术的特点是:利用两对双绞线传输;支持 $N\times 64kb/s$ 各种速率,最高速率可达 4Mb/s。

(2) SDSL。SDSL 利用单对双绞线,比 HDSL 节省一对铜线,支持多种速率到 T1/E1,用户可根据数据流量,选择最经济、合适的速率。在 0.4mm 双绞线上的最大传输距离可达 3km 以上。

(3) MVL。MVL 是 Paradyne 公司开发的低成本 DSL 传输技术。它利用一对双绞线,安装简便,价格低廉;功耗低,可以进行高密度安装;其上/下行数据速率可达 768kb/s;传输距离可达 7km。

2) 非对称 DSL 技术

非对称 DSL 技术主要有以下几种:ADSL、RADSL、VDSL 等。非对称 DSL 技术非常适用于对双向带宽要求不一样的应用,如 Web 浏览、多媒体点播、信息发布等。

(1) ADSL。ADSL 是目前业界讨论最热烈的 DSL 技术。ADSL 技术是在无中继的用户环路网上,使用有负载电话线提供高速数字接入的传输技术。其特点是可在现有任意双绞线上传输,误码率低,ADSL 的下行通信速率远远大于上行速率,适用于 Internet 接入和视频点播(VOD)等业务。当传输距离为 2.7km 时,ADSL 从局端到用户端的下行数据传输速率最高可达 8.4Mb/s,从用户端到局端的上行数据传输速率为 640kb/s,而传输距离为 5.5km 时,ADSL 的下行速率下降到 1.5Mb/s。ADSL 的最大特点是无须改动现有铜缆网络设施就能提供宽带业务。尽管 ADSL 技术已能很好地支持因特网业务,然而其成本较高,用户端设备的安装仍较为麻烦。

（2）RADSL。RADSL 支持同步和非同步传输方式,具有速率自适应的特点,下行速率从 640kb/s 到 12Mb/s,上行速率从 128kb/s 到 1Mb/s,能够同时传输数据和语音信号。

（3）VDSL。VDSL 可在较短的距离上提供极高的传输速率。它的下行传输速率可高达几十兆,同时允许 1.5Mb/s 的上行速率,但传输距离为 300～1000m。由于传输距离的缩短,码间干扰大大减小,对数字信号处理的要求大为简化,因此设备成本比 ADSL 低。

1.3.2　光纤接入网

光纤接入网是采用光纤作为传输介质,通过光网络单元(Optical Network Unit,ONU)提供用户侧接口的接入网。光纤接入网示意图如图 1-9 所示。

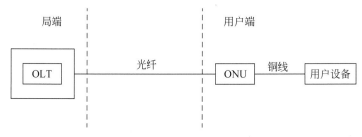

图 1-9　光纤接入网示意图

光束在光纤中采用全反射方式传输,是无损耗的,因此在理论上光纤传输不受距离因素的影响。由于在光纤中传送的是光信号,因而需要在交换局侧利用光线路终端(Optical Line Terminal,OLT)进行电/光转换,在用户侧要利用光网络单元进行光/电转换,将信息传送至用户设备。

光纤通信具有通信容量大、质量高、性能稳定、防电磁干扰、保密性强等优点。在干线通信中,光纤扮演着重要的角色;在接入网中,光纤接入也将成为发展的重点。

光纤接入网从技术上可分为两大类:有源光网络(Active Optical Network,AON)和无源光网络(Passive Optical Network,PON)。有源光网络又可分为基于 SDH(Synchronous Digital Hierarchy,同步数字系列)的 AON 和基于 PDH(Plesiochronous Digital Hierarchy,准同步数字系列)的 AON;无源光网络可分为窄带 PON 和宽带 PON。

1. AON

有源光网络(AON)的局端设备和远端设备通过有源光传输设备相连,其采用的传输技术是骨干网中已大量应用的 SDH 和 PDH 技术,但以 SDH 技术为主。局端设备主要完成接口适配、复用和传输功能;远端设备主要完成业务的收集、接口适配、复用和传输功能。此外,局端设备还向网元管理系统提供网管接口。在实际接入网建设中,有源光网络的拓扑结构通常是星状或环状。

有源光网络具有以下技术特点。

（1）传输容量大。目前用在接入网的 SDH 传输设备一般提供速率 155Mb/s 或 622Mb/s 的接口,甚至可以提供高达 2.5Gb/s 的接口。将来只要有足够业务量需求,传输带宽还可以增加,光纤的传输带宽潜力相对接入网的需求而言几乎是无限的。

（2）传输距离远。在不增加中继设备的情况下,传输距离可达 70～80km。

（3）用户信息隔离度好。有源光网络的网络拓扑结构无论是星状还是环状,从逻辑上看,用户信息的传输方式都是点到点的方式。

（4）技术成熟,无论是 SDH 设备还是 PDH 设备,都已经在骨干网中大量应用。

近年来,由于 SDH/PDH 技术在骨干传输网中被大量使用,有源光接入设备的成本已大大下降,但在接入网中与其他接入技术相比,成本还是比较高。

2. APON

1) PON 的概念

无源光网络(PON)是一种纯介质网络,在户外不需要电源设备,因此比有源光网络应用更为广泛。它避免了外部设备的电磁干扰和雷电影响,减少了线路和外部设备的故障率,提高了系统的可靠性,同时节省了维护成本。

2) APON 的概念

APON 是基于 ATM 网络基础上的无源光网络,APON 采用无源点到多点式的网络结构,它综合了 ATM 技术和无源光网络技术,可以提供从窄带到宽带的各种业务。

3) APON 的组成

APON 由光线路终端(OLT)、光网络单元(ONU)、光网络终端(ONT)和无源光分路器等部件组成。其中,光分路器(OBD)根据光的发送方向将进来的光信号分路并分配到多条光纤上,或者组合到同一条光纤上。ONU/ONT 主要完成业务的收集、接口适配、复用和传输功能;OLT 主要完成接口适配、复用和传输功能。另外,OLT 还向网元管理系统提供网管接口。

光配线网络(Optical Distribution Network,ODN)中光分器的工作方式是无源的,这就是无源光网络中"无源"一词的来历。但 ONU 和 OLT 还是工作在有源方式下,即需要外接电源才能正常工作。因此,无源光网络中,并非所有设备都工作在不需要外接馈电的条件下,仅是 ODN 部分没有有源器件。

4) APON 的特点

（1）APON 的网络拓扑结构是星状的,采用双向传输方式,在工作时一般使用双纤空分复用(SDM)方式,或者使用单纤波分复用(WDM)方式。当点到多点传播时,下行使用时分复用(TDM)方式,而上行使用时分多址(TDMA)方式。

（2）APON 的典型线路速率是下行 622Mb/s、上行 155Mb/s,也可采用其他的带宽配置,如上下行对称的 622Mb/s、155Mb/s 传输速率。将来,随着器件水平的提高,线路速率还可以进一步增加。

（3）在光纤到路边(Fiber To The Curb,FTTC)情况下,仍需要位于路边或交接箱中的室外型设备具备有源器件;而在光纤到家庭(Fiber To The Home,FTTH)配置情况下,所有的室外电源都省掉了,无源光网络比有源光网络和电话铜线网络更简单,且更加可靠,更容易维护。如果 FTTH 大量应用,有源器件和电源从室外转移到室内,对器件和设备的环境要求可以大大降低。

（4）由于 ONU/ONT 分散在不同的点,因此上行需要采用多址接入技术,全业务接入网(Full Service Access Network,FSAN)组织和国际电信联盟规定上行接入使用 TDMA方式,下行使用 TDM 方式。由于每个 ONU/ONT 距离 OLT 的远近不同,为防止信号碰撞,上行信号需要采用特殊机制——测距来"对齐"。测距是 APON 技术中最复杂的部分。

（5）标准化程度高，FSAN 和 ITU 均已发布了 APON 的技术规范，分别属于不同供应商的 OLT 设备和 ONU 已经实现互通。

（6）由于无源光分路器会导致光功率的损耗，因此 APON 的传输距离一般不超过20km，覆盖范围有限。

在经济性方面，目前 APON 系统的成本仍比较高，其主要原因是市场有限。随着用户需求的增加、产品规模的提高以及新技术的出现，将会显著降低 APON 的成本。

3. EPON

EPON（Ethernet Passive Optical Network，以太网无源光网络）是由 IEEE 802.3 的研究小组于 2000 年 11 月提出的。IEEE 802.3 定义了以太网的两种基本操作模式：第一种模式采用载波侦听多址访问/冲突检测（CSMA/CD）协议而应用在共享媒质上；第二种模式为各个站点采用全双工的点到点的链路通过交换机连接到一起。EPON 可以工作在CSMA/CD 模式或全双工模式。

EPON 是共享媒质和点到点网络的结合。在下行方向，拥有共享媒质的连接性，而在上行方向的工作特性是点到点网络。

下行方向：光线路终端（Optical Line Terminal，OLT）发出的以太网数据包经过一个$1:n$ 的无源光分路器或几级分路器传送到每个 ONU，n 的典型取值在 4～64 之间（由可用的光功率预算所限制）。这种工作特性与共享媒质网络相同。在下行方向，因为以太网具有广播特性，与 EPON 结构相匹配：OLT 广播的数据包，可以被目的 ONU 有选择地提取。

上行方向：由于无源光合路器的方向特性，任何一个 ONU 发出的数据包只能到达OLT，而不能到达其他的 ONU。EPON 在上行方向上的工作特性与点到点网络相同。但是，不同于一个真正的点到点网络。在 EPON 中，所有的 ONU 都属于同一个冲突域——来自不同的 ONU 的数据包如果同时传输，依然可能会冲突。因此，在上行方向，EPON 需要采用某种仲裁机制来避免数据冲突。

4. GPON

GPON（Gigabit-Capable PON，千兆无源光网络）最早由 FSAN 组织于 2002 年 9 月提出，ITU-T 在此基础上于 2003 年 3 月完成了 ITU-T G.984.1 和 G.984.2 的制定，2004 年2 月和 6 月完成了 G.984.3 的标准化，从而最终形成了 GPON 的标准家族。基于 GPON技术的设备基本结构与已有的 PON 类似，也是由局端的光线路终端（OLT）、用户端的光网络终端（ONT）、光网络单元（ONU）、单模光纤（Single-mode Fiber）、无源光纤分路器、光分配网络（ODN）以及网管系统等部件组成。

相对于其他的 PON 标准，GPON 标准提供了前所未有的高带宽，下行速率高达2.5Gb/s，其非对称特性更能适应宽带数据业务市场。提供 QoS 的全业务保障，可以同时承载 ATM 信元和 GEM 帧，有很好的提供服务等级、支持全业务接入的能力。承载 GEM 帧时，可以将 TDM 业务映射到 GEM 帧中，使用标准的 8kHz(125μs)帧能够直接支持 TDM业务。作为电信级的技术标准，GPON 还规定了在接入网层面上的保护机制和完整的OAM 功能。

在 GPON 标准中，明确规定需要支持的业务类型包括数据业务（Ethernet 业务）、PSTN 业务（POTS 和 ISDN 业务）、专用线（T1、E1、DS3、E3 和 ATM 业务）和数字视频业务。GPON 中的多业务映射到 ATM 信元或 GEM 帧中进行传送,对各种业务类型都能提供相应的 QoS 保证。

1.3.3　混合接入网

混合接入网是指接入网的传输介质采用光纤和同轴电缆混合组成的。混合接入网主要有 3 种方式,即混合同轴光纤(Hybrid Fiber Coaxial,HFC)方式、交换型数字视频(Switched Digital Video,SDV)方式以及综合数字通信和视频(Integrated Digital Communication and Video,IDV)方式。

1. 混合同轴光纤方式

混合同轴光纤(HFC)方式的示意图如图 1-10 所示。

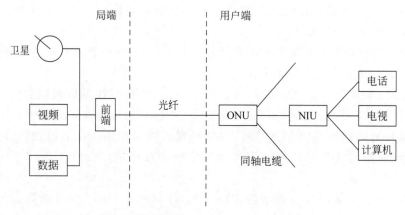

图 1-10　混合同轴光纤(HFC)方式的示意图

混合同轴光纤(HFC)方式是有线电视(CATV)网和电话网结合的产物,是目前将光纤逐渐推向用户的一种比较经济的方式。20 世纪 80 年代以来,世界各国陆续在共用天线的基础上,建立了有线电视系统,并在近年来得到了飞速的发展。CATV 系统的主干线路用的是光纤,在 ONU 之后,进入各家各户的最后一段线路利用了原来共用天线电视系统的同轴电缆。但是,这种光纤加同轴电缆的 CATV 方式仍是单向分配型传输,不支持双向业务。

Cable Modem 接入是在混合同轴光纤(HFC)网上实现的宽带接入技术。这种技术将现有的单向模拟 CATV 网改造为双向的 HFC 网络,利用频分复用技术和 Cable Modem 实现话音、数据和视频等业务的接入。Cable Modem 是专门为在 CATV 上进行数据通信而设计的线缆调制解调器。

局端将电信业务和视频业务综合起来,从前端通过光载波经光纤传送到用户侧的光网络单元(ONU)进行光/电转换,然后经同轴电缆传送至网络接口单元(NIU)。每个 NIU 为一个家庭服务,其作用是将信号分解为电话、数据、电视等,并送到各个相应的设备。Cable Modem 的调制信号不占用电视频道,也就是说,用户直接连接电视机而不需要另加机顶盒就可以接收模拟电视节目。

Cable Modem 本身不单纯是调制解调器,它集 Modem、调谐器、加/解密设备、桥接器、网络接口卡、虚拟专网代理和以太网集线器的功能于一身。它无须拨号上网,不占用电话线,可提供随时在线的永久连接。服务商的设备与用户的 Cable Modem 之间建立了一个虚拟专网连接,Cable Modem 提供一个标准的 10Base-T 或 10/100Base-T 以太网接口同用户的 PC 设备或以太网集线器相连。

Cable Modem 从 42~750MHz 电视频道中分离出一条 6MHz 的信道用于下行传送数据。通常下行数据采用 64QAM(正交调幅)调制方式,最高速率可达 27Mb/s;如果采用 256QAM,最高速率可达 36Mb/s。上行数据一般通过 5~42MHz 的一段频谱进行传送,为了有效抑制上行噪声积累,一般来说,QPSK 调制方式比 64QAM 调制方式更适合噪声环境,但传输速率比较低。CMTS(Cable Modem 头端设备)从外界网络接收的数据帧封装在 MPEG-TS 帧中,通过下行数字调制和 RF(Radio Frequency)输出到用户端,同时接收上行的数据,并转换成以太网帧格式。

用户端 Cable Modem 的主要功能是将上行数字信号调制成 RF 信号,并将下行的 RF 信号解调为数字信号,从 MPEG-TS 帧中分解出数据,形成以太网的数据,通过 10Base-T 或 100Base-T 端口输出。在 HFC 网络中是频分复用的,但在某一频率上的信道则是被很多用户所共享,通过 MAC 控制用户信道分配与竞争的问题,同时还支持不同等级的业务。可以通过网络管理系统对 HFC 网络中的 Cable Modem 进行配置、状态分析、流量监控和诊断。

在 Cable Modem 系统中,采用了双向非对称技术,在下行方向有 6MHz 的模拟带宽供系统中的用户共享。但这种共享技术不会降低传输速率。Cable Modem 不同于线路交换的电话网定向呼叫连接,用户在连接时并不占用固定带宽,而是与其他活动用户共享,仅在发送、接收数据的瞬间使用网络资源。在毫秒级甚至兆秒级的时间内,抓住一切利用带宽的机会下载数据包。如果在网络使用的高峰期中有拥塞:一种方法是通过灵活分配附加带宽来解决,只需简单分配一个 6MHz 频段,就能倍增下行速度;另一种方法是在用户段重新划分物理网络,按照访问频度给用户合理分配带宽,其速度可与专线媲美。

2. 交换型数字视频方式

交换型数字视频(Switched Digital Video,SDV)是一种将 HFC 和光纤到路边结合起来的组网方式。SDV 由一个单的 HFC 有线电视系统与一个 FTTC 数字系统重叠而成。SDV 主干传输部分采用共缆分纤的空分复用(Space Division Multiplexing,SDM)方式分别传送双向数字信号(包括交换型数字视像和语音)和单向的模拟视像信号。这两种信号通过设置在路边的 ONU 分别恢复成各自的基带信号;从 ONU 出发,语音信号经双绞线送往用户,数字和模拟信号经同轴电缆送往用户;同时,ONU 由同轴电缆负责供电。

SDV 不是一种独立的系统结构,而仅是一种 HFC 与 FTTC 合并起来的应用方式,其基本技术和系统结构是无源光网络;SDV 也不是一种全数字化系统,而是数字和模拟兼容系统;SDV 不仅传送视频信号,还同时传送语音和数据信号。

在 SDV 系统中,用 FTTC 来传送所有交换式业务(包括视频、语音和数据),而用 HFC 来传送单向模拟视频信号,同时向 HFC 和 FTTC 供电。SDV 系统实际上是由两套基本独立的网络基础设施所组成的。SDV 结构原理图如图 1-11 所示。

在图 1-11 中,SDV 实际上是一个以 ATM 化的广播无源光网络(Broadband Passive Optical Network,BPON)为基础的 FTTC。信号到达 ONU 后,与来自 HFC 网络的模拟视频信号按频分复用方式结合在一起。其中,SDV 信号占低频段,为基带调制信号;而模拟视频信号则占高频段。这些频分复用信号经同轴电缆传送给用户终端,其中模拟视频电视信号直接送往电视机;SDV 信号需要经过解码器转换为标准模拟 RF 信号后,才能被模拟

18

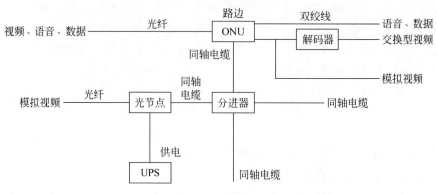

图 1-11　SDV 结构原理图

电视机接收。图 1-11 下面的光纤是单向 HFC,仅用来传送模拟视频。SDV 结构有两个好处,一是可以免去传输双向视频业务所带来的麻烦,简化了网络结构;二是可以利用同轴电缆给 ONU 提供 RF 模拟视频信号,并解决了 ONU 供电问题。

3. 综合数字通信和视频方式

综合数字通信和视频(IDV)方式的基本原理与 SDV 方式相似,它是在 ATM 技术还未全面推广之前采用的一种过渡方式。其中,CATV 仍然是以模拟视频方式工作,采用 AM-VSB 技术,通过光纤利用电/光(E/O)和光/电(O/E)变换器进行传输,其他信号的工作过程与 SDV 相似。

IDV 方式可以传送 59 路以上的模拟视频节目,AM-VSB 接入系统和采用 V5 标准接口的数字一路载波或无源光网络接入系统综合在两根光纤上,组成全业务网(Full Service Network,FSN)。建成全业务网以后,如果 ATM 技术已经成熟,可以将 IDV 系统升级为 SDV,原有的系统大部分设施仍可利用,很容易升级为更先进的全业务网接入方式。因此,IDV 全业务网接入是未来混合接入网发展的方向。

1.3.4　无线接入网

1. 无线接入网的概念

无线接入网用无线通信系统全部或部分替代传统的本地环路,所以,无线接入网又称为无线本地环路(Wireless Local Loop,WLL)或无线用户系统(Wireless Subscriber System,WSS)。无线接入网按用户终端分类,可以分为固定无线接入(Fixed Wireless Access,FWA)网和移动无线接入(Mobile Wireless Access,MWA)网。在固定无线接入网中,用户终端是固定的,或者仅在办公室、会议室、家中等场所内做有限的移动;在移动无线接入网中,用户终端是移动的。固定无线接入网不需要移动控制和越区切换功能,从而节省了投资。

无线接入网组网灵活、扩容方便、维护费用和运营成本低、安装快捷、系统简单、覆盖范围广,可适用于市区、市郊、农村(包括沙漠、海岛、高原等地形),而且,可靠性和通信质量都很好。无线接入网可以用于电话线路或光纤等铺设较为困难的地方,更重要的是,可以随时随地不受时空限制与其他人进行通信。因此,无线接入网是一种理想的接入方式。

2. 无线接入网组成

一般来说,无线接入网是由网络管理系统(Network Management System,NMS)、基站控制器（Base Station Controller，BSC）、基站（Base Station，BS）和用户站（Subscriber Station，SS）等部分组成的。

NMS 是一个操作维护中心，负责无线接入系统的设备故障诊断和操作维修、网络操作与网络管理，为网络管理与规划提供数据及统计。

BSC 是实现有线与无线信令代码的转换，提供与交换机、网络管理系统、基站的接口，对无线信道的分配进行控制，并对基站监测。一个 BSC 可以控制多个基站（BS），BSC 可以安装在电话交换局内，也可以安装在电话交换局外。

基站由收发信机和控制单元组成，通过无线接口与用户站连接，通过有线或无线链路与控制器相连接，并完成无线接口的认证和保密、无线资源管理和用户单元登记、路由选择等多种功能，一个基站覆盖半径可以是 50～500m（微微区）或 500m～5km（微区），也可以是 5～50km（宏区），这决定所采用的接入方式。

用户站也称为无线网络终端（Radio Network Terminal，RNT），它提供电话、数据、传真等标准接口，与基站通过无线接口相连接。用户站分为单用户站和多用户站两种，用户站与用户终端相连，用户终端可以是固定用户（双音频电话机、计算机、传真机等），也可以是移动用户（手机、平板电脑等）。

无线接入网按传输速率可分为窄带无线接入网（数据速率小于 64kb/s）、中宽带无线接入网（数据速率大于 64kb/s 而小于 2Mb/s）和宽带无线接入网（数据速率大于 2Mb/s）。窄带和中宽带无线接入是基于电路交换的，而宽带无线接入是基于分组交换的，是一点到多点的结构。

3. 无线接入网的接口

一个无线接入系统存在多种接口，包括交换机与基站控制器的接口、基站控制器与基站的接口、基站与用户站的接口、用户站与用户终端的接口以及基站控制器与网络管理系统的 Q3 接口。

本地交换机与基站控制器的连接，物理上可以采用双绞铜线、同轴电缆、微波线路或光纤等，其接口方式目前有两种：一种是用户线接口方式（Z 接口）；另一种是数字中继线（E1）接口方式（V5 接口）。Z 接口是简单、灵活，可以与各种交换机连接的接口，V5 接口把交换机与接入设备之间的模拟连接改变为数字连接，V5 接口具有开放性，可解决过去的设备费用高、数字业务发展难的缺点。V5 接口可以支持多种接入，包括支持综合业务。

V5 接口是 1993 年由欧洲电信标准协会（European Telecommunications Standards Institute，ETSI）颁布，1994 年 ITU 进一步定义了 V5.1 和 V5.2 接口。V5 接口建立在 E1 接口基础上，用一个时隙传送公共控制信号，其他时隙传送业务信号。V5.1 由单个 2048kb/s 链路构成，V5.2 由 1～16 个 2048kb/s 链路构成。V5 支持的业务有电话、ISPN 和专用线业务等。

基站控制器与基站之间的接口，物理上可用双绞铜线、同轴电缆、光纤等。而不同的产品采用不同协议，大多数为专用协议。基站与用户站之间采用无线全双工通信方式，即用频分双工（FDD）和时分双工（TDD），它们的接口是空中接口，包含无线接口、信令与语言编码及传输内容；而无线空中接口包括无线频道划分、无线调制方式、多址双工方式、发射功率及控制等。空中接口是随着采用无线接入方式不同而相异。用户站与用户终端的接口采用标准的 PSTN 用户线接口，可以满足 Z 接口标准和 T 接口标准规范。应该指出，在无线接

接入网技术概述

入网的多种接口中,V5 接口和空中接口是极为重要的。

4. 无线接入网的接入方式

按覆盖范围来划分,无线接入网可以分为无线个域网(WPAN)、无线局域网(WLAN)、无线城域网(WMAN)和无线广域网(WWAN)。

从技术的发展进步来划分,无线接入网又可以分为第一代、第二代、第三代、第四代和第五代。

早在 20 世纪 70 年代,就出现了一点多址的无线接入系统,即第一代无线接入网。时至今日,无线接入网的接入方式有多种,原则上,各种现有的无线通信方式均可作为无线接入方式。但是,现有的无线通信方式都不具备 V5 接口,而且又不能提供与有线接入一样的通信质量,所以,往往不能直接用于无线接入,必须加以改造或专门设计。

第二代无线接入技术是由原来的通信系统改造(即简化)而来的,包括跳频技术、微波技术、卫星通信技术、蜂窝技术和数字集群技术等。

第三代无线接入技术又称为 3G 技术,包括 CDMA 2000 技术、W-CDMA 技术和 TD-SCDMA 技术等。

CDMA(Code Division Multiple Access,码分多址)2000 也称为 CDMA Multi-Carrier,是一个 3G 移动通信标准,是从窄频 CDMA One 数字标准衍生出来的,可以从原有的 CDMA One 结构直接升级到 3G,因此建设成本低廉。CDMA 2000 与另一个 3G 标准 W-CDMA 不兼容。

W-CDMA(Wide band Code Division Multiple Access,宽带码分多址)是一种 3G 蜂窝网络。W-CDMA 使用的部分协议与 2G 的 GSM 标准一致。具体地说,W-CDMA 是一种利用码分多址复用(或者 CDMA 通用复用技术,不是指 CDMA 标准)方法的宽带扩频 3G 移动通信空中接口。

TD-SCDMA(Time-Division Synchronous Code Division Multiple Access,时分同步码分多址)是由我国信息产业部电信科学技术研究院提出,与德国西门子公司联合开发的。主要技术特点是:同步码分多址技术,智能天线技术和软件无线技术。它采用 TDD 双工模式,载波带宽为 1.6MHz。TDD 是一种优越的双工模式,因为在第三代移动通信中,需要大约 400MHz 的频谱资源,在 3G 以下频带是很难实现的。而 TDD 则能使用各种频率资源,不需要成对的频率,能节省未来紧张的频率资源,而且设备成本相对比较低,比 FDD 系统低 20%～50%,特别对上下行不对称、不同传输速率的数据业务来说 TDD 更能显示其优越性。

4G 移动通信网络,是采用第四代移动通信技术的网络,英文缩写为 4G。该技术包括 TD-LTE 和 FDD-LTE 两种制式。严格意义上来说,4G 只是 3.9G,LTE 尽管被宣传为 4G 无线标准,但它其实并未被 3GPP 认可为国际电信联盟所描述的下一代无线通信标准 IMT-Advanced,因此在严格意义上还未达到 4G 的标准。只有升级版的 LTE Advanced 才满足国际电信联盟对 4G 的要求。4G 集 3G 与 WLAN 于一体,能够快速传输数据、高质量、音频、视频和图像等。4G 能够以高达 100Mb/s 的速度下载数据,比目前基于电话线的 xDSL (2～6Mb/s)接入方式快 20 倍,并能够满足几乎所有用户对于无线服务的要求。此外,4G 可以在 DSL 和有线电视调制解调器没有覆盖的地方部署,然后再扩展到整个地区。很明显,4G 有着不可比拟的优越性。

第五代移动通信技术(5th Generation mobile networks 或 5th Generation wireless systems，5G 技术)是最新一代的蜂窝移动通信技术，也是继 2G(GSM)、3G(UMTS、LTE)和 4G(LTE-A、WiMax)系统之后的延伸。5G 系统的性能目标是为用户提供高数据速率、减少延迟、节省能源、降低成本、提高系统容量和大规模设备连接。

5G 的技术创新，主要体现在无线技术和网络技术两方面。

在无线技术方面，大规模天线阵列、超密集组网、新型多址和全频谱接入等技术，已成为业界关注的焦点。大规模天线阵列在现有多天线基础上通过增加天线数可支持数十个独立的空间数据流，将大大提升多用户系统的频谱效率，对满足 5G 系统容量与速率需求起到重要的支撑作用。

在网络技术方面，基于软件定义网络(SDN)和网络功能虚拟化(NFV)的新型网络架构已经取得广泛共识。5G 网络是基于 SDN、NFV 和云计算技术的更加灵活、智能、高效和开放的网络系统。

1.4 常用接入技术比较

为了方便读者在实际的接入网应用中进行选择，以下对各种常用的接入技术的性能进行分析和比较，如表 1-1 所示。

表 1-1 各种接入技术性能比较

接入方式	传输介质	最高上行速率	最高下行速率	最长传输距离	主 要 特 点
普通 Modem	电话铜线	56kb/s	56kb/s	10km	传输速率很低，容易实现，应用较广，传输距离较远
窄带 ISDN	电话铜线	144kb/s	144kb/s	10km	传输速率较低，容易实现，应用较广，传输距离较远
xDSL	电话铜线	19.2Mb/s	55.2Mb/s	5km	上、下行速率都比较高，但传输距离较短
Cable Modem	电视电缆	10Mb/s	对称时 10Mb/s 不对称时 40Mb/s	10km 以上	传输速率一般，10Mb/s 速率为同一节点所有用户共享，传输距离较远，容易实现
APON	光纤	155.52Mb/s	对称时 155.5Mb/s 不对称时 622Mb/s	20km	传输速率比较高，传输距离远，但对非 ATM 业务支持不太好
EPON	光纤	1.25Gb/s	1.25Gb/s	10km	传输速率高，兼容性好，支持以太网技术
GPON	光纤	1.244Gb/s	2.488Gb/s	20km	传输速率和效率都比较高，传输距离远，兼容性好，同时支持 TDM 业务
副载波调制	电力线	100Mb/s	200Mb/s	10km	传输速率高，兼容性好，支持以太网技术
蓝牙	无线	57.6kb/s	721kb/s	10m	传输速率较低，容易实现，应用较广，传输距离很短

接入方式	传输介质	最高上行速率	最高下行速率	最长传输距离	主 要 特 点
WiFi	无线	108Mb/s	300Mb/s	100m	传输速率较高,容易实现,应用较广,传输距离很短
WiMAX	无线	20Mb/s	20Mb/s	30km	传输速率较高,容易实现,应用较广,传输距离较远
CDMA 2000	无线	20Mb/s	20Mb/s	1000km	传输速率高,容易实现,应用较广,传输距离很远
W-CDMA	无线	20Mb/s	20Mb/s	1000km	传输速率高,容易实现,应用较广,传输距离很远
TD-SCDMA	无线	1.28Mb/s	1.28Mb/s	1000km	传输速率高,容易实现,应用较广,传输距离很远
4G	无线	50Mb/s	100Mb/s	1000km	传输速率高,容易实现,应用较广,传输距离很远
5G	无线	10Gb/s	10Gb/s	1000km	用户体验较好,传输速率很高,应用很广,传输距离很远

1.5 本章小结

接入网位于用户驻地网和核心网之间,它的主要任务是将用户可靠地接入核心网,向用户透明地提供各种电信业务。

接入网是由业务节点接口和相关用户网络接口之间的一系列传送实体(如线路设施和传输设施)所组成的,它是一个为传送电信业务提供所需传送承载能力的实施系统,接入网可经由 Q3 接口进行配置和管理。

G.803 的分层模型将网络分为接入承载处理功能层(Access Bearing Drocessing Functions Layer)、电路层(Circuit Layer,CL)、传输通道层(Transmission Path,TP)和传输介质层(Transmission Media,TM)。

接入网有 5 个主要功能:用户端口功能(UPF)、业务端口功能(SPF)、核心功能(CF)、传送功能(TF)和系统管理功能(SMF)。

宽带是相对传统拨号上网而言,尽管目前没有统一标准规定宽带的带宽应达到多少,但依据大众习惯和网络多媒体数据流量考虑,网络的数据传输速率至少应达到 512kb/s 才能称之为宽带,其最大优势是带宽远远超过 56kb/s 拨号上网方式。

宽带接入技术包括 xDSL 接入、Cable Modem 接入、光纤接入、无线接入、电力线接入和局域网接入等。

接入网可分为有线接入网和无线接入网两大类。有线接入网可以进一步分为电话铜线接入网(普通 Modem 拨号、ISDN、xDSL)、有线电视电缆接入网(Cable Modem)、光纤接入网(APON、EPON、GPON)等。

无线接入网按覆盖范围来划分,可以分为无线个域网(WPAN)、无线局域网(WLAN)、无线城域网(WMAN)和无线广域网(WWAN)。

从无线通信技术的发展进步来划分，无线接入网又可以分为第一代、第二代(2G)、第三代(3G)、第四代(4G)和第五代(5G)。

第一代移动通信技术主要包括 CDPD 和 GSM 技术。

第二代(2G)移动通信技术包括 GPRS 技术。

第三代(3G)移动通信技术包括 CDMA 2000 技术、W-CDMA 技术和 TD-SCDMA 技术。

第四代(4G)移动通信技术包括 TD-LTE 和 FDD-LTE 两种制式。

第五代(5G)移动通信技术的创新，主要体现在无线技术和网络技术两方面。在无线技术方面，大规模天线阵列、超密集组网、新型多址和全频谱接入等技术，已成为业界关注的焦点；在网络技术方面，基于软件定义网络(SDN)和网络功能虚拟化(NFV)的新型网络架构已经取得广泛共识。

复习思考题

一、单项选择题

1. 接入网位于电信网接入用户的(　　)处。
   A. 最后 10000m　　B. 最后 1000m　　C. 最后 500m　　D. 最后 100m
2. 1975 年(　　)首先提出了接入网组网的概念。
   A. 美国电信　　B. 日本电信　　C. 德国电信　　D. 英国电信
3. 接入网的主要功能有(　　)个。
   A. 3　　B. 4　　C. 5　　D. 6
4. (　　)不属于接入网的主要功能。
   A. 用户端口功能　　B. 业务端口功能　　C. 承载处理功能　　D. 系统管理功能
5. 电信接入网的接口不包括(　　)。
   A. 业务节点接口　　B. 用户网络接口　　C. Q3 管理接口　　D. R 参考点接口
6. (　　)不属于宽带接入技术。
   A. ISDN 接入　　B. xDSL 接入　　C. 电力网接入　　D. 无线接入
7. (　　)属于对称 DSL 技术。
   A. ADSL　　B. HDSL　　C. VDSL　　D. RADSL
8. 光纤接入网由(　　)等部分组成。
   A. OLT　　B. 光纤　　C. ONU　　D. 以上都是
9. 混合接入网是指光纤和(　　)混合组成。
   A. 电话线　　B. 电力线　　C. 同轴电缆　　D. 卫星
10. 无线接入网由(　　)等部分组成。
    A. NMS　　B. BSC　　C. BS　　D. 以上都是
11. 属于第三代无线接入技术的是(　　)。
    A. CDMA 2000　　B. W-CDMA　　C. TD-SCDMA　　D. 以上都是
12. 目前，传输速率最快的光纤接入技术是(　　)。
    A. APON　　B. EPON　　C. GPON　　D. 以上都不是
13. 电力接入网调制技术中，数据传输速率最快的是(　　)。

A. 数字电力载波　　B. 模拟电力载波　　C. 副载波　　　　D. 以上都不是

14. Cable Modem 的调制方式如果采用 256QAM,下行数据最高速率可达(　　)Mb/s。

    A. 27　　　　　　B. 36　　　　　　C. 54　　　　　　D. 72

15. 在光纤接入技术中,光纤到路边是(　　)。

    A. FTTA　　　　B. FTTB　　　　C. FTTC　　　　D. FTTD

16. 在各种有线接入网技术中,成本最高的是(　　)。

    A. xDSL　　　　B. Cable Modem　　C. FTTH　　　　D. 电力线

17. ISDN 俗称(　　)。

    A. 一线通　　　B. 双线通　　　C. 三线通　　　D. 在线通

18. ISDN 的主要调制技术是(　　)。

    A. 1B1Q　　　　B. 2B1Q　　　　C. 3B1Q　　　　D. 以上都不是

19. 在以下无线接入技术中,传输距离最近的是(　　)。

    A. 蓝牙　　　　B. WiFi　　　　C. WiMAX　　　　D. 4G

20. 第四代移动通信技术包括 TD-LTE 和(　　)两种制式。

    A. CDD-LTE　　B. FDD-LTE　　C. SDD-LTE　　D. WDD-LTE

二、填空题

1. 从地理的角度划分,电信网(Telecommunication Network,TN)可以分为三部分: _____、_____和_____。

2. 接入网是由_____接口(Service Node Interface,SNI)和相关_____接口(User Network Interface,UNI)之间的一系列传送实体(如线路设施和传输设施)所组成的,它是一个为传送电信业务提供所需传送承载能力的实施系统,接入网可经由 Q3 接口进行配置和管理。

3. 接入网有 5 个主要功能:_____(UPF)、_____(SPF)、_____(CF)、_____(TF)和_____(SMF)。

4. xDSL 是各种类型 DSL(Digital Subscribe Line,数字用户线路)的总称,包括_____、_____、_____、_____和_____。

5. 光纤通信具有_____、_____、_____、_____、_____等优点。

6. 无线接入技术可以分为无线局域网技术、_____、_____等。

7. 基于 GPON 技术的设备基本结构与已有的 PON 类似,也是由_____(OLT)、_____(ONT)、_____(ONU)、_____(SM fiber)、_____(OBD)、_____(ODN)以及_____等部件组成。

8. 混合接入网主要有 3 种方式,即_____(Hybrid Fiber Coaxial,HFC)方式、_____(Switched Digital Video,SDV)方式以及_____(Integrated Digital communication and Video,IDV)方式。

9. 无线接入网由_____(Network Management System,NMS)、_____(Base Station Controller,BSC)、_____(Base Station,BS)和_____(Subscriber Station,SS)等部分组成。

10. 第三代无线接入技术包括_____技术、_____技术和_____技术。

三、简答题

1. 什么是接入网？

2. 接入网是在哪一年正式诞生的？诞生的标志是什么？

3. 请画图说明接入网的分层模型。

4. 请画图说明接入网的功能结构。

5. 请简要说明接入网的分类。

6. 简述电话铜线接入网的基本组成。

7. 简述光纤接入网的基本组成。

8. 简述 Cable Modem 接入网的基本组成。

9. 什么是宽带接入网？

10. 什么是无线接入网？

11. 请列表比较各种接入网技术的技术性能。

12. 请逐一解释以下英文缩略语：

（1）AN、TMN、CPN、CN、SNI、UNI、Q3、ONU、OLT

（2）AF、CL、TP、TM、UPF、SPF、CF、TF、SMF

（3）ISDN、xDSL、Cable Modem

（4）APON、EPON、GPON

（5）WPAN、WLAN、WMAN、WWAN

（6）CDMA 2000、W-CDMA、TD-SCDMA

（7）4G

（8）5G

第2章 | 接入网的体系结构

　　接入网技术涉及从接入网到核心网的各方面,因此,要全面地掌握接入网技术,首先有必要了解接入网体系结构的知识。

　　1995年11月,国际电信联盟正式发布第一个接入网总体技术标准ITU-T G.902,这标志着接入网开始成为一个独立完整的网络。接入网总体技术标准ITU-T G.902从功能的角度定义了接入网的基本框架,从接入网的体系结构、功能、业务节点、接入类型、管理等方面描述了接入网。

　　2000年11月,国际电信联盟正式通过了IP接入网总体标准ITU Y.1231,定义了IP接入网的总体结构,将接入网推进到了一个新的时代。

　　接入网的体系结构,包括总体标准ITU-T G.902和ITU Y.1231,是接入网技术中最重要的基础知识,本章将为读者详细介绍。

2.1　电信接入网总体标准——G.902

2.1.1　ITU G.902概述

　　1993年起,国际电联SG13研究组开始着手研究和制订接入网的第一个总体标准。当时,互联网尚未普及到今天的程度,互联网技术的理论体系还没有深入影响到国际电信联盟SG13研究组,G.902标准很大程度上受到传统电信技术的影响。国际电信联盟SG13研究组定义的接入网的功能体系、接入类型、接口规程等,更适用于传统的电信网。因此,学者们通常将ITU G.902称为电信接入网总体标准。

　　ITU G.902标准从接入网的体系结构、功能、业务节点、接入类型、管理等方面描述了接入网。

　　ITU G.902标准仅是一个总体标准,它还需要引用一系列具体的技术标准。

- G.964(1994):V5.1窄带接口。
- G.965(1995):V5.2窄带接口。
- G.967.1(1998):VB5.1宽带接口。
- G.967.2(1999):VB5.2宽带接口。
- G.803(1993):基于SDH的传送网络体系结构。
- G.805(1995):传送网络的一般功能结构。
- G.960(1993):ISDN基本速率接入的接入数字段。
- G.962/G.963(1993):ISDN基群速率接入的接入数字段。

- ISDN 的相关建议：I. 112(1993)、I. 414(1993)、I. 430(1993)。
- M. 3010(1992)：电信管理网(TMN)工作原理。
- Q. 512(1995)：用户接入的数字交换接口。
- Q. 2512(1995)：用户接入的网络节点接口。

G. 902 标准是国际电信联盟制定的接入网的第一个总体标准,对接入网的形成和发展具有重要意义。G. 902 标准叙述严谨、描述抽象、概括性强,从功能角度描述了接入网,可以适用于接入网的各种技术和业务。

2.1.2 ITU G. 902 对接入网的定义

1995 年 11 月,国际电信联盟电信标准部(ITU-T)正式发布了电信接入网总体标准 ITU G. 902,这个总体标准对接入网给出了以下准确的定义。

接入网是由业务节点接口(SNI)和相关用户网络接口(UNI)之间的一系列传送实体(如线路设施和传输设施)所组成的,它是一个为传送电信业务提供所需传送承载能力的实施系统,接入网可经由 Q3 接口进行配置和管理。

深入分析 G. 902 对接入网的定义,可以得出如下结论。

(1) 接入网是由线路设施、传输设施等实体组成的一个实施系统。

(2) 接入网为电信业务提供所需的传送承载能力。

(3) 电信业务是在 SNI 和每个与之关联的 UNI 之间提供的。

(4) 接入网可以经由 Q3(电信管理网 TMN 的接口)进行配置和管理。

(5) 接入网不解释用户信令。

2.1.3 接入网的拓扑结构

网络的拓扑结构是指网络中各个端点相互连接的方法和形式。网络的拓扑结构反映了组网的一种几何形式。接入网的拓扑结构主要有总线型、星状、环状和树状等几种。

1. 总线型拓扑结构

1) 总线型拓扑结构的组成

总线型拓扑结构采用单根数据传输线作为通信介质,所有的站点都通过相应的硬件接口直接连接到通信介质,而且各站点发出的信号能被所有其他的站点接收。

总线型拓扑结构如图 2-1 所示。

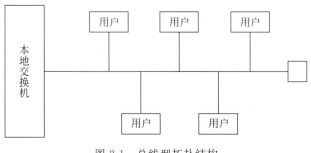

图 2-1 总线型拓扑结构

总线型网络拓扑结构中的用户节点为服务器或工作站,通信介质为同轴电缆。

由于所有的节点共享一条公用的传输链路,因此一次只能由一个设备传输。这样就需要某种形式的访问控制策略,来决定下一次是哪一个节点可以发送。一般情况下,总线型网络采用载波监听多路访问/冲突检测协议(CSMA/CD)作为控制策略。

总线型网络信息发送的过程为:发送时,发送节点对报文进行分组,然后每次指定一个目标地址发送这些分组,有时要与其他工作站传来的分组交替地在通信介质上传输。当分组到达各节点时,目标节点将识别分组的地址,然后将属于自己的分组内容复制下来。

2) 总线型拓扑结构的优点

总线型拓扑结构在局域网中得到广泛的应用,其主要优点如下。

(1) 布线容易、电缆用量小。总线型网络中的节点都连接在一个公共的通信介质上,所以需要的电缆长度短,减少了安装费用,易于布线和维护。

(2) 可靠性高。总线型网络结构简单,从硬件观点来看,十分可靠。

(3) 易于扩充。在总线型网络中,如果要增加长度,可通过中继器加上一个附加段;如果需要增加新节点,只需要在总线的任何点将其接入。

(4) 易于安装。总线型网络的安装比较简单,对技术要求不是很高。

3) 总线型拓扑结构的局限性

总线型拓扑结构虽然有许多优点,但也有自己的局限性。

(1) 故障诊断困难。虽然总线型拓扑结构简单,可靠性高,但故障检测困难。因为具有总线型拓扑结构的网络不是集中控制,故障检测需要在网上各个节点进行。

(2) 故障隔离困难。对于介质的故障,不能简单地撤销某个工作站,这样会切断整段网络。

(3) 中继器配置。在总线的干线基础上扩充时,需要增加中继器,并重新设置,包括电缆长度的裁剪,终端匹配器的调整等。

(4) 通信介质或中间某一接口点出现故障,会导致整个网络瘫痪。

(5) 终端必须是智能的。因为接在总线上的节点有介质访问控制功能,所以必须具有智能,从而增加了站点的硬件和软件费用。

2. 星状拓扑结构

1) 星状拓扑结构的组成

星状拓扑结构是中央节点和通过点到点链路连接到中央节点的各节点组成。利用星状拓扑结构的交换方式有电路交换和报文交换,尤以电路交换更为普遍。一旦建立了通道连接,可以没有延迟地在连通的两个节点之间传送数据。工作站到中央节点的线路是专用的,不会出现拥挤的瓶颈现象。星状拓扑结构如图 2-2 所示。

星状拓扑结构中,中央节点为局端设备或交换机,其他外围的用户节点为服务器或工作站;通信介质为双绞线或光纤。

星状拓扑结构被广泛地应用于网络中智能主要集中于中央节点的场合。由于所有节点的往外传输都必须经过中央节点来处理,因此,对中央节点的要求比较高。

星状拓扑结构信息发送的过程为:某一工作站有信息发送时,将向中央节点申请,中央节点响应该工作站,并为该工作站与目的工作站建立会话。然后,两站点就可以进行无时延的会话。

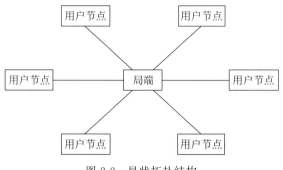

图 2-2   星状拓扑结构

2）星状拓扑结构的优点

（1）可靠性高。在星状拓扑结构中，每个连接只与一个设备相连，因此，单个连接的故障只影响一个设备，不会影响整个网络。

（2）方便服务。中央节点和中间接线都有一批集中点，可方便地提供服务和进行网络重新配置。

（3）故障诊断容易。如果网络中的节点或者通信介质出现问题，只会影响该节点或者与通信介质相连的节点，不会涉及整个网络，从而比较容易判断故障的位置。

3）星状拓扑结构的缺点

星状拓扑结构虽然有许多优点，但是也有缺点。

（1）扩展困难、安装费用高。增加网络新节点时，无论有多远，都需要与中央节点直接连接，布线困难且费用高。

（2）对中央节点的依赖性强。星状拓扑结构网络中的外围节点对中央节点的依赖性强，如果中央节点出现故障，则全部网络不能正常工作。

3．环状拓扑结构

1）环状拓扑结构的组成

环状拓扑结构是一个像环一样的闭合链路，在链路上有许多中继器和通过中继器连接到链路上的节点。也就是说，环状拓扑结构网络是由一些中继器和连接到中继器的点到点链路组成的一个闭合环。在环状网中，所有的通信共享一条物理通道，即连接网络中所有节点的点到点链路。环状拓扑结构如图 2-3 所示。

在图 2-3 中，每个中继器通过单向传输链路连接到另外两个中继器，形成单一的闭合通路，所有的工作站都可通过中继器连接到环路上。任何一个工作站发送的信号，都可以沿着通信介质进行传播，而且能被所有其他的工作站接收。中继器为环状网提供了 3 种基本功能：数据发送到环中，接收数据和从环中删除数据。它能够接收一段链路上的数据，并以同样的速度串行地把该数据送到另一段链路上，即不在中继器中缓冲。由通信介质及中继器构成的通信链路是单向的，只能在一个方向上传输数据，而且所有的链路是单向的，即只能在同一方向上围绕着环循环传输数据。

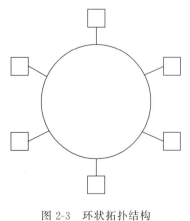

图 2-3   环状拓扑结构

接入网的体系结构

环状拓扑结构的交换方式采用分组交换。由于多个工作站共享同一环,因此需要对此进行控制,以便决定每个站在什么时候可以把分组放在环上。一般情况下,环状拓扑结构网络采用令牌环(Token Ring)的介质访问控制策略。信息发送的过程是:如果某一站点希望将报文发送到另一目的站点,那么它需要将这个报文分成若干分组。每个分组包括一段数据再加上一些控制信息,其中控制信息包括目的站点的地址。发送信息的站点依次把每个分组放到环上之后,通过其他中继器进行循环;环中的所有中继器都将分组的地址与该中继器连接的节点的地址相比较,当地址符合时,该站点就接收该分组。

2) 环状拓扑结构的优点

(1) 电缆长度短。环状拓扑结构所需的电缆长度与总线型相当,但比星状要短。

(2) 适用于光纤。光纤传输速度高,环状拓扑网络是单向传输,适用于光纤通信介质。如果在环状拓扑网络中把光纤作为通信介质,将大大提高网络的速度和加强抗干扰的能力。

(3) 无差错传输。由于采用点到点通信链路,被传输的信号在每一节点上再生,因此,传输信息误码率可减到最少。

3) 环状拓扑结构的缺点

(1) 可靠性差。在环上传输数据是通过接在环上的每个中继器完成的,所以任何两个节点间的电缆或者中继器故障都会导致整个网络故障。

(2) 故障诊断困难。因为环上的任一点出现故障都会引起网络的故障,所以难于对故障进行定位。

(3) 调整网络比较困难。要调整网络中的配置,如扩大或缩小,都是比较困难的。

4. 树状拓扑结构

1) 树状拓扑结构的组成

树状拓扑结构是一种分级结构。在树状拓扑结构的网络中,任意两个节点之间不产生回路,每条通路都支持双向传输。这种结构的特点是扩充方便、灵活,成本低,易推广,适合分主次或分等级的层次型网络系统。

树状拓扑结构如图2-4所示。树状结构是总线型结构的扩展,它是在总线型网络上加上分支形成的,其传输介质可有多条分支,但不形成闭合回路,树状网是一种分层网,其结构可以对称,联系固定,具有一定容错能力,一般一个分支和节点的故障不影响另一分支节点的工作,任何一个节点送出的信息都可以传遍整个传输介质,是广播式网络。一般来说,树状拓扑结构的链路具有一定的专用性,无须对原网做任何改动就可以扩充工作站。

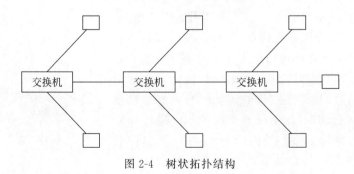

图2-4 树状拓扑结构

传统的有线电视(Cable TeleVision/Community Antenna TeleVision,CATV)网采用树状拓扑结构,光纤接入网也采用树状拓扑结构。

2) 树状拓扑结构的优点

(1) 易于扩展。

(2) 故障隔离较容易。

3) 树状拓扑结构的缺点

树状拓扑结构的缺点是各个节点对根的依赖性太大。

2.1.4 接入网的定界

在 G.902 标准中,接入网所覆盖的范围可由 3 个接口来定界:接入网的用户侧通过用户网络接口(UNI)与用户终端相连;业务侧通过业务节点接口(SNI)与位于市话端局或远端交换模块(RSU)的业务节点(SN)相连;管理侧通过 Q3 接口与电信管理网(TMN)相连。接入网由电信管理网进行配置和管理,完成电信业务的交叉连接、复用和传输。

业务节点(SN)是提供具体业务服务的实体,可以接入各种交换型和永久连接型电信业务的网络单元。对于交换业务来说,业务节点提供接入呼叫和连接控制信令,进行接入连接和资源处理。可以提供规定业务的节点包括本地交换机、IP 选路器租用线、特定配置下的点播电视和广播电视节点等。

一个接入网(AN)可以与多个业务节点(SN)相连,这样,一个接入网既可以接入多个分别支持特定业务的 SN,也可以接入多个支持相同业务的业务节点。值得注意的是,UNI 与 SN 的关联是静态的,即关联的确立是通过与相关 SN 的协调指配功能来完成的,对 SN 接入承载能力的分配也是通过指配功能来完成的。

接入网有 3 种主要接口:业务节点接口(SNI)、用户网络接口(UNI)和 Q3 管理接口。

1. 业务节点接口

业务节点接口(SNI)是接入网(AN)和业务节点(SN)之间的接口。如果 AN-SNI 侧和 SN-SNI 侧不在同一地方,可以通过透明传送通道实现远端连接。通常,接入网(AN)需要大量的业务节点接入类型,SN 主要分为 3 种类型:第一,仅支持一种专用的接入类型;第二,支持多种接入类型,但是所有接入类型仅支持相同的接入承载能力;第三,可以支持多种接入类型,且每种接入类型支持不同的承载能力。按照特定业务节点类型所需要的能力,以及根据所选择的接入类型、接入承载能力和业务要求,可以规定合适的业务节点接口。

业务节点接口(SNI)可分为模拟接口(Z 接口)和数字接口(V 接口)。Z 接口对应 UNI 的模拟二线音频接口,可提供普通电话业务。随着接入网的数字化和业务的综合化,Z 接口逐渐被 V 接口取代。

到目前为止,V 接口的发展经历了 V1~V5 的 5 个阶段。V1~V4 接口的标准化程度有限,不支持综合业务接入。新版的 V5 接口是本地数字交换机与接入网之间开放的、标准的数字接口,支持多种类型的用户接入,可以提供语音、数据、专线等多种业务,支持接入网提供的业务向综合化方向发展。目前,SNI 普遍采用 V5 接口。

在 G.902 系列标准中,关于 V5 的重要接口规范如下。

- G.964(1994):V5.1 窄带接口。
- G.965(1995):V5.2 窄带接口。

- G.967.1(1998)：VB5.1 宽带接口。
- G.967.2(1999)：VB5.2 宽带接口。

2. 用户网络接口

用户网络接口(UNI)是用户和网络之间的接口，用户终端设备通过 UNI 与 AN 相连。UNI 进一步分为单个 UNI 和共享 UNI。在单个 UNI 的情况下，ITU-T 所规定的 UNI(包括各种类型的公用电话网和 ISDN 的 UNI)应用于 AN 中，以支持所提供的接入类型和业务。

单个 UNI 的例子包括 PSTN 模拟电话接口(Z 接口)、ISDN 基本速率接口(BRI)、ISDN 基群速率接口(PRI)和各种专线接口。但是，PSTN 中的 UNI 和用户信令并没有得到广泛应用。因此，各个国家和地区都有各自的规定。

共享 UNI 的例子是 ATM 接口。当 UNI 是 ATM 接口时，这个 UNI 可以支持多个逻辑接入，每个逻辑接入通过一个 SNI 连接到不同的 SN，这样，ATM 接口就成为一个共享 UNI，通过这个共享 UNI 可以接入多个 SN。

3. Q3 管理接口

Q3 管理接口是操作系统(Operating System，OS)和网络单元(Network Unit，NU)之间的接口，Q3 接口支持信息传送、管理和控制功能。在接入网中，Q3 接口是 TMN 与接入网设备各部分相连的标准接口。通过 Q3 管理接口来实施 TMN 对接入网的管理，从而提供用户所需的接入类型和承载能力。

AN 需要标准化 Q3 管理接口，以便电信管理网(TMN)经由 Q3 管理接口对 AN 进行配置和管理。

2.1.5 接入网的管理

G.902 规定了接入网所要求的管理结构和接入网的管理功能。

网络的可靠运行是运营网络的基本需要，也是接入网的运行需要。因此，对接入网的功能进行管理是接入网正常运行必备的条件。另外，接入网系统的管理功能还需要提供配置管理、故障管理、性能管理和安全管理等功能。

配置管理功能包括设备管理和软件管理。设备管理必须连续监视接入网的逻辑表示和具体实现之间的映射，包括对现场可替代单元的管理。对于这些部件，均可以实施配置管理、故障管理和性能管理。软件管理包括软件下载、版本管理、软件故障管理和恢复机制。

根据对网管动作响应时间的实时性要求，接入网的管理功能可以分为即时管理功能和非即时管理功能两大类。即时管理功能要求与业务节点实时协调，由接入网与业务节点之间的通信来实现；非即时管理功能则只需要业务节点接口两侧的 Q3 接口协调来完成。

值得注意的是，ISO/OSI 的管理功能包括配置管理、账务管理、故障管理、性能管理和安全管理 5 大功能。而在 G.902 标准的网络管理功能中，基本上取消了账务管理功能。此外，接入网只能通过 Q3 接口接受 TMN 的管理，并没有给 SNMP 预留空间，这也是 G.902 建议的不足之处。

2.2　IP 接入网总体标准——Y.1231

ITU-T G.902 电信接入网标准在接入网发展史上具有无可替代的地位,它确立了接入网的第一个总体结构,使接入网开始成为一个独立完整的网络,成为现代通信网络系统的重要组成部分。然而,随着互联网技术的进步,基于传统电信网框架的 G.902 总体标准无法满足接入网发展的需要,因此,很有必要研究和推出新一代的接入网总体标准。IP 接入网总体标准——Y.1231 正是在网络技术发展大势所趋的背景下应运而生的。

2.2.1　IP 接入网系列标准概述

ITU Y.1231 总体标准于 2000 年 11 月由国际电信联盟发布,命名为"IP 接入网体系结构"(IP Access Network Architecture)。

Y.1231 总体标准从体系、功能、模型的角度描述了 IP 接入网,提出了 IP 接入网的定义、功能要求、功能模型、承载能力、接入类型、接口等。IP 接入网功能模型包括提供 IP 接入业务的 IP 网络高层体系和模型。

Y.1231 标准比 G.902 标准更为简洁、抽象、统一和先进。虽然其中的文字和插图描述非常精炼,但是寓意准确无误,含义深刻。Y.1231 标准使用抽象概念参考点(Reference Point,RP)代替了 G.902 标准中的 UNI、SNI 和 Q3 接口,使接入网的接口更加抽象和统一。而且,Y.1231 定义的 IP 接入网,适应范围广,可以满足 IP 技术发展的需要,提供包括数据、语音、视频和其他多种业务,满足了未来融合网络的需要。

除了 Y.1231 总体标准外,ITU-T 还发布了 Y 系列相关的重要标准。

Y.1001 标准,即"IP 框架结构——电信网络和 IP 网络技术融合的框架结构"。它是 Y 系列标准中最基础的一个标准。

Y.1241 标准,即"利用 IP 传送能力来支持基于 IP 的业务",它定义了专用网和公用网环境中利用不同的 IP 传送能力所支持的不同 IP 业务。该标准把 IP 业务定义为由业务平面利用 IP 传送能力向终端用户提供的业务,还把 IP 业务分成 5 大类,并对各类 IP 业务的通信配置和性能保证属性进行了描述。

Y.1310 标准,即"公共网络传送 IP",它提出了在 ATM 网络上支持 IP 的总体技术要求,使 ATM 支持 IP 的网络体系结构和各层协议的功能,并对公用网上的 IP QoS(Quality of Service,服务质量)业务和 ATM 业务映射提出了要求,对 IP VPN(Virtual Private Network,虚拟专用网)业务给出了明确的定义。此外,还提出了 IP VPN 在分组传送、数据安全性和支持 QoS 等方面的技术要求。

Y.1401 标准,即"与基于 IP 网络互通的一般要求",它主要规定了 IP 网络和非 IP 网络互通时的框架结构。该标准将 IP 层以上的各种业务应用都放到了业务平面上,并从网络互通和业务互通角度出发考虑了互通的通信方案,规定了互通功能单元在用户平面、控制平面和管理平面上的要求。

Y.1541 标准,即"IP 通信业务——IP 性能和可用性指标和分配",它把 IP 业务 QoS 分为 4 类。该标准同时还规定了 IP 性能指标的分配、路由长度计算方法、核实 IP 性能指标的参考路径和 IP 性能测量方法等相关信息。

2.2.2　IP 接入网的定义

Y.1231 总体标准指出:IP 接入网是由网络实体组成的一个实现,为 IP 用户和 IP 服务提供者之间的 IP 业务提供所需要的接入能力。IP 用户和 IP 服务提供者都是逻辑实体,它们终止 IP 层、IP 相关功能和可能的低层功能。

IP 接入网的体系结构如图 2-5 所示。

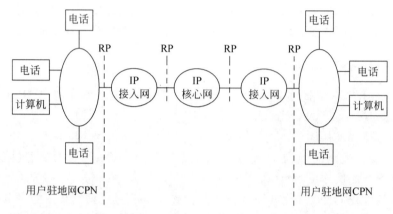

图 2-5　IP 接入网的体系结构

值得注意的是,在 Y.1231 标准中,术语 IP 服务提供者并不是传统意义上的 ISP 或 IP 网络运营商。IP 服务提供者是一个提供 IP 服务的逻辑实体,是一个抽象的逻辑概念。IP 服务提供者可以是一个服务器或者服务器阵列,也可以是服务器中提供 IP 业务的一个进程。

图 2-5 描述了 IP 接入网在 IP 网络中的位置,这是 IP 接入网最基本、最重要的结构图。从图 2-5 中可以看出,IP 接入网位于用户驻地网(CPN)和 IP 核心网之间,IP 接入网与 CPN 的接口、IP 接入网和 IP 核心网之间的接口均为通用的参考点(RP)。

要正确理解 IP 接入网的概念,应注意以下 3 点。

(1) IP 接入网的用户既可以是各种单台的用户 IP 设备,如 PC、IP 电话机、PDA 或其他终端等,也可以是用户驻地网(CPN)。而用户驻地网可以连接多台用户驻地设备(CPE)。

(2) IP 接入网的体系结构图中,并没有标出业务节点,因为接入网只应该为承载 IP 业务提供传送能力,这种承载能力与业务应该相对独立,而不应该将业务与传送捆绑在一起。在传统的电信接入网中,业务由与核心网密切结合的业务节点提供,而在 IP 网络中,向一个用户提供的 IP 业务通常由核心网另一端的数据中心(Data Center)网络提供,业务可以穿过核心网。这就使接入网、核心网、业务可以各自独立。

(3) IP 接入网通过统一的抽象接口 RP 与驻地网和核心网相连,而电信接入网定义了 3 种接口:UNI、SNI 和 Q3。在电信接入网中,不同的用户或不同的业务可能需要不同的接口。而 IP 接入网定义的 RP 是一个统一的逻辑接口,不管是用户接口、业务接口还是管理接口,都使用 RP 接口。注意:RP 接口在特定网络中并不对应特定的网络物理实现。

2.2.3　IP 接入网参考模型

在 Y.1231 总体标准中,IP 接入网的参考模型可以用图 2-6 来表示。

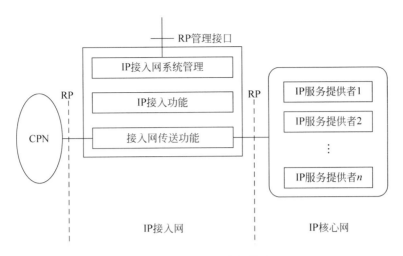

图 2-6　IP 接入网参考模型

从这个图中可以看出,IP 接入网的总体结构包含三大功能:接入网传送功能、IP 接入功能(IP-AF)和 IP 接入网系统管理功能。

与电信接入网相比,IP 接入网的参考模型中增加了 IP 接入功能。这是 IP 接入网与电信接入网在总体结构上的最大区别。IP 接入功能可以由一个实体实现,也可以在 IP 接入网中分布实现。

Y.1231 总体标准定义的 IP 接入网可以实现如下接入管理功能。

(1) 动态选择多个 IP 服务提供者。

(2) 动态分配 IP 地址。

(3) 网络地址转换(Network Address Translation,NAT)。

(4) 认证。

(5) 加密。

(6) 数据采集和记账。

Y.1231 总体标准定义的 IP 接入功能是用户接入的控制和管理功能,这些功能在 G.902 总体标准中是没有的,是 Y.1231 总体标准对接入网功能的重要发展。从基本功能上说,电信接入为用户接入提供承载业务的传送能力,而 IP 接入网为用户接入提供传送能力和控制能力。Y.1231 总体标准在 IP 接入网总体结构中增加了 IP 接入功能,这为接入网的独立运营提供了强有力的技术基础和支持。

自从 Y.1231 总体标准发布以来,IP 接入网已经有了很大的发展,近年来的接入网应用表明,IP 接入网的接入管理功能中,最重要的是 AAA 功能。AAA 功能是认证(Authentication)、授权(Authorization)和记账(Accounting)功能的英文缩写。具体来说,AAA 功能执行用户接入时的认证,认证通过后对用户权限授权,以及对用户使用网络资源的费用进行记账、计费、审计等功能。RADIUS 系统是实现 AAA 功能的常用系统。本书第 12 章将对 AAA 功能做进一步分析和探讨。

2.2.4　IP 接入网的接入协议模型

Y.1231 总体标准以较大的篇幅描述了多个 IP 接入网接入方式的典型范例。这些范例简明扼要,高度概括了 IP 接入网的协议互联模型和协议栈,对 IP 接入网的协议体系具有重要的意义。以下分别对 IP 接入网比较典型的 3 种接入协议模型进行简要的介绍。

1. IP over Ethernet Ⅱ 协议模型

以太网技术因在局域网领域得到广泛应用,且以高性能、低成本的优势成为 IP 接入网的主要技术之一。到目前为止,以太网有两个标准:IEEE 802.3—1985 和 Ethernet Ⅱ,这两个标准的主要区别在于帧结构。IEEE 802.3—1985 的帧结构没有类型字段,因此只能封装 LLC 数据,而 2002 年改进的以太网新标准 Ethernet Ⅱ 的帧结构具有类型(Type)字段,因此可以封装多种数据。Ethernet Ⅱ 协议互联模型如图 2-7 所示。

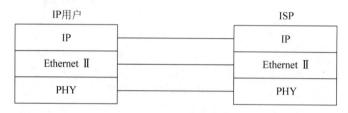

图 2-7　Ethernet Ⅱ 协议栈

IETF RFC894 规范了 IP 如何封装在 Ethernet Ⅱ 中,从图 2-7 可知,IP/Ethernet Ⅱ 的协议栈很简单,仅由 IP 层、Ethernet Ⅱ 层和 PHY 层三层构成。

2. IPoE 协议模型

IP over Ethernet 早期仅用于 Ethernet Ⅱ,近年已经广泛应用于各种 IEEE 802.3 网络。

如上所述,在 IEEE 802.3—1985 规范中,IEEE 802.3 标准中的帧只能封装在 LLC 数据中,所以在这种协议栈模型中,增加了一个 LLC 层,其协议栈模型如图 2-8 所示。

由于 2002 年发布的最新以太网标准 IEEE 802.3—2002 已经包含类型字段,可以封装多种类型的数据,IEEE 802.3—2002 已经具备了支持 RFC894 的能力,因此,其协议栈同样只需要三层,如图 2-9 所示。

IP(IETF RFC1042)
LLC(IEEE 802.2)
MAC(IEEE 802.3—1985)
PHY

图 2-8　IEEE 802.3—1985 上的协议栈

IP(IETF RFC894)
MAC(IEEE 802.3—2002)
PHY

图 2-9　IEEE 802.3—2002 上的协议栈

3. PPPoE 模型

PPP 是点到点数据链路层协议,在拨号接入中得到了广泛的应用,在 xDSL 接入中也沿用 PPP。

基于以太网的点对点协议(Point to Point Protocol over Ethernet,PPPoE)是目前 ADSL 接入网的典型协议。承载 IP 的 PPPoE 协议栈包括 IP 层、PPP 层、LLC 层、MAC 层和 PHY 层,共 5 层。

PPPoE 协议栈如图 2-10 所示。

IP
PPP(IETF RFC1661/1662)
封装头(IETF RFC2516)
MAC(IEEE 802.3)
PHY

图 2-10　PPPoE 协议栈

2.2.5 用户驻地网

在 Y.1231 建议中,引入了用户驻地网的概念。在用户驻地网中,接入网的一个用户接口不仅能接入一个用户,而且可以连接多个用户。Y.1231 建议中引入的用户驻地网的概念和网络结构对接入网的发展产生了深远的影响。

所谓用户驻地网(CPN)一般是指用户终端至用户网络接口所包含的机线设备(通常在同一个楼房内),由完成通信和控制功能的用户驻地布线系统组成,以使用户终端可以灵活方便地与接入网相连。

在传统的电信网中,接入网将多个 UNI 接入核心网,这种 UNI 通常只支持一个逻辑用户端口功能(单一 UNI)。共享 UNI 可以支持多个逻辑用户端口功能,但通常是用一个多功能终端实现的,而不是用一个网络连接多个用户来实现的。这种覆盖用户驻地小区的网络就是用户驻地网。由于计算机网络中园区网的结构十分普及,接入网总体标准中应该有驻地网的描述。

目前,用户驻地网的技术和结构尚未定型,有的网络服务商把用户驻地网称为附加一千米,也有的网络服务商大力推广家庭网络。根据 Y.1231 建议的描述,接入网的用户可以是单个用户,也可以是用户驻地网,因此,用户驻地网当然可以是家庭网络。

随着计算机应用的日益广泛,计算机的价格越来越便宜,越来越多的用户采用电话线、ADSL Modem 和家用小型路由器在自己的家庭内组建起家庭网络,以便多台计算机共享上网。有些用户甚至使用小型无线路由器组成无线局域网,以连接笔记本电脑、平板电脑和智能手机等移动设备。在激烈的竞争中,将会有更多的新技术进入普通家庭。可以预料,用户驻地网、家庭网络将有美好的发展前景。

用户驻地网将在一定的时期内会发挥它的作用,以防止电信运营商对最后一千米的垄断。

2.2.6 G.902 与 Y.1231 的比较

从最基本的接入网的定义进行分析,Y.1231 定义的 IP 接入网与 G.902 定义的电信接入网有许多不同之处。

IP 接入网与用户驻地网(CPN)的接口、IP 核心网之间的接口都是参考点(RP),而 IP 接入网与管理网络的接口依然是参考点(RP)。参考点是指逻辑上的接口,在某种特定网络中,并不对应于特定网络的物理实体。UNI 和 SNI 是通过相关 SN 的静态指配建立连接的,换言之,用户不能动态地选择业务提供者。而 IP 接入网为用户提供了动态选择 ISP 的能力,所以说 IP 接入网是在千万个 IP 用户和众多 IP 业务提供者之间的动态桥梁。

在 G.902 总体标准中,接入网的功能只有传送功能,包括复用、交叉连接和传输等,一般不包含交换功能和控制功能。而 IP 接入网包含交换功能和 IP 接入(控制)功能。

在 G.902 总体标准中,接入网与业务节点不能完全分开。而 IP 接入网提供传送功能,可以独立于业务,从而使接入网的传送、业务、控制三者相对独立,符合现代电信网络的封装趋势。

目前,通信技术领域的专家、学者已经达成了共识:电信网以 IP 技术作为基础支撑,IP 网封装到电信网中,是通信网络发展的必然趋势。因此,对 IP 接入网的研究开始引起互联网运营商、网络设备生产商等企业的密切关注。

电信接入网的出现,改变了长期以来电信网络最后一千米只是用户线路设施的状况。但是电信接入网存在着许多缺点,特别是在 IP 技术得到广泛应用的今天,它远不能满足用户的多种需求。IP 接入网弥补了电信接入网的种种不足之处。它使用统一的接口 RP 代替了电信接入网中的 UNI、SNI 和 Q3 接口,并且改变了电信网每种接口只能接入一种业务的限制,给予用户动态选择 ISP 的自由。IP 接入网具有交换功能和以 AAA 为中心的网络管理功能,并且能够提供业务,完成了接入网与核心网的分离。

Y.1231 是一个十分重要的基础性建议。它具有简洁、抽象、统一、先进的特点。它定义的 IP 接入网将在以 IP 技术为基础构建下一代融合网络,以及把网络发展成为全球信息基础设施的过程中发挥越来越重要的作用。

Y.1231 总体标准与 G.902 总体标准的主要区别如下。

(1) IP 接入网提供接入能力而不是传送承载能力。IP 接入网除了传送能力以外,还提供"IP 接入能力"(IP-AF),即对用户接入进行管理和控制的能力。可以对用户接入进行认证和控制,这十分有利于接入网的独立运营。

(2) 提供 IP 业务并不需要事先建立关联,这为用户及时和动态地获得各种业务提供了方便。

(3) Y.1231 定义了 IP 核心网。

(4) IP 接入网具有交换功能。IP 接入网解释用户信令并可以动态切换业务服务商。如果使用 G.902 的技术术语,即用户端口功能可以动态地切换到不同的业务节点,这有利于用户随时选择各种业务。

2.3 本章小结

接入网技术涉及从接入网到核心网的各方面,要掌握接入网技术,首先应了解接入网的总体标准。因此,本章详细地向读者介绍了电信接入网总体标准、IP 接入网总体标准等一系列知识。

ITU G.902 总体标准、Y.1231 总体标准、以太网标准和 IETF RFC 标准文档等一系列接入网标准的发布,是接入网技术发展的重要里程碑。

1995 年 11 月,国际电信联盟正式发布了第一个接入网总体技术标准——电信接入网标准 ITU G.902,这个标准从体系结构、功能、业务节点、接入类型、管理等方面描述了接入网。

G.902 总体标准指出:接入网是由业务节点接口(SNI)和相关用户网络接口(UNI)之间的一系列传送实体(如线路设施和传输设施)所组成的,它是一个为传送电信业务提供所需传送承载能力的实施系统,接入网可经由 Q3 接口进行配置和管理。

2000 年 11 月,国际电信联盟发布了 IP 接入网总体标准——ITU Y.1231,以弥补 G.902的不足。

Y.1231 总体标准从体系、功能、模型的角度描述了 IP 接入网,提出了 IP 接入网的定义、功能要求、功能模型、承载能力、接入类型、接口等。IP 接入网功能模型包括提供 IP 接入业务的 IP 网络高层体系和模型。

Y.1231 总体标准指出：IP 接入网是由网络实体组成的一个系统，为 IP 用户和 IP 服务提供者之间的 IP 业务提供所需要的接入能力。IP 用户和 IP 服务提供者都是逻辑实体，它们终止 IP 层、IP 相关功能和可能的低层功能。

Y.1231 是一个十分重要的基础性建议。它具有简洁、抽象、统一、先进的特点。它定义的 IP 接入网将在以 IP 技术为基础构建下一代融合网络以及把网络发展成为全球信息基础设施的过程中发挥越来越重要的作用。

复习思考题

一、单项选择题

1. 在接入网的体系结构中，包括两个总体标准，即（   ）。

    A. ITU-T G.901 和 ITU Y.1232

    B. ITU-T G.902 和 ITU Y.1231

    C. ITU-T G.903 和 ITU Y.1231

    D. ITU-T G.902 和 ITU Y.1232

2. 接入网组网的拓扑结构包括（   ）。

    A. 总线型结构   B. 星状结构   C. 树状结构   D. 以上都是

3. 国际电信联盟标准部的英文缩写是（   ）。

    A. IMU-T   B. INU-T   C. ISU-T   D. ITU-T

4. TMN 的中文意思是（   ）。

    A. 电信业务网   B. 电信接入网   C. 电信管理网   D. 电信交换网

5. UNI 是指（   ）。

    A. 业务节点接口   B. 用户网络接口   C. Q3 管理接口   D. R 参考点接口

6. IP 接入网的总体标准是（   ）。

    A. Y.1230   B. Y.1231   C. Y.1232   D. Y.1233

7. IP 接入网的接口共有（   ）种。

    A. 1   B. 2   C. 3   D. 4

8. IP 接入网总体标准中定义的（   ）功能是电信接入网 G.902 标准中没有的。

    A. IP 接入   B. 传送   C. 系统管理   D. 以上都不是

9. IP 接入网的 PPPoE 协议模型可以分为（   ）层。

    A. 3   B. 4   C. 5   D. 6

10. 环状拓扑结构的优点是（   ）。

    A. 电缆长度短   B. 适用于光纤   C. 无差错传输   D. 以上都是

11. G.964(1994) 是一个（   ）技术标准。

    A. V5.1 窄带接口   B. V5.2 窄带接口

    C. VB5.1 宽带接口   D. VB5.2 宽带接口

12. ITU-T G.902 定义的接入网由 SNI 和相关 UNI 之间的一系列传送实体（   ）组成。

    A. 线路设施和传输设施   B. 光纤和 ONU

C. 电话线路和交换机　　　　　　　　　　D. 交换机和路由器

13. 环状拓扑结构的优点之一是(　　　)。

A. 适用于电话接入网　　　　　　　　　　B. 适用于混合接入网

C. 适用于电力线接入网　　　　　　　　　D. 适用于光纤接入网

14. 在 G.902 标准的网络管理功能中,基本上取消了(　　　)功能。

A. 配置管理　　　　B. 账务管理　　　　C. 故障管理　　　　D. 安全管理

15. 在 IP 接入网的体系结构中,并没有标出(　　　)。

A. 业务节点　　　　B. RP 接口　　　　C. IP 核心网　　　　D. 用户驻地网

16. 在 Y.1231 总体标准中,IP 接入网可以实现(　　　)等接入管理功能。

A. 动态选择多个 IP 服务提供者　　　　B. 网络地址映射

C. 认证和加密　　　　　　　　　　　　D. 以上都是

17. 用户驻地网又可以称为(　　　)。

A. CPN　　　　B. 家庭网络　　　　C. 附加一千米　　　　D. 以上都是

18. Y.1231 总体标准与 G.902 总体标准的主要区别包括(　　　)。

A. IP 接入网提供接入能力而不是传送承载能力

B. 提供 IP 业务并不需要事先建立关联

C. IP 接入网具有交换功能

D. 以上都是

19. 在 IP 接入网中,使用统一的接口 RP 代替了电信接入网中的(　　　)接口。

A. UNI　　　　B. SNI　　　　C. Q3　　　　D. 以上都是

20. Y.1231 总体标准具有简洁、(　　　)、统一、先进的特点。

A. 形象　　　　B. 抽象　　　　C. 严谨　　　　D. 科学

二、填空题

1. _____年_____月,国际电信联盟正式发布第一个接入网总体技术标准_____,这标志着接入网开始成为一个独立完整的网络。

2. _____年_____月,国际电信联盟正式通过了 IP 接入网总体标准_____,定义了 IP 接入网的总体结构,将接入网推进到了一个新的时代。

3. 接入网有 3 种主要接口:_____、_____和_____。

4. Q3 管理接口是操作系统(Operation System,OS)和网络单元(Network Unit,NU)之间的接口,Q3 接口支持_____、_____和_____功能。

5. 网络的可靠运行是运营网络的基本需要,也是接入网的运行需要。因此,对接入网的功能进行管理是接入网正常运行必备的条件。另外,接入网系统的管理功能还需要提供_____管理、_____管理、_____管理和_____管理等功能。

6. Y.1231 总体标准从体系、功能、模型的角度描述了 IP 接入网,提出了 IP 接入网的定义、_____、_____、_____、接入类型、接口等。IP 接入网功能模型包括提供 IP 接入业务的 IP 网络高层体系和模型。

7. Y.1231 标准使用抽象概念_____(Reference Point,RP)代替了 G.902 标准中的 UNI、SNI 和 Q3 接口,使接入网的接口更加抽象和统一。

8. IP 接入网的总体结构包含三大功能:_____功能、_____功能(IP-AF)和

_____功能。

9. IP 接入网 3 种比较典型的几种接入协议模型分别是 _____、_____ 和_____。

10. 所谓用户驻地网（Customer Premises Network，CPN）一般是指 _____ 至 _____ 所包含的机线设备（通常在同一个楼房内），由完成通信和控制功能的用户驻地布线系统组成，以使用户终端可以灵活方便地与接入网相连。

三、简答题

1. 制定接入网标准的机构是什么？这个机构至今发布了哪些接入网标准？

2. G.902 对电信接入网的定义是什么？

3. 请画图说明 G.902 接入网的定界，并说明其每种接口的功能。

4. Y.1231 对 IP 接入网的定义是什么？

5. 请画图说明 IP 接入网的体系结构。

6. Y.1231 与 G.902 相比具有哪些优势？

第3章　接入网的接口

本章主要介绍接入网的各种接口,包括业务节点接口、用户网络接口、电信管理接口、V5 接口和 VB5 接口的结构和特性,这些都是接入网技术中最重要的基础知识。

3.1　业务节点接口

3.1.1　业务节点的概念

业务节点(Service Node,SN)是指提供某种业务的实体(设备和模块),是一种可以接入各种交换型或永久连接型业务的网络单元。可以提供规定业务的业务节点有多种,如本地交换机、路由器、X.25 节点、租用线业务节点(DDN 节点机)、特定配置下的点播电视和广播电视业务节点等。

3.1.2　业务节点的类型

1. 接入网业务节点的类型

(1) 仅支持一种接入类型。

(2) 可支持多种接入类型,但是所有接入类型支持相同的接入能力。

(3) 可支持多种接入类型,并且每种接入类型支持不同的接入能力。

2. 支持某种特定业务的业务节点

用户按照特定的业务节点类型所要求的能力,根据所选择的接入类型、接入承载能力和业务要求,可以规定合适的业务节点接口。

接入网可以选择的支持特定业务的节点如下。

(1) 单个本地交换机。例如,公用电话网业务、窄带 ISDN 业务、宽带 ISDN 业务和分组数据网业务等。

(2) 单个租用线业务节点。例如,以电路方式为基础的租用线业务、以 ATM 为基础的租用线业务和以分组交换方式为基础的租用线业务等。

(3) 特定配置下提供数字图像和声音点播业务的业务节点。

(4) 特定配置下提供数字或模拟图像和声音广播业务的业务节点。

支持一种特定业务的业务节点经特定的 SNI 与接入网相连,在用户侧按业务不同有相应的 UNI,如图 3-1 所示。其中,业务节点 SN1 和 SN2 分别支持不同的业务,它们通过不同的 SNI 与接入网相连,在用户侧,不同的 UNI 与 SN1、SN2 一一对应。

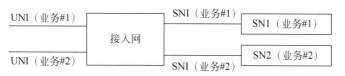

图 3-1　支持单个业务的业务节点配置

支持一种以上业务的业务节点称为模块式业务节点,在这种连接方式中,单个业务节点经单个 SNI 与接入网相连,用户侧则按业务不同有相应的 UNI,如图 3-2 所示。

图 3-2　支持多个业务的业务节点配置

3.1.3　业务节点接口的类型

传统的交换机是通过模拟 Z 接口与用户设备相连接的。在接入网的演变过程中,作为一种过渡性措施,还存在着模拟业务节点接口的应用。DLC 系统的 SNI 就是模拟 Z 接口。但是,在 DLC 系统中,因为对每条话路都要进行 A/D 和 D/A 转换,从而导致话路成本提高、可靠性降低、系统的维护量大、业务升级困难,所以,模拟 SNI 不适合业务节点的发展。

数字业务的发展要求从用户到业务节点之间是透明的纯数字连接,即要求业务节点能提供纯数字用户的接入能力。因此,要求新开发的业务节点都具有数字的业务节点接口,数字 SNI 称为 V 接口。

按照 SNI 的定义,SNI 可以支持多种不同类型的接入。传统的参考点只允许单个接入,例如,当 ISDN 用户从 BA 接入使用 V1 参考点时,V1 仅是参考点,没有实际的物理接口,而且只允许接入单个 UNI;当 ISDN 用户从 PRA 接入使用 V3 参考点时,V3 参考点也只允许接入单个 UNI;当用户以 B-ISDN 方式使用 VB1 参考点接入时,VB1 参考点仍只允许接入单个 UNI。

近年来,ITU-T 开发并规范了两个新的综合接入接口,即 V5.1 和 V5.2,从而使长期以来封闭的交换机用户接口成为标准化的开放型接口,使本地交换机可以与接入网经标准接口任意互连,而不再受到单一厂商的限制,也不再局限于特定传输介质和网络结构。因此,具有极大的灵活性。V5 接口的标准化代表了接入网技术的重大演变,具有非常重要和深远的意义。

一个 V5.1 接口只具有一个 2.048Mb/s 链路,而在一个 V5.2 接口上则有 1～16 个 2.048Mb/s 链路。

3.2　用户网络接口

用户网络接口是用户和网络之间的接口,在接入网中则是用户和接入网的接口。由于使用的业务种类不同,用户可能有各种各样的终端设备,因此会有各种各样的用户网络接口。在引入接入网之前,用户网络接口是由各业务节点提供的。引入接入网以后,这些功能被转移给接入网,由接入网向用户提供这些接口。

用户网络接口包括模拟话机接口(Z 接口)、ISDN-BA 的 U 接口、ISDN-PRA 的基群接口和各种租用线接口等。

3.2.1 Z 接口

Z 接口是交换机和模拟用户线的接口。在目前的电信网中,模拟用户线和模拟电话机应用的比例很高。在未来的电信网中,这样的局面仍然会持续。因此,任何一个电信接入网都需要安装 Z 接口,用以接入数量众多的模拟用户线(包括模拟电话机、模拟调制解调器等)。

Z 接口提供了模拟用户线的连接,用于传送话音信号、话带数据信号和多频信号。另外,Z 接口必须对话机提供直流馈电,并且在不同的应用场合中提供诸如直流信令、双音多频(DTMF)、脉冲、振铃、计时等功能。

在接入网中,要求远端机尽量做到无人维护,因此对接入网所提供的 Z 接口的可靠性有较高的要求。此外,接入网提供的 Z 接口还应当能够进行远端测试。

3.2.2 U 接口

1. U 接口的概念

在 ISDN 基本接入的应用中,将网络终端(Network Terminal,NT)和交换机线路终端(Line Terminal,LT)之间的传输线路称为数字传输系统,又称为 U 接口。在引入接入网以后,U 接口是指接入网与网络终端 NT1 之间的接口,是一种数字的用户网络接口,如图 3-3 所示。

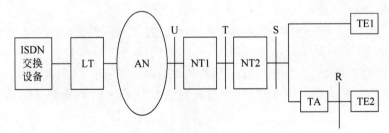

图 3-3 U 接口示意图

U 接口用来描述用户线上传输的双向数据信号。可是,到目前为止,ITU-T 仍然没有为其建立一个统一的标准。当初,CCITT 在制定 ISDN 标准时,有些国家建议将 U 参考点作为用户设备与网络的分界点,并建立 U 参考点的国际标准。但是,由于各国在 U 参考点的技术体制上各有不同,而用户线投资巨大,不易改变,因此 CCITT 坚持制定了 T 参考点的国际标准,而没有采纳各国在 U 参考点的建议。引入了接入网之后,U 接口成为接入网的功能,因而制定 U 接口标准成为不可回避的问题。目前,我国倾向于使用欧洲的 U 接口标准。

2. U 接口的功能

U 接口用来接入 2B+D 的 ISDN 用户。由于 ISDN 接入可提供多种业务(如数字电话、64kb/s 数据通信等),可以连接 6~8 个终端,并允许多个用户终端同时工作,因此适用于家庭、小型企业等。

为了实现 ISDN,应提供端到端的数字连接。因此,用户线的数字化已经成为 ISDN 的关键技术之一。U 接口就是为此而设计的。U 接口的主要功能如下。

1) 发送和接收线路信号功能

这是 U 接口最重要的功能。U 接口是通过一对用户线与用户 ISDN 设备连接的,并且采用数字传送方式。

数字传送方式是指交换机线路终端(LT)和用户网络终端(NT)之间的二线全双工方式传输数据。在接入网中,它的线路终端将替代交换机的线路终端。数字传送方式规定了分离用户线上双向传输信号的方法、克服环路中的噪声(如白噪声、回波和远、近端串音)的方法和减少桥接抽头上信号反射的方法。

由于 U 接口没有统一的标准,因此二线全双工传输方式也没有统一的标准。日本采用乒乓(Time Compression Modulation,TCM)方式;欧美有些国家采用具有混合电路的自适应回声抵消(Echo Cancellation,EC)方式。由于各国用户线特性和配置的差异,因此采用的线路编码也各不相同。例如,美国和加拿大采用 2B1Q 码;日本和意大利采用 AMI 码;而德国则采用 4B3T 码。

2) 远端供电功能

接入网应通过 U 接口向 ISDN 的网络终端 NT1 供电。

3) 环路测试功能

接入网应通过 U 接口实现环路测试功能。

4) 线路的待机与激活功能

为了减少 AN 的供电负担,当用户网络终端不需要工作时应处于待机状态(即省电模式),当用户网络终端需要工作时再被激活。

5) 电路防护功能

接入网应通过 U 接口提供电路防护功能。

3.2.3 其他接口

除 Z 接口和 U 接口外,常见的用户网络接口还有多种,如 64kb/s 数据接口、话带数据接口 V.24 和 V.35 等。

V.24 是由 ITU-T 定义的数据终端设备(DTE)和数据通信设备(DCE)间的接口;而 V.35 则是通用终端接口,是对 60~108kHz 群带宽线路进行 48kb/s 同步数据传输的调制解调器接口。

3.3 电信管理网接口

3.3.1 电信管理网的概念

电信管理网(Telecommunication Management Network,TMN)是现代电信网运行的支撑系统之一,是为保持电信网正常运行和服务的,对它进行有效的管理所建立的软硬件系统和组织体系的总称。

电信管理网主要包括网络管理系统、维护监控系统等。电信管理网的主要功能是：根据各局间的业务流向、流量统计数据有效地组织网络流量分配；根据网络状态，经过分析判断进行调度电路、组织迂回和流量控制等，以避免网络超负荷和阻塞扩散；在出现故障时根据告警信号和异常数据采取封闭、启动、倒换和更换故障部件等，尽可能使通信及相关设备恢复和保持良好运行状态。随着网络不断地扩大和设备更新，维护管理的软硬件系统将进一步加强、完善和集中，从而使维护管理更加机动、灵活、适时、有效。

电信管理网的基本概念是提供一个有组织的网络结构，以实现各种类型的操作系统之间，操作系统与电信设备之间的互连。它是采用商定的具有标准协议和信息的接口进行管理信息交换的体系结构。提出 TMN 体系结构的目的是支撑电信网和电信业务的规划、配置、安装、操作及组织。

3.3.2　电信管理网的业务

TMN 既然是一个网络，它也提供自己的网络业务，拥有自己的用户。它的业务就是TMN 的管理业务，这种管理业务是从使用者的角度来描述对电信网的操作、组织与维护的管理活动。TMN 管理业务基本可以归纳为以下三类。

（1）通信网日常业务和网络运行管理业务。

（2）通信网的检测、测试和故障处理等网络维护管理业务。

（3）网络控制和异常业务处理等网络控制业务。

TMN 的用户可以是电信运营公司，电信运营公司的管理组织部门、维护部门及人员，也可以是电信业务所服务的客户。

3.3.3　电信管理网的体系结构

1. 电信管理网的结构

电信管理网（TMN）的结构如图 3-4 所示。在 TMN 的功能体系结构中，引入了一组标准的功能块（Function Block）和有可能发生信息交换的参考点。TMN 的功能模型中，包括运行系统功能（OSF）模块、中介功能（MF）模块和适配器功能（QAF）模块。另外，TMN 也连到各网络单元功能（NEF）模块和各工作站功能（WSF）模块。

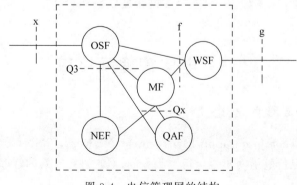

图 3-4　电信管理网的结构

在图 3-4 中,有些功能部分属于 TMN 范畴内,有些功能部分则在 TMN 范畴外。功能体系结构中的参考点(RP)是指两个非重叠的功能连接处的概念点,通过它来识别在这些功能之间交互的信息类型。

2. 电信管理网的参考点

在 TMN 中,为了描述各功能之间的关系,引入了参考点 q、f、x,以及 TMN 与外界相关的参考点为 g、m。电信管理网的参考点如图 3-5 所示。

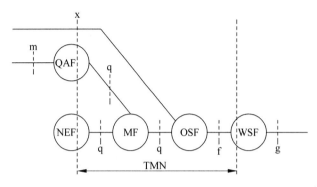

图 3-5   电信管理网的参考点

q 参考点在 QAF 与 MF、OSF 与 MF、NEF 与 MF 之间。f 参考点在 OSF 与 WSF 和 WSF 与 MF 之间。x 参考点在 OSF 与其他 TMN 的 OSF 之间。m 参考点在非 TMN 标准网元(或 OSF)与 QAF 之间。g 参考点在 WSF 与用户之间。

3. TMN 管理分层模型与功能模块的关系

1)OSF 模块

运行系统功能(Operation System Function,OSF)模块负责处理与电信管理相关的信息,支持和控制电信管理功能的实现。对应 TMN 的管理分层又可分为行业管理 OSF、业务管理 OSF、网络管理 OSF 和基本 OSF。

2)中介功能模块

中介功能(Mediation Function,MF)模块在 OSF 与 NEF(或 QAF)之间进行信息的传送,以保证各功能模块对信息模式的需求,并使网元(NE)到 OSF 的结构更加灵活。

3)数据通信功能模块

数据通信功能(Data Communication Function,DCF)模块提供各功能模块之间数据通信的方法,提供 OSI 参考模型中第 1~3 层的功能。

4)网络单元功能模块

网络单元功能(Network Element Function,NEF)模块在网络单元中,为了便宜管理而向 TMN 描述其通信功能是网络单元功能的一部分,这部分属于 TMN,而 NEF 的其他功能则在 TMN 之外。

5)工作站功能模块

工作站功能(Work Station Function,WSF)模块提供 TMN 与用户之间的交互能力,而人-机界面则属于 TMN 之外。

3.3.4　电信管理网的4种接口

从TMN的体系结构可以看出,在TMN中共有4种接口,即Q3、Qx、F和X。

1. Q3接口

目前,接入网的标准化主要集中在Q3接口上,Q3接口与一般的接口有很多差异。例如,RS-232接口是单一的通信接口,而Q3接口则是一个集合,而且是跨越了整个OSI 7层模型协议的集合。从第1层到第3层的Q3接口协议标准是Q.811,称之为低层协议。从第4层到第7层的Q3接口协议标准是Q.812,称之为高层协议。Q.811/Q.812适用于任何一种Q3接口。Q.812中最上层的两个协议是CMIP与FTAM,前者用于面向事务处理的管理应用,后者用于面向文件传输的文件传送、接入与管理。

在这里还要特别指出,Q3接口不仅包括在第7层中用到的管理信息和管理信息库(MIB),在通信协议Q.811/Q.812之上,还要有G.774和M.3100。M.3100是面向网元的通用信息模型;G.774是SDH的管理信息模型;Q.821和Q.822是Q3接口中关于告警和性能管理的支持对象定义。总之,Q3接口是一个复杂的集合。

2. Qx接口

在管理系统的实施中,很多产品采用Qx接口作为向Q3接口的过渡。Q3接口连接OS与OS、OS与MD、OS与QA。而Qx是不完善的Q3接口,基于成本和效率方面的考虑,Qx舍去了Q3中的某些部分。但是,Q3的哪些部分可以被去掉并没有标准。因此,Qx往往是非标准厂家的Q3接口。

Qx与Q3的不同之处如下。

1) 参考点不同

Qx在q、x参考点处,代表中介功能与管理功能之间的交互需求。

2) 所承载的信息不同

Qx上的信息模型是MD与NE之间的共享信息,Q3上的信息模型是OS与其他TMN实体之间的共享信息。

3. F接口

F接口处于工作站(WS)与具有OSF、MF功能的物理构件之间(如WS与MD)。它将TMN的管理功能呈现给人,或将人的干预转呈给管理系统,解决与TMN的五大管理功能领域相关的人机接口(Human Machine Interface,HMI)的支持能力,使用户(人)通过电信管理网(TMN)接入电信管理系统。人机接口使用户与系统之间交换信息。用户与控制系统的交互是基于输入输出、特殊动作和人机对话处理等各种交互机制的。

4. X接口

X接口在TMN的x参考点处,提供TMN与TMN之间或TMN与具有TMN接口的其他管理网络之间的连接。在这种情况下,相对Q接口而言,X接口上需要更强的安全管理能力,要对TMN外部实体访问信息模型设置更多的限制。为了引入安全等级、防止不诚实的否认等,也需要附加协议,但X接口应用层协议与Q3是一致的。

3.4　V5 接口

　　接入网的 V5 接口是业务节点接口的一种,它是专为接入网发展而提出的本地交换机和接入网之间的接口。

　　接入网的 V5 接口是一个适应范围很广、标准化程度相当高的新型数字接口。AN 的 V5 接口的开发,对本地交换机(LE)和数字用户传输系统朝标准化方向发展起着重要的作用。随着 V5 接口技术规范的完善和产品的不断成熟,V5 接口的应用将对接入网规范化带来深远的影响。

　　由于它在当前接入网的应用中占有特别重要的地位,故本节单独对其进行叙述。

3.4.1　V5 接口的概念

　　为了适应接入网范围内多种传输介质、多种接入配置和业务的需要,世界各国都希望有标准化的新接口出现,以支持多种类型的用户接入。20 世纪 90 年代初,美国贝尔通信研究所最早把交换机与接入设备间的模拟连接改进为标准化的数字连接,解决了过去模拟连接传输性能差、设备成本高、数字业务发展困难等问题。国际电信联盟标准部(ITU-T)于 1994 年 1 月召开发布 V5 新型接口规范研讨;第 13 研究小组分别于 1994 年 1 月和 1994 年 11 月通过了 V5.1 和 V5.2 接口的建议,即 G.964 和 G.965;随后又着手进行速率为 STM-1 的 V5 接口和支持 B-ISDN 的 V5 接口的研究。

　　为了促进并规范我国接入网的发展,原邮电部以 ITU-T 的 G.964 和 G.965 建议为主要依据,编制了《本地数字交换机和接入网之间的 V5.1 接口技术规范》和《本地交换机和接入网之间的 V5.2 接口技术规范》,经过多次论证和修改,于 1996 年 12 月由原邮电部正式颁布,并在 1997 年 3 月起实施。

　　V5 接口是接入网与交换机之间的接口,是一种标准化、完全开放的接口。用来支持窄带电信业务,根据接口容纳的链路数目(速率)和是否具备集线功能,可以分为两种形式,即 V5.1 和 V5.2。V5.1 接口用一条 2.048Mb/s 的链路连接交换机和用户接入网,它具有复用功能,除了可以支持模拟电话接入外,也可以支持 ISDN 基本接入,还可以支持专线业务等;V5.2 接口最多可以连接 16 条 2.048Mb/s 的链路,具有集线功能,可以支持 ISDN 基群接入。通过 V5 接口,用户可以与各种交换机相连。

　　V5 接口的应用,使带内语音能透明地经过 V5 接口,由交换机而不是接入网负责它们的传送和控制。由于 V5 接口并不局限于某种专门的接入技术和传输介质,因此,不仅受到光纤接入网的青睐,而且在无线接入网上也获得广泛的应用。

　　V5 接口对实现不同运营商所属的电信网之间的互联有很大的作用。从 V5 接口的角度来分析,接入网是一个黑盒子,它所关注的是与接口有关的边界上的特性,对接入网的内部传输系统并不关心。

3.4.2　V5 接口的接入模型

　　接入网 V5 接口的接入模型如图 3-6 所示。

　　V5.1 接口由一条单独的 2.048Mb/s 链路构成,交换机与接入网之间可以配置多个

50

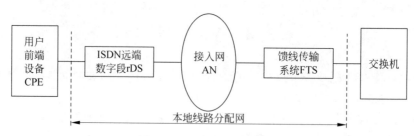

图 3-6　V5 接口的接入模型

V5.1 接口。V5.1 接口支持多种接入类型：PSTN 接入、64kb/s 的综合业务数字网(ISDN)基本速率接入(Basic Rate Access,BRA)，以及用于半永久连接的、不加带外信令的其他模拟接入或数字接入。这些接入类型都由指配的承载通路来分配,用户端口与 V5.1 接口内的承载通路指配有固定的对应关系,即 V5.1 接口不含集线功能。V5.1 接口使用一个 64kb/s 时隙传送公共控制信号,其他时隙传送话音信号。

V5.2 接口可以按需要由 1~16 条并行的 2.048Mb/s 链路构成,它能支持 PSTN 接入、ISDN 基本接入(2B+D),还支持 ISDN 一次群接入(30B+D)和用于半永久连接的、不加带外信令的其他模拟接入或数字接入,通路类型为 B、H0 和 H12 通路。这些接入类型都具有灵活的、基于呼叫的承载通路分配方式,即 V5.2 接口具有集线功能。V5.2 接口还支持多链路运用的链路控制协议和保护协议。原则上,V5.1 是 V5.2 的一个子集,可通过指配而升级为 V5.2。

V5.1 和 V5.2 的区别在于：V5.1 是一个纯欧洲电信标准(ETS 300 324-1),只用于一个 E1 速率的链路(2.048Mb/s),不支持集线功能,不支持用户端口的 ISDN 基群速率接入,没有通信链路保护概念。而 V5.2(即 ETS 300 347-1)参考了 V5.1(即 ETS 300 324-1),可以使用大于 E1 速率的链路(最多 16 个 E1 速率),能使用承载信道控制(BCC)协议,以允许本地交换机向接入网发出请求,完成接入网用户端口和 V5 接口指定时隙间的连接建立和释放,支持用户端口的 ISDN 基群速率接入,提供了专门的保护协议进行通信通路保护。

在 V5 接口接入模型中,本地线路分配网(Local Line Distribution Network,LLDN)包括除接入网以外的从交换机延伸到用户前端设备(Customer Premises Equipment,CPE)的部分,其中接入网由 V5 接口定义,而延伸部分还包括馈线传输系统(Feed line Transmission System,FTS)和远端数字段(remote Digital Section,rDS)。

接入网中的馈线传输系统(FTS)允许将接入网的前端放在远离交换机的地方。当采用 SDH 环时,可将 ADM 复用器同时设置在交换机的一侧和接入网的另一侧。这样,接入网的接入范围就得到了延伸。

如果考虑将 FTS 包含在接入网中,则需要建立一个两级接入网：第一级是在交换机和各种远端之间传输业务净荷；第二级在远端和终点之间传送较少量的净荷,也可以借助复杂的光纤传输系统将整个传输系统合为一级。此时,该系统应具有到远端的多种路由选择功能,以保证其安全性,并具有到达各远端这一大范围内的远距离运行能力。这样,FTS 的功能就可以包含在接入网中,而在图 3-6 中单独的 FTS 功能块就不存在了。图 3-6 中有可能在 ISDN 用户的用户前端设备(CPE)和接入网之间存在远端数字段(rDS)部分,而在大多数情况下,无须 rDS 部分,因为这部分功能已经包括在接入网中。远端数字段最初用于对

ISDN 开发的数字段(Digital Section,DS),从功能上包括交换机中的 ISDN 线路终端到远端 NT1 的相应数字传输形式,它不作为接入网的一部分进行独立管理,而是受控于交换机。

3.4.3 V5 接口的主要功能

V5 接口的主要功能如图 3-7 所示。

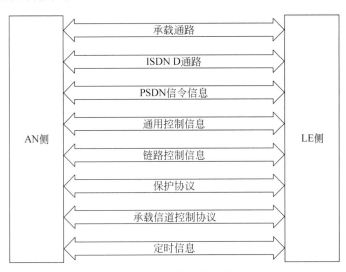

图 3-7 V5 接口的功能

1. 承载通路

承载通路为 ISDN-BRA 和 ISDN-PRA 用户端口分配 B 通路或为 PSDN 用户端的 PCM 64kb/s 通路信息提供双向的传输能力。

2. ISDN D 通路

ISDN D 通路为 ISDN-BRA 和 ISDN-PRA 用户端口的 D 通路提供双向的传输能力。

3. PSDN 信令信息

PSDN 信令信息为 PSTN 用户端口的信令信息提供双向的传输能力。

4. 通用控制信息

通用控制信息提供 ISDN 和 PSTN 每个用户端口状态和 V5 接口重新启动、同步指配数据等公共控制信息传输能力。

5. 链路控制信息

链路控制信息对 2.048Mb/s 链路的帧定位、复帧同步、告警指示和 CRC 信息进行管理控制。

6. 保护协议

当有多个 2.048Mb/s 链路存在时,保护协议支持在不同的 2.048Mb/s 链路上交换逻辑通路的能力。

7. 承载信道控制协议

承载信道控制(Bearing Channel Control,BCC)协议用于在 LE 控制下,分配承载通路。

8. 定时信息

定时信息提供比特传输、字节识别和帧同步必要的定时信息。

51

第 3 章

接入网的接口

3.4.4 V5.2 接口的协议结构

V5.2 接口的协议结构如图 3-8 所示。它包括物理层、数据链路层和网络层。

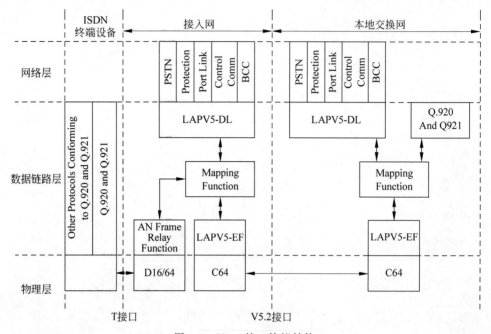

图 3-8　V5.2 接口协议结构

1. V5 接口的物理层

1) 物理层的特性

V5 接口链路的电气和物理特性均符合 G.703 建议的规定,即采用 HDB3(High Density Bipolar Three Zeros,三阶高度双极性)码。V5 接口的实现方式可以采用同轴 75Ω 非平衡接口方式和 120Ω 平衡接口方式。允许在 LE 和 AN 之间介入附加的透明数字链路来增加接口的应用范围。接口输入抖动应符合建议 G.823 对低 Q 时钟恢复的要求,输出抖动则应符合 G.823 对高 Q 时钟的要求;V5 接口可以提供比特传输、字节识别和帧同步必要的定时信息。这种定时信息用于 LE 和 AN 之间的同步。另外,V5 接口还具有循环冗余检验(CRC)功能,在 CRC 复帧中将 E 比特用作 CRC 差错报告,并符合 ITU-T 建议 G.704 和 G.706 中规定的规程。每个 2.048Mb/s 链路由 32 个时隙组成,其中,时隙 TS0 用作帧定位和 CRC-4 规程;时隙 TS15、TS16 和 TS31 可以用作通信通路(C 通路),运载 PSTN 信令信息、控制协议信息、链路控制协议信息、BCC 协议信息、保护协议信息以及 ISDN D 通路信息,并通过指配来分配;其余时隙,可用作承载通路,即用来为 ISDN 用户端口分配的 B 通路或为 PSTN 用户端口的 PCM 64kb/s 通路提供双向的传输能力。

V5 接口的物理特性按照 G.703 建议,基本特性如下。

(1) 接口基本特性。

① 比特率为 2.048Mb/s。

② 编码为 HDB3。

③ 阻抗为 75Ω(同轴线,不平衡)或 120Ω(对称线对,平衡)。

④ 电平幅度：75Ω 时,2.37V(传号),0±0.237V(空号)；120Ω 时,3V(传号),0±0.3V(空号)。

(2) 同步关系。

AN 通过 V5 接口或者通过同步接口与 LE 保持同步。在实际应用中,一般都采用从 V5 接口链路中提取时钟和进行帧定位的方式实现同步。

(3) 抖动性能。

V5 接口的抖动性能符合 G.823 建议的要求。接口的输入抖动按照 G.823 建议对于低 Q 时钟恢复的要求,输入接口能够容忍接收信号的最大抖动；输出抖动则应符合高 Q 时钟恢复的要求,从而使得 V5 接口的实现与网络中采用不同 Q 值的时钟恢复电路无关,也与附加的数字链路无关,便于 V5 接口在接入网中应用。

2) 物理层的帧结构

物理层的一帧由 32 个时隙(TS)组成。其中,TS0 作为帧开销,主要用于帧定位和 CRC-4 复帧。TS0 帧结构如表 3-1 所示。

表 3-1 TS0 帧结构

帧 的 类 型	比　　特							
	1	2	3	4	5	6	7	8
包含帧定位信号的帧	Si	0	0	1	1	0	1	1
(偶帧)	①	帧 定 位 信 号						
不包含帧定位信号的帧	Sa1	1	A	Sa4	Sa5	Sa6	Sa7	Sa8
(奇帧)	①	②	③	④				

注：① Si 比特用于 CRC-4 校验规程,Sa1 比特用于复帧定位；

② 固定为 1；

③ A 比特用于对端告警指示(RAI),在正常工作置 0,在告警时置 1；

④ 在 V5.2 接口时,Sa7 比特用于链路身份标识核实程序。

CRC-4 复帧结构如表 3-2 所示。每个 CRC-4 复帧由编号 0~15 的 16 帧组成,分为两个子复帧(SMF),即 SMF1 和 SMF2。一个 SMF 为一个 CRC-4 校验块,由 2048bit(比特)组成。

表 3-2 CRC-4 复帧结构

子复帧		帧号	帧内 1~8 比特							
			1	2	3	4	5	6	7	8
复帧	SMF1	0	C1	0	0	1	1	0	1	1
		1	0	1	A	Sa4	Sa5	Sa6	Sa7	Sa8
		2	C2	0	0	1	1	0	1	1
		3	0	1	A	Sa4	Sa5	Sa6	Sa7	Sa8
		4	C3	0	0	1	1	0	1	1
		5	0	1	A	Sa4	Sa5	Sa6	Sa7	Sa8
		6	C4	0	0	1	1	0	1	1
		7	0	1	A	Sa4	Sa5	Sa6	Sa7	Sa8

续表

子复帧		帧号	帧内 1~8 比特							
			1	2	3	4	5	6	7	8
复帧	SMF2	8	C1	0	0	1	1	0	1	1
		9	1	1	A	Sa4	Sa5	Sa6	Sa7	Sa8
		10	C2	0	0	1	1	0	1	1
		11	1	1	A	Sa4	Sa5	Sa6	Sa7	Sa8
		12	C3	0	0	1	1	0	1	1
		13	E	1	A	Sa4	Sa5	Sa6	Sa7	Sa8
		14	C4	0	0	1	1	0	1	1
		15	E	1	A	Sa4	Sa5	Sa6	Sa7	Sa8

在包括帧定位信号的帧内的第一比特是 CRC-4 比特,每个 SMF 中有 4 个 CRC-4 比特,称为 C1、C2、C3 和 C4,是校验结果的余数。

在不包括帧定位信号的帧内的第一比特分别是 CRC-4 的复帧定位信号和 CRC-4 误码指示比特(E),CRC-4 的复帧定位信号形式为 001011。E 比特用于指示收到误码的子复帧。子复帧监测到有误码,则把 E 比特由 1 置为 0。

V5 接口物理层的帧结构中 CRC-4 校验程序有以下两个作用。

(1) 对假帧定位的防护。

CRC-4 校验程序被用作对复用信号接收侧的假帧定位的防护。由于非话业务的增加,用户终端可能模拟一个与帧定位信号相同的假信号,这个假信号有可能出现在链路上,如果仅采用固定比特信号进行帧同步,当接收端收到这些比特时,就可能检测出假帧信号,从而产生错误。而 CRC-4 校验规则较为复杂,是根据所有时隙的信号比特进行计算,参与帧定位,这样,就能够避免假帧定位。

(2) 比特误码监测。

使用 CRC-4 校验程序可以增强误码的监测能力,能够经济、准确地实现传输性能的在线监测。以前采用帧定位差错监测、违反 HDB3 编码规则的监测方法不够准确。采用 CRC-4 校验进行差错监测则有较高的准确度,而且误码率很低。

在 V5 接口接入网运行维护中,可以基于 G. 826 建议,采用 CRC-4 校验块进行 2.048Mb/s 链路的不中断业务的差错性能测试。

在 V5.2 接口中,每条 2.048Mb/s 链路的 TS16、TS15 和 TS31 时隙可以用作物理 C 通路并按要求进行指配。没指配给物理 C 通路的时隙,在 BCC 协议控制下,可以用来作为承载通路。

在 V5.2 接口中,每条 2.048Mb/s 链路的物理层应具有设置 TS0 中 Sa7 比特为 0 的能力,以支持链路控制协议中的链路身份核实规程。

2. V5 接口的数据链路层

1) 数据链路层的子层

V5 接口的数据链路层是仅对 C 通路而言的,使用的规程称为 V5 接口的链路访问协议(Link Access Protocol,LAPV5),其目的是灵活地将不同的信息流复用到 C 通路上去。LAPV5 基于 ISDN 的 D 通道链路访问协议(Link Access Protocol-Channel D,LAPD)规程,分为两个子层,即封装功能子层(Link Access Protocol V5-Envelope Function,LAPV5-EF)和数据链路子层(Link Access Protocol V5-Data Link,LAPV5-DL)。此外,AN 的第二层功能

中还应包括帧中继子层(AN-FR),它用于支持 ISDN D 通路信息。

封装功能子层(LAPV5-EF)用于封装 AN 和 LE 间的信息,实现透明传输;数据链路子层(LAPV5-DL)定义了 AN 和 LE 间对等实体的信息交换方式;链路控制协议(Link Control Protocol)定义了 AN 或 LE 如何转达每条独立 2.048Mb/s 链路上用于链路控制的协调信息。

2) 封装功能子层

封装功能子层的帧结构如图 3-9 所示。封装功能子层的帧结构是以高级数据链路控制(High-level Data Link Control,HDLC)的帧格式为基础构成的,由标志序列、封装功能地址字段、信息字段、帧校验序列等构成。各帧长度以 8 比特的整倍数为单位。一个帧首先以表示帧头的标志序列(01111110)开始,接着是封装功能地址字段,然后是封装信息字段,之后是检测传输差错的帧校验序列(FCS),最后是表示帧结束的标志序列(01111110)。

标志 01111110	封装功能地址 (高阶比特)	封装功能地址 (低阶比特)	信息	FCS	FCS	标志 01111110
1	2	3	⋯	$N-2$	$N-1$	N

图 3-9 封装功能子层的帧结构

封装功能子层为 ISDN 接入的 D 通路信息和 LAPV5-DL 信息提供封装和帧传送功能。V5 接口中所有 ISDN 用户口都由封装功能地址(0~8175)来标识,8176~8191 范围内的地址为保留值,用于数据链路层实体向网络层提供数据链路服务。

数据链路子层(LAPV5-DL)包含在 LAPV5-EF 帧结构的信息字段中,提供多帧操作的建立与释放规程、多帧操作中信息传送的规程以及数据链路层监视功能,完成接入网设备和本地交换机之间的第三层(即网络层)协议实体的信息传送。数据链路地址与封装功能地址包含相同的信息。其中,8176~8180 的地址分别用于指示 V5 接口第三层的 5 个协议,即 PSTN 协议、控制协议、BCC 协议、保护协议和链路控制协议。在 V5 接口上的 PSTN 信令承载从接入网(AN)至本地交换机(LE)的 PSTN 信令内容(如线路占用、拨号数字等)和 LE 到 AN 的消息(如反极性、计费等)。所有 PSTN 用户端由 V5 接口中唯一的编号来标识。

3) 数据链路子层

(1) 在 C 通路上提供一个或多个数据链路连接,数据链路连接之间是利用包含在各帧中的数据链路地址来加以区别的。

(2) 帧的分界、定位和透明性,允许在 C 通路上以帧形式发送一串比特。

(3) 顺序控制,以保持通过数据链路连接的各帧的次序。

(4) 检测差错,即检测一个数据链路连接上的传输差错、格式差错和操作差错。

(5) 数据恢复,即根据检测到的传输差错、格式差错和操作差错进行恢复。

(6) 差错通知,把不能恢复的差错通知管理实体。

(7) 流量控制,防止两个通信实体之间因通信处理度不匹配而引起数据丢失。

4) 帧中继子层

接入网帧中继子层(AN-FR)的主要功能是将与 ISDN 端口相关的 ISDN D 通路上的帧在数据链路层上进行统计复用,送到 V5 接口的 C 通路上,并将从 V5 接口的 C 通路上接收到的帧分路到 ISDN D 通路上。在数据链路层内,各子层之间的通信是由映射功能完成的。

接入网帧中继的过程如下。

（1）帧定界、帧同步和透明传输。

（2）利用 ISDN 数据链路层的地址字段进行复用和分解。

（3）帧检查，以确保在比特插入前和删除之后帧的完整性。

（4）检查无定界帧或者过短的帧。

（5）在无数据链路层帧发送时，插入 HDLC 的标志。

（6）检测传输差错。

5）接入网的帧中继、映射和封装

接入网的帧中继、映射和封装功能如图 3-10 所示。

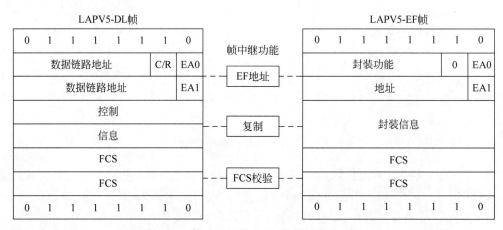

图 3-10　接入网的帧中继、映射和封装功能

（1）数据链路地址字段。

数据链路地址字段包含两个 8 比特组，分为扩展比特 EA、命令/响应比特 C/R 和数据链路地址。其中，C/R 占一位，取值 0 或 1，用于识别该帧是命令还是响应。这里，命令是指对帧的接收端提出的特定操作要求，而响应是指对方通知已执行的操作或者本端所处的状态。如果 C/R 比特置为 0，表明该帧是接入网向本地交换机发出的命令；而 C/R 比特置为 1，则表明该帧是本地交换机对接入网的响应。

V5 接口的数据链路地址占两个 8 比特组中的 13 比特。由于 0～8175 范围用于标识 ISDN 用户端口地址，不能用来标识数据链路层协议实体。因此，8176～8180 分别表示 V5 接口第三层的 5 个协议，具体分配如表 3-3 所示。

表 3-3　V5 数据链路地址编码

比　　特								意　　义
8	7	6	5	4	3	2	1	
1	1	1	1	1	1	C/R	EA0	字节 1 字节 2
1	1	1	0	0	0	0	EA1	PSTN 信令协议（8176）
1	1	1	0	0	0	1	EA1	控制协议（8177）
1	1	1	0	0	1	0	EA1	BCC 协议（8178）
1	1	1	0	0	1	1	EA1	保护协议（8179）
1	1	1	0	1	0	0	EA1	链路控制协议（8180）

（2）控制字段。

控制字段由一个或两个 8 比特组构成，用于识别帧的类型。控制字段包括表示帧的类型和询问/终止比特（P/F）。P＝1 的命令是要求对方端发来响应，F＝1 是表示对方端对P＝1 命令的应答。

（3）信息字段。

数据链路子层的格式 A 不包括信息字段。而数据链路子层格式 B 的信息字段位于控制字段的后面，其最大容量为 260 比特组。

（4）无效帧的判断和处理。

如果一个帧属于下列情况之一，则该帧视作无效帧。

① 包含序号且长度少于 4B（字节）的帧。

② 不包含序号且长度少于 3B 的帧。

③ 包含链接地址字段且长度不等于 2B 的帧。

④ 包含不支持链接地址字段格式的帧。

6）数据链路层规程

用于控制通路或 PSTN 信令通路的数据链路层规程（LAPV5-DL），是基于 Q.920/Q.921 中规定的 D 通路上的点到点链路接入规程（LAPD），但 LAPV5-DL 只选择了 LAPD中部分的帧类型。

LAPV5-DL 帧的类型如下。

（1）信息帧。

信息帧是通过数字链路连接有序地传送信息字段的编码帧。通常信息帧在点到点数据链路连接的多帧操作中使用。

（2）监视帧。

监视帧包括接收准备好帧（Receive Ready，RR）、接收未准备好帧（Receive Not Ready，RNR）和拒绝帧（Reject，REJ）。RR 帧和 RNR 帧用于监视数据链路连接的状态以便进行流量控制。RR 帧表示存放接收帧的缓存器空闲，可以接收对方端发来的帧。RNR 表示缓存器已经全部被占用，不能接收外来的帧。REJ 表示由于传输线路等故障，接收端检测出对方端发来的信息帧有差错，要求对方端重新发送信息帧。

（3）无编号帧。

无编号帧没有顺序编号，共分为 6 种。其中，SABME 帧在请求建立多帧时发送；DISC帧在要求结束多帧操作时发送；DM 帧是向对方端表示数据链路层处于拆线状态，无法执行多帧操作；UA 帧是对 SABME 帧和 DISC 帧等帧的响应；FRAM 帧是向对方端显示处于不正常的状态；UI 帧是无证实操作方式下传递的信息帧，用于进行不加编码的信令传送。

（4）控制信息交换帧。

控制信息交换帧用于两端之间进行与协议有关参数的商议。

3. V5 接口的网络层

V5 接口内，支持不同的、面向消息的网络层协议有 PSTN 信令协议、控制协议（公共控制和用户端口控制）、链路控制协议、BCC 协议和保护协议，后三个协议仅用于 V5.2 接口。所有的网络层协议都使用相同的协议鉴别语，因此，网络层协议可以看成由不同子协议组成的一个独特的 V5 协议。

以下简要地介绍这几种协议的功能。

1) PSTN 信令协议

PSTN 信令协议用于透明地向交换机传输用户线状态信息。其中,LE 部分负责完成呼叫控制和增值业务功能;AN 负责用户线状态识别、铃流产生等功能。

引入 V5 接口后,呼叫控制的职责仍在本地交换机(LE),接入网(AN)的作用是透明传送模拟用户端口的大多数线路信令。

图 3-11 表示从用户端发起呼叫的信令过程,而图 3-12 则表示从交换机发起呼叫的信令过程。

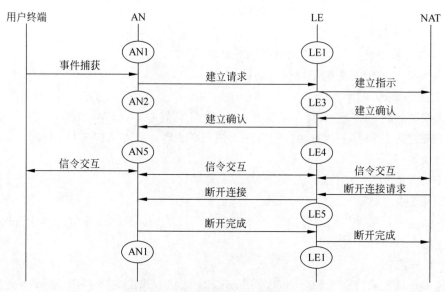

图 3-11　从用户端发起呼叫的信令过程

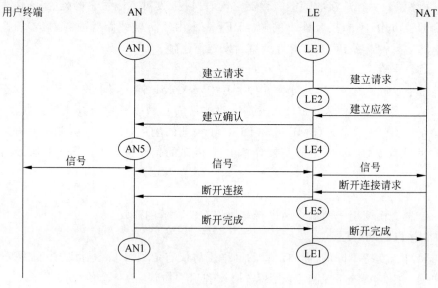

图 3-12　从交换机发起呼叫的信令过程

V5 接口上的 PSTN 信令协议基本上是一个激励协议,它不控制 AN 中的呼叫规程,而是通过 V5 接口传送有关模拟线路状态的信息。V5 接口的 PSTN 规程需要与 LE 中的国内协议实体一起使用。LE 中的国内协议实体既可用于与 LE 直接相连的用户线,也可用于控制通过 V5 接口而连接的用户线上的呼叫。

多数线路信号不被 V5 PSTN 信令协议解释,而仅是在 AN 中的用户端口和 LE 中的国内协议实体之间进行透明传输。V5 PSTN 协议只有相对较少的部分功能与 V5 接口中路径的建立与释放、V5 接口上的呼叫冲突解决以及与 LE 在过载条件下对新呼叫的处理有关。由于各国在 LE 中的协议实体功能上的差异,因此每个国家在制定本国 V5 接口规范时,都将提供适用于本国的 PSTN 信令信息单元全集以及适用于本国的国内 PSTN 协议映射规范技术要求。

LE 通过 V5 接口负责提供业务,包括呼叫控制和附加业务。双音多频(Dual Tone Multi Frequency,DTMF)发送器和接收器、信号音发生器和通知音发生器都位于 LE 内,采用 DTMF 的号码信息和通过话路的音频信息,在用户端口和 LE 之间透明地传输。一些线路状态信号不能直接通过话路传送,这些信息由 AN 接收和解释,然后以网络层消息的形式在 V5 接口上传送。

AN 内部也有部分国内信令协议实体,它要处理与模拟信令识别时间、时长、计费脉冲的电压与频率、振铃电路或信令序列的特点细节与协议有关的参数,这些参数在 AN 内可通过软件或硬件来设置。那些对用户信号有时间限制的响应,需要 AN 按用户信令的时间要求自动响应,如振铃和拨号音。

PSTN 信令协议的消息结构如图 3-13 所示。第三层(L3)地址用于识别 PSTN 用户端口。L3 地址包含 15 比特,其数值在 0~32 767 之间。消息类型用于表示消息传送过程中的各种信号的类型,消息类型可以分为建立、建立确认、信号、信号确认、状态、状态查询、拆线、拆线完成、协议参数等。

2) 控制协议

控制协议由用户端口控制和 V5 接口公共控制两部分组成。用户端口控制规定了用户端口阻塞控制和激活控制。用户端口控制协议的具体内容包括 ISDN

图 3-13 PSTN 信令协议结构示意图

基本接入(BA)用户端口控制、ISDN 基群接入(BRA)用户端口控制和 PSTN 用户端口控制。V5 接口公共控制协议规定了 V5 接口重新指配和重新启动的实现,以及完成变量和接口 ID 的核实和解除用户端口阻塞等功能。

无论是 PSTN 用户端口还是 ISDN 端口,其用户端口状态指示都基于 AN 和 LE 职责分离的原则,只有那些与呼叫控制相关的用户端口状态信息才可以通过 V5 接口,并影响 LE 中的状态机。端口的测试由 AN 负责实现,如端口的环回操作。测试会对业务造成干扰,只有在端口处于"阻塞"的情况下才能进行。端口阻塞可以由 AN 侧或 LE 侧发起,也可以通过 AN 请求,并得到 LE 允许进行。端口阻塞可以应用于多种情况,如故障、关闭端口业务等。

控制协议的消息结构与 PSTN 协议的结构相似,但第三层(L3)地址信息单元的格式与不同的控制功能有关。第三层地址信息单元用于识别 ISDN 或 PSTN 用户端口,或指示 V5 公共控制功能。

图 3-14 为标识 PSTN 端口的 L3 地址信息单元格式,与 PSTN 协议中的 L3 地址标识的用户端口数量相同、格式一致。

图 3-15 为标识 PSTN 端口或公共 V5 控制功能的 L3 地址信息单元格式。在 ISDN 用户端口用于控制信息时,L3 地址用作该用户端口 D 通路信令数据 EF 地址(V5 EF addr)的复制;在用于公共控制功能的地址时,即为控制协议的 V5 数据链路地址(V5 DL addr),数值为 8177。

第三层地址(高阶比特)	1
第三层地址(低阶比特)	

图 3-14 标识 PSTN 端口的 L3 地址
信息单元格式

第三层地址(高阶比特)	0	0
第三层地址(低阶比特)		1

图 3-15 标识 PSTN 端口或公共 V5 控制功能的
L3 地址信息单元格式

控制协议的消息类型及相关信息单元如表 3-4 所示。

表 3-4 控制协议的消息类型及相关信息单元

消 息 类 型	相关信息单元
端口控制(双向)	控制功能单元(双向,必选),性能级别(AN 至 LE,可选)
端口控制确认(双向)	控制功能单元(双向,必选)
公共控制(双向)	控制功能 ID(双向,必选),变量(双向,可选) 拒绝原因(双向,可选),接口 ID(双向,可选)
公共控制确认(双向)	公共控制确认单元(双向,必选)

端口控制消息由 AN 或 LE 发送,用于传送一个 ISDN 或 PSTN 用户端口控制单元。

端口控制确认消息由 AN 或 LE 发送,可以作为对接收到的端口控制消息的立即确认,而不是对所提供的控制功能的响应。

公共控制消息由 AN 或 LE 发送,用于公共控制功能要求的传送,而不用于端口特定的控制消息。

公共控制确认消息由 AN 或 LE 发送,可以作为对接收到的公共控制消息的立即确认,而不是对所提供的控制功能的响应。

3) 链路控制协议

由于 V5.2 接口可以由多个链路组成,因此需要有一个特定链路 ID 识别和链路阻塞功能,这些功能通过链路控制协议完成。

多链路的管理和控制,包括控制链路甄别、链路阻塞、链路故障管理功能。

多链路的管理和控制过程如图 3-16 所示。

链路控制协议的功能与第一层链路相关,当检测出任一条链路故障时,将由 LE 决定是否进行链路阻塞,释放该链路上用于业务的可交换连接,并在同一 V5.2 接口的其他链路上重建半永久连接和 AN 预定的连接。若该链路上运载有通信通路(C 通路),还将应用保护协议、逻辑通信通路(逻辑 C 通路)切换到其他正常链路上。当故障解除后,要核实链路身份标识(链路 ID)的一致性,并在 AN 和 LE 两侧协调解除阻塞,启动链路重新工作。

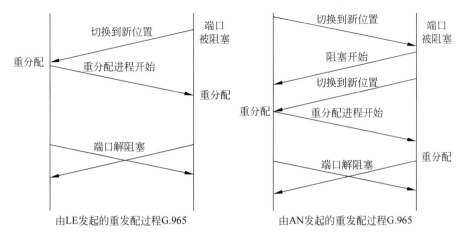

图 3-16 多链路的管理和控制过程

第一层信号的检测算法如表 3-5 所示。

表 3-5 第一层信号的检测算法

事件(信号)	检 测 算 法
正常帧	依照 G.706 建议规定的算法
信号丢失(LOS)	① 在至少 1ms 时间间隔内,输入信号比正常信号幅度低 20dB; ② 输入信号中检测到 10 个连续 HDB3 的 0 码
帧定位丢失	依照 G.706 建议规定的算法
告警指示信号(AIS)	帧定位丢失以及在 512b 间隔内检测到的 0 码少于 3 个
远端告警指示(RIA)	在帧定位有效时,比特帧信号中 A 比特为 1; 或接收到置 0 的 E 比特
链路身份标识信号	收到的正常帧中,3 个 Sa7 比特中有两个以上置 0

从 AN 到 LE 存在两种不同类型的阻塞请求:可延迟的阻塞请求和不可延迟的阻塞请求。

AN 可以申请可延迟的链路阻塞请求,LE 接收到该消息后禁止该链路上所有未分配的承载通路用于进一步分配,并等待直到所有承载通路(分配用于即时业务)被解除分配。之后,LE 进行逻辑 C 通路、半永久和 AN 预定的连接的保护。完成以上过程后,LE 向 AN 发出"阻塞指示"。

AN 也可以申请不可延迟的阻塞请求,是否接受阻塞请求由 LE 决定。如果该链路运载通路为 C 通路,LE 管理将应用保护协议把逻辑 C 通路切换到备用的物理 C 通路;接着,LE 将释放该链路上所有可交换连接,在同一 V5.2 接口的其他链路上重建半永久和 AN 预定的连接;然后向 AN 发送"阻塞指示"。如果不能实现逻辑 C 通路的保护,LE 将向 AN 发送"解除阻塞指示"来拒绝这个请求。

当不可延迟的阻塞请求被 LE 拒绝,而且从 AN 来看,这个链路阻塞是紧急和必要的,AN 能够立即阻塞 V5.2 接口上的链路。

V5.2 接口单个链路的链路状态指示是以 AN 和 LE 之间的职责分享为基础的。

那些干扰通过该链路业务的测试,只有在链路处于非工作状态的情况下才能进行。这些测试或是由于故障,或是由 AN 请求并得到 LE 的允许。

当V5.2接口只有一条2.048Mb/s链路时,一条链路的阻塞将会导致整个接口业务的中止。

链路身份标识程序用于检测一条特定链路的链路身份标识。如果另一侧能够接收这个请求(即此时不再处理另一类似的程序),那么,它将发送一个特殊的物理信号(即比特Sa7置"0")到一条链路上,该链路地址由该消息中的地址来指示。这个程序允许请求的一侧检查该链路两侧之间是否匹配。

链路身份标识程序是对称的,可以用于2.048Mb/s链路的任一侧。当来自LE和AN的请求发生冲突时,由LE启动的链路身份标识程序具有较高的优先级。

链路身份标识程序也可以由系统管理来定期来执行。重新指配之后也可以应用这个链路身份标识程序。系统启动后,可以由系统管理或操作系统(OS)来决定是否运行链路身份标识程序。

协议鉴别语 01001000	
00000000	
L3地址	
0	消息类型
其他信息单元 …	

图3-17 链路控制协议的消息结构格式

在物理层处于正常状态时,系统管理可以请求执行链路身份标识程序。此时,链路身份标识程序可以应用于所有链路,包括主链路和次链路。

链路控制协议的消息结构格式如图3-17所示。

第三层的地址信息单元是为了识别链路控制消息所对应的2.048Mb/s链路。L3地址字段中选用一个有效字节,另一个字节全为"0",可以标识256条链路。

链路控制协议的第三层地址与用于BCC协议的V5时隙标识符信息单元的V5 2.048Mb/s链路标识符具有相同的值。

链路控制协议有链路控制和链路确认两个消息类型,其相关的信息单元如表3-6所示。

表3-6 链路控制协议的类型及相关信息单元

消息类型	相关信息单元	消息类型	相关信息单元
链路控制(双向)	链路控制功能(双向,必选)	链路控制确认(双向)	链路控制功能(双向,必选)

链路控制协议的链路控制消息由LE、AN发送,用来传送各条2.048Mb/s链路控制功能所需的信息。链路控制确认消息是对于链路控制消息的立即确认。

链路控制协议的链路控制功能信息单元是一个长度为3Bytes(字节)的信息单元,用于传送链路控制功能。

链路控制功能单元结构如图3-18所示。

链路控制协议的功能编码如表3-7所示。

00110000	
链路控制功能单元内容长度	
EA1	链路控制功能单元

图3-18 链路控制功能信息单元

4) BCC协议

BCC协议用来把一条特定2.048Mb/s链路上的承载通路基于呼叫分配给用户端口,从而实现V5.2接口的承载通路和用户端口的动态连接,以实现V5接口的集线功能,其过程由LE指定,AN执行,用来检查AN用户端口与V5.2接口之间承载通路的建立和释放。另外,BCC协议还可以提供AN内部故障报告功能,用来通知 LE 有关 AN 内部影响承载通路连接的故障。

表 3-7　链路控制功能及其编码

比　　　特								链路控制功能
7	6	5	4	3	2	1	0	
0	0	0	0	0	0	0	0	链路 ID 标识请求
0	0	0	0	0	0	0	1	链路 ID 标识确认
0	0	0	0	0	0	1	0	链路 ID 标识释放请求
0	0	0	0	0	0	1	1	链路 ID 标识拒绝请求
0	0	0	0	0	1	0	0	链路解除阻塞
0	0	0	0	0	1	0	1	链路阻塞
0	0	0	0	0	1	1	0	可延迟的链路阻塞请求
0	0	0	0	0	1	1	1	不可延迟的链路阻塞请求
其他所有值								保留

BCC 协议的进程包括 3 种,即分配进程、解除分配过程和审计进程。

分配进程根据呼叫或 LE 管理的控制使用分配进程,规定 AN 和 LE 之间的交互操作,用来向一个特定的用户端口分配 V5.2 接口上一定数量的确定链路、时隙的承载通路。

解除分配过程与上述的分配进程相反,用来释放用户端口和承载通路的连接。

审计进程用来检查 V5.2 接口上一条承载通路的路由以及用户端口处的后续连接。LE 利用审计功能获得 AN 侧某个承载通路的连接信息。

BCC 协议支持的承载连接类型有 3 种,即在 V5.2 接口内基于呼叫的交换连接、在 LE 内基于呼叫的交换连接、在 LE 和 AN 内建立的半永久连接。

在 V5.2 接口内基于呼叫的交换连接,支持 PSTN 和 ISDN 的可交换业务,并在 AN 内具有集线功能。在每个呼叫的开始,使用 BCC 协议的分配进程;在每个呼叫的结束,使用 BCC 协议的解除分配进程。BCC 协议支持多时隙的成组分配和解除分配。

原来在 LE 内基于呼叫的交换连接,在 V5.2 接口则为预连接,在 AN 内不集线,以支持特殊需要的 PSTN 和 ISDN 交换业务,如高话务量 PBX 线路,不允许呼叫阻塞的紧急业务线路。

在 LE 和 AN 内建立的半永久连接,可支持半永久的租用线路业务。

对于半永久连接和预连接,需要在 LE 管理的控制下应用 BCC 程序,提供或结束交换业务或者租用线业务。

BCC 协议只支持 AN 用户端口和 V5.2 接口之间的连接,不支持内部交换(用户端口到用户端口的连接)。

BCC 协议的消息结构格式如图 3-19 所示。

在 BCC 协议中,第三层地址信息单元用于表示 BCC 参考号码数值。BCC 参考号码包括 13 比特,用于标识 BCC 协议发送和接收消息的进程。

BCC 参考号码是由 AN 或 LE 实体生成的随机数(也可以是顺序产生的数值),新进程的 BCC 参考号码不能与正在使用的号码重复。在任何一个进程产生差错指示的情况下,在等待充足的时间后,BCC 号码才能被再

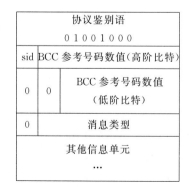

图 3-19　BCC 协议的消息结构格式

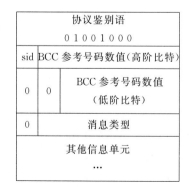

次使用。

源标识(source id,sid)是一个1比特的字段,用于表示创建BCC参考号码的实体,0表示是由LE创建的进程,1表示是由AN创建的进程。

BCC协议的消息类型和相关的信息单元如表3-8所示。

表3-8　BCC协议的消息类型和相关的信息单元

消 息 类 型	相关信息单元
分配(LE至AN)	用户端口标识(LE至AN,必选),ISDN端口时隙标识(LE至AN,任选),V5时隙标识(LE至AN,任选),多时隙映射(LE至AN,任选)
分配完成(AN至LE)	—
分配拒绝(AN至LE)	拒绝原因(AN至LE,必选)
解除分配(LE至AN)	用户端口标识(LE至AN,必选),ISDN端口时隙标识(LE至AN,任选),V5时隙标识(LE至AN,任选),多时隙映射(LE至AN,任选)
解除分配完成(AN至LE)	—
解除分配拒绝(AN至LE)	拒绝原因(AN至LE,必选)
审计(LE至AN)	用户端口标识(LE至AN,必选),ISDN端口时隙标识(LE至AN,任选),V5时隙标识(LE至AN,任选)
审计完成(AN至LE)	用户端口标识(LE至AN,必选),ISDN端口时隙标识(LE至AN,任选),V5时隙标识(LE至AN,任选),连接不完整(AN至LE,任选)
AN故障(AN至LE)	用户端口标识(LE至AN,必选),ISDN端口时隙标识(LE至AN,任选),V5时隙标识(LE至AN,任选)
AN故障确认(LE至AN)	—
协议差错(AN至LE)	协议差错原因(AN至LE,必选)

① 分配消息:LE使用分配消息,通过标识和使用V5.2接口中一个特定的时隙,向AN申请一个或多个承载通路,分配给一个特定的用户端口。在为了完成导通连接而将承载通路分配到一个ISDN端口的情况下,LE也应指出ISDN接口中将要使用的用户端口时隙。分配消息也允许支持多速率($N\times64kb/s$)业务的多速率承载通路(多个V5时隙)的成组分配。

② 分配完成消息:AN使用分配完成消息向LE表明,为一个特定的用户端口申请的承载通路的分配已经完成。

③ 分配拒绝消息:AN使用分配拒绝消息向LE表明,为一个特定的用户端口申请的承载通路的分配没有完成。

④ 解除分配消息:LE使用解除分配消息向AN请求解除一个特定的用户端口上一个或多个承载通路的分配。

⑤ 解除分配完成消息:AN使用该消息向LE表明,从一个特定的用户端口上解除所申请的承载通路的分配已经成功地完成。

⑥ 解除分配拒绝消息:AN使用该消息向LE表明,从一个特定的用户端口上解除所申请的承载通路的分配没有完成。

⑦ 审计消息:LE使用此消息要求AN提供识别一个64kb/s承载通路的完备信息。此消息允许LE基于用户端口标识、ISDN端口时隙标识或者V5时隙标识来申请承载通路连接信息。

⑧ 审计完成消息：AN 使用此消息要求 LE 指示审计的结果。存在完整连接时，包含相关标识，不存在相关链接得到的审计结果为连接不完整。

⑨ AN 故障消息：AN 使用此消息要求 LE 通知有关一条 64kb/s 承载通路连接的信息，这条通路由于内部故障而在 AN 中被中断。当通知一个内部故障时，AN 必须提供所需的信息，从而允许 LE 能够标识出与该连接有关的所有数据。

⑩ AN 故障确认消息：LE 使用此消息向 AN 确认接收到 AN 故障消息。发送此消息只是对接收到 AN 故障消息的确认，而不是通知已经采取了适当的响应。

⑪协议差错消息：AN 使用此消息向 LE 指示在接收到的消息中存在一个协议差错。

5）保护协议

保护协议只应用在 V5.2 接口存在多个 2.048Mb/s 链路的情况下。它的主要作用：在一个 2.048Mb/s 链路发生故障时或应系统操作者（OS）的请求，实现 C 通路的切换。

一个 V5.2 接口最多可以由 16 条 2.048Mb/s 链路组成。根据协议结构和复用结构，一条 C 通路可以传送与多个业务端口相关的业务信息。因此，一条 C 通路的故障可能会影响大量的用户业务。特别是对于 BCC 协议、控制协议和链路控制协议，在有关的 C 通路出现故障的情况下，所有用户端口都会受到影响。

为了提高 V5.2 接口的可靠性，当出现故障时，V5.2 接口提供 C 通路切换的保护机制。

保护机制将用于保护所有活动的 C 通路。保护机制还将保护用于控制保护切换的保护协议 C 通路本身。

保护协议不保护承载通路，也就是说，允许在承载通路所属的 2.048Mb/s 链路出现故障的情况下，重新配置承载通路。在这种故障情况下，这些承载通路上的用户连接将出现故障。

要求保护的主要事件是 2.048Mb/s 链路的故障。保护协议还将防止持续的 V5 数据链路故障，即数据链路中用于 PSTN 信令协议、控制协议、链路控制协议、BCC 协议或保护协议的任一条数据链路持续的故障。另外，应连续监视所有物理 C 通路（活动的和备用的）上的标志，以防止第一层检测机制没有检测出的故障。如果在一个备用的 C 通路上检测出故障，则应通知系统管理，在没有正常的备用 C 通路时，切换就不能进行。

在只有一条 2.048Mb/s 链路的情况下，不存在逻辑 C 通路的保护，在系统启动时，也不需要建立用于保护的数据链路。

在切换后，除了保护协议的数据链路（在主链路和次链路上的第 16 时隙）之外，所有受影响的 LAPV5 数据链路都应重新建立。在主链路或次链路的第 16 时隙出现故障下，在故障恢复后，应自动重新建立用于保护协议的数据链路。由于进行了保护切换，在 LAPV5 数据链路层重建后，第二层的帧和/或第三层的消息可能会丢失。有关的第三层协议实体应负责处理这些情况。

由于主链路或次链路都出现故障而丢失保护的控制协议、链路控制协议或 BCC 协议的 C 通路，只能通过另一条 2.048Mb/s 链路重新指配而恢复。

用于保护协议的 C 通路应当始终指配在主链路和次链路的第 16 时隙，并且不能被保护机制所切换。

控制协议、链路控制协议和 BCC 协议的 C 通路应在主链路的第 16 时隙启动。次链路的第 16 时隙应用于控制协议、链路控制协议和 BCC 协议的 C 通路的保护。

在相同的物理C通路上,保护协议消息在帧的传送上应比其他消息优先。

每个由多条2.048Mb/s链路构成的V5.2接口应具有保护组1,如果指配,则为保护组2。

保护组1由主链路和次链路的第16时隙组成。这样,以下固定的数值用于保护组1:

$$主链路C通路\ N_1=1$$

$$次链路C通路\ K_1=1$$

如果指配保护组2,N_2为指配的逻辑C通路数量,则按照如下方式指配一组K_2条的备用C通路:

$$1\leqslant K_2\leqslant 3 \quad 且 \quad 1\leqslant N_2\leqslant (3\times L-2-K_2)$$

其中,L是V5.2接口中2.048Mb/s链路的个数。选择K_2时,它应大于或等于V5.2接口的任一单个2.048Mb/s链路上的物理C通路的最大数量,这个规则没有将主链路和次链路中的第16时隙考虑在内,这一规则保证了在一些单个2.048Mb/s链路出现故障时,所有活动C通路都能够被保护。

要求保护的主要事件是2.048Mb/s链路的故障。

除了第一层监视,应使用另外两个监视功能检测C通路的故障和触发一个自主的保护切换。这两种方法是标志监视和数据链路监视。

当从AN或LE中检测到链路处于非工作状态时,AN或LE中的系统管理应该为2.048Mb/s链路中所有活动C通路触发一个自主的切换。

保护协议应连续监视活动C通路和备用的C通路上的标志。如果在1s内没有接收到物理C通路上的标志,则认为物理C通路不可利用(处于非工作状态),应向系统管理发出一个差错指示;如果在1s内至少接收到一个物理C通路上的标志,则认为物理C通路可以被利用。

在AN和LE,保护协议需对运载C通路的所有C通路在数据链路层监视。如果运载C通路的物理C通路被认为是不可利用的,处于非工作状态,系统管理触发该逻辑C通路的保护切换。

协议鉴别语 01001000	
逻辑C通路标识(高阶比特)	
逻辑C通路标识(低阶比特)	
0	消息类型
其他信息单元 …	

图3-20　保护协议的消息结构格式

保护协议的消息结构格式如图3-20所示。

AN和LE两侧都应维护一个已经指配的逻辑C通路的列表。一条逻辑C通路由一个专用的逻辑C通路标识号码来标识。

逻辑C通路标识信息单元的长度为2B,采用二进制编码,取值为0～65 535之间的数字。最多可以向一个V5.2接口指配44个不同的逻辑C通路标识号码。

当一个V5.2接口具备16条2.048Mb/s链路时,最大的逻辑C通路的数量是44,它等于物理C通路的最大数量减一个保护组1的备用C通路,再减三个保护组2的备用C通路(即48－1－3＝44)。

在复位序号命令消息和复位序号确认消息中,逻辑C通路标识的值应为0,即所有的比特置为0。

保护协议的消息类型和相关的信息单元如表3-9所示。

表 3-9　保护协议消息类型及相关信息单元

消 息 类 型	相关信息单元
切换请求(AN 至 LE)	序号(AN 至 LE,必选),物理 C 通路标识(AN 至 LE,必选)
切换命令(LE 至 AN)	序号(LE 至 AN,必选),物理 C 通路标识(LE 至 AN,必选)
OS 切换请求(LE 至 AN)	序号(LE 至 AN,必选),物理 C 通路标识(LE 至 AN,必选)
切换确认(AN 至 LE)	序号(AN 至 LE,必选),物理 C 通路标识(AN 至 LE,必选)
切换拒绝(双向)	序号(双向,必选),物理 C 通路标识(双向,必选),拒绝原因
协议差错(AN 至 LE)	序号(AN 至 LE,必选),协议差错原因(AN 至 LE,必选)
复位序号命令(双向)	—
复位序号确认(双向)	—

① 切换请求消息:AN 使用此消息请求将一条逻辑 C 通路切换到一条特定的物理 C 通路。此消息中包含一个将出现故障的逻辑 C 通路分配到一条新的物理 C 通路的建议。

② 切换命令消息:LE 使用此消息启动切换,将一条逻辑 C 通路切换到一条特定的物理 C 通路。此消息中包含逻辑 C 通路到特定备用 C 通路的新的分配,这条备用 C 通路在切换成功后将运载 C 通路。

③ OS 切换请求消息:当收到操作者通过 Q 接口发出的请求后,LE 使用此消息启动从一条逻辑 C 通路到一条特定的物理 C 通路的切换。此消息中包含逻辑 C 通路到一条特定的物理 C 通路的新的分配,这条物理 C 通路在切换成功后将运载逻辑 C 通路。

④ 切换确认消息:AN 使用此消息确认一条逻辑 C 通路到一条特定的物理 C 通路的切换,作为从 LE 接收到的切换命令的结果。

⑤ 切换拒绝消息:AN 或 LE 使用此消息向对方端实体指示切换不能执行。

⑥ 协议差错消息:AN 使用此消息向 LE 表明在接收到的消息中识别出一个协议差错,并在此消息中给出协议差错的原因。

⑦ 复位序号命令消息:LE 或 AN 使用此消息向对方端实体表明发送侧和接收侧的发送与接收状态变量不相等,所有的状态变量应置为"0"。

⑧ 复位序号确认消息:LE 和 AN 使用此消息向对方端实体确认发送和接收状态变量已经置为"0"。

3.5　VB5 接口

欧洲电信标准协会(ETSI)在定义了 V5(V5.1 和 V5.2)接口标准的基础上,于 1995 年开始对宽带接口进行标准化研究。在此基础上,国际电信联盟标准部 ITU-T 在 1997 年推出了 VB5.1 的标准 G.967.1,在 1998 年又进一步推出了 VB5.2 的标准 G.967.2。

3.5.1　VB5 接口的基本特性

1. VB5 接口的功能特性

宽带 VB5 接口规范了接入网(AN)与业务节点(SN)之间接口的物理及协议要求。VB5 接口的功能如图 3-21 所示。

1)虚通路链路和虚信道链路

VB5 支持用户平面(用户数据)、控制平面(用户到网络信令)、管理平面(元信令、

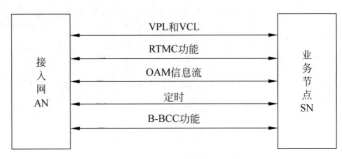

图 3-21 VB5 接口的功能

RTMC 功能)信息的 ATM 层功能。这些信息可以承载在虚信道链路(Virtual Channel Link,VCL)上,也可以承载在虚通路链路(Virtual Path Link,VPL)上。在 VB5 参考点,接口具有灵活的虚通道链路分配和虚信道链路分配功能。

2) 实时管理平面协调功能

实时管理平面协调(Real Time Management Coordination,RTMC)功能利用 VB5 参考点的专用协议(RTMC 协议),在 AN 和 SN 之间通过交换时间基准管理平面信息来实现管理平面的协调,包括同步性和一致性。

3) 宽带承载通路连接控制(B-BCC)功能

这个功能使 SN 即时地根据协商好的连接属性(如业务量鉴别语和 QoS 参数),请求 AN 建立、修改和释放 AN 中的虚信道(VC)链路,实现有限的 SNI 带宽支持多个 UNI。

4) OAM 信息流

OAM 信息流提供与层相关的操作管理与维护(OAM)信息的交换。OAM 信息流既可以存在于 ATM 层,也可以存在于物理层。

5) 定时

这个功能为比特传输、字节同步和信元定界(即信元同步)提供所需的定时信息。

2. VB5 参考点模型

1) VB5 参考点的参考模型

VB5 参考点的接入结构如图 3-22 所示,在接入网侧包含用户端口功能(User Port Function,UPF)、ATM 连接功能以及业务端口功能(Service Port Function,SPF)和专用业务功能。

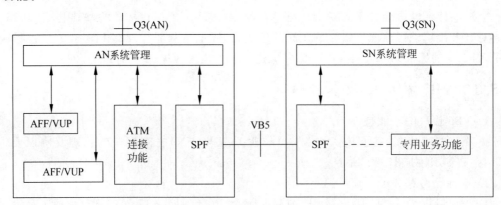

图 3-22 VB5 参考点的参考模型

VB5 接口作为宽带接入网的业务节点接口,按照 ITU-T 的 B-ISDN 体系,采用以 ATM 为基础的信元方式传递信息,并实现相应的业务接入。VB5 接口规定了接入网(AN)和业务节点(SN)之间接口的物理、程序和协议要求。

2)VB5 参考点的功能模型

VB5 参考点(接口)的功能模型需要某些附加的术语对虚通路(Virtual Path,VP)群进行标识,如表 3-10 所示。这些标识用于 VB5 的协议和管理模型。

表 3-10　VB5 特定的逻辑和物理端口

逻辑、物理端口	规　　　定
LUP(逻辑用户端口)	UNI 的一组 VP 或与单个 VB5 相关的虚拟用户端口(VUP)
PUP(物理用户端口)	UNI 处与物理层功能相关的传输汇聚功能
LSP(逻辑业务端口)	VB5 参考点的一组虚通路
PSP(物理业务端口)	VB5 参考点与传输汇聚功能相关的物理层功能

VB5 参考点的功能模型如图 3-23 所示。它是由参考模型得到的,将用户端口功能分为物理用户端口功能和逻辑用户端口功能,并将业务端口功能分为物理业务端口功能和逻辑业务端口功能。

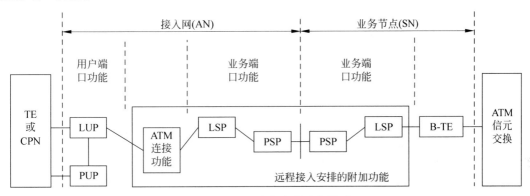

图 3-23　VB5 参考点的功能模型

(1)物理用户端口。

物理用户端口(Physical User Port,PUP)由与 UNI 上的一个传输汇聚功能相关的物理层功能组成。PUP 在 SN 侧不存在。

(2)逻辑用户端口。

逻辑用户端口(Logical User Port,LUP)由与单个 VB5 参考点相关的 UNI 上的一组 VP 组成。一个 LUP 与 SN 中的 B-TE 相逻辑关联,其配置管理功能必须与业务节点(SN)相协调。

(3)物理业务端口。

物理业务端口(Physical Service Port,PSP)由位于 VB5 参考点处的与单个传输汇聚功能相关的物理层功能组成。PSP 同时存在于 AN 侧与 SN 侧。在通常情况下,如果 AN 和 SN 之间是基于 ATM 的传输网,则在 AN 侧的 PSP 和在 SN 侧的 PSP 之间不存在一一对应的关系。

(4)逻辑业务端口。

逻辑业务端口(Logical Service Port,LSP)由在 VB5 参考点处的一组虚通路(VP)组成。LSP 同时位于 AN 侧和 SN 侧,并存在一一对应关系。

通过使用扩展的 VP 寻址机制,在 NNI 处允许每个 SNI 最多可以连接 16 个物理接口;在 UNI 处允许每个 SNI 最多可以连接 256 个物理接口。

3. VB5 支持的接入类型

VB5 接口提供宽带和窄带 SNI 的综合接入能力,它支持 ITU-T I.435 建议所定义的下列 B-ISDN 用户接入,这些用户接入具有通用 UNI 的特性。

(1) 155.52Mb/s 和 622.08Mb/s 的基于同步数字序列(Synchronous Digital Hierarchy,SDH)或基于信元的 B-ISDN 接入。

(2) 1.544Mb/s 和 2.048Mb/s 的基于 PDH 的 B-ISDN 接入。

(3) 51.84Mb/s 或 25.6Mb/s 的 B-ISDN 接入。

为了提供从窄带接入网到宽带接入网的融合功能和适应已有业务节点的安排,按照 ITU-T G.902 建议的综合方案,VB5 接口也支持 V5.1 接口和 V5.2 接口的窄带接入。

除了支持 B-ISDN 用户和窄带用户接入外,VB5 接口还支持下列非 B-ISDN 用户接入。

(1) 不对称/多媒体业务的接入,如视频点播(VOD)。

(2) 广播业务的接入。

(3) 局域网(LAN)互联功能的接入。

(4) 通过虚拟通道(VP)交叉连接可以支持的接入。

按照 B-ISDN 的原则,通过 VB5 参考点的远端接入应支持交换的、半永久点到点和点到多点的连接。该接口提供单媒体或多媒体类型的面向连接和无连接的按需、预留和永久业务。

VB5 接口的技术规范不规定各种在 AN 上实现的技术的具体过程,即不限制任何技术要求方法。而且,VB5 接口也不要求接入网支持上述的全部用户接入类型。

VB5 接口的技术规范不对 SN 内或通过 VB5 连接至 SN 的任何系统或设备进行定义。因此,VB5 接口的技术规范仅描述接口的特性。

4. VB5 接口的应用

VB5 接口的基本应用分别如图 3-24 和图 3-25 所示。图中表示了 VB5 接口的两种应用。应用 1 是 AN 不经过传送网与 SN 直接连接的,而应用 2 则经过传送网。

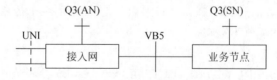

图 3-24　VB5 的基本应用 1

传送网包括位于接入网(AN)和业务节点(SN)设备之间的附加设备。如果 AN 侧的 SNI 和 SN 侧的 SNI 不在同一位置,如局间应用的情况,则 AN 和 SN 的远端连接要由传送网来提供。AN 和 SN 之间的传送网不改变 VB5 参考点的消息内容和结构。

从管理的角度来看,AN 和 SN 之间的传送网与 AN 和 SN 分离,通过与电信管理网相连的专门接口来管理。

从实施的角度来看,AN 和 SN 之间的传送网可以是中继连接、数字段、同步数字序列

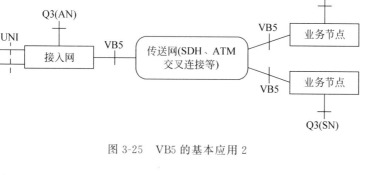

图 3-25　VB5 的基本应用 2

(SDH)复用设备加数字段、数字段加同步数字序列（SDH）交叉连接设备或数字段加 B-ISDN VP 交叉连接设备等多种情况。

AN 和 SN 可以有多个 VB5 接口。由于 VB5 在 VP 层定义，统一物理链路可以支持多个 VB 接口。

VB5 接口的关键特性是综合窄带接入类型，允许将窄带（PSTN 和 ISDN）接入与宽带接入综合到一个接入网。因此，VB5 接口可以从基于电路方式的窄带接入逐步过渡到基于 ATM 方式的宽带接入。

窄带接入和 B-ISDN 宽带接入业务在 ATM 层复用，通过 ATM 的电路仿真功能来传送。基于 ATM 的集合信息流通过 VB5 接口来传送。

3.5.2　VB5 接口的协议配置

VB5 接口是 ATM 业务节点的标准化接口，其接口协议配置包含物理层、ATM 层、高层接口和元信令。

1. 物理层

VB5 接口在一个或多个传输汇聚子层（Transmission Convergence Sublayer，TCS）上运载 ATM 层信息，因此，在物理层规定了 ATM 映射的情况。即使在单个传输汇聚子层的情况下，VB5 也可以在不同的物理介质上运载，不同介质的信息流通过物理层的功能汇聚到单一的传输汇聚子层上。此外，物理层还支持在单传输汇聚子层中的多个 VB5 接口。这时，可以在 AN 和 SN 之间使用虚通道（VP）交叉连接。

VB5 接口的物理层可以根据应用情况进行选择。如表 3-11 所示为物理层的一些可选择的 VB5 接口的例子。

在进行物理层 VB5 接口选择时，应注意以下 7 个问题。

1）接口的拓扑结构和转移能力

VB5 参考点上的接口在物理层是点到点的，即只需一对收发设备。转移能力是针对 VB5 参考点上每个物理接口定义的，即转移能力是传输汇聚子层规范的一部分。

2）传输汇聚功能的最大数

在 VB5 参考点的信息流是通过一个或几个传输汇聚功能来运载的。VB5 参考点能容纳的传输汇聚功能最大数是由虚通路连接接口（Virtual Path Connection Interface，VPCI）的选址容量和虚通路（VP）的最大数这两个因素决定的。在实时管理平面协调（RTMC）协议

表 3-11　物理层可选择的 VB5 接口

应　　用	局　　内				局　　间	
数字序列	PDH	SDH			SDH	
介质	电 G.703	电 G.703	光 G.957 局内		光 G.957	
线路速率	E3	STM-1	STM-1	STM-4	STM-1	STM-4
特性						
最大跨度	100m		2km		15km	
介质类型	同轴电缆		1310nm G.652 每方向一光纤			
段	无 OH	SDH G.707 SOH				
路径	G.832	VC4 G.707 POH				
ATM 映射	G.804	在 SDH VC4 中 ATM 信元 遵循 G.707				
保护						
段保护	无		1+1			
路径保护	无	1+1				

中 VPCI 的选址容量(16b),决定了 SNI 所允许的 VPC 的最大数为 65 535。在一般情况下,当采用 NNI VPI 域的最大范围(12b)时,在 SNI 上允许最多 16 个传输汇聚功能。

3) 定时

在一般情况下,发送器锁定到来自网络时钟的定时。AN 可以采用 VB5 参考点上物理层的定时信息与网络时钟同步。相关的运行和维护过程(即故障检测和连续性动作,定时状态通信)是属于相关物理层标准的一部分。

4) OAM

有关物理层的操作管理和维护(OAM)过程遵循 ITU-T I.610 建议,对应的运行功能遵循 ITU-T I.432 建议。

5) 保护

在 VB5 中没有专门的保护机制,因为在物理层(如 SDH 的段保护机制)或 ATM 层都有保护机制。

6) 传输路径标识

VB5 接口的物理层可以提供一种嵌入式的传输路径标识方法,不需要提供任何附加的标识机制。

7) 物理层使用的预分配信元头

物理层使用的预分配信元头在 ITU-T I.361 建议中规定。

2. ATM 层

用户信息与连接相关的信息(如用户到网络的信令)和 OAM 信息(在 ATM 层或高层)由 VC 链路和 VP 链路中的 ATM 信元来运载。

信元头的格式和编码以及 ATM 层使用的预分配信元头,遵循 ITU-T I.361 中的 NNI 规范。根据网络的条件,信元丢失优先级(CLP)置为"1"的信元被 CLP 置为"0"的信元丢弃。含 RTMC 协议的虚电路连接(Virtual Circuit Connection,VCC)的虚通路连接(Virtual Path Connection,VPC)和含 B-BCC VCC 的 VPC,不运载任何用户数据或用户信令业务量。ATM 层中基于 F4 和 F5 OAM 信息流的工作原理在 ITU-T I.610 建议中规定。

3. 高层接口

在用户平面中,对于基于 ATM 的接入,ATM 层以上的层对接入网是透明的。为支持非 B-ISDN 的接入类型,由于这种接入类型不支持 ATM 层,因此要在接入网中提供 ATM 适配层(ATM Adaptation Layer,AAL)功能。

用户到网络的信令以及相关的过程属于用户前端设备(Customer Premises Equipment,CPE)、AN 和 SN 的控制平面的功能。在 CPE 上的用户到网络的信令,在接入网中被透明地处理,对等实体在 SN 中。为支持一些非 B-ISDN 的接入,AN 还需有 B-UNI 信令。在 VB5.2 接口中,SN 的连接接纳控制(Connection Access Control,CAC)和资源管理功能是通过 B-BCC 与 AN 中的对等实体进行通信的,VB5.2 参考点上的信令 VCC 是半永久连接的。

为了管理使用 VB5 接口的 AN/SN 配置,需要协调在 AN 和 SN 之间的管理平面的功能。目前,存在实时管理和非实时管理两种协调方式。实时管理协调(Real Time Management Coordination,RTMC)是通过专门的协议来支持的,RTMC 功能和相关的过程属于 AN 和 SN 的管理功能;而非实时管理协调是通过电信管理网(Telecommunication Management Network,TMN)和网元的 Q3 管理接口来实现的。

VB5 接口上 VPL/VCL 的建立总是通过 AN 和 SN 的管理平面的功能来实现的。

VB5 的 RTMC 协议采用信令 ATM 适配层(Signaling ATM Adaptation Layer,SAAL),遵循 ITU-T I.363.5 建议、Q.2210 和 Q.2130。

4. 元信令

宽带元信令和相关的各种程序用于用户前端设备(CPE)、AN 和 SN 的管理平面功能,应用于 CPE 的宽带元信令在接入网内是透明的,在业务节点(SN)内有对等实体。为支持某些专门的非 B-ISDN 接入,接入网(AN)也可以使用宽带元信令。

在 VB5.1 参考点,B-ISDN 的用户元信令在 VB5.1 参考点处分配信令的虚信道链路(VCL),这些链路在用户端口或虚用户端口和 SN 之间被透明地处理。元信令 VCC 是 VB5.1 的一部分并在 VB5.1 参考点承载。符合 VB5.1 的接入网可以与其他宽带元信令系统一起在 CPE 和 SN 处使用,并透明地通过接入网。

3.5.3　VB5 接口的协议

VB5 接口的核心协议是实时管理协调(Real Time Management Coordination,RTMC)协议。RTMC 协议提供了在接入网和业务节点之间管理平面的协调功能(包括同步性和一致性),用于在 AN 和 SN 之间交换时间基准的管理平面信息,主要包括与管理活动有关的管理、与故障发生有关的管理、逻辑业务端口标识(Logical Service Port ID,LSP ID)的确认、接口重置过程和 VPCI 一致性检查等功能。

B-BCC 系统结构给出了支持 VB5.2 参考点上 B-BCC 消息通信的功能实体,B-BCC 协议是 AN 和 SN 之间的另一种实时协调功能。B-BCC 功能为 SN 提供了请求 AN 在 AN 中建立一个承载通路连接的手段,这一连接可以是点到点连接或点对多点连接。这里的承载通路连接包括在用户端口的 VC 链路、在业务端口的 VC 链路和它们之间对应的 VC 链路。当有足够的链路资源可以提供时,AN 将会接受这个连接请求,否则就拒绝该连接请求。并且,B-BCC功能还为SN提供了请求AN对AN中一个承载通路连接资源的释放,以及为SN提供修改AN中已经建立的承载通路连接的业务量参数的请求。此外,B-BCC功能提供重置资源的手段,即在B-BCC协议的控制下,在资源空闲时允许链路重新接入。B-BCC还进行自动拥塞控制用户监视、限制或减少在AN中同时被处理的连接请求数。VB5.2参考点包括在AN和SN中启动和再启动B-BCC协议实体的过程。

3.5.4 VB5接口的连接类型

VB5接口支持A、B、C、D、E这5类宽带接入网连接类型,如表3-12所示。

表 3-12 VB5接口宽带接入网连接类型

连接类型	等 级	配 置	支持的接入类型	描 述	支 持
A 类	VP 或 VC	ptp 或 ptm	B-ISDN	在 UNI 和 SN 之间的连接	VB5.1/VB5.2
B 类	VP 或 VC	ptp	—	在 AN 和 SN 之间的网络间内部连接,以支持 RTMC 功能和 B-BCC 功能	VB5.1/VB5.2
C 类	VP	ptp 或 ptm	B-ISDN	在 UNI 和 SN 之间的连接	VB5.2
D 类	VP 或 VC	ptp 或 ptm	非 B-ISDN	在虚用户端口和 SN 之间的连接	VB5.1/VB5.2
E 类	VP	ptp 或 ptm	非 B-ISDN	在虚用户端口和 SN 之间的连接	VB5.2

1. A类宽带接入

A类VP宽带接入网连接如图3-26所示。A类VC宽带接入网接入如图3-27所示。

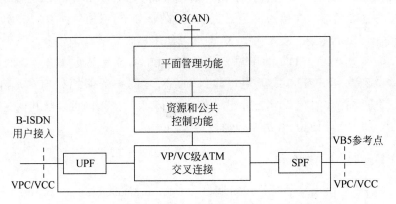

图 3-26 A类VP/VC点到点宽带接入网连接

A类宽带接入网连接的建立、释放和维护都是由指配(即管理平面功能)来完成的,并支持由接入网提供连接节点功能。A类宽带接入网连接又可以分为A类VP宽带接入网连接和A类VC宽带接入网连接两种类型。

A类VP宽带接入网连接支持点到点和单向点对多点VP链路的应用。此时,接入网提供VP连接节点功能(如VPI值的翻译)和信元复制功能。

A类VC宽带接入网连接也支持点到点和单向点对多点VP链路的应用。此时,接入网提供VC连接节点功能(如VCI值的翻译和VPI值的预分配)和信元复制功能。

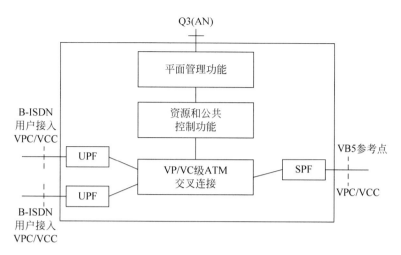

图 3-27 A 类 VP/VC 点对多点宽带接入网接入

2. B 类宽带接入

B 类宽带接入网连接的建立、释放和维护也是由指配(即管理平面功能)来完成的,并且支持点到点 VP 连接和点到点 VC 连接功能。此时,接入网和业务节点提供 VC 连接端口功能(即分别终结 VPC 和 VCC),如图 3-28 所示。

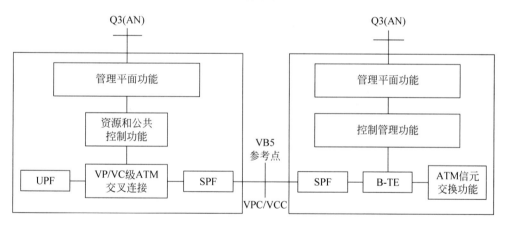

图 3-28 B 类宽带接入网接入

3. C 类宽带接入

C 类 VC 宽带接入的建立、释放和维护都是在 SN 的控制下通过 B-BCC 协议来完成的,其支持接入网连接节点功能处的连接应用。C 类 VC 宽带接入网接入支持点到点和单向点到多点 VC 链路的应用,如图 3-29 所示。

4. D 类宽带接入

D 类宽带接入如图 3-30 所示。连接的建立、释放和维护也是由指配(即管理平面功能)来完成的,并且支持在电路仿真功能或虚用户端口和 VB5 参考点之间的连接功能,是一种非 B-ISDN 连接类型。D 类连接可分为 VP 宽带接入网连接和 D 类 VC 宽带接入网连接两种,支持点到点和点对多点 VP/VC 链路。这里,接入网提供 VP/VC 连接节点功能。

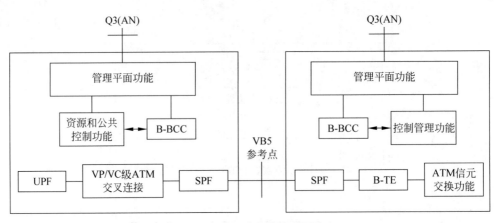

图 3-29　C 类 VC 宽带接入网接入

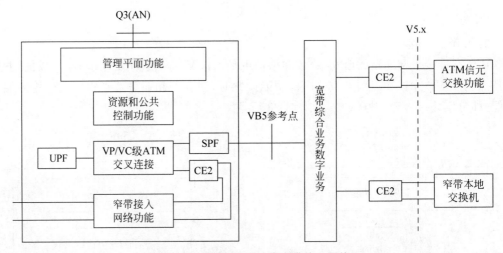

图 3-30　D 类非 B-ISDN 类宽带接入网接入

5. E 类宽带接入

E 类宽带接入网连接的建立、释放和维护是在 SN 的控制下通过 B-BCC 协议来完成的,支持在虚用户端口和 VB5.2 参考点之间的连接的应用。这类连接支持点到点和点对多点 VC 链路的应用。这里,接入网提供 VC 连接节点功能。当为非 ATM 式接入时,接入网还要提供 VC 连接端口功能。

标准 B-ISDN 的宽带接入是将来电信业务的主要接入方式。但是,在目前的情况下,各种窄带接入,如 PSTN、ISDN-BA 和 ISDN-PRA 等接入方式,在接入网市场中仍占一席之地,还会存在一个窄带和宽带在同一接入网上共存的时期。因此,除了 B-ISDN 接入以外,接入网还需要支持非 B-ISDN 接入类型。

非 B-ISDN 接入类型可以分为两组:基于 ATM 的接入和非 ATM 式接入。

1) 基于 ATM 的接入

用于支持基于 ATM 的非 B-ISDN 接入的接入网附加功能称为接入适配功能,如图 3-31 所示。这些功能在用户平面、控制平面和管理平面中都有可能用到。在接入适配功能和保留的基于 ATM 的接入网功能的边界上,可以加入一个或多个虚拟用户端口(VUP)。

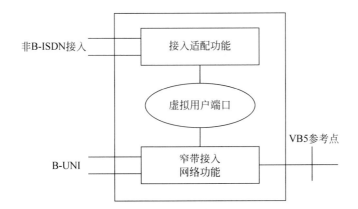

图 3-31 E 类基于 ATM 的非 B-ISDN 接入

在用户平面中,如果非 B-ISDN 接入采用 ATM 技术,对 VB5 参考点没有影响。接入网仅了解 UNI 物理层。此外,在 VB5 参考点上不传递与物理层有关的信息。

在控制平面中,非 B-ISDN 接入支持虚通路,基于 ATM 的接入可以是即时方式或者半永久方式。即时方式 VC 连接可以通过 B-ISDN 用户网络信令或在 UNI 上的其他方式来分配。此时,控制平面需要接入适配功能,这些接入适配功能将产生 B-ISDN 用户到网络信令。当 CPE 终端不具有 B-ISDN 用户到网络信令的能力时,可以用 VUP 的概念来支持 CPE 上的终端。这种终端可以支持专门的信令协议,以触发在接入网中的 B-ISDN 用户到网络的信令能力。

支持半永久方式 VC 连接的,只有管理平面功能。接入适配功能可以作为管理平面过程的一部分存在。基于 ATM 的非 B-ISDN 接入是通过 Q3(AN)接口来管理的,半永久方式 VCC 的建立也是通过 Q3(AN)来管理的。

2) 非 ATM 式接入

为了支持非 ATM 式的非 B-ISDN 接入,需要在接入网中增加相应的功能,即接入适配功能。这一功能需要在用户平面中提供。此外,在控制平面和管理平面中,也需要提供接入适配功能。

非 ATM 式的非 B-ISDN 接入如图 3-32 所示。与 B-ISDN 接入比较,非 ATM 式接入需要在接入网中执行 ATM 适配层(AAL)功能,这个 AAL 为标准的类型。其他的功能要根据接入网的类型来定,这些功能被称为专用接入功能(Special Access Function,SAF)。在 VB5 接口级,来自非 ATM 式接入的业务通过 VC 来支持,相关的 VCC 终结于接入适配功能,其他连接端点可以位于 SN 或网络中。

支持来自非 ATM 式接入的用户平面的 VC,可以是即时方式或半永久方式。对于即时方式的 VCC,在 AN 中需要 B-ISDN 用户到网络信令作为接入适配功能(Access Adaptation Function,AAF)的一部分。源于 AAF 的信令在 AN 中作为透明数据对待。半永久方式的 VCC 仅包含管理平面功能。

接入适配功能可以作为管理平面过程的一部分。非 ATM 式非 B-ISDN 接入是通过 Q3(AN)接口来管理的,半永久方式 VCC 的建立也通过 Q3(AN)接口来管理。

由 V5.1 和 V5.2 所支持的窄带接入也可以由 VB5 来支持,包括模拟电话接入、ISDN-

78

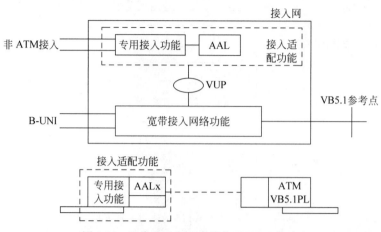

图 3-32　E 类非 ATM 式的非 B-ISDN 接入

BA、ISDN-PRA 和其他相关的带外信令信息,用于半永久方式连接的模拟或数字接入,其工作原理是每种接入由 VB5 接口的不同虚拟通路运载。每个经过 VB5 接口运载的 V5.1 或 V5.2 接口,将包含它所规定的全部协议,包括帧格式。

3.6　本 章 小 结

本章详细地向读者介绍了接入网的各种接口:包括业务节点接口、用户网络接口、电信管理接口、V5 接口和 VB5 接口等一系列接入网接口的知识。

接入网是由业务节点接口(SNI)和相关用户网络接口(UNI)之间的一系列传送实体(如线路设施和传输设施)所组成的,它是一个为传送电信业务提供所需传送承载能力的实施系统,接入网可经由 Q3 接口进行配置和管理。

业务节点(SN)是指提供某种业务的实体(设备和模块),是一种可以接入各种交换型或永久连接型业务的网络单元。可以提供规定业务的业务节点有多种,如本地交换机、路由器、X.25 节点、租用线业务节点(如 DDN 节点机)、特定配置下的点播电视和广播电视业务节点等。

用户网络接口是用户和网络之间的接口,在接入网中则是用户和接入网的接口。由于使用的业务种类不同,用户可能有各种各样的终端设备,因此会有各种各样的用户网络接口。在引入接入网之前,用户网络接口是由各业务节点提供的。引入接入网后,这些功能被转移给接入网,由接入网向用户提供这些接口。

用户网络接口包括模拟话机接口(Z 接口)、ISDN-BA 的 U 接口、ISDN-PRA 的基群接口和各种租用线接口等。

电信管理网主要包括网络管理系统、维护监控系统等。电信管理网的主要功能是:根据各局间的业务流向、流量统计数据有效地组织网络流量分配;根据网络状态,经过分析判断进行调度电路、组织迂回和流量控制等,以避免网络超负荷和阻塞扩散;在出现故障时根据告警信号和异常数据采取封闭、启动、倒换和更换故障部件等,尽可能使通信及相关设备恢复和保持良好的运行状态。随着网络不断地扩大和设备更新,维护管理的软硬件系统将进一步加强、完善和集中,从而使维护管理更加机动、灵活、适时、有效。

在电信管理网中共有 4 种接口,即 Qx、Q3、X、F。

V5 接口是业务节点接口的一种,它是专为接入网发展而提出的本地交换机和接入网之间的接口。

V5 接口可以分为两种形式,即 V5.1 和 V5.2。V5.1 接口用一条 2.048Mb/s 链路连接交换机和用户接入网,它具有复用功能,除了可以支持模拟电话接入外,也可以支持 ISDN 基本接入,还可以支持专线业务等;V5.2 接口最多可以连接 16 条 2.048Mb/s 链路,具有集线功能,可以支持 ISDN 基群接入。

V5 接口的测试主要包括对 V5 接口设备和网络的协议测试、性能测试和功能测试。V5 接口的测试按不同阶段来划分,可以分为开发阶段、生产阶段、应用阶段和维护阶段。

宽带 VB5 接口规范了接入网(AN)与业务节点(SN)之间接口的物理及协议要求。VB5 接口的功能提供了虚通路链路和虚信道链路、实时管理协调(Real Time Management Coordination,RTMC)、宽带承载通路连接控制(B-BCC)、OAM 信息流和定时等功能。

复习思考题

一、单项选择题

1. 业务节点是指提供某种业务的实体(设备和模块),是一种可以接入各种(　　)或永久连接型业务的网络单元。

  A. 交换型　　　　　　B. 临时型　　　　　　C. 半永久连接型　　D. 路由器

2. 一个 V5.1 接口只具有一条 2.048Mb/s 链路,而在一个 V5.2 接口上则有 1 至(　　)条 2.048Mb/s 链路。

  A. 8　　　　　　　　B. 16　　　　　　　　C. 32　　　　　　　　D. 以上都不是

3. 用户网络接口包括模拟话机接口(Z 接口)、ISDN-BA 的 U 接口、ISDN-PRA 的基群接口和(　　)。

  A. V5.1 接口　　　　　　　　　　　　B. V5.2 接口

  C. ISDN-PRA 的集群接口　　　　　　D. 各种租用线接口

4. 在用户网络接口中,模拟话机接口简称为(　　)。

  A. U 接口　　　　　　B. V 接口　　　　　　C. S 接口　　　　　　D. Z 接口

5. U 接口是为了实现(　　)而设计的。

  A. 普通拨号　　　　　B. ISDN　　　　　　　C. xDSL　　　　　　D. 以上都不是

6. U 接口并没有统一的标准,采用 4B3T 码的国家是(　　)。

  A. 美国　　　　　　　B. 中国　　　　　　　C. 日本　　　　　　　D. 德国

7. U 接口的主要功能包括发送和接收信号功能、(　　)、环路测试功能、线路待机与激活功能和电路防护功能。

  A. 近端供电功能　　　B. 远端供电功能　　　C. 掉电保护功能　　　D. 抗干扰功能

8. 电信管理网的管理业务可以分为(　　)大类。

  A. 3　　　　　　　　B. 4　　　　　　　　C. 5　　　　　　　　D. 6

9. 在电信管理网中,MF 是指(　　)。

    A. 操作系统功能模块   B. 协调功能模块

    C. 适配器功能模块   D. 工作站功能模块

10. V5 接口规范是国际电信联盟标准部的第(　　)研究小组制订的。

    A. 13   B. 14   C. 15   D. 16

11. V5 接口分为(　　)种形式。

    A. 2   B. 3   C. 4   D. 5

12. V5.1 接口由一条单独的(　　)链路构成。

    A. 256Kb/s   B. 512Kb/s   C. 1.024Mb/s   D. 2.048Mb/s

13. V5.1 接口和 V5.2 接口的区别在于(　　)。

    A. V5.1 接口是纯美国标准   B. V5.1 接口是纯日本标准

    C. V5.1 接口是纯德国标准   D. V5.1 接口是纯欧洲标准

14. V5 接口的主要功能包括承载通路、ISDN D 通路、PSTN 信令信息、通用控制信息、链路控制信息、(　　)、承载信道控制协议和定时信息。

    A. 链路建立协议   B. 链路传输协议

    C. 链路释放协议   D. 以上都不是

15. V5 接口物理层的信号编码是(　　)。

    A. HDB3   B. HDB4   C. HDB5   D. HDB6

16. 在 V5 接口的数据链路层规程中,LAPV5-DL 帧的类型分为信息帧、监视帧、无编号帧和控制信息交换帧,其中无编号帧共分为(　　)种。

    A. 3   B. 4   C. 5   D. 6

17. 在 V5 接口的网络层中,PSTN 信令协议、链路控制协议、BCC 协议、保护协议的鉴别语相同,都是二进制数(　　)。

    A. 01011000   B. 01101000   C. 10000100   D. 01001000

18. 宽带的 VB5 接口支持的接入类型包括(　　)。

    A. 155.52Mb/s 和 622.08Mb/s 的基于 SDH 或基于信元的 B-ISDN 接入

    B. 1.544Mb/s 和 2.048Mb/s 基于 PDH 的 B-ISDN 接入

    C. 51.84Mb/s 或 25.6Mb/s 的 B-ISDN 接入

    D. 以上都是

19. VB5 接口支持(　　)种宽带接入网类型。

    A. 2   B. 3   C. 4   D. 5

20. VB5 接口提供虚通路链路和(　　)。

    A. 实通路链路   B. 实信道链路   C. 虚信道链路   D. 以上都是

二、填空题

1. 一个 V5.1 接口只具有_____链路,而在一个 V5.2 接口上则有_____链路。

2. 用户网络接口包括_____接口、_____接口、_____接口和_____接口等。

3. Z 接口提供了模拟用户线的连接,用于传送_____信号、_____信号和_____信号。

4. 在引入接入网以后,U 接口是指_____之间的接口,是一种数字的用户网络接口。

5. 除了 Z 接口和 U 接口以外,常见的用户网络接口还有多种,例如_____接口、

_____和_____等。

6. 在 TMN 的功能体系结构中，引入了一组标准的功能块（Function Block）和有可能发生信息交换的参考点。TMN 的功能模型中包括_____功能（OSF）模块、_____功能（MF）模块和_____功能（QAF）模块。另外，TMN 也连到_____功能（NEF）模块和_____（WSF）模块。

7. 在 TMN 中，为了描述各功能之间的关系，引入了参考点_____。另外，TMN 与外界相关的参考点为_____。

8. 从 TMN 的体系结构可以看出，在 TMN 中共有 4 种接口，即_____、_____、_____、_____。

9. 封装功能子层的帧结构是以高级数据链路控制（HDLC）的帧格式为基础构成的，由_____、_____、_____、_____等构成。

10. VB5 接口有 5 个功能，即_____、_____、_____、_____和_____。

三、简答题

1. 请简述业务节点的类型。

2. 请简述业务节点接口的类型。

3. 什么是 Z 接口？什么是 U 接口？这两个接口各有什么功能？

4. 请画图描述 V5 接口的主要功能。

5. 简述 V5 接口的物理层帧结构。

6. V5 接口的数据链路层分为几个子层？

7. V5 接口的网络层包含哪些协议？

8. 链路控制协议的主要作用是什么？

9. BCC 协议的主要作用是什么？BCC 协议支持的承载连接有哪几种？

10. 保护协议的主要作用是什么？

11. VB5 接口支持哪些接入类型？

第4章　电话铜线接入技术

电话铜线接入是指以现有的电话线为传输介质,利用各种先进的调制技术和编码技术、数字信号处理技术来提高铜线的传输速率和传输距离的接入技术。但是,铜线的传输带宽毕竟有限,铜线接入方式的传输速率和传输距离一直是一对难以调和的矛盾,从长远的观点来看,铜线接入方式很难适应将来宽带业务发展的需要。

至今为止,电话通信技术的发明已经有超过一百年的历史了,公用电话交换网(Public Switched Telephone Network,PSTN)的应用非常广泛。早在数字通信技术发展的初期,科研人员就着手研究用电话铜线传输数字信号的技术。当时使用现有的电话通信网,除了使用普通 Modem 以外,不需要添加其他通信设备,就可以访问任何电话网能够到达的地方,但是传输速率很低。在理想的环境下,电话铜线的速率仅受线缆衰减的限制,但在现有的电话网中,带宽很大程度上被过滤器和网络本身所制约。对现有电话铜线进行升级可以提高网络的性能,但是代价昂贵。因此,人们迫切地需要既能使用现有的电话铜线,又能明显提高传输性能的新技术。

近年来,基于 Internet 的各种网络业务高速增长,用户需求急剧增加,这与物理网络的带宽、容量和速度的缓慢增长形成了巨大的反差,数据通信网络的发展与人们预期的目标相差甚远。为了解决目前数据通信网络建设落后和网络业务需求快速增长之间的矛盾,在用户端与本地交换中心之间仍然采用低速的模拟线路的各种电话铜线接入技术应运而生,如 ISDN 接入技术和各种 xDSL 宽带接入技术。这些接入技术都有一个共同的特点,即虽然用户端和本地交换中心之间仍采用电话铜线,但提高了电话铜线的传输性能。最快的 VDSL 技术甚至可以达到 16Mb/s 的带宽,除了成本比光纤和同轴电缆低以外,还能够提供可靠的数据传输性能。

4.1　电话铜线用户线路网

4.1.1　公用电话交换网

公用电话交换网是向公众提供电话通信服务的一种通信网。它是国家公用通信基础设施之一,由国家电信部门统一建设、管理和运营。根据地理范围,电话通信网可以分为国际长途电话网、国内长途电话网、本地电话网,以及用户的延伸或补充设备。

电话交换网主要提供电话通信服务,同时还可以提供非话音的数据通信服务。例如,传真、电报、数据交换、可视图文等。交换机是电话交换网的核心设备,有存储程序控制功能的交换机称为程控交换机,它将各种控制功能、步骤、方法等编制成程序,放入存储器,以此来控制交换机的工作。如果交换机传输和交换的是模拟话音信号,则称为程控模拟交换机;如果交换机传输和交换的是数字话音信号,则称为程控数字交换机。计算机交换分机(Computer Branch eXchange,CBX)是数字交换和电话交换系统两种技术的结合。早期的CBX 是一种专用小交换机(Private Branch eXchange,PBX),通常是归某个单位所有或租用,用于该单位内部的电话交换,如企业的分机。

在广域网连接中,公用电话交换网(PSTN)是一种利用率非常高的公共网络,在第一层和第二层的广域网连接中都可能被用到。公用电话交换网的网络结构如图 4-1 所示。

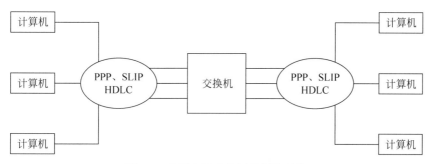

图 4-1 公用电话交换网的网络结构

电话交换网是分布最广的通信网络,经过调制解调器,能够传输高达 56kb/s 的信号。它使用起来相对简单,而且对用户来说可以有很大的流动性和灵活性。通过电话网连接远程计算机特别适合家庭用户和出差人员与总部联系。通过电话交换网传输的主要问题在于电话的话路质量,在话路质量较高的情况下,可以有比较高的传输速率和可靠的传输性能,而在话路质量较低时,会严重影响通信性能。

通常点到点的通信主要适用于两种情况:第一种情况是成千上万个自行建立各种局域网的企业或事业单位,每个局域网含有众多主机和一些联网设备以及连接至外部的路由器,通过点到点的租用线路和远程路由器相连;第二种情况是成千上万个用户,这些用户在家里使用调制解调器和拨号电话线连接到互联网,这是点到点连接的最主要应用。不论是路由器对路由器的租线连接,还是拨号的主机到路由器的连接,都需要制定点到点的数据链路协议,用于组成帧、进行差错控制,以及完成其他的数据链路层功能。有两种数据链路协议广泛应用于互联网,即串行 IP(Serial Line IP,SLIP)和点到点协议(Point to Point Protocol,PPP)。

4.1.2 电话铜线和音频对称电缆

铜线用户线路网一般由铜双绞线和音频对称电缆组成。

电话铜线是双绞线(Twisted Pair,TP)中最常见的一种介质类型,是由两根具有绝缘保护的铜导线按一定的密度相互缠绕而成的。把两根绝缘的铜线按一定密度相互绞合在一起,每根导线在传输中辐射的电波会被另一根导线上发出的电波抵消,因此可以降低信号干扰的程度。

双绞线一般由两根 0.4~0.9mm 的绝缘铜导线相互缠绕而成。如果把一对或多对双绞线放在一个绝缘套管中,便成了双绞线电缆。在双绞线电缆(又称为双扭线电缆)内,不同线对具有不同的扭绞长度。一般地说,扭绞长度在 14~38.1cm 内,按逆时针方向扭绞,相

电话铜线接入技术

邻线对的扭绞长度在 12.7cm 以上。与其他介质相比,双绞线在传输距离、信道宽度和数据传输速度等方面都受到一定的限制,但价格较为便宜。双绞线可以分为屏蔽双绞线(Shielded Twisted Pair,STP)和非屏蔽双绞线(Unshielded Twisted Pair,UTP)两大类。

虽然双绞线原来设计的目的是用来传输模拟声音信号的,但同样适用于数字信号的传输,并且特别适用于短距离的数字信号传输。在传输期间,信号的衰减比较大,并且会产生波形畸变。采用双绞线的数字信号传输带宽取决于所用导线的质量、长度和传输技术。如果采用适当的技术,在用户网范围(<6km)线对的最高可用频率大约为 1.1MHz。当距离很短(几百米范围内),并且采用特殊的传输技术时,传输速率可达 100～155Mb/s。由于利用双绞线传输信息时要向周围辐射,信息很容易被窃听,因此要花费额外的代价加以屏蔽。屏蔽双绞线电缆的外层由铝箔包裹,以减少辐射,但并不能完全消除辐射。屏蔽双绞线的价格相对较高,安装时要比非屏蔽双绞线电缆困难。类似于同轴电缆,它必须配有支持屏蔽功能的特殊连接器和相应的安装技术。但它有较高的传输速率,100m 内可以达到 155Mb/s。

音频对称电缆是由多股铜线按一定规则扭绞而成的。芯线通常是线径为 0.4～0.9mm 的铜导线,每一芯线的外面用绝缘的纸或塑料覆盖,多股芯线的扭绞方式为成对扭绞或星状四线组扭绞,并通过变换扭矩来减少不同线对之间的串音干扰。这些线对或四线组在同心层按一定的规则组合,并逐层排列以构成一根完整的电缆。其中,每一线对构成一双绞线,可以作为一条二线用户环路使用;而每四根线组则可以作为一条四线用户环路使用。电缆的外面加有耐受热、冷、晒、湿等恶劣环境的保护套,保护套的常用材料有塑料和铅两种,这种电缆包含的双绞线通常为 4～3000 对。

把多股芯线绞合在一起的目的有两个:第一,增加音频对称电缆的机械稳定性,同时提高其电气参数的稳定性;第二,减少不同线对之间的串音干扰,并消除各线对之间的位置差异效应,进而使各线对之间的串音干扰得到均衡。

音频对称电缆的对称性是指,每对双绞线与其他第三根导体(如大地、电缆金属外皮和其他导体)之间的电气特性相同。通常,在线路终端,双绞线与耦合变压器之间采用对地平衡的连接方式。这种对称性结构,可以把传输过程中双绞线上感应的同向等量的干扰电流消除干净。

4.1.3 用户线路网

用户线路是连接用户话机到电话局的线路。它分布广、数量多,是公用电话交换网的重要组成部分。连接到同一电话局的所有用户线路的集合构成用户线路网。

用户线路网一般为树状结构,它是由馈线电缆、配线电缆、用户引入线及分线盒、交接箱等组成,如图 4-2 所示。

在图 4-2 中,馈线电缆也称为主干电缆,它是连接电话局到用户集中配线区的电缆,通常采用芯线数量较大的音频对称电缆;配线电缆是连接交接箱和分线盒的电缆,通常采用芯线数量较少的音频对称电缆;用户引入线是连接分线盒与电话机(或用户终端设备)的线路;交接箱与分接盒称为配线设备,完成对馈线电缆与配线电缆以及用户引入线的分配连接功能。在实际应用中,根据服务区内用户数目的多少,交接箱可以采用级联方式进行分支。单个用户引入线通常采用平行铜质线。由于用户引入线长度较短,除存在的辐射效应

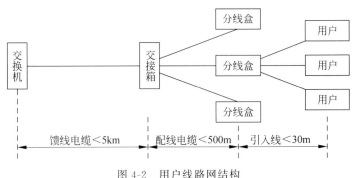

图 4-2　用户线路网结构

外,对环路的传输性能影响较小。

用户线路网通常可以采用架空电缆、地下电缆或管道电缆等敷设方式。不论采用何种方式,随着传输距离的增加,其损耗将会增大。同时,随着频率的增高,不仅衰减迅速增大,而且临近线对之间的串音干扰也变大。

架空电缆比地下电缆和管道电缆敷设方式更容易受到射频干扰(Radio Frequency Interference,RFI)的影响。早期的用户环路,多数为架空电缆方式。而随着城市基础通信设施的不断完善,目前电话线路的安装通常采用地下管道电缆方式。

据统计,对于市内用户线路网,馈线电缆的长度一般为几千米,很少超过10km;配线电缆的长度一般为几百米;而用户引入线一般只有几十米。因此,用户线路的长度主要取决于馈线电缆的长度。

4.1.4　电话线路的配线方式

用配线设备对用户电缆(包括馈线电缆和配线电缆)与用户引入线进行分配连接称为配线。在用户接入网中把任何一对入线和任何一对出线进行连接的设备称为配线设备。配线设备主要有交接箱、交接间等;常用的分线设备主要有分线盒和分线箱等。

本地电话网的电缆配线区域是对用户线路的电缆进行配线,由市话交换局测量室总配线架起,布线到用户电话机止。全程包括局内测量室总配线架→成端电缆(局内电缆)→地下管道或架空电缆(馈线电缆)→交接箱→配线电缆→分线设备→引入线→用户话机。

电话线路的配线方式与用户线路网的灵活性、有效性有很大关系,主要的配线方式有直接配线、复接配线、交接配线和自由配线4种。

1. 直接配线

直接配线不需要交接箱,由局内总配线架经馈线电缆延伸出局,将电缆芯线通过分支器直接分配到分线盒上,分线设备之间及电缆芯线之间不复接,即局线与分线设备端子存在一一对应关系。

直接配线具有结构简单、维护方便的优点。由于具有一一对应的特点,对目前开通的宽带数据业务(如ADSL接入)特别有利。缺点是灵活性差、无通融性、芯线利用率低。目前,直接配线广泛应用于进局配线区、单位内的宅内配线电缆和交接箱后的配线电缆线路网络上。

2. 复接配线

复接配线是把从话局出来的馈线电缆,在配线点用复接形式直接分配给不同的配线电缆,这些不同的配线电缆再分别连接到不同的配线点,继续用复接的方式分配给后面的不同配线电线,这样一层一层复接分配下去,最后连接到分线盒上。这种配线方式同样不使用交接箱,如图 4-3 所示。

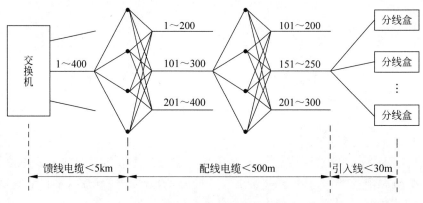

图 4-3　复接配线示意图

在图 4-3 中,由电话局接出的芯线数为 400 对的馈线电缆,在第一级配线点,馈线被分配给芯线数分别为 200 对的 3 条配线电缆,分别连接到 3 个不同的第二级配线点。主干电缆有 400 对芯线,与它连接的 3 条配线电缆各有 200 对芯线。显然,400 小于 3 个 200,所以 3 条配线电缆只能采用复接的方式与馈线电缆连接。由图 4-3 可知,馈线电缆 400 对芯线的对应序号是 1~400,3 条配线电缆的对应序号分别是 1~200、101~300 和 201~400。这样复接的结果使 3 条配线电缆之间各有 100 对芯线是重复的。也就是说,在两个地方出现了同一号码。这正好给线路的使用带来了灵活性。但是,由于复接配线连接的存在会使通话质量下降。目前,除了老线路,新建的线路通常不再采用复接配线方式了。

3. 交接配线

采用交接箱通过跳线将馈线电缆与配线电缆连通的方式,称为交接配线。交接配线具有良好的灵活性,是利用率最高的一种配线方式,交接箱装设在馈线电缆与配线电缆之间,与配线架作用相同,它能使双方电缆的任何线对都能根据需要互相接通。交接配线方式在我国市话线路网中被广泛应用。交接配线方式如图 4-4 所示。

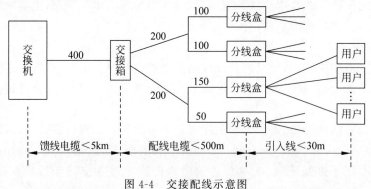

图 4-4　交接配线示意图

在交接配线中,馈线电缆芯线一般不相互复接。经过交接箱出来的配线电缆的芯线,另行编号,成为一个独立的线序系统。

交接配线方式将电话局的服务区分为若干用户区,在每个用户区内设一个交接箱。通过交接箱来连接馈线电缆与配线电缆,使双方的任何芯线都能互相换接。交接配线方式的优点很多。例如,线对调度灵活、安装方便、容易查找故障线对、馈线电缆与配线电缆相对稳定、扩建时互不影响、避免了复接线路,以及有利于传输数字信号等。

4. 自由配线

自由配线是直接配线的另一种形式,是近几年来为推广使用全塑色谱电缆而研究出的一种新配线方式,馈线电缆芯线的编号可以根据颜色来辨别,操作方便。采用这种方法,可以在需要时选择电缆内任意芯线连接到分线盒的相应端子上,然后通过用户引入线接用户话机。自由配线方式的特点是电缆芯线可以根据用户实际需要随时引出,电缆芯线不复接,线序也可以不连续,轻便型分线盒可以在电缆沿线任意地点安装,分线盒容量与实际接入接线端子板上的芯线对数也可以不同。

4.1.5 电话铜线的传输性能

通常,在电话铜线上传输 PSTN 的话音信息,只需要使用 0~4kHz 的带宽。然而,电话铜线的带宽远远不止 4kHz,要想充分利用电话铜线的带宽,并在有限的带宽下提高通信质量,则必须了解电话铜线的传输性能,考虑其对通信可能存在的影响因素。以下将对电话铜线的传输损耗、串扰和其他噪声、混合线圈和回波等方面展开讨论。

1. 传输损耗

与所有介质一样,信号在电话铜线上传送时会随线缆长度的增加而不断衰减,如图 4-5 所示。在一条长距离的环路上总的衰减可高达 60~120dB。

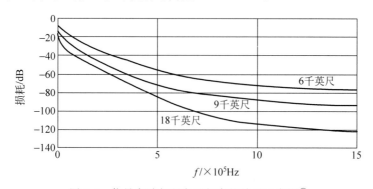

图 4-5　信号衰减与距离和频率的关系示意图①

影响信号损耗的因素除了用户环路长度之外,还有双绞线芯径(主要在低频段)、桥接抽头(表现出振荡行为)和信号的电磁频率。

当信号衰减到小于噪声功率时,接收机就不能准确地检测到原始信号。了解电话铜线的传输损耗,其目的之一是得到信号与噪声的比值,即信噪比(Signal to Noise Ratio,SNR),以了解传输系统的最大容量。噪声主要包括白噪声、串扰、射频干扰和脉冲噪声。其中,白噪声主要来自线路中电子的无规则运动,它在线路中总是存在的,而另外 3 种噪声一般是突发产生的。

图 4-6 是双绞线环路信噪比与距离和频率的关系,这里假设传送信号的功率密度为

---

① 　1 英尺(ft)=0.3048 米(m)

−40dB/Hz。3 英里^①长 0.4mm 芯径的双绞线环路,信噪比在 400kHz 附近下降到 0dB,而 1 英里和 2 英里长的环路,可用频段则大于 1MHz。

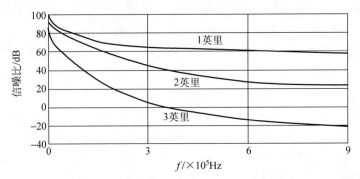

图 4-6　双绞线环路信噪比与距离和频率的关系

2. 串扰和其他噪声

1) 串扰

从用户环路结构可知,多条双绞线组成扎组,多个扎组再组成一条电缆。尽管在直流特性上,线对之间具有良好的绝缘特性,但在高频段,由于存在电容和电感耦合效应,线对间均存在不同程度的串扰。串扰的表现形式为通话双方收听到另一对通话者之间的话音。串扰的结果相应于噪声,在功能上等效增加了信道的损耗,会降低双绞线环路的信噪比和信道容量。

根据串扰的来源,可以将串扰分为 4 类:近端串扰(Near End cross Talk,NEXT)、远端串扰(Far End cross Talk,FEXT)、自串扰和外串扰。NEXT 和 FEXT 的工作原理如图 4-7 所示。自串扰指同类型双绞线之间的串扰,外串扰则是指不同类型的双绞线之间的串扰。

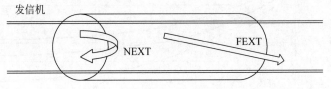

图 4-7　NEXT 和 FEXT 串扰示意图

在电话铜线上采用频分复用技术,当同端的发信机和收信机的工作频段互不重叠时,通过带通滤波器就可过滤掉近端串扰(NEXT),此时,远端串扰(FEXT)的影响起主要作用;而当发信机和收信机使用同一工作频段时,则近端串扰(NEXT)起主要作用。

2) 射频干扰

顾名思义,电话铜线是铜质线,对于无线射频信号,其作用相当于一个接收天线。由于采用双绞方式,电话线在低频段与地之间基本能达到平衡,因此射频信号较弱。而在高频段,这种平衡作用随着频率的增加而减少,所以高速的通信系统易受射频噪声影响。主要的噪声源有调幅广播(频带为 560～1600kHz),以及业余无线电。前者的频率一般是固定的,干扰可以预测,而后者是突发的,存在不确定的频率和功率,难以预测。

---

① 1 英里(mile)=1.609 344 千米(km)

3）脉冲噪声

短暂的电磁干扰产生脉冲噪声。脉冲噪声的主要来源包括空中闪电、家用电器的开关动作等。脉冲噪声具有随机脉冲波形,但比高斯类型的白噪声强得多。脉冲噪声的幅度通常为 5～20mV,发生频率在每分钟 1～5 次,持续时长为 30～150μs。

3. 混合线圈和回波

传统电话通信中,为在用户环路的两条单线上进行实时全双工话音信号传输,要用混合线圈连接话机的话筒和听筒。混合线圈实际上是一个电桥,如果该电桥达到平衡,只有极少量的发送信号能回到接收路径中。为达到电桥平衡,关键性的因素是与用户环路的阻抗匹配。由于环路中存在复接和温度变化等原因,用户环路的阻抗不固定,因此混合线圈的完全平衡难以实现,从而导致回波产生。在语音通信中,少量回波不仅是可以接受的,实际上还是用户判定电话连接是否保持的一个重要标志。

4.2 铜线对增容技术

所谓铜线对增容技术,是指在现有传输容量的基础上增加电话铜线对的传输容量,即使多个用户终端共享同一对用户线路。因此,铜线对增容技术是一种传输介质共享技术。

采用铜线对增容技术,在普通铜线上成功地实现了 ISDN 基本速率(2B+D)的全双工传输。铜线对增容技术不仅适用于大多数非加载环路,而且能与原有模拟业务兼容。在网络结构和线对选择都不变的情况下,只要在交换局端和用户端引入相应的增容设备,就可以在现有用户线上增加不同号码的用户话机或其他用户终端设备。因此,对电信运营商具有较大的吸引力。当用户电缆中的铜线对数不够用,而敷设用户电缆的管道空间又受限不能增设新的用户电缆时,或者用户数目增加不多,不值得敷设新的用户电缆时,常常采用铜线对增容技术。

对于电话局来说,铜线对增容技术是缓解用户线紧张的一种过渡性或临时性措施;但是,对于租用线路的用户来说,铜线对增容技术可以作为扩大其业务种类的永久性措施。

4.2.1 信号复用技术

在铜线对上,常用的信号复用技术分为频分复用(Frequency Division Multiplexing,FDM)技术和时分复用(Time Division Multiplexing,TDM)技术两种。频分复用技术将铜线对信道的使用频带分为不同的子频带,不同信号占用不同的子频带,各路信号采用滤波器进行合路和分路;时分复用技术则将铜线对信道的使用时间分为不同的时隙,不同的信号占用不同的时隙,各路信号采用开关电路进行合路和分路。在数字传输中,通常采用时分复用技术;在模拟传输中,通常采用频分复用技术。

采用信号复用技术的铜线对增容系统主要包括 5 种,即 1+1 模拟系统、1+1 混合系统、0+2 数字系统、0+4 数字系统和 0+8 数字系统。

1. 1+1 模拟系统

1+1 模拟系统的结构如图 4-8 所示,在现有用户线的基础上,除了提供原来的一路 PSTN 传统连接外,还增加一路 PSTN 的非传统连接。增加的非传统连接采用模拟载波传送方式,即采用调制技术将信号搬移到话带(300Hz～3.4kHz)之上的一个频带内进行传输。由于两路信号占用铜线对信道的频带不同,两路信号互不影响,因此这种增容系统采用的是频分复用技术,这种系统的用户环路属于模拟用户环路。

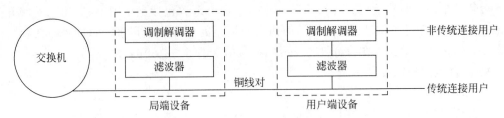

图 4-8 1+1 模拟系统

2. 1+1 混合系统

1+1 混合系统与 1+1 模拟系统相似,即除了提供原来的一路 PSTN 传统连接外,还可以再增加一路 PSTN 非传统连接。它们的区别在于,对增加的一路非传统连接信号的传输方式不同。1+1 模拟系统采用模拟载波传送方式,而 1+1 混合系统则采用 PCM 编码的数字传送方式。因此,1+1 混合系统属于数模混合用户环路系统。在 1+1 混合系统中,二路信号也是通过采用频分复用技术来共享铜线对信道的。为了阻止另一路传统连接中的模拟信令使用的高压通、断信号对数字传输带来的干扰,1+1 混合系统需要采用特殊的滤波器。

3. 0+2 数字系统

0+2 数字系统不存在 PSTN 传统连接,但是有两个 PSTN 非传统连接,并且这两个非传统连接均采用 PCM 编码的数字传送方式,通过时分复用技术进行合成与分离。因此,0+2 数字系统属于数字用户线系统,实际上,这就是基本速率 ISDN 的接入方式。在 0+2 数字系统中,每路信号编码速率为 64kb/s,经时分复用,二路信号总速率为 128kb/s,再加上信令信号 16kb/s,即 2B+D 系统的总传输速率达到 144kb/s。

4. 0+4 数字系统

0+4 数字系统与 0+2 数字系统相似,也不存在 PSTN 传统连接,但有 4 个 PSTN 非传统连接,并且这 4 个非传统连接均采用数字传送方式。0+4 数字系统与 0+2 数字系统不同的是,采用 ADPCM 压缩编码,每路信号编码速率为 32kb/s,经时分复用,4 路信号速率共为 128kb/s,再加上信令信号 16kb/s,系统总传输速率为 144kb/s,与 0+2 数字系统的传输速率相同。0+4 数字系统的原理框图如图 4-9 所示。其中,局端设备与用户端设备分别完成 4 路信号的编码/解码和时分复用的合路/分路任务。

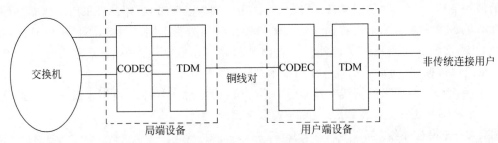

图 4-9 0+4 数字系统

5. 0+8 数字系统

0+8 数字系统与 0+2、0+4 数字系统基本相同。不同之处在于对每路信号的编码速率更低。0+8 数字系统对每路信号的压缩编码速率为 16kb/s,经时分复用,8 路信号的总编码速率为 128kb/s。因此，0+8 数字系统与 0+2、0+4 数字系统的传输速率相同，均为 144kb/s。虽然 0+8 数字系统的传输效率比 0+2、0+4 数字系统高，然而其服务质量与其余两者相比却较差，主要原因有两个：一是编码精度和编码时延会降低服务质量；二是如果采用高速调制解调器，信道传输会引起较大的传输波形失真。一般地说，对于同样的传输波形失真，16kb/s 的压缩解码器的误码率较高。因此，这种系统应用较少。

在上述 5 种铜线对增容系统中，交换局端和用户端都要用到信号复用设备。只要这些设备的价格低于达到同样容量用户线所需要的价格，则这种增容系统就是可行的。

4.2.2　线路集中技术

线路集中是另一种用户线路增容技术，其工作原理如图 4-10 所示。它是将 N 条用户线路集中起来，由 M 个用户终端共同使用，其中 $M > N$。当用户终端的呼叫概率较低时，采用线路集中技术是提高线路利用率的有效方法。

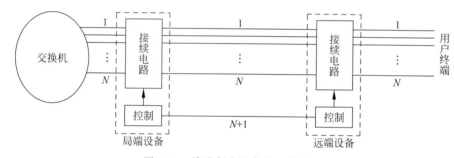

图 4-10　线路集中技术的工作原理

用户线路集中使用的任务由集中器来完成。集中器由位于用户侧的远端设备和位于交换局侧的局端设备两部分组成。远端设备通过 N 条用户线与 M 个用户终端相连，同时对用户端机的状态进行监视，并把要求呼叫的用户通过内部接续电路连接到一对空闲传输线路上。与此同时，集中器还将此连接信息通过一条控制信道送到局端设备。局端设备根据远端设备送来的连接信息，通过其内部的接续电路把该传输线路对连接到交换机的与用户相对应的接口上。可以看出，只有要求呼叫的用户终端，才被连接到一对传输线上。当 N 条传输线对全被占满时，后来的用户呼叫将被阻塞。

集中器的集中增益常用 M/N 表示，其中，M 表示用户终端数，N 表示用户传输线对数。只要同时要求呼叫的用户数 $M \leqslant N$，就可以满足无阻塞正常通话的需要。当然，如果同时要求呼叫的用户数 $M > N$，则将发生呼叫阻塞。目前，出现的集中器种类有 14/5、15/6、90/16、128/32、160/28 等多种。其中，有些还具有微交换与维护测试等功能。一般地，集中器的最大集中增益可达 8∶1，超过这一比值，将会发生较大的呼叫阻塞，使服务质量明显下降。

集中器还可以与复用器结合使用，如图 4-11 所示。这种结构可以进一步扩大用户的数量，从而进一步提高线路的利用率。

最后，需要补充说明的是，由于在铜线对增容系统中增加了远端设备，如果仍由交换局端对其供电，则需要采用有别于给普通话机供电的特殊方案。

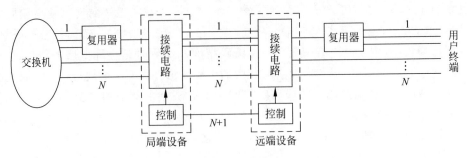

图 4-11　集中器与复用器结合使用

4.3　普通 Modem 接入技术

普通调制解调器(Modem)接入是指利用普通电话调制解调器在公用电话交换网
(PSTN)的普通电话线上进行数据信号传送的技术。当用户发送数据时,发送方的调制解
调器将计算机发出的数字信号转化为模拟信号,通过电话线发送出去;当接收方的用户接
收数据信号时,接收方的调制解调器将经过电话线传来的模拟信号还原为数字信号提供给
计算机。

普通 Modem 拨号接入的基本配置是一对电话铜线、一台计算机和一个调制解调器。
普通 Modem 拨号接入技术简单、成本低、安装容易,但是,这种接入方式的传输速率较慢,
最高速率只有 56kb/s,而且数据业务和语音业务不能同时进行,即当电话线路用作打电话
时不能同时上网,反之,当电话线路用作上网时不能打电话。

4.3.1　拨号通信协议

图 4-12 是典型的普通 Modem 拨号接入 Internet 应用示意图。普通 Modem 拨号接入
通常采用的链路协议为点到点协议(PPP)。当用户与拨号接入服务器成功建立 PPP 连接
时,通常会得到一个动态的 IP 地址。在 ISP 的拨号服务器中存储了一定数量的空闲的 IP
地址,这些空闲的 IP 地址称为 IP 地址池(IP Pool)。当用户拨通拨号服务器时,服务器就从
IP 地址池中选出一个 IP 地址分配给用户计算机。这样,用户计算机就有了一个全球唯一
的 IP 地址。此时,用户计算机就成为 Internet 的一个客户端。当用户下线后,拨号服务器
将收回这个 IP 地址,并放回 IP 地址池中,以备下次分配使用。

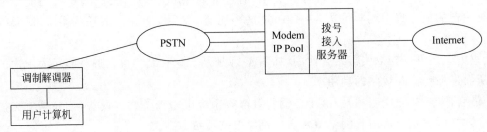

图 4-12　普通 Modem 拨号接入 Internet 应用示意图

普通 Modem 拨号网络属于电信接入网通信中的一种,必须符合相应的通信协议规范。在普通 Modem 拨号通信协议中,串行线路网际协议(Serial Line Internet Protocol,SLIP)和点到点协议是两种重要的通信协议,虽然 PPP 已经淘汰了早期的 SLIP,但为了使读者对拨号通信协议有全面的了解,以下对这两种协议分别进行介绍。

1. SLIP

1) SLIP 的应用范围

串行线路网际协议(SLIP)是在 IETF RFC914 参考文档中最先提出的,并在 RFC1055 参考文档中公开,用于运行 TCP/IP 的低速点到点串行连接。SLIP 主要运行在 UNIX 系统中,而在 Windows 系列操作系统中,新的 PPP 已经取代了 SLIP。

SLIP 是面向低速串行线路的,可以用于专用线路,也可以用于拨号线路,Modem 的传输速率在 1200～19 200b/s。

SLIP 是一种在串行线路上对 IP 数据报进行封装的简单方式,适用于常见的 RS-232 串行接口。

2) SLIP 的帧格式

SLIP 定义的帧格式如图 4-13 所示。

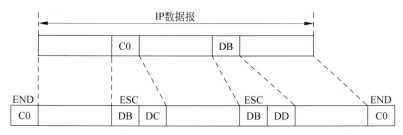

图 4-13　SLIP 帧格式示意图

(1) IP 数据报以一个称作 END(11000000,C0)的特殊字符结束。同时,为了防止数据报到来之前的线路噪声被当成数据报内容,在数据报的开始处也传送一个 END 字符。如果有线路噪声,那么 END 字符将结束这份错误的报文。这样,当前的报文得以正确地传输,而前一个错误报文交给上层后,会发现其内容毫无意义而被丢弃。

(2) 如果 IP 报文中某个字符为 END,那么就要连续传输 2 字节(11011011,DB)和(11011100,DC)来取代它。

11011011(DB)这个特殊字符被称作 SLIP 的 ESC 字符,但是它的取值与 ASCII 码中的 ESC 字符(即 00011011)不同。

(3) 如果 IP 报文中某个字符为 SLIP 的 ESC 字符,那么就要连续传输 2 字节 11011011(DB)和 11011101(DD)来取代它。

3) SLIP 存在的问题

SLIP 是一种简单的组帧方式,使用时还存在一些问题。

(1) SLIP 不支持在连接过程中的动态 IP 地址分配,通信双方必须事先告诉对方 IP 地址,这给没有固定 IP 地址的个人用户连接 Internet 带来了很大的不便。

(2) SLIP 帧中无协议类型字段,因此它只能支持 IP 协议。

电话铜线接入技术

（3）SLIP没有在数据帧中加上检验和(类似于以太网中的 CRC 字段)。如果 SLIP 传输的报文被线路噪声影响而发生错误,只能通过上层协议来发现。因此,上层协议提供某种形式的错误检验方法就显得很必要了。

2. PPP

点到点协议(PPP)是目前互联网上应用广泛的协议之一,它的优点在于简单、具备用户认证能力、可以解决 IP 分配等。家庭拨号上网就是通过 PPP 在用户端和运营商的接入服务器之间建立通信链路。

PPP 是为在同等单元之间传输数据包的简单链路而设计的链路层协议。这种链路提供全双工操作,并按照顺序传递数据包。设计的目的主要是用来通过拨号或专线方式建立点对点连接发送数据,使之成为各种主机、网桥和路由器之间建立连接的一种解决方案。

1) PPP 体系结构

PPP 体系结构如图 4-14 所示。PPP 通过使用底层(物理层)的功能,可以使用同步物理介质(如 ISDN、FR)或异步电路(如拨号连接)。PPP 的高层功能是利用其 NCP 协议簇在多个网络层协议之间传递数据包。

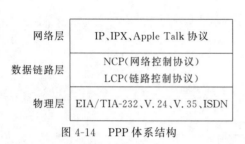

图 4-14　PPP 体系结构

PPP 封装提供了不同网络层协议同时在同一链路传输的多路复用技术。PPP 封装精心设计,能保持对大多数常用硬件的兼容性。它提供的 WAN 数据链接封装服务类似于 LAN 所提供的封闭服务。因此,PPP 不仅提供帧的定界,而且提供协议标识和位级完整性检查服务。

网络控制协议(NCP)协商该链路上所传输的数据包格式与类型,建立、配置不同的网络层协议;链路控制协议(LCP)是一种扩展链路控制协议,用于建立、配置、测试和管理数据链路连接。

2) PPP 链路的建立过程

PPP 链路的建立过程如图 4-15 所示。一个典型的链路建立过程分为 3 个阶段:创建 PPP 链路阶段、用户认证阶段和网络协商阶段。

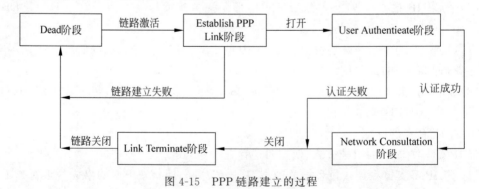

图 4-15　PPP 链路建立的过程

（1）建立 PPP 链路(Establish PPP Link)阶段。

链路控制协议(Link Control Protocol,LCP)负责建立链路。在这个阶段,将对基本的通信方式进行选择。链路两端设备通过 LCP 向对方发送配置信息报文(Configure Packets)。一旦一个配置成功信息包(Configure-Ack Packet)被发送且被接收，就完成了交换，进入了 LCP 开启状态。

请注意，在链路创建阶段，只是对认证协议进行选择，用户认证将在第二阶段实现。

（2）用户认证(User Authenticate)阶段。

在这个阶段，客户端会将自己的身份发送给远端的接入服务器。该阶段使用一种安全认证方式避免第三方窃取数据或冒充远程客户接管与客户端的连接。在认证完成之前，禁止从认证阶段前进到网络协商阶段。如果认证失败，认证者应该跃迁到链路终止阶段。

在这一阶段里，只有链路控制协议、认证协议和链路质量监视协议的报文是被允许的。在该阶段里接收到的其他的报文必须被静静地丢弃。

最常用的认证协议有口令认证协议(PAP)和挑战握手认证协议(CHAP)。认证方式在第三部分中介绍。

（3）网络协商(Network Consultation)阶段。

认证阶段完成之后，PPP 将调用在建立链路阶段选定的各种网络控制协议(NCP)。选定的 NCP 解决 PPP 链路之上的高层协议问题。例如，在该阶段 IP 控制协议(IPCP)可以向拨入用户分配动态地址。

这样，经过 3 个阶段以后，一条完整的 PPP 链路就建立起来了。

3）认证方式

PPP 的认证方式有两种：口令认证和挑战-握手认证。

（1）口令认证协议(PAP)。

口令认证协议(Password Authentication Protocol，PAP)是一种简单的明文认证方式。NAS(Network Access Server，网络接入服务器)要求用户提供用户名和口令，PAP 以明文方式返回用户信息。很明显，这种认证方式的安全性较差，第三方可以很容易地获取被传送的用户名和口令，并利用这些信息与 NAS 建立连接获取 NAS 提供的所有资源。因此，一旦用户密码被第三方窃取，PAP 无法提供避免受到第三方攻击的保障措施。

（2）挑战-握手认证协议(CHAP)。

挑战-握手认证协议(Challenge Handshake Authentication Protocol，CHAP)是一种加密的认证方式，能够避免建立连接时传送用户的真实密码。NAS 向远程用户发送一个挑战口令(challenge)，其中包括会话 ID 和一个任意生成的挑战字串(Arbitrary Challenge String)。远程客户必须使用 MD5 单向哈希算法(One-way Hashing Algorithm)返回用户名和加密的挑战口令，会话 ID 以及用户口令，其中用户名以非哈希方式发送。

CHAP 对 PAP 进行了改进，不再直接通过链路发送明文口令，而是使用挑战口令以哈希算法对口令进行加密。因为服务器端存有客户的明文口令，所以服务器可以重复客户端进行的操作，并将结果与用户返回的口令进行对照。CHAP 为每次认证任意生成一个挑战字串来防止受到再现攻击(Replay Attack)。在整个连接过程中，CHAP 将不定时地向客户端重复发送挑战口令，从而避免第三方冒充远程客户(Remote Client Impersonation)进行攻击。

电话铜线接入技术

96

4）PPP 帧格式

PPP 帧格式如图 4-16 所示。PPP 帧由标志（Flag）字段、地址（Address）字段、控制（Control）字段、协议（Protocol）字段、信息（Information）字段和帧校验序列（FCS）字段组成。

长度(位)	8	16	24	40	可变	16/32	8
字段	标志	地址	控制	协议	信息	帧校验	标志

图 4-16　PPP 帧格式

PPP 帧格式与 ISO 的高级数据链路控制（HDLC）协议十分相似。每帧都以标志字符 01111110 开始和结束。紧接着开始标志的是地址字段，地址字段始终取值固定为 11111111，地址字段的后面是取值固定为 00000011 的控制字段，接着是协议字段，然后是长度可变的信息字段，信息字段后面是帧校验序列（FCS），用于检测数据帧中的差错，最后是结束标志字符。

标志字符用于表示帧的开始或结束。所有的 PPP 帧都采用一个标准的二进制字节（01111110）作为开始的标志。如果 01111110 这一特殊字符出现在信息字段中，就需要进行比特填充，当发送方的信息流中连续出现 5 个"1"时，要在其后面插入 1 个"0"，从而避免出现与标志（01111110）字符冲突，而当接收方在收到的信息流时，需要删除信息字段中连续 5 个 1 后面的"0"，从而使信息帧中的数据恢复原状。

地址字段被设置成固定的二进制数值：11111111，以表示所有的站都可以接受该帧。它是一个标准的广播地址。

控制字段也被设置成固定的二进制数值：00000011，表示这是一个无编号帧。也就是说，在默认情况下，PPP 并没有采用序列号和确认应答来实现可靠传输。在有噪声的环境下（如无线网络中），可以利用编号模式来实现可靠传输。

协议字段用于识别帧中信息字段封装的协议。已经定义的协议代码包括 LCP、NCP、IP、IPX 和 Apple Talk 等。以"0"作为开始的协议表示网络层协议，如 IP、IPX 等；以"1"作为开始的协议表示用于协商的其他协议，如 LCP、NCP 等。

信息字段可以取任意长度，包含协议字段中指定的协议数据报。如果在线路建立过程中没有通过 LCP 协商该帧的长度，则使用默认长度 1500B。如果帧长度过短，则在该字段中加入一些填充字节。

帧校验序列通常为 16 位或 32 位。用于检查帧传送过程中数据是否出现差错。PPP 采用 32 位的校验位来提高差错检测的效果。

PPP 的帧格式与 HDLC 协议帧格式非常类似。它们之间的主要区别是：PPP 是面向字符的，而 HDLC 是面向比特（bit）的；PPP 在调制解调器上使用了字节填充技术。因此，所有的帧都是整数字节。例如，要发送一个包含 10.25B 的帧，采用 PPP 是不可行的，而采用 HDLC 协议是可行的。PPP 帧不仅可以通过拨号电话铜线发送出去，也可以通过真正面向比特的 HDLC 线路（如路由器到路由器之间的线路）发送出去。

目前，宽带接入正在成为取代拨号上网的趋势，在宽带接入技术日新月异的今天，PPP 也衍生出新的应用。典型的应用是在 ADSL（Asymmetrical Digital Subscriber Line，非对称数据用户线路）接入方式当中，PPP 与其他协议共同派生出了符合宽带接入要求的新的协议,如 PPPoE(PPP over Ethernet)和 PPPoA(PPP over ATM)。

利用以太网(Ethernet)资源,在以太网上运行 PPP 来进行用户认证接入的方式称为 PPPoE。PPPoE 既保护了用户方的以太网资源,又完成了 ADSL 的接入要求,是目前 ADSL 接入方式中应用最广泛的技术标准。

同样,在 ATM(Asynchronous Transfer Mode,异步传输模式)网络上运行 PPP 协议来管理用户认证的方式称为 PPPoA。它与 PPPoE 的原理相同,不同的是它是在 ATM 网络上,而 PPPoE 是在以太网上运行。

4.3.2 Modem 的工作原理

人们通常所说的调制解调器(Modem),其实是调制器(Modulator)与解调器(Demodulator)的简称。

计算机内的信息是由"0"和"1"组成的数字信号,而在电话线上传递的却只能是模拟电信号。当两台计算机要通过电话线进行数据传输时,就需要一个设备负责数模的转换。这个数模转换设备就是本节要讨论的 Modem。计算机在发送数据时,先由 Modem 把数字信号转换为相应的模拟信号,这个过程称为"调制"。经过调制的信号通过电话载波传送到另一台计算机之前,也要经由接收方的 Modem 负责把模拟信号还原为计算机能识别的数字信号,这个过程称为"解调"。正是通过这样一个"调制"与"解调"的数模转换过程,实现了两台计算机之间的远程通信。

1. 硬件 Modem 与软件 Modem

Modem 按照其所用的集成电路芯片来划分可以分为硬件 Modem 和软件 Modem 两大类。

硬件 Modem 能实现数模信号的相互转换,还有信号的传输,它主要依靠三块集成电路芯片来实现。

(1) 数据整理(Data Arrangement)芯片:负责信号的调制和解调。

(2) 数据泵(Data Pump)芯片:负责数据存储、数据传输。

(3) 控制器(Controller)芯片:负责传输错误纠正、传真参数、压缩协议、中断 AT 命令集、数据传输速度和协议调节。

一般来说,外置式 Modem 具有以上 3 个芯片,属于硬件 Modem,其电路上所用的集成电路芯片是齐全的。由于硬件 Modem 几乎所有功能都是由硬件电路来完成的,因此对计算机设备的性能要求较低。

软件 Modem 是指用软件技术来实现的调制解调功能的 Modem。软件 Modem 又可以细分为全软件 Modem 和半软件 Modem。HSF(Host-Soft,V. 90/K56 Flex Modem Device Family)是全软件 Modem 的缩写,它属于 V. 90/K56 Flex Modem 标准家族。由于软件 Modem 的数据泵和控制器是由计算机软件实现的,软件工作时需要占用较多的 CPU 资源,因此软件 Modem 对计算机设备的性能要求较高。

HCF(Host-Controller,V. 90/K56 Flex Modem Device Family)则是半软件 Modem 的缩写,它也属于 V. 90/K56 Flex Modem 标准家族。半软件 Modem 采用一种折中的方案,它具有硬件的数据泵和数据整理芯片,但控制器是由所连接的计算机的软件模拟实现的。这样,节省了成本,需要占用的 CPU 资源不多,对计算机性能要求也不高。

2. Modem 的传输协议

Modem 的传输协议包括调制协议(Modulation Protocol)、差错控制协议(Error Control Protocol)、数据压缩协议(Data Compression Protocol)和文件传输协议。

1) 调制协议

计算机内的信息是由 0 和 1 组成的数字信号,而在电话线上传递的却只能是模拟电信号。于是,当两台计算机要通过电话线进行数据传输时,就需要一个设备负责数模的转换。这个数模转换器就是 Modem。计算机在发送数据时,先由 Modem 把数字信号转换为相应的模拟信号,这个过程称为"调制"。经过调制的信号通过电话载波传送到另一台计算机之前,也要经由接收方的 Modem 负责把模拟信号还原为计算机能识别的数字信号,这个过程称为"解调"。正是通过这样一个"调制"与"解调"的数模转换过程,从而实现了两台计算机之间的远程通信。

2) 差错控制协议

随着 Modem 的传输速率不断提高,电话线路上的噪声、电流的异常突变等,都会造成数据传输的错误。差错控制协议要解决的就是如何在高速传输中保证数据的准确率。目前的差错控制协议存在着两个工业标准:MNP4 和 V4.2。其中,MNP(Microcom Network Protocols)是 Microcom 公司制定的传输协议,包括 MNP1～MNP10。由于商业原因,Microcom 只公布了 MNP1～MNP5,其中 MNP4 是目前被广泛使用的差错控制协议之一。而 V4.2 则是国际电信联盟制定的 MNP4 改良版,它包含 MNP4 和 LAP-M 两种控制算法。因此,一个使用 V4.2 协议的 Modem 可以和一个只支持 MNP4 协议的 Modem 建立无差错控制连接,而反之则不能。所以,在购买 Modem 时,最好选择支持 V4.2 协议的 Modem。另外,市面上某些廉价 Modem 卡为降低成本,并不具备硬件纠错功能,而是使用了软件纠错方式,在购买时要注意分清,不要为包装盒上的"带纠错功能"等字眼所迷惑。

3) 数据压缩协议

为了提高数据的传输量,缩短传输时间,现在大多数 Modem 在传输时都会先对数据进行压缩。与差错控制协议相似,数据压缩协议也存在两个工业标准:MNP5 和 V4.2bis。MNP5 采用了 Rnu-Length 编码和 Huffman 编码两种压缩算法,最大压缩比为 2:1。而 V4.2bis 采用了 Lempel-Ziv 压缩技术,最大压缩比可达 4:1。这就是为什么说 V4.2bis 比 MNP5 要快的原因。要注意的是,数据压缩协议是建立在差错控制协议的基础上,MNP5 需要 MNP4 的支持,V4.2bis 也需要 V4.2 的支持。并且,虽然 V4.2 包含 MNP4,但 V4.2bis 却不包含 MNP5。

4) 文件传输协议

文件传输是数据交换的主要形式。在进行文件传输时,为使文件能被正确识别和传送,需要在两台计算机之间建立统一的传输协议。这个协议包括文件的识别、传送的起止时间、错误的判断与纠正等内容。常见的传输协议有以下 4 种。

(1) 数 ASCII。这是最快的传输协议,但只能传送文本文件。

(2) Xmodem。这种古老的传输协议速度较慢,但由于使用了 CRC 错误侦测方法,传输的准确率可高达 99.6%。

(3) Ymodem。这是 Xmodem 的改良版,使用了 1024 位区段传送,速度比 Xmodem 要快。

（4）Zmodem。Zmodem 采用了串流式（Streaming）传输方式，传输速度较快，而且还具有自动改变区段大小和断点续传、快速错误侦测等功能。这是目前最流行的文件传输协议。

普通调制解调器是实现窄带 Internet 接入的主要方式，其技术成熟，最高可提供33.6kb/s 或 56kb/s 的数据传输速率，由于其传输速率较低，正在逐步被 N-ISDN、xDSL 等新一代的宽带接入技术所替代。

4.3.3 调制解调技术

调制解调技术是调制解调器（Modem）的核心技术。Modem 的基本调制方法有 3 种：幅移键控法（Amplitude Shift Keying，ASK）、频移键控法（Frequency Shift Keying，FSK）和相移键控法（Phase Shifo Keying，PSK）。

1. 幅移键控法

幅移键控法是指采用振幅键控的调制方式。这种调制方式是根据信号的不同，调节载波（正弦波）的幅度。

幅移键控法可以通过乘法器和开关电路来实现。载波在数字信号 1 或 0 的控制下通或断，在信号为 1 的状态载波接通，此时传输信道上有载波出现；在信号为 0 的状态下，载波被关断，此时传输信道上无载波传送。那么，在接收端就可以根据载波的有无还原出数字信号的 1 和 0。对于二进制幅度键控信号的频带宽度为二进制基带信号宽度的两倍。

幅移键控法的载波幅度是随着调制信号而变化的，其最简单的形式是，载波在二进制调制信号控制下通断，此时又可称作开关键控法。多电平 MASK 调制方式是一种比较高效的传输方式，但由于它的抗噪声能力较差，尤其是抗衰减的能力不强，因此，一般仅适宜在恒定参数的信道上使用。

2. 频移键控法

频移键控法是信息传输中使用得较早的一种调制方式，它的主要优点是：实现起来比较容易，抗噪声与抗衰减的性能较好。因此，在中低速数据传输中得到了广泛的应用。

最常见的是用两个频率承载二进制 1 和 0 的双频 FSK 系统。

技术上的 FSK 有两个分类，非相干和相干的 FSK。非相干的 FSK，瞬时频率之间的转移是两个离散值，分别命名为马克和空间频率（Mark and Space Frequency）。另外，相干的FSK 在输出信号时没有间断期。

3. 相移键控法

相移键控法是一种用载波相位表示输入信号信息的调制技术。相移键控分为绝对相移和相对相移两种。以未调制载波的相位作为基准的相位调制叫作绝对相移。以二进制调相为例，取码元为 1 时，调制后载波与未调制载波同相；取码元为 0 时，调制后载波与未调制载波反相；1 和 0 调制后载波相位相差 180°。

在采用相移键控法的调制解调器中，载波相位用来表示信号占和空或者二进制 1 和 0。对于有线线路上较高的数据传输速率，可能发生 4 个或 8 个不同的相移，系统要求在接收机上有精确和稳定的参考相位来分辨所使用的各种相位。利用不同的连续的相移键控，这个参考相位被按照相位改变而进行的编码数据所取代，并且通过将相位与前面的相位进行比较来检测。

4.4 ISDN 拨号接入技术

综合业务数字网(Integrated Services Digital Network,ISDN)是一个数字电话网络国际标准,是一种典型的电路交换网络系统。它通过普通的电话铜线以更高的速率和质量传输语音和数据。

ISDN 接入网的提出最早是为了综合电信网的多种业务网络。由于传统通信网是业务需求推动的,因此各个业务网络,如电话网、电报网和数据通信网等,各自独立且业务的运营机制各异,这样对网络运营商而言,运营、管理、维护复杂,浪费资源;对用户而言,业务申请手续复杂、使用不便、成本高;同时对整个通信的发展来说,这种异构体系对未来发展的适应性极差。于是将话音、数据、图像等各种业务综合在统一的网络内成为一种必然趋势,因此诞生了综合业务数字网。

4.4.1 ISDN 的体系结构

1. ISDN 的体系结构

ISDN 的体系结构如图 4-17 所示,包括用户-网络接口、网络功能和 ISDN 信令系统。另外,从结构中也可以看出 ISDN 的主要功能。总的来说,ISDN 具有底层和高层两方面的功能,这些功能可以由 ISDN 内的设备来提供,也可以通过 ISDN 和其他网络接口由其他网络来提供。

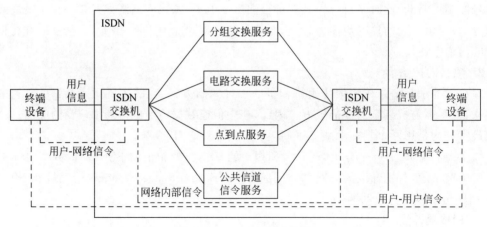

图 4-17 ISDN 的体系结构

2. ISDN 的功能

ISDN 具有多种服务功能,包括分组交换服务、电路交换服务、点到点服务和公共信道信令服务。在一般情况下,ISDN 只提供底层(OSI 模型的 1~3 层)功能。当一些增值业务需要网络内部的高层(OSI 模型的 4~7 层)功能支持时,这些高层功能可以在 ISDN 内部实现,也可以由单独的服务中心来提供。

ISDN 具有 3 种不同的信令:用户-网络信令、网络内部信令和用户-用户信令。这 3 种信令的工作范围是不同的,用户-网络信令是用户终端设备和网络之间的控制信号;网络内部信令是交换机之间的控制信号;用户-用户信令则透明地穿透网络,在用户之间传送,是用户终端之间的控制信号。ISDN 的全部信令都采用公共信道信令方式,并且在用户-网络接口和网络内部都存在单独的信令信道,与用户-用户信令信道完全分开。

ISDN 还包括以下 7 个主要的交换和信令功能。

(1) 本地连接功能(对应于本地交换机或其他类似设备的功能,如用户-网络信令、计费等)。

(2) 64kb/s 电路交换功能。

(3) 64kb/s 无电路交换功能。

(4) 分组交换功能。

(5) 交换机之间的公共信道信令功能(如 CCITT NO.7 信令)。

(6) 大于 64kb/s 的电路交换功能。

(7) 大于 64kb/s 的无电路交换功能。

以上 7 个功能都属于 ISDN 的底层功能,在这 7 个功能中的任何一个之上,都可能加上 ISDN 的高层功能,具体内容将在 4.4.2 节介绍。ISDN 的高层可以全部在 ISDN 内部实现,也可以由外部的专网或特殊业务服务器来提供。对于用户来说,这两种情况提供的用户终端业务是相同的。

4.4.2 ISDN 的协议

1. ISDN 的协议模型

ISDN 的协议模型分为 4 层,如图 4-18 所示。

第一层:物理层协议,规定了 ISDN 各种设备的电气机械特性以及物理电气信号标准。

第二层:数据链路层协议,完成物理连接间的数据成帧/解帧及相应的纠错等功能,向上层提供一条无差错的通信链路。

第三层:网络层协议,执行路由选择、数据交换,负责把端到端的消息正确地传递到对端。

第四层:传输层协议,提供端到端传输功能,描述进程间通信、与应用无关的用户服务及其相关接口和各种应用,这部分协议不在 ISDN 规定之内,由相关应用决定。

图 4-18 ISDN 的协议模型

2. ISDN 的层和信道

ISDN 使用电路交换建立一个从信号源到目的地之间的物理的、永久的点到点连接。ISDN 有一个国际电信联盟(ITU)定义的标准。这个标准包括 OSI 底部的三层,即物理层、数据链路层和网络层。在物理层,ITU 定义的用户网络接口标准包括 I.430 基本速率接入接口和 I.431 主速率接入接口。ANSI 已经定义用户网络接口标准为 T1.601。如上所述,这个物理层使用与其物理布线结构相同的正常电话布线。

ISDN B 信道一般是点到点的协议,如高级数据链路控制(HDLC)协议或者点到点帧协议。然而,有时候也能采用其他的封装形式,如帧中继。在第三层,通常封装 IP 数据包。ISDN 以全双工方式工作。全双工是指能够同时发送和接收信号。

ISDN D 信道在 OSI 模型的第三层和第二层使用不同的信令协议。一般来说,在第二层,LADP-D(链路接入规程-D 信道)是使用 Q.921 信令,DSS1(1 号数字用户信令系统)在第三层使用 Q.931 信令。简单地记住中间的数字对应它工作的层就很容易记住哪一个信令在哪一层工作。

3. ISDN 的组件

作为 ISDN 标准的一部分,有许多种用于连接 ISDN 的设备,如 TE1、TE2、NT1、NT2 和 TA 等。这些设备称作终端设备(TE)或者网络终端设备(NT)。还有许多参考点用于定义 ISDN 中设备的各部分之间的连接。

终端设备类型 1(TE1)是能够直接连接 ISDN 和遵循 ISDN 标准的设备。

终端设备类型 2(TE2)是 ISDN 标准发布前使用的设备,需要使用一个终端适配器才能接入 ISDN。这类设备可以是只有一个串行接口的路由器,而不是一个 ISDN 广域网接口卡(WIC)。这个终端适配器能够插入这个串行接口,允许使用路由器连接这个 ISDN。TE2 的另一个例子是一台计算机。

网络终端 1(NT1)是客户端的设备,用于在 ISDN(或者 NT2 设备)上实施物理层。这是连接到电信公司的 U 参考点,它在 OSI 模型的第一层工作。

网络终端 2(NT2)是电信公司的设备,用于在通信到达 ISDN 之前终止用户的 NT1 设备。这种设备在 OSI 模型中的第二层和第三层工作,是一种进行这种转换的智能设备。

终端适配器(TA)是把 TE2 设备信令转换为 ISDN 交换机使用的信令的设备。

4. ISDN 的参考点

ISDN 的参考点有 4 种,即 R 参考点、S 参考点、T 参考点和 U 参考点,如图 4-19 所示。

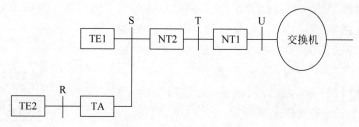

图 4-19 ISDN 的参考点

1) R 参考点

R 参考点又称为 R 接口,用于指定 TE2 设备和 TA 设备之间的参考点。

2) S 参考点

S 参考点又称为 S 接口,用于指定用户路由器与 NT2 设备之间的参考点。

3) T 参考点

T 参考点又称为 T 接口,用来指定 NT1 和 NT2 设备之间的参考点。S 和 T 参考点有同样的功能,因此,有时候也指 S/T 参考点。当接入 S/T 参考点的位置时,NT2 功能则是多余的,因为它是内置的功能。

4) U 参考点

U 参考点又称为 U 接口,用于指定在 ISDN 承载网络上 NT1 设备和电信公司的终端设备之间的参考点。

4.4.3 ISDN 的业务

1. ISDN 承载的业务类型

按照国际电报电话咨询委员会(CCITT)的定义,ISDN 是以综合数字网(Integrated Digital Network,IDN)为基础发展起来的通信网,能够提供端到端的数字连接,用来支持话音及非话音的多种电信业务;用户通过一组有限的标准化多用途用户网络接口接入 ISDN 内。这些综合业务包括电话、数据、传真、可视电话和会议电话等。

ISDN 概念中综合业务的核心思想是从用户端出发,建立一套标准的用户网络接口(User Network Interface,UNI)协议体系。同时给出了各 ISDN 间的网络节点互联接口(Network to Network Interface,NNI)。这样,非常简单地统一了技术标准,提供了一个厂商间开放的竞争环境。

ISDN 的承载业务类型如图 4-20 所示。在 ISDN 概念模型中,各种业务类型按照业务的数据速率分为基本速率接口(Basic Rate Interface,BRI)和基群速率接口(Primary Rate Interface,PRI)两级。

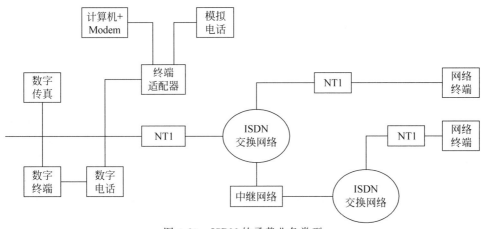

图 4-20　ISDN 的承载业务类型

(1) 基本速率接口(Basic Rate Interface,BRI),该速率由两个承载信道和一个数据控制信道构成,称为 2B+D。其中,B 信道是用户信道,用来传送语音、数据等用户信息,传输速率为 64kb/s;D 信道有两个用途,即传送公共信道信令和传送分组数据,传输速率为 16kb/s。BRI 适用于家庭或小企业用户。

(2) 基群速率接口(Primary Rate Interface,PRI),该速率支持 T1(23B+D:1.544Mb/s)和 E1(30B+D:2.048Mb/s),适用于大容量用户或集团用户。其中,T1 主要适用于日本和北美地区;E1 适用于欧洲和中国等地区。

2. 窄带 ISDN 和宽带 ISDN

按照 ISDN 的发展进程,ISDN 可分为两个阶段:第一代为窄带 ISDN(Narrow band-ISDN,N-ISDN);第二代为宽带 ISDN(Broad band-ISDN,B-ISDN)。

1) 窄带 ISDN

N-ISDN 有两种不同速率的标准接口:一种是基本接入(Basic Access),速率为 144kb/s,支持两条 64kb/s 的用户信道和一条 16kb/s 的信令信道(2B+D);另一种是一次群接入

电话铜线接入技术

(Primary Rate Access),其速率和 PCM 一次群速率相同(2048kb/s 或 1544kb/s),支持 30 条或 24 条 64kb/s 的用户信道和一条 64kb/s 的信令信道(30B＋D 或 24B＋D)。这两种接口都可以用普通的电话铜线作为传输媒体。

N-ISDN 是一种典型的窄带接入的铜线技术,比较成熟,提供 64kb/s、128kb/s、384kb/s、1536kb/s、1920kb/s 等速率的用户网络接口。N-ISDN 的典型接入结构如图 4-21 所示。

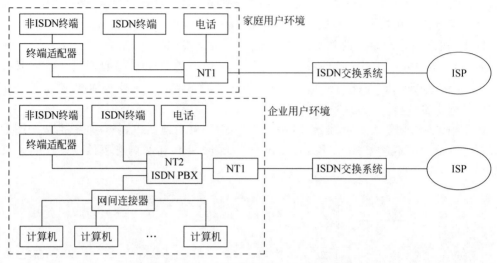

图 4-21　N-ISDN 的典型接入结构示意图

在图 4-21 中,NT1 和 NT2 都是网络终端设备;PBX(Private Branch eXchang)是专用小交换机。实际上,NT1 是比临时接线板复杂一些的设备,它起接插板的作用,负责将二线的 U 口转换为标准的四线 ISDN 接口。NT1 还包含一些电子线路,供网络管理、本地与远地回路测试、维护、性能监测等方面的使用。NT1 在设置上靠近用户端一侧,它利用电话线和几千米以外的交换机系统连接。NT2 是 ISDN 的一个 PBX,它与 NT1 相连接,为电话、终端及其他设备提供完备的接口,更适合企业对电话的要求。ISDN 交换机和 ISDN PBX 之间没有本质上的区别,只是前者比后者能同时处理更多的电话。

在实际的应用中,ISDN 的生产商常将 NT1 和终端适配器结合在一起,为用户提供更简便的接入和使用,这就是 NT1＋或 NT1 PLUS。NT1＋除有一个 U 口外,还有两个 POST 口,供用户接入非 ISDN 终端设备,如模拟电话、模拟 Modem、G3 传真机等;两个 S/T 口,供用户接入标准的 ISDN 终端,如数字电话、G4 传真机、PC 终端适配器等。

2) 宽带 ISDN

B-ISDN 的参考模型如图 4-22 所示。它是在窄带综合业务数字网(N-ISDN)的基础上发展起来的数字通信网络,其核心技术是采用 ATM(异步转移模式)。B-ISDN 要求采用光纤及宽带电缆,其传输速率可从 155Mb/s 到几 Gb/s,能提供各种连接形态,允许在最高速率之内选择任意速率,允许以固定

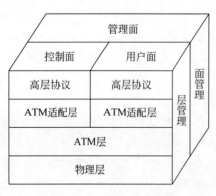

图 4-22　B-ISDN 参考模型

速率或可变速率传送。B-ISDN 可用于音频及数字化视频信号传输,可提供电视会议服务。各种业务都能以相同的方式在网络中传输。其目标是实现 4 个层次上的综合,即综合接入、综合交换、综合传输、综合管理。

宽带综合业务数字网(B-ISDN)以光纤作为其传输媒体,其数字传输标准为 SONET 和 SDH。B-ISDN 服务要求有更高通道能力以传输数字化的声音、视像和多媒体信息。而 ATM 则是支持 B-ISDN 服务的一种复用交换技术。

B-ISDN 的业务范围比 ISDN 更加广泛,这些业务在特性上的差异较大。如果用恒定的速率传输所有的业务信息,很容易降低 QoS(服务质量)和浪费网络资源。

4.5 HDSL 接入技术

4.5.1 xDSL 技术简介

xDSL(Digital Subscriber Line,数字用户线路)是以电话铜线为传输介质的一系列接入技术,它包括 HDSL、SDSL、VDSL、ADSL 和 RADSL 等,它们的主要区别体现在信号传输速度和距离的不同以及上行速率和下行速率对称性的不同这两方面。

HDSL 与 SDSL 支持对称的 T1/E1((1.544Mb/s)/(2.048Mb/s))传输。其中,HDSL 的有效传输距离为 3～4km,且需要 2～4 对铜质双绞电话线;SDSL 最大有效传输距离为 3km,只需 1 对铜线。比较而言,对称 DSL 更适用于企业点对点连接应用,如文件传输、视频会议等发送和接收的数据量大致相等的传送任务。与非对称 DSL 相比,对称 DSL 的市场要少得多。

ADSL(Asymmetric Digital Subscriber Line,非对称数字用户线)是一种通过现有普通电话线为家庭、办公室提供宽带数据传输服务的技术。ADSL 能够在现有的铜质双绞线,即普通电话线上提供高达 8Mb/s 的高速下行速率,由于 ADSL 对距离和线路情况十分敏感,随着距离的增加和线路的恶化,速率受距离的影响远高于 ISDN;ADSL 的上行速率为 1Mb/s,传输距离达 3～5km。

VDSL、ADSL 和 RADSL 属于非对称式传输。其中,VDSL 技术是 xDSL 技术中传输速率最快的一种,在一对铜质双绞电话线上,下行数据的速率为 13～52Mb/s,上行数据的速率为 1.5～2.3Mb/s,但是 VDSL 的传输距离只在几百米以内,VDSL 可以成为光纤到家庭的具有高性价比的替代方案,目前,视频点播(Video On Demand,VOD)就是采用这种接入技术实现的;ADSL 在一对铜线上支持上行速率 640kb/s～1Mb/s,下行速率 1～8Mb/s,有效传输距离在 3～5km 范围以内;RADSL 能够提供的速度范围与 ADSL 基本相同,但它可以根据双绞铜线质量的优劣和传输距离的远近动态地调整用户的访问速度。正是 RADSL 的这些特点使 RADSL 成为用于网上高速冲浪、视频点播(VOD)、远程局域网络(LAN)访问的理想技术,因为在这些应用中用户下载的信息往往比上传的信息(发送指令)量要多得多。

4.5.2 HDSL 系统的组成

高速率数字用户线路(High-speed Digital Subscriber Line,HDSL)是铜线对增容技术

进一步发展的结果,是 ISDN 基本速率传输技术的发展和延伸。HDSL 利用两对或三对铜线,为用户提供无中继地传输 PDH 一次群率(T1 或 E1)的双工数字连接。在线径为 0.4~0.6mm 的铜线上,传输距离可达 3~5km。在用户线路紧张的情况下,采用 HDSL 技术可以迅速扩容。HDSL 系统的主要用户是企事业单位,它可以为单位用户灵活地提供租用线和会议电视等业务,HDSL 也可以作为无线基站和移动交换中心的低成本数字链路,还可以提供点到多点的数字连接,还能工作于 SDH 系统中。

HDSL 接入技术是 xDSL 家族成员中开发比较早,应用比较广泛的一种技术,HDSL 采用回波抵消、自适应均衡和高速数字处理技术,使用 2B1Q 或 CAP 编码,利用两对双绞线实现数据的双向对称传输,传输速率为(2048kb/s)/(1544kb/s)(E1/T1),每对电话线传输速率为 1168kb/s,可以提供标准 E1/T1 接口和 V.35 接口。

HDSL 系统的组成如图 4-23 所示。

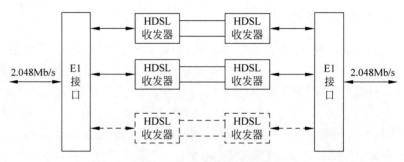

图 4-23　HDSL 系统的组成

HDSL 系统是由两台(或三台)HDSL 收发器和两对(或三对)铜线组成的。两台 HDSL 收发器中的一台位于局端,另一台位于用户端。位于局端的 HDSL 收发器通过 G.703 接口与交换机相连,它把来自交换机的 E1 或 T1 信号转变成两路(或三路)并行低速信号,通过两对或三对铜线送给位于远端的 HDSL 收发器。位于远端的 HDSL 收发器则将收到的两路(或三路)并行低速信号恢复为 E1 或 T1 信号送给用户。同理,HDSL 系统也可以提供从用户至交换机的同速率的反向信号传输。因此,HDSL 系统在用户与交换机之间,构建起一条 PCM 集群信号的透明传输信道。

HDSL 系统的核心是 HDSL 收发器,它是双向传输设备,信号发送机的工作原理如图 4-24 所示。信号接收机的工作原理如图 4-25 所示。

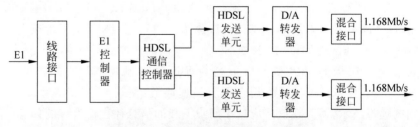

图 4-24　HDSL 信号发送机工作原理

HDSL 收发器分为发送机和接收机两大部分。其中,信号发送机中的线路接口单元对接收到的 E1(2.048Mb/s)信号进行时钟提取和整形,E1 控制器进行 HDB3 解码和帧处理,

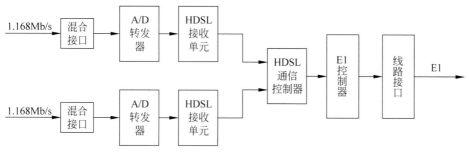

图 4-25　HDSL 信号接收机工作原理

HDSL 通信控制器将速率为 2.048Mb/s 的串行信号分成两路或三路,并加入必要的开销比特,再进行 CRC-6 编码和扰码,每路码速为 1.168Mb/s,各形成一个新的帧,HDSL 发送单元进行线路编码,D/A 变换进行滤波处理以及预均衡处理,混合接口电路进行收发隔离和回波抵消处理。

HDSL 收发器的信号接收机中的混合接口电路的作用与信号发送机相同,A/D 转换器进行自适应均衡处理和再生判决,HDSL 接收单元进行线路解码,HDSL 通信控制器进行解扰、CRC-6 解码、去除开销比特,并将两路或三路并行信号合并为一路串行信号,E1 控制器恢复为 E1 帧并进行 HDB3 解码,线路接口按照 G.703 要求送出 E1 信号。

4.5.3　HDSL 系统关键技术

HDSL 系统的关键技术主要包括帧结构、线路编码、回波抵消和自适应均衡技术等。

1. HDSL 的帧结构

HDSL 既适合 T1,也适合 E1。因为 T1 和 E1 使用相同的 HDSL 帧结构。

当使用 E1 时,HDSL 链路是一个成帧的传输通道,它连续发送一系列的帧,每两帧之间没有间歇。如果没有数据信息要发送,就发送特定的空闲比特码组。

HDSL 的帧结构如图 4-26 所示。H 字节包括 CRC-6、指示比特、嵌入操作信道和修正字等,长度为 2~10b;Z-bit 为开销字节,没有明确定义。2.048Mb/s 的比特流被分割在两

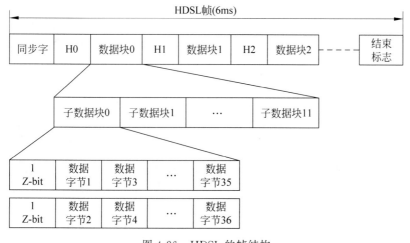

图 4-26　HDSL 的帧结构

电话铜线接入技术

对(或三对)传输线上传输,分割的信号映射入 HDSL 帧。接收端再把这些分割的 HDSL 帧重新组合成原始信号。

HDSL 帧包括开销字节和数据字节,帧长为 6ms。开销字节是为 HDSL 操作目的而设计的;数据字节用来传输 2.034Mb/s 容量的数据,共分为 48 个 HDSL 有效荷载块。对于两对双绞线全双工系统,传输速率为 $18\times64\text{kb/s}+16\text{kb/s}=1168\text{kb/s}$;对于三对双绞线全双工系统,传输速率为 $12\times64\text{kb/s}+16\text{kb/s}=784\text{kb/s}$;而对于一对双绞线的全双工系统,传输速率则为 $36\times64\text{kb/s}+16\text{kb/s}=2320\text{kb/s}$。

2. 线路编码

HDSL 系统采用的线路编码主要有两种:2B1Q 编码和 CAP 编码。

2B1Q 编码的特点是实现电路简单、技术成熟,与原有电话的 ISDN-BRA 兼容性好,已经批量生产,成本较低,因此应用较广。但是,采用 2B1Q 编码的 HDSL 系统与采用 CAP 编码的系统相比较,其线路信号的功率谱较宽,信号的时延失真较大,引起的码间干扰较大,而且近端串话也较大,所以需要使用设计良好的均衡器和回波抵消器来消除码间干扰和近端串话的影响。

采用 2B1Q 编码的系统有两种:一种是使用两对线系统;另一种是使用三对线系统。前一种系统的线路速率为 1.168Mb/s,后一种的线路速率为 784kb/s。由于后一种线路速率较低,因此在同样线径的线路上的传输距离较远。但是,由于它多用一对双绞线,成本较高,因此应用得不多。

CAP 编码是 HDSL 系统中使用的另一种码型。CAP 的编码原理是:将输入码流经串并变换分为两路,分别通过两个数字带通滤波器,然后相加即得到 CAP 编码。两个数字带通滤波器的幅频特性相同,但是相频特性相差 90°,所以 CAP 编码与正交幅度调制(QAM)信号相同。如果将两路信号分别调制同一个载波,然后用两个滤波器把它们的相位移开 90°,再叠加到一起即得到 QAM 信号。CAP 编码与 QAM 编码的区别是 QAM 使用了载波,而 CAP 编码不使用载波。

在 HDSL 系统中,CAP 编码常和格码调制(TCM)结合应用。例如,TCM8-CAP64 编码的信号星座图与 QAM64 相同,但是 CAP 的每个码元仅包含 4 位信息(另外两位是 TCM 引入的用于纠错的冗余位)。采用 CAP 编码的 HDSL 系统在两对双绞线上传输时,其传输性能优于采用三对双绞线 2B1Q 编码的 HDSL 系统的传输性能。在传输质量方面,24h 内统计平均误码率可达 1×10^{-11},接近光纤的传输质量。在 0.8 线径的线路上传输距离可以达到 10km。

3. 回波抵消

回波抵消技术在线对增容系统中是行之有效的,它使得在一对双绞线上进行 ISDN-BRA 双工传输成为现实。在 HDSL 系统中,仍然是一个必不可少的关键技术。原因有两个,一个原因是 HDSL 系统中线路传输速率提高,要求回波抵消器中的数字信号处理器的处理速度更快,以适应信号的快速变化,同时,由线路特性引起信号拖尾较长,要求回波抵消器具有更多的抽头;另一个原因是 HDSL 系统内部两对(或三对)双绞线之间的近端串话需要回波抵消器消除,因为系统可以知道串话源的情况。

4. 自适应均衡

在 HDSL 系统中,自适应均衡也是一种关键技术。由于线路信号速率提高,线路的传输特性相应地发生了变化,这会导致信号波形的更大失真,引起更为严重的码间干扰。因此,要求自适应均衡器应当具有更强的均衡能力。HDSL 收发双方都使用均衡器,发送端采用固定的预均衡器,接收端则采用判决反馈自适应均衡器。很显然,接收端的均衡器会产生错误传播问题,即它对当前码元的错判将会增大随后码元继续错判的概率。如果将均衡器放在发送端,则不会产生错误传播的问题,但会产生为了让发送端得知线路特性的动态变化信息而增加的系统复杂性,因此应用并不多。

5. 传输标准

关于 HDSL 系统的传输标准,主要有两种:一种是美国国家标准协会(American National Standards Institute,ANSI)制定的,另一种则是欧洲电信标准协会(European Telecommunications Standards Institute,ETSI)制定的。我国目前主要参考欧洲电信标准协会的标准。

ANSI 标准规定,美国 HDSL 系统采用 2B1Q 编码技术,利用两对铜线传输 T1 信号,每对线的传输速率分别为 784kb/s。

欧洲电信标准协会规定了两个版本的 HDSL 系统标准:一个版本是使用三线对传输 E1,每线对传输速率为 784kb/s;另一个版本是使用两线对传输 E1,每线对传输速率为 1.168Mb/s。欧洲电信学会的标准之所以提出使用三线对双绞线传输 E1 的方案,主要是考虑到两个因素:一是可以利用美国已经开发的超大规模集成电路,二是可以满足运营公司未来发展的需要。

4.6 ADSL 接入技术

非对称数字用户线路(ADSL)是一种新的数据传输方式。ADSL 在不影响正常电话通信的情况下可以提供最高 3.5Mb/s 的上行速率和最高 24Mb/s 的下行速率。由于上行和下行带宽不对称,因此称为非对称数字用户线环路。ADSL 采用频分复用技术把普通的电话线分成了电话、上行和下行 3 个相对独立的信道,从而避免了相互之间的干扰。

4.6.1 ADSL 技术的特点

ADSL 是一种异步传输模式(ATM)。在电信服务提供商端,需要将每条开通 ADSL 业务的电话线路连接到数字用户线接入复用器(DSLAM)上。而在用户端,用户需要使用一个 ADSL 终端来连接电话线路。因为和传统的调制解调器(Modem)类似,所以也被称为"猫"。由于 ADSL 使用高频信号,因此在两端都要使用 ADSL 信号分离器将 ADSL 中的数据信号和音频电话信号分离出来,避免打电话时出现噪声干扰。

由于受到传输高频信号的限制,ADSL 要求电信服务提供商端接入设备与用户终端之间的距离不能超过 5km,也就是用户的电话线连接到电话局的距离不能超过 5km。

ADSL 技术的主要特点是可以充分利用现有的电话铜线网络,在线路两端加装 ADSL 设备即可为用户提供高宽带服务。ADSL 的另外一个优点在于它可以与普通电话业务共用一条电话线,即可以在打电话的同时进行数据传输,两者互不影响。用户通过 ADSL 接入宽带多媒体信息网与因特网,同时可以收看影视节目,举行视频会议,还可以以很高的速率下载数据文件。

一般来说,ADSL 终端有一个电话线接口和一个以太网接口,有些终端还集成了 ADSL

电话铜线接入技术

信号分离器。

某些 ADSL 调制解调器使用 USB 接口与计算机相连,需要在计算机上安装指定的软件以添加虚拟网卡来进行通信。

4.6.2　ADSL 的技术标准

在众多的接入技术之中,由于 ADSL 在一对铜线上支持上行速率为 640kb/s~1Mb/s,下行速率为 1~8Mb/s,有效传输距离在 3~5km 范围以内,因此适用于 Internet 接入和视频点播(VOD),能满足广大用户的需要,是具有竞争力的宽带接入技术之一。

关于 ADSL 的国际标准主要是 ANSI 制定的,1994 年 TIE1.4 工作组通过了第一个 ADSL 草案标准,决定采用 DMT 作为标准接口,关键是能支持 6.144Mb/s 甚至更高的速率并能传输比较远的距离。ANSI 标准具体规定了欧洲制式 ADSL 标准。

1997 年,一些 ADSL 的厂商和运营商开始认识到,也许牺牲 ADSL 的一些速率可以加快 ADSL 的商业化进程,因为速率的下降意味着技术复杂度的降低。全速率 ADSL 的下行速度是 8Mb/s,但是在用户端必须安装一个分离器(Splitter)。如果把 ADSL 的下行速率降到 1.5Mb/s(下行为 1.5Mb/s,上行为 512kb/s),那么用户端的分离器就可以取消。这意味着用户可以像安装普通模拟 Modem 一样地安装 ADSL Modem,从而简化了现场安装的操作。

1998 年 1 月,一些全球知名厂商、运营商和服务商组织起来,成立了通用 ADSL 工作组(Universal ADSL Working Group,UAWG),致力于该版本的标准化工作。

1998 年 10 月,ITU 开始进行通用 ADSL 标准的讨论,并将之命名为 G.Lite,经过半年多的研讨,1999 年 6 月,国际电信联盟(ITU)最终发布了 G.Lite(即 G.992.2)标准,从而为 ADSL 的商业化进程扫清了障碍。

ITU 制定的关于 ADSL 的系列标准主要包括以下内容。

ITU-T G.992.1(G.dmt):下行 8Mb/s,上行 1.5Mb/s,主要基于 T1.413 方案。

ITU-T G.992.2(G.lite):下行 1.5Mb/s,上行 512kb/s,速率较低以减少 ADSL 应用的复杂性方案,主要是去掉了用户端的分离器。

ITU-T G.994.1(G.hs):可变速率(VBR),这是在 G.dmt 与 G.lite 的调制解调器间实现互通所需的握手过程的标准。

ITU G.995.1:ITU 制定的关于 ADSL 各种标准的概述。

ITU G.996.1(G.test):针对指定 xDSL 技术测试规范的方案。

ITU G.997.1(G.ploam):xDSL 物理层管理规范。

4.6.3　ADSL 的工作原理

如图 4-27 所示的是 ADSL 的网络参考模型。ADSL 和分离器在同一对电话铜线上共存。分离器由一个低通滤波器(LPF)和一个高通滤波器(HPF)组成,它将模拟电话信号从数字数据信号中分离出来。高通滤波器可以和中心局侧或用户端侧的 ADSL 收发器(ATU)集成在一起。在用户侧,低通滤波器通常安装在住宅入口,即安装在地下室或网络接口设备(NID)内。

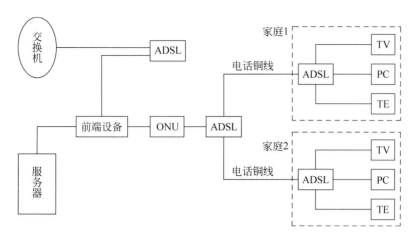

图 4-27　ADSL 网络参考模型

ADSL 分离器作用的示意图如图 4-28 所示。

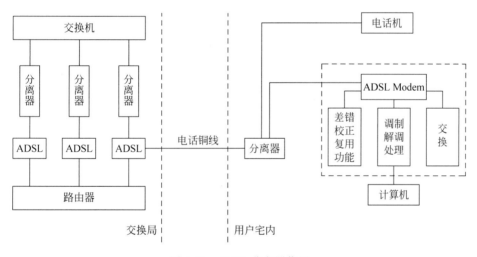

图 4-28　ADSL 分离器作用

　　ADSL 传输系统为用户提供了不对称的容量。下行方向的数据传输速率是上行方向数据传输速率的 10 倍,其最高传输速率取决于初始化阶段的测试结果。如果一个环路下行方向能够支持 4Mb/s 的速率,则上行方向可以支持 440kb/s 的速率。

　　在用户前端设备(CPE)的初始化阶段,首先检测环路能否支持 6Mb/s 的速率,能支持则下行方向工作在 6Mb/s 速率,否则与对方设备协商把速率降低至 4Mb/s。同时,网络服务提供商基于自身的利益也可能限制 CPE 只能工作在某个限定的速率,如 2Mb/s。此时,虽然 CPE 可以运行于更高的速率,但却只能工作在 2Mb/s 的传输速率。

　　ADSL 在不同线径和线路长度下可能达到的下行传输速率如表 4-1 所示。

　　此外,传输速率还与线路的条件有关。例如,是否有桥接头,是否有加感线圈,以及线路是否有较强的噪声干扰等。

电话铜线接入技术

表 4-1　ADSL 性能参数

距离/英尺	电缆(美国线规)	下行速率/(Mb/s)	上行速率/(kb/s)
18 000	24	1.7	176
13 500	26	1.7	176
12 000	24	6.8	640
9000	26	6.8	640

4.6.4　ADSL 复用技术

为了建立多个信道,在同一对电话铜线上实现话音信号和数据信号混合双向传输。与 ISDN 单纯划分独占信道不同的是,ADSL 采用频分复用(Frequency Division Multiplexing, FDM)技术和回波消除(Echo Cancellation,EC)技术实现在电话上分隔有效带宽,从而产生多路信道,使频带得到复用,因此可用带宽大大增加。ADSL 采用的这两种复用技术都是用 0~4kHz 的频带来传输语音信号。而对于其余频带,两种技术则各有不同的处理方式。

FDM 技术将电话铜线剩余频带划分为两个互不相交的频带,其中一个频带作为数据下行通道,另一个频带作为数据上行通道。下行通道由一个或多个高速信道加入一个或多个低速信道以时分多址复用方式组成;上行通道由相应的低速信道以时分复用方式组成。

EC 技术将电话铜线剩余频带划分为两个相互重叠的频带,分别用于上行通道和下行通道,重叠的频带通过本地回波消除器将其分开。此项技术来源于 V.32 和 V.34。目前,使用最多的是 FDM 技术。

频率越低,滤波器越难设计。因此,上行信道的开始频率一般都选在 25kHz,带宽约为 135kHz。在 FDM 技术中,下行信道的开始频率一般选在 240kHz,带宽则由线路特性、调制方式和传输速率决定。EC 技术由于上、下行信道频带重叠,使下行信道可用频带增宽,大大提高了下行信道的性能。但这也增加了系统的复杂性,增加了成本。一般来说,在使用 DMT 调制技术的系统中才运用 EC 技术。FDM 技术和 EC 复用示意图分别如图 4-29 和图 4-30 所示。

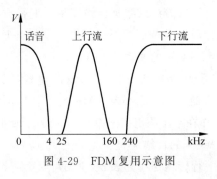

图 4-29　FDM 复用示意图

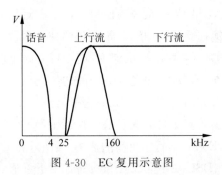

图 4-30　EC 复用示意图

4.6.5　ADSL 调制技术

ADSL 之所以能够在电话铜线中传输高达 8Mb/s 的数据,关键在于其调制技术。

在 ADSL 产品中广泛采用的调制技术有 3 种，分别为 QAM、CAP 和 DMT。其中，DMT 调制技术已经被国际电信联盟(ITU-T)采用，被定义为 ADSL 的标准方式。

采用 ITU-T G.992.2 标准的产品，下行带宽为 1.5Mb/s，比全速 ADSL 的 8Mb/s 低得多，由于要与全速 ADSL 兼容，便于今后系统的升级，其调制方式仍选用 DMT。

1. QAM 调制技术

在正交幅度调制(Quadrature Amplitude Modulation，QAM)中，数据信号由相互正交的两个载波的幅度变化表示。模拟信号的相位调制和数字信号的 PSK(相移键控)可以被认为是幅度不变、仅有相位变化的特殊正交幅度调制。模拟信号频率调制和数字信号的 FSK(频移键控)也可以被认为是 QAM 的特例，因为它们本质上就是相位调制。

QAM 是一种矢量调制，将输入比特先映射(一般采用格雷码)到一个复平面(星座)上，形成复数调制符号，然后将符号的 I、Q 分量(对应复平面的实部和虚部，也就是水平和垂直方向)采用幅度调制，分别对应两个在时域上正交的载波($\cos\omega t$ 和 $\sin\omega t$)。这样与幅度调制(AM)相比，其频谱利用率将提高一倍。QAM 是幅度、相位联合调制的技术，它同时利用了载波的幅度和相位来传递信息比特，因此在最小距离相同的条件下可实现更高的频带利用率。目前，QAM 最高已达到 1024-QAM(1024 个样点)。样点数目越多，其传输效率越高。例如，具有 16 个样点的 16-QAM 信号，每个样点表示一种矢量状态，16-QAM 有 16 态，每 4 位二进制数规定了 16 态中的一态，16-QAM 中规定了 16 种载波和相位的组合。

QAM 调制技术的工作原理如图 4-31 所示。

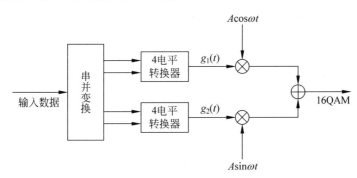

图 4-31　16-QAM 的调制原理图

在 QAM 调制器中，数据首先在比特/符号编码器(串-并转换器)内被分成两路，分别为原信号的 1/2，然后分别与一对正交调制分量相乘，求和后输出。接收端完成相反过程，正交解调出两个相反码流，均衡器补偿由信道引起的失真，判决器识别复数信号并映射回原来的二进制信号。

作为调制信号的输入二进制数据流经过串-并变换后变成 4 路并行数据流。这 4 路数据两两结合，分别进入两个电平转换器，转换成两路 4 电平数据。例如，00 转换成−3，01 转换成−1，10 转换成 1，11 转换成 3。这两路 4 电平数据 $g_1(t)$ 和 $g_2(t)$ 分别对两路载波 $\cos\omega t$ 和 $\sin\omega t$ 进行调制，然后相加，即可得到 16-QAM 信号。

类似于其他数字调制方式，QAM 发射的信号集可以用星座图方便地表示，星座图上每个星座点对应发射信号集中的那一点。星座点经常采用水平和垂直方向等间距的正方网格配置，当然也有其他的配置方式。数字通信中数据常采用二进制数表示，这种情况下星座点

电话铜线接入技术

的个数一般是 2 的幂。常见的 QAM 形式有 16-QAM、64-QAM、256-QAM 等。星座点数越多，每个符号能传输的信息量就越大。但是，如果在星座图的平均能量保持不变的情况下增加星座点，会使星座点之间的距离变小，进而导致误码率上升。因此，高阶星座图的可靠性比低阶要差。16-QAM 正交调制星座图如图 4-32 所示。

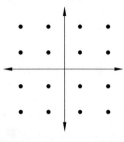

图 4-32　16-QAM 星座图

采用 QAM 调制技术，信道带宽至少要等于码元速率，为了定时恢复，还需要另外的带宽，一般要增加 15% 左右。与其他调制技术相比，QAM 编码具有能充分利用带宽、抗噪声能力强等优点。QAM 调制技术用于 ADSL 的关键问题是如何适应不同电话线路之间较大的性能差异。要取得较为理想的工作特性，QAM 接收器需要一个和发送端具有相同的频谱和相应特性的电路用于解码，QAM 接收器利用自适应均衡器来补偿传输过程中信号产生的失真。因此，采用 QAM 的 ADSL 系统的复杂性来自它的自适应均衡器。

当对数据传输速率的要求高于 8-PSK 能提供的上限时，一般采用 QAM 的调制方式。因为 QAM 的星座点比 PSK 的星座点更分散，星座点之间的距离因此更大，所以能提供更好的传输性能。但是 QAM 星座点的幅度不是完全相同的，所以它的解调器需要能同时正确检测相位和幅度，不像 PSK 解调只需要检测相位，这增加了 QAM 解调器的复杂性。

2. CAP 调制技术

无载波幅度/相位调制（Carrierless Amplitude/Phase Modulation，CAP）技术是以 QAM 调制技术为基础发展而来的，CAP 与 QAM 的区别是其实现手段的数字化，输入数据被送入编码器。在编码器内，m 位输入比特被映射为 k 个（$k = 2m$）不同的复数符号，由 k 个不同的复数符号构成 k-CAP 线路编码。编码后分别被送到同相和正交数字整形信号分离器，求和后再送到 D/A 转换器，最后经低通信号分离器发送出去。

CAP 解调时使用软判决技术，并利用均衡器进行适配，CAP 产生的频谱形状和 QAM 相同。CAP 编码是二维冗余线性调制码，功率谱是带通型，上限是 180kHz，低频截止频率小于 20kHz。CAP 受低频能量丰富的脉冲噪声及高频的近端串音等的干扰程度较小，无低频时延畸变，由群延失真引起的码间干扰也较小。CAP 技术用于 ADSL 的主要技术难点是要克服近端串音对信号的干扰。一般通过使用近端串音抵消器或近端串音均衡器来解决这一难题。

CAP 采用 0～4kHz 传送话音，25～160kHz 作为上行信道，240～1104kHz 作为下行信道。为了适应不同的电话线路信道，CAP 调制系统使用了 5 种调制速率，最低速率时使用的线路频带为 613kHz，最高速率时使用的线路频带为 1.494kHz。系统在初始化时根据线路状况自动选择传输速率。与 QAM 相比，CAP 实现起来更简单。

3. DMT 调制技术

离散多音频（Discrete Multi Tone，DMT）调制技术是一种多载波调制技术。DMT 调制原理如图 4-33 所示。通过 DMT 调制技术，可以把一条电话线路划分成 256 个子离散语音信道，每个信道带宽为 4.3kHz。然而，ADSL 最终并不是直接使用这 256 个子语音信道，而是进行了重新划分，把 0～4kHz 频带留作传统的电话语音传输，其他频带用作数据传输。

DMT 调制技术把数据传送通道以每信道为 4kHz 的宽度划分为 25 个上行子信道和

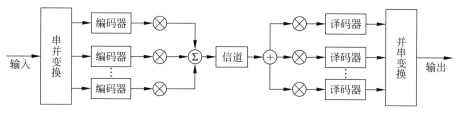

图 4-33　DMT 调制原理示意图

249 个下行子信道。因此,从 ADSL 的理论上说,上行速率为 $25 \times 15 \times 4kHz = 1.5Mb/s$,而理论下行速率为 $249 \times 15 \times 4kHz = 14.9Mb/s$(注:以上两个公式中的 15 为每信道采样值位数)。

实际上,采用 DMT 调制技术工作时,并不仅是把数据通道划分成了 25 个上行子信道和 249 个下行子信道,而是仍保持电话线路上那 256 个离散语音信道,其中 25 个子信道仍为上行通道(理论最高速率仍为 1.5Mb/s)。另外,230 个为下行数据传输通道(理论最高速率仍为 13.8Mb/s)。之所以要如此划分,是为了避免相互子信道之间的干扰,给每个子信道之间留有一定的分隔频带,隔离频率为 0.3125kHz。

由于总共划分了 256 个子信道(总带宽为 1.104Mb/s),因此 DMT 采用了 256-QAM 调制技术,这也是目前 ADSL 技术中应用最广的一种调制技术。在这分割的 256 个子信道中,除了用于普通话音传输的 0~4kHz 频带外,其他的频带被分成 255 个子载波,子载波之间的频率间隔为 4.3125kHz(1104/4.3125 正好等于 256)。而实际上利用的是每个子载波的 4kHz 频带,所以每两个子信道之间就有 0.3125kHz 的频隔离区。

每个子频带在发送端用单载波(Single Carrier)调制技术调制,在接收端则接收各子频带,并将其 256 路载波整合解调。对 256 个载波进行 QAM 调制需做傅里叶变换。假设实际使用了 N 个子信道,每个子信道上传 $b_i(i=1,2,\cdots,N)$ 比特,则映射的 DMT 复数子符号为 $x_j(j=1,2,\cdots,N)$。再利用 2N 点快速傅里叶变换将频域中 N 个复数子符号变换为 2N 个实数样值 $x_j(j=1,2,\cdots,2N)$,经数模变换和低通滤波器滤波后输出。

在接收端再进行相反的变换,即对抽样后的 2N 个时域样值做快速傅里叶逆变换,得到频域内的 N 个复数子符号 $Y_j(j=1,2,\cdots,N)$,译码后恢复成原始的比特流。

256 个载波上的输入信号经过比特分配和缓存,将输入信号划分为比特块;经 TCM 编码后再进行 512 点离散傅里叶逆变换(IDFT)将信号变换到时域,这时比特块将转换成 256 个 QAM 子字符。随后对每个比特块加上循环前缀(用于消除码间干扰),经数模变换(DA)和发送信号分离器将信号送上信道。在接收端则按相反的次序进行接收解码。

DMT 调制系统根据线路的实际情况使用这 255 个子信道,即根据各子信道的瞬时衰减特性、群时延特性和噪声特性动态地调整子信道的传输速率。DMT 调制频率范围是 0~15b/s/Hz。性能较高的子信道调制频率可大于 10b/s/Hz;而在低频率或高频率的子信道,可根据信道性能自适应地将调制频率降为 4b/s/Hz;此外,不能传输数据的信道将被关闭。由于能够动态减少分配到噪声频带的数据量,因此 DMT 技术具有较强的抗噪声性能。

4.6.6　ADSL 的发射和接收模块

ADSL 发送机和接收机可以提供多种信道,包括嵌入式操作通道(EOC)、ADSL 开销通

第 4 章

电话铜线接入技术

道、同步控制、指示比特等。除数据信道外,其他信道都简称为开销信道。单条物理信道可以包含多条逻辑信道。在发射和接收中合并、分离逻辑信道是通过帧结构来实现的。

ADSL 的发送机和接收机结构分别如图 4-34 和图 4-35 所示。

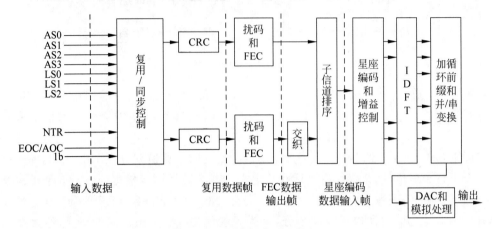

图 4-34 ADSL 的发送机结构图

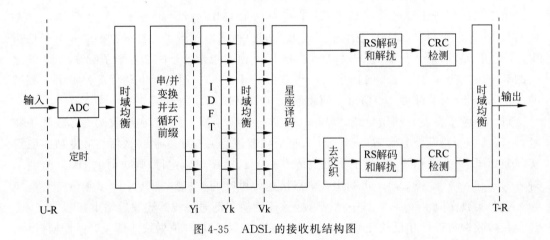

图 4-35 ADSL 的接收机结构图

从图 4-34 和图 4-35 中可以看到,ADSL 发送机和接收机各自都有两条相关联的路径,一条路径被称为快速通道,另一条路径被称为交织通道。每条通道上的循环冗余校验(CRC)和前向纠错(FEC)都是独立的。这两条通道的主要区别在于交织通道在发射机上有交织功能,而在快速通道上没有交织功能。快速通道的名称来源于它不存在交织和因交织而产生的时延。数据通过发射机和接收机快速通道的速率比交织通道快。一条逻辑数据信道要么被指定为交织通道,要么被指定为快速通道,不能被同时指定为两种通道。ADSL 标准规定,两种通道可以被同时激活(每条通道可指定一个或多个逻辑数据通道)。

快速通道传送的快速数据用于对时延敏感,但容许差错的业务,如语音和视频。即快速通道传送的是需要以最小的时延发送,但不必纠错的数据。如果存在差错,可以从算法上补偿一个特定的帧,从而忽略出错或丢失的帧。快速数据只是把前向纠错作为提供防止差错的某种手段,而不需要重发帧。

交织通道传送的交织数据用于对时延不敏感,但不容许差错的业务,如纯粹的数据应用。一定量的时延是被允许的,但是这些数据必须不出错地传送。在这种情况下,重发帧是允许的。交织数据使用循环冗余校验作为防止差错的机制。

ADSL 链路的逻辑数据信道包括 4 个可能的单工下行信道和 3 个可能的双工信道。逻辑数据信道有时也被称为承载信道。单工信道被命名为 AS0、AS1、AS2 和 AS3。3 个双工信道被命名为 LS0、LS1 和 LS2。双工信道有不同的上下行速率,包括一个方向或双向的零速率。当双工信道一个方向的速率为零而另一个方向的速率为非零时,则与非零速率方向上的单工信道相似。

表 4-2 给出了不同承载信道可允许的速率。

表 4-2　ADSL 逻辑数据信道及相关速率

信　　道	类　　型	允 许 速 率
AS0	下行单工	8.192Mb/s
AS1	下行单工	4.608Mb/s
AS2	下行单工	3.072Mb/s
AS3	下行单工	1.536Mb/s
LS0	双工	0～640kb/s
LS1	双工	0～640kb/s
LS2	双工	0～640kb/s

对所有的逻辑数据信道来说,其实际速率必须为 32kb/s 的整倍数。在绝大多数的实际系统中,只有一条单工数据信道用于下行方向,另一条双工信道用于上行方向的单工模式。通常这样的信道为 AS0 和 LS0。因为在 ADSL 标准中规定,数字大的逻辑数据信道不能在没有数字小的逻辑信道的情况下存在。也就是说,AS1、AS2、AS3 不可能在没有 AS0 的情况下存在。同理,LS1、LS2 也不可能在没有 LS0 的情况下存在。

4.6.7　ADSL 的帧结构

与所有成熟的数据传输技术一样,ADSL 技术也是采用帧结构来传输数据的,掌握 ADSL 的帧结构,是理解不同逻辑信道在物理 ADSL 上传送时是如何被组合及分离的关键。

在 ADSL 协议的最底层,是以 DMT 或 CAP 的编码形式出现的比特。传输时,比特组成帧,再汇集成超帧。超帧的帧长为 17ms,由 68 个帧(数字标识为 0～67)和一个同步帧构成。另外,由于 ADSL 链路是点到点的,因此在 ADSL 帧中没有地址和连接的标识符,这将大大提高数据的处理速度。图 4-36 是 ADSL 超帧的结构示意图。

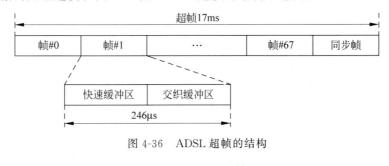

图 4-36　ADSL 超帧的结构

上行方向的超帧与下行方向的超帧结构相同,同步帧与数据帧有相同的时长,它不承载用户数据信息。

超帧内的每个数据帧具有相同的结构,每个数据帧都用 1 字节表示信道个数,信道个数用于说明快速通道和交织通道的每个活动中逻辑数据信道的数量,开销字节也包含在每个数据帧中。

图 4-37 给出了 ADSL 链路的通用数据帧的帧结构。

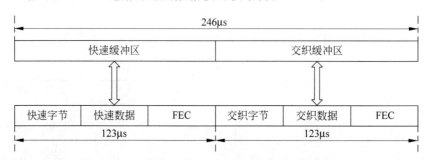

图 4-37　包含快速通道和交织通道成分的数据帧

快速数据缓冲区中存放的是时延敏感的快速数据,交织数据缓冲区中存放的是不敏感的交织数据。从图 4-37 中可以看到,快速数据缓冲区分成三部分:快速字节、快速数据和 FEC 字节。快速字节是一个特殊的 8 比特码组,可以携带循环冗余校验码(CRC)和指示比特等纠错控制信息和管理链路的信息;快速数据是实际要传送的用户数据,用 FEC 方法纠错。交织数据缓冲区中的信息被封装成无差错数据,其代价是降低了处理速度和增加了时延,主要用于纯数据应用,如 Internet 接入、E-mail 等。类似地,交织缓冲区分为交织字节、交织数据和 FEC 字节三部分。

不论是哪一种数据,所有帧内容都会先被加扰以后再传输,以避免过长的数据造成超帧同步的错误,而影响整个系统的正常工作。

值得注意的是,ADSL 超帧中的帧并没有固定的长度。这是因为 ADSL 线路的速率可变以及其非对称性,使帧本身的长度会随着变化。ADSL 只是以每 246μs 的周期送出一个帧,而每帧中的比特数则取决于快速缓冲区和交织缓冲区的大小,缓冲区的大小是在初始化时根据信道速率所决定的。另外,ADSL 通常支持 32kb/s 整倍数的比特率通信,对于非 32kb/s 的比特率,ADSL 也同样可以支持,多余的部分可以放在 ADSL 的帧头共享部分传送。

4.7　VDSL 接入技术

如前所述,ADSL 的典型性能为下行 1.5Mb/s,上行约 512kb/s,无法满足视频点播等宽带业务的要求。此外,ADSL 也无法提供商业用户所需的对称双向传输。甚高速数字用户线路(Very High Speed Digital Subscriber Line,VDSL)系统与 ADSL 一样,可利用普通电话铜线在不影响窄带话音业务的情况下,传送高速数据业务。VDSL 技术采用频分双工的方式,将电话和 VDSL 的上、下行信号放在不同的频带内传输。低频段用于传输普通电话信号或窄带 ISDN 业务数据,中间频段用于传输数字信道的控制信号,而高频段则用于传输高速数据信号。

VDSL 的应用业务分为以下三类。

（1）短距离的高速非对称业务，传输距离在 300m 范围以内，下行传输速率可以高达 26Mb/s。

（2）中距离的对称或接近对称业务，传输距离约 1km 左右，上行与下行对称，传输速率为 10Mb/s。

（3）较长距离的不对称业务，传输距离为 3～5km。此时，高频部分衰减较大，上行速率较低。

自从 1995 年 ANSI 的 T1E1.4 工作组开展 VDSL 研究以来，各种标准化组织（ANSI、ITU、ETSI、FSAN、ADSL 论坛、VDSL 联盟等）和厂商都在不断研讨 VDSL 技术的方案，彼此争论不休，而 ADSL 芯片厂商则要求将 VDSL 的调制方式定为 DMT 以限制 VDSL 技术的发展。2003 年 6 月北美标准组织 ANSI、IEEE 等相继将 VDSL 的调制技术定为 DMT，2004 年 5 月国际标准组织会议制定的 VDSL2 标准也采用 DMT 调制技术，做到与 ADSL2＋兼容。

目前，各种标准化组织已经不再争论 VDSL 标准中采用何种调制技术，并进入了技术细节的深入探讨。VDSL 是具有竞争力的电话铜线接入技术，且能够很好地融合以太网技术。

4.7.1 VDSL 参考模型

VDSL 系统与 ADSL 类似，利用双绞铜线提供上行与下行两个方向的宽带业务。VDSL 的系统结构也与 ADSL 很相似，VDSL 参考模型如图 4-38 所示。

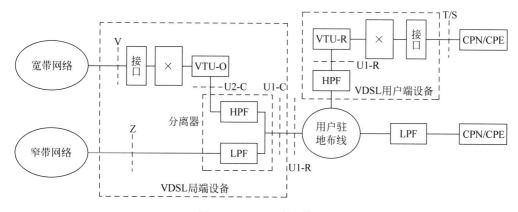

图 4-38 VDSL 参考模型

VDSL 局端设备与用户端设备之间通过普通电话铜线（U1-C 与 U1-R 参考点之间）进行点对点传输。其中，VTU-O、VTU-R 分别是位于局端和用户端的 VDSL 收发器。业务分离器（包括 HPF 和 LPF）把同一对电话铜线上传输的宽带业务与窄带业务分离。

4.7.2 VDSL 频段划分

由于电话铜线上的频谱是一种重要资源，频段划分方式决定了 VDSL 的传送能力，进而决定 VDSL 的业务能力，因此频段的划分方式是 VDSL 标准中一个非常重要的内容。

VDSL 系统采用的频段划分方案,起始频率为 138kHz,终止频率为 12MHz。这一频谱范围可被分割为若干下行(Downlink Send,DS)和上行(Uplink Send,US)频段。国际上常用的频段划分方式(Band Plan)主要有两种:Plan997 和 Plan998,分别如图 4-39 和图 4-40 所示。Plan997 根据欧洲的业务需求划分,主要面向对称业务;而 Plan998 根据北美的业务需求划分,主要面向非对称业务。

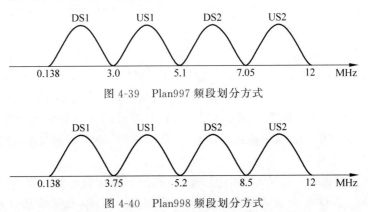

图 4-39　Plan997 频段划分方式

图 4-40　Plan998 频段划分方式

图 4-41 为中国 VDSL 频段的划分方式。考虑到中国的国情,既要适应接入网络总体流量的非对称特性,又要考虑满足一些对上行速率要求较高、接近对称的业务需求;既要考虑当前技术和设备状况,又要兼顾未来技术发展和一段时期内可能的业务需求,中国在 Plan998 的基础上,将 DS2 与 US2 的频段位置互相对调,这样,既可保证短距离时下行的高速率,又能扩大对称或接近对称速率的覆盖范围。因此,中国的频率划分方案综合了 Plan997 和 Plan998 的优点。

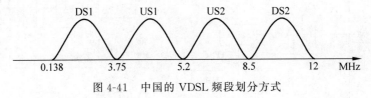

图 4-41　中国的 VDSL 频段划分方式

由于 ADSL 使用的频谱最高只能到 1.1MHz,相比而言,VDSL 能够提供更高的传输速率,能够更灵活地为不同的业务需求提供不同的传送能力。

4.7.3　VDSL 调制技术

VDSL 的调制技术有两种:QAM 和 DMT。

QAM 是常用的基于单载波的调制技术,广泛应用在 Cable Modem 上。它有效地结合调幅和频移键控技术。QAM 方法集中在时域对 VDSL 信号进行处理,考虑到线上信号的串行特点和模拟特点,同时对系统数字和模拟部件进行了优化。

DMT 技术的主要原理是将信道划分为多个子载波,根据每个子载波的不同信噪比分配其传输比特。DMT 进行的则是频域信号处理,这需要在线路的每一端进行时域-频域(IFFT/FFT)和串行-并行数据流转换,在此之前无法采用任何措施对 POTS 铜线上的模拟噪声进行补偿。在速率调整上,QAM 系统不如 DMT 灵活,且 DMT 技术的一大优势是有很好的抗干扰能力,对 RF 干扰的抵抗力比 QAM 好。但 DMT 在价格和工艺水平上不如 QAM。

尽管 DMT 是 ADSL 的调制技术的之一,但由于 VDSL 模式与之非常不同,因此这并不意味着 DMT 就可无缝移植,可以直接应用于 VDSL。

VDSL 选择 QAM 或 DMT 时需要考虑多种因素:地区频谱兼容性、噪声容限、功耗和成本等。

4.7.4 VDSL 技术与 ADSL 技术比较

以下将 ADSL 与 VDSL,分别从数据传输速率、传输方式、工作频段、传输质量、实现成本和兼容业务等方面进行比较。

1. 数据传输速率

ADSL 的上行数据速率为 $100\sim800$kb/s,下行速率为 1kb/s$\sim$8Mb/s。而 VDSL 非对称的下行速率为 $6.5\sim52$Mb/s,上行速率为 $0.8\sim6.4$Mb/s。在 1km 距离,上下行速率对称时,可达 10Mb/s 以上。因此,VDSL 在传输上比 ADSL 快得多。

2. 传输方式

ADSL 仅支持非对称传输方式;VDSL 既支持非对称传输方式,也支持对称传输方式。

3. 工作频段

ADSL 使用 2.5kHz$\sim$1.1MHz 的频段传输数字信号,而 VDSL 在双绞线上使用更高的频段,即 $0.138\sim12$MHz。

4. 传输质量

VDSL 具有良好的传输质量,可以实现高清晰度视频会议、视频点播以及电视广播等业务,而 ADSL 无法实现。

5. 实现成本

VDSL 技术的成本比较低,可以在一对铜质双绞线上实现信号传输,无须专门铺设新线路或对现有网络进行改造。在用户一侧的安装也比较简单,只要用分离器将 VDSL 信号和语音信号分开,并在电话前加装滤波器即可使用。

6. 兼容业务

与 ADSL 相比,VDSL 不仅可以兼容现有的传统话音业务,还可以兼容 ISDN 业务。在传输信息的兼容性方面,可以实现与原有的电话线、ISDN 系统共用同一对电话铜线。

4.8 第二代 xDSL 接入技术

4.8.1 HDSL2 技术简介

HDSL2 是在 HDSL 技术的基础上开发出的第二代的高速率数字用户线,可以在单对铜双绞线上实现 T1/E1 传输,应用前景更为广泛。

为了解决 HDSL 存在的缺陷,美国国家标准学会(ANSI)发布了 HDSL2 技术,实现了设备的标准化,解决互通性问题。它可以采用 CAP 编码,增加了传输距离,并且可以允许语音和数据同传,可以使用一对或两对双绞线,采用 OPTIS 调制技术,串话干扰性能低于 5dB。在美国,传统通信公司采用 HDSL2 解决高需求区铜线缺乏的问题,而新通信公司对

HDSL2 的兴趣在于它可以节省成本。另外,HDSL2 可以与 ITU-T 发布的 G.SHDSL 标准兼容。由于欧洲地区标准化组织(ETSI)推迟了 HDSL2 标准的通过,延误了它在全世界的推广,支持此标准的产品在中国市场上也比较少见。

HDSL2 的主要设计目标如下。

(1) 一对铜线上实现两对铜线 HDSL 的传输速率。

(2) 获得与两线对 HDSL 相同的传输距离。

(3) 对环路损坏(衰减、桥接头及串音等)的容忍能力不能低于 HDSL。

(4) 对现有业务造成的损害不能超过两线对 HDSL。

(5) 能够在实际环路上可靠地运行。

(6) 价格要比传统的 HDSL 低。

实际上,HDSL2 的设计目标是一种能够传送 T1 数据的单线对对称 DSL 技术。要达到这个设计目标是非常困难的,因为本地环路的传输环境极为苛刻,传输线路上的混合电缆规格和桥接头的阻抗不匹配,加上各种各样的业务带来的串音干扰,形成了一个很差的噪声环境。因此,要在一对铜双绞线上达到两对铜双绞线 HDSL 技术相同的传输性能,必须采用更先进的编码和数字信号处理(DSP)技术。

另外,与 HDSL 一样,HDSL2 的端到端时延必须小于 500ms。换句话说,带宽和延迟效应(导线的传输延迟和 HDSL2 成帧的处理延迟)加在一起必须小于 0.5s。为了减少延迟,可以通过减少 HDSL2 语音通信时的远端回波来实现。

HDSL2 采用了先进的频谱形成和纠错编码技术——频谱互锁重叠 PAM 传输(Overlapped PAM Transmission with Interlocking Spectra,OPTIS),其核心是格栅编码16-PAM 调制技术和频谱形成技术。此外,为了克服传输信道的损耗,HDSL2 还使用了前馈均衡(FFE)、判决反馈均衡(DFE)和 Tomlinson 预编码技术,有效地解决了信号互调干扰、错误繁殖等问题,使 HDSL2 传输系统获得优秀的性能。

OPTIS 技术的核心是发送信号的频谱形成技术和格栅编码调制技术。频谱形成技术来自 ADSL 的发展经验,它在频谱形状上进行了巧妙的处理,形成上下行数据频谱相互锁定、重叠并且非对称的独特形状,最大限度地减少了近端串音耦合(NEXT)的影响。除了频谱形成,OPTIS 方案还综合利用了格栅编码和脉冲幅度调制(PAM)技术,并同时采用了信道回波抵消预编码器。格栅编码调制(TCM)将调制与纠错编码功能融为一体,在不改变数据传输速率和信道带宽的前提下,有效降低了传输误码率,明显提高了系统性能。

为了克服传输信道的损耗,HDSL2 使用了前馈均衡(FFE)、判决反馈均衡(DFE)和 Tomlinson 预编码。前馈均衡的作用是去掉信号互调干扰,并将来自接收数据流的噪声过滤掉。DFE 监测判决限幅器的输出,取出与限幅器判决相关的噪声,并反馈到限幅器的输入端,从下一个信号中减掉。只要限幅器能够正确地进行判决,就能消除噪声。

OPTIS 的核心技术之一是发送信号的频谱形成。这项技术也来自 ADSL 的发展经验,用于最大化地减少近端串音耦合(NEXT)的影响。频谱形成技术采用非对称频谱,两个传输方向的频谱相互重叠,但是在频谱形状上进行了巧妙的处理。

下行功率谱由基本频谱和它的一部分镜像组成。基本频谱的带宽大约 256kHz,镜像频谱将下行带宽扩展到大约 400kHz,其功率谱密度比基本频谱高大约 3dB。上行功率谱只有基本频谱,但是功率谱密度为 210~245kHz 增强大约 6dB,并对 250kHz 以上的频谱进行了严格的限制。另外,下行频谱还对 200~300kHz 区域的功率谱密度进行了抑制。这里抑制的区域正好与上行信道的增强区域对应,因此可以看作是互锁的。上行和下行频谱通过上行和下行信号互锁这一精心设计的频谱形状,能够在中心局和远端设备的噪声环境中提供最佳的性能,并使进入其他业务的串音最小,也使进入下行频谱的干扰最小。

4.8.2　ADSL2＋技术简介

2003 年 1 月举行的 ITU 会议上,通过了新的 ADSL 标准 ADSL2＋(G.992.5)。

与 ADSL 比较,ADSL2＋的主要技术改进如下。

1. 传输速率更快

ADSL 提供的实际带宽和速率在如今各种宽带技术中已是较快的,而 ADSL2＋的速率更快。ADSL2＋标准在 8Mb/s(最大 12Mb/s)的 ADSL2 的基础上进一步扩展,主要是将频谱范围从 1.1MHz 扩展至 2.2MHz。相应地,最大子载波数目也由 256 增加至 512。它支持的净数据速率最小下行速率可达 16Mb/s(下行最大传输速率可达 24~25Mb/s)。ADSL2＋打破了 ADSL 接入方式带宽限制的瓶颈,使其应用范围更加广阔。

ADSL2＋具有高达 24Mb/s 的下行速率,可以支持多达 3 个视频流的同时传输,大型网络游戏、海量文件下载等都成为可能。

2. 传输距离更远

和第一代 ADSL 相比,ADSL2＋所达到的速率,在较长距离的电话线上,ADSL2 将在上行和下行线路上提供 50kb/s 的速率增量。这使得增加了 600 英尺[①]的传输距离,也就是增加了覆盖面积的 6%,大约 2.5km^2。

ADSL2＋解决方案传输距离可达 6km,完全能满足宽带智能化小区的需要,突破了以前 ADSL 技术接入距离只有 3km 的缺陷,可覆盖更多的用户实现更高的接入速度。

在下行方面,ADSL2＋在 1.5km 的距离上可达到 20Mb/s 的速率,是同样距离上 ADSL 下行 8Mb/s 的 2.5 倍。在 1~3km,ADSL2＋提供比 VDSL 及传统 ADSL 更高的接入速率;到了 3km 以外,ADSL2＋提供的速率和传统 ADSL 差不多。

3. 其他方面的技术改进

ADSL2＋和 ADSL2 也保证了向下兼容,运营商只需要简单变革便能实现从 ADSL 的平滑升级。

ADSL2＋可以用来减少串话。来自 ADSL 服务和从 RT 到线路的串话(信号串扰)能够大大削弱线路的数据传输速率。而 ADSL2＋从中心局到远端传输使用的频率在 1.1MHz 以下,从远端到数据传输中心局传输使用的频率为 1.1~2.2MHz,这会消除在服务和从中心局到线路上的数据传输中的绝大部分串话。

启动速度更快,ADSL2 提供了一种快速启动模式,初始化时间从 ADSL 的 10s 减少到 3s。

---

① 1 英尺＝0.3048 米。

4.8.3 VDSL2＋技术简介

1. VDSL2＋的基本特性

VDSL2＋通过高性价比的混合光纤到户(FTTH)有效地解决了最后一千米问题：在主干线铺设尽可能接近家庭的光纤，然后经现有的铺设在地基中的管道连到 DSLAM 或 DLC,在最后几百米再用高速 VDSL2＋连接到用户。

类似于 ADSL 及 ADSL2＋技术,VDSL2＋技术也采用 DMT 调制,但是频率范围增加到 30MHz,可以提供高达 100Mb/s 的带宽。ADSL2 与 VDSL1、VDSL2＋的传输性能比较如图 4-42 所示。

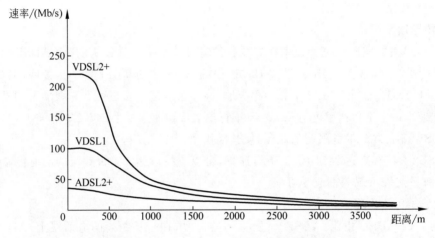

图 4-42　ADSL2＋与 VDSL1、VDSL2＋的传输性能比较

与以前的 VDSL 不同,ITU 制定了 VDSL2＋统一标准,使 VDSL2＋实现了不同厂商的兼容,使用户的设备采购渠道增加,有效降低了运营商的经营成本,这为 VDSL2＋的大规模商业推广提供了条件。

VDSL2＋被许多运营商视为 FTTH 光纤到户的替代技术方案,光纤用于将大型建筑如写字楼或公寓连接到 PSTN,而普通铜缆则用于建筑物内将用户连接到高速业务。

2. VDSL2＋技术的主要特点

与 VDSL 相比,新的 VDSL2＋标准具有多个新的特性。VDSL2＋的新增功能将提高数据传输的比特率和服务覆盖范围,同时为语音和视频传输提供高级的 QoS,从而促进所有宽带业务向单一网络的汇聚。VDSL2＋的主要技术特点如下。

1）更高的传输速率

IPTV、网络互动游戏等新兴宽带应用,对接入网的上行带宽提出了要求。VDSL2＋充分考虑到这些双向高速宽带应用的需求,规定了 6 波段高达 30MHz 的频带,在 300m 的短距离内,可以实现双向的 100Mb/s 数据传送速率。在 300～1500m 中等距离内,通过采用栅格编码技术和交织技术,传输速率也比第一代 VDSL 高。

2）更远的传输距离

受到双绞线高频衰减物理特性的限制,第一代 VDSL 的传输距离一般小于 1.5km。

VDSL2＋通过增强发射功率(20.5dBm)，并配合 U0 频段和回波抑制的使用，传输距离最远可达 4.5km 左右。

3）兼容 ADSL2＋技术

VDSL2＋摒弃了 QAM 调制方式，采用与 ADSL2＋同样的 DMT 作为唯一的调制方式。同时规定，在 12MHz 以下，仍然采用 4kHz 的子载波宽度，在 12MHz 以上，频段采用可变子载波宽度。此外，VDSL2＋支持 PTM、STM 以及 ADSL2＋所采用的 ATM 等多种封装的传送模式。VDSL2＋由于融合了 ADSL2＋和第一代 VDSL 技术的优点，因此在短距离内，可以达到 100Mb/s 传输速率，超过一定距离后，直接切换到 ADSL2＋模式，继续提供中远距离的数据传输。这为 ADSL2＋向 VDSL2＋过渡提供了良好的解决方案，运营商可以根据需要逐步更新设备，既保护了原有的投资，又减少了技术选择风险。

4）更为完善的 PSD 控制

VDSL2＋频率范围由于覆盖了中波、短波广播及业余无线电的频谱，因此，将受到这些无线信号的射频干扰(RFI)。另外，承载 VDSL2＋传输线对的电气信号会耦合到同一捆电缆的其他线对上，产生线间串扰。这些干扰是制约 VDSL2＋应用的主要障碍。VDSL2＋采用频谱开槽、上行功率削减(UPBO)、MIB 控制 PSD 等技术来完成功率谱的管理，消除或减小这些干扰对传输性能的影响，提高对接入环境的适应能力。

5）更好的视频业务支持

视频业务的特点是：带宽要求高，对时延不敏感，但对丢包或误码敏感。VDSL2＋充分考虑了视频业务的这些特点，在脉冲噪声保护、动态改变交织深度以及双延迟通道等方面做了大量的工作，以降低脉冲噪声造成的误码、丢包的概率。

6）多种模板(Profile)配置

在不同组网环境下，VDSL2＋受到的干扰因素是不一样的。为了支持各种应用，VDSL2＋标准定义了 8 种 Profile(8a、8b、8c、8d、12a、12b、17a、30a)，支持 CO、FTTC 以及大楼内等多种应用，减少了产品开发的复杂性和成本。

7）环路诊断

VDSL2＋继承了 ADSL2 的环路诊断功能，提供的测试参数能够用于物理铜线环路条件、串扰和线路衰减(由湿度和温度变化等引起)等的分析，解决串扰源识别、线路桥接抽头等线路问题，这在实际应用中具有非常重要的意义。但是，这种测试是基于 CPE 进行的，覆盖范围以及测试精度与专用测试设备相比有较大的差距，因此应用范围有限。在实际应用中，可结合 VDSL 网管系统、窄带 112 测试系统等支撑手段，提高故障定位准确率和维修效率，降低维修上门率。

8）在线重配置

在线重配置(OnLine Reconfiguration，OLR)功能可以增强 VDSL2＋适应线路变化的能力。当线路或环境条件发生缓慢变化时，OLR 功能可以使 VTU 在控制参数所设置的限度内，不中断业务而自动维持操作，且不会出现传输错误和时延变化。在初始化过程中，特别是在短初始化过程中，由于训练时间短，因此对线路状况的评估较为粗糙。OLR 功能可在短初始化之后，用于优化 VTU 的设置。

电话铜线接入技术

4.9 本章小结

电话铜线接入是指以现有的电话线为传输介质,利用各种先进的调制技术和编码技术、数字信号处理技术来提高铜线的传输速率和传输距离的接入技术。

基于 Internet 的各种网络业务的高速增长和用户需求的剧增,与物理网络的带宽、容量和速度的缓慢增长形成了巨大的反差,网络的发展与人们预期的目标相去甚远。为了解决目前网络建设落后和网络需求快速增长之间的矛盾,基于用户端与本地交换中心仍然采用低速的模拟线路的网络接入技术应运而生。这些网络接入技术包括基于电话铜线的普通 Modem 技术、基于电话铜线的数字化 ISDN 和基于电话铜线的 xDSL 宽带网络技术等。所有这些接入技术均有一个显著的特点,就是虽然用户端和本地交换中心之间仍然使用的是电话铜线,却不断提高电话铜线的传输性能。最新的 VDSL 技术可以使用电话铜线达到 16Mb/s 的带宽,成本比光纤和同轴电缆更低,并能够提供可靠的数据传输性能。

普通 Modem 拨号接入的基本配置是一对电话铜线、一台计算机和一个调制解调器。普通 Modem 拨号接入技术简单、成本低、安装容易,但是,这种接入方式的传输速率较慢,最高速率只有 56kb/s,而且数据业务和语音业务不能同时进行,即电话线路用作打电话时不能同时上网,上网时不能打电话。

ISDN 是以综合数字网(IDN)为基础发展起来的通信网,能够提供端到端的数字连接,用来支持话音及非话音的多种电信业务;用户通过一组有限的标准化多用途用户网络接口接入 ISDN 内。这些综合业务包括电话、数据、传真、可视电话和会议电话等。

窄带综合业务数字网(N-ISDN)主要是利用 2B+D 来实现电话和 Internet 接入。利用 N-ISDN 上网时的典型下载速率在每秒 8000B 以上,基本上能够满足 Internet 浏览的需要,使其成为广大 Internet 用户提高上网速度的一种经济有效的选择。N-ISDN 的主要优点是其易用性和经济性,既可满足上网的同时打电话,又可满足一户二线,同时还具有永远在线动态 ISDN(AODI)的技术特点。

宽带综合业务数字网(B-ISDN)是在窄带综合业务数字网(N-ISDN)的基础上发展起来的数字通信网络,其核心技术是采用 ATM(异步传输模式)。B-ISDN 要求采用光纤及宽带电缆,其传输速率可从 155Mb/s 到几吉比特每秒(Gb/s),能提供各种连接形态,允许在最高速率之内选择任意速率,允许以固定速率或可变速率传送。B-ISDN 可用于音频及数字化视频信号传输,可提供电视会议服务。各种业务都能以相同的方式在网络中传输,其目标是实现 4 个层次上的综合,即综合接入、综合交换、综合传输、综合管理。

xDSL 是以铜质电话线为传输介质的一系列接入技术,包括 HDSL、SDSL、VDSL、ADSL 和 RADSL 等,它们主要的区别体现在信号传输速率和距离的不同以及上行速率和下行速率对称性的不同。

HDSL 接入技术是 xDSL 家族成员中开发比较早、应用比较广泛的一种技术,HDSL 采用回波抵消、自适应均衡和高速数字处理技术,使用 2B1Q 或 CAP 编码,利用两对双绞线实现数据的双向对称传输,传输速率为(2048kb/s)/(1544kb/s)(E1/T1),每对电话线传输速率为 1168kb/s,可以提供标准 E1/T1 接口和 V.35 接口。

ADSL 是一种通过现有普通电话线为家庭、办公室提供宽带数据传输服务的技术。ADSL 即非对称数字信号传送，它能够在现有的铜双绞线，即普通电话线上提供高达 8Mb/s 的高速下行速率，由于 ADSL 对距离和线路情况十分敏感，随着距离的增加和线路的恶化，速率受距离的影响远高于 ISDN；ADSL 上行速率为 1Mb/s，传输距离达 3～5km。

xDSL 系列产品中广泛采用的线路编码调制技术有 3 种：QAM、CAP 和 DMT。其中 DMT 技术应用最广。

甚高速数字用户线路（VDSL）是 ADSL 的快速版本。使用 VDSL 接入，短距离内的最大下行速率可达 55Mb/s，上行速率可达 19.2Mb/s，甚至更高。然而，不同厂家的 VDSL 技术不能实现互通，导致 VDSL 不能大规模商业应用。

第二代 xDSL 接入技术，如 HDSL2、ADSL2＋和 VDSL2＋等，传输速率、传输距离等性能指标进一步提高，并与第一代技术保持了较高的兼容性，可以充分挖掘电话铜线的潜力。

复习思考题

一、单项选择题

1. 电话通信技术发明至今，已经有（   ）年历史。

    A. 60   B. 80   C. 100   D. 超过 100

2. 用户线路网一般为树状结构，包括交换机、交接箱、（   ）和用户等。

    A. 馈线电缆和配线电缆   B. 用户引入线

    C. 分线盒   D. 以上都是

3. 电话线路的配线有直接配线、（   ）、交接配线和自由配线 4 种。

    A. 间接配线   B. 集中配线   C. 统一配线   D. 复接配线

4. 在电话铜线中，影响传输性能的主要因素是（   ）。

    A. 传输损耗   B. 串扰和噪声   C. 混合线圈和回波   D. 以上都是

5. 在电话铜线的信号复用技术中，铜线对增容系统主要包括（   ）种系统。

    A. 4   B. 5   C. 6   D. 7

6. 线路集中技术是另一种用户线路增容技术，其原理是将 N 条用户线路集中起来，由 M 个用户终端共同使用，M 和 N 的数量关系是（   ）。

    A. $M > N$ B. $M = N$ C. M D. 以上都不是

7. PPP 链路的建立过程分为（   ）个阶段。

    A. 3   B. 4   C. 5   D. 6

8. 在 PPP 中，比特填充是指在发送方的信息流中，当连续出现（   ）个 1 时要插入 1 个 0，从而避免与起始标志字符冲突。

    A. 3   B. 4   C. 5   D. 6

9. 在 Modem 的工作原理中，不属于传输协议的是（   ）。

    A. 调制协议   B. 差错控制协议

    C. 口令认证协议   D. 数据压缩协议

10. ISDN 的组件包括（   ）。

    A. NT1 和 NT2　　　　B. TE1 和 TE2　　　　C. TA　　　　　　　D. 以上都是

11. 在 N-ISDN 技术中,基本接入方式简写为(　　)。

    A. 2B+D　　　　　　B. 3B+D　　　　　　C. 4B+D　　　　　D. 5B+D

12. B-ISDN 是指(　　)。

    A. 窄带综合业务数字网　　　　　　　　B. 宽带综合业务数字网

    C. 基带综合业务数字网　　　　　　　　D. 群带综合业务数字网

13. HDSL 通讯控制器将速率为 2.048Mb/s 的串行信号分成(　　)。

    A. 2 路　　　　　　　B. 3 路　　　　　　　C. 2 路或 3 路　　　D. 以上都不是

14. HDSL 系统采用的线路编码是(　　)。

    A. 2B1Q　　　　　　B. CAP　　　　　　　C. 2B1Q 和 CAP　　D. QAM 和 CAP

15. ADSL 是一种非对称的数据传输方式,其调制技术包括(　　)。

    A. QAM　　　　　　B. CAP　　　　　　　C. DMT　　　　　　D. 以上都是

16. 在 ADSL 技术中,超帧的帧长为 17ms,由(　　)个帧组成。

    A. 60　　　　　　　　B. 64　　　　　　　　C. 68　　　　　　　D. 72

17. 在 VDSL 这个英文缩写语中,第 1 个字母 V 是指(　　)。

    A. Very　　　　　　B. Velocity　　　　　C. Volley　　　　　D. virtual

18. 中国的 VDSL 频段划分方式是在北美的 Plan998 的基础上将(　　)的频段位置对调。

    A. DS1 与 DS2　　　B. DS1 与 US1　　　C. DS1 与 US1　　D. DS2 与 US2

19. VDSL 技术与 ADSL 技术比较,在(　　)、传输方式、工作频段和兼容业务等方面都具有明显的优势。

    A. 数据传输速率　B. 实现成本　　　　C. 传输质量　　　　D. 以上都是

20. HDSL2 采用(　　)调制技术。

    A. OPTIS　　　　　B. DMT　　　　　　　C. QAM　　　　　　D. CAP

二、填空题

1. 用户线路网一般为树状结构,由 _____ 、_____ 、_____ 及 _____ 、_____ 等组成。

2. 电话线路的配线方式与用户线路网的灵活性、有效性有很大关系,主要的配线方式有 _____ 配线、_____ 配线、_____ 配线和 _____ 配线等 4 种。

3. 在铜线对上,常用的信号复用技术分为 _____ 和 _____ 两种。

4. 一个典型的 PPP 链路建立过程分为三阶段: _____ 阶段 _____ 阶段和 _____ 阶段。

5. 硬件 Modem 能实现数模信号的相互转换,还有信号的传输,它主要依靠 3 块集成电路芯片来实现,即 _____ 、_____ 和 _____ 。

6. ISDN 具有 3 种不同的信令: _____ 信令、_____ 信令和 _____ 信令。

7. HDSL 接入技术是 xDSL 家族成员中开发比较早,应用比较广泛的一种技术,HDSL 采用 _____ 、_____ 和 _____ 技术,使用 2B1Q 或 CAP 编码,利用两对双绞线实现数据的双向对称传输,传输速率(2048kb/s)/(1544kb/s)(E1/T1),每对电话线传输速率为 1168kb/s,可以提供标准 E1/T1 接口和 V.35 接口。

8. 在 ADSL 产品中广泛采用的调制技术有 3 种：_____、_____和_____。其中，_____调制技术已经被国际电信联盟(ITU-T)采用,被定义为 ADSL 的标准方式。

9. VDSL 系统采用的频段划分方案,起始频率为 25kHz,终止频率为 12MHz。这一频谱范围可被分割为若干下行(DS)和上行(US)频段,国际上常用的频段划分方式(Band Plan)主要有两种：_____、_____。

10. VDSL2 通过高性价比的_____有效地解决了最后一千米问题;通过铺设光缆尽可能接近家庭、经现有的铺设在地基中的管道连到 DSLAM 或 DLC,在最后几百米再用高速 VDSL2 连接起来。

三、简答题

1. 什么是公用电话交换网? 请画图表示公用电话交换网的网络结构。

2. 用户线路网通常采用哪些敷设方式?

3. 电话线路的配线方式主要有哪几种?

4. 影响电话铜线的传输性能的因素有哪些?

5. 铜线增容技术主要包括哪两种技术?

6. 普通 Modem 的工作原理是什么?

7. Modem 基本的调制解调技术包括哪些?

8. ISDN 系统由哪些部分组成?

9. 什么是 xDSL 技术?

10. HDSL 系统的关键技术是什么?

11. ADSL 的工作原理是什么?

12. 请画图说明 ADSL 的帧结构。

13. VDSL 参考模型是什么?

14. 请比较 HDSL2、ADSL2＋技术与 VDSL2＋技术。

电话铜线接入技术

第5章 电缆调制解调器接入技术

电缆调制解调器又称为线缆调制解调器(Cable Modem,CM)。Cable Modem 是一种超高速 Modem,它是利用现成的有线电视网实现高速数据接入的设备,Cable Modem 接入技术到现在已经是比较成熟的一种接入技术。随着有线电视网的发展壮大和人们生活质量的不断提高,通过 Cable Modem 利用有线电视网访问 Internet 已成为越来越受业界关注的一种高速接入方式。本章主要介绍 Cable Modem 技术基础、工作原理、体系结构和应用。

5.1 HFC 技术概述

5.1.1 有线电视网络的演进过程

最早的电视广播都是无线传送,每个电视台的每套节目都被调制在不同的频段进行发射,以避免干扰;随着电视台的增加和节目数量的增多,频带拥挤的矛盾越来越突出。为保证各个电视频道间互不干扰,而且能尽可能多地给用户提供节目频道,便产生了有线电视网。有线电视网在传输电视信号的功能方面与无线电视广播类似,有线电视信号的传输也是通过把不同频道的节目调制在不同的频段,再经过有线电视网络传送到用户。只是它可以同时传送的频道更多,而且节目质量也更好。

早期的有线电视网络是基于完全的同轴电缆的单向广播网络,随着有线电视产业和信息技术的发展,20 世纪 90 年代初开始,部分同轴电缆被光纤替代,形成人们通常所说的混合同轴光纤,即 HFC(Hybrid Fiber Coax)网络。

到 20 世纪 90 年代末期,原有的 HFC 网络又掀起了一次改造浪潮,驱动力在于:原有 HFC 网络的老化需要更新;用户数的急剧增加导致网络需要调整;双向高速数据业务的驱动;数字电视的发展对网络提出了更高的要求,交互式数字视频也提出了双向化的需求。

新改造网络的带宽多为 750/860MHz,与此同时,光节点越来越接近用户,光纤距离变长,同轴距离缩短,更重要的是,单向的 HFC 网络逐步被改造为双向 HFC 网络。改造之后的双向 HFC 网络,在网络质量和发展潜力方面比传统的有线电视网有了更大的提高。除了模拟电视广播这种基本业务外,HFC 网络还可以提供数字电视和数据业务,特别适合做宽带接入业务。

HFC 网络大部分采用传统的高速局域网技术,但是最重要的组成部分也就是同轴电缆到用户计算机这一段使用了另外的一种独立技术,这就是 Cable Modem,即电缆调制解调器,是一种将数据终端设备(计算机)连接到有线电视网,以使用户能进行数据通信,访问 Internet 等信息资源的设备。利用 Cable Modem 接入 Internet 可以实现 10~40Mb/s 的带宽,下载速度可以轻松超过 100kb/s,有时甚至可以高达 300kb/s,用它可以非常舒心地享受宽带多媒体业务,而且 Cable Modem 可以绑定独立的 IP。

5.1.2 双向 HFC 网络结构

典型的双向 HFC 网络由前端、干线和分配网及用户端设备组成,如图 5-1 所示。

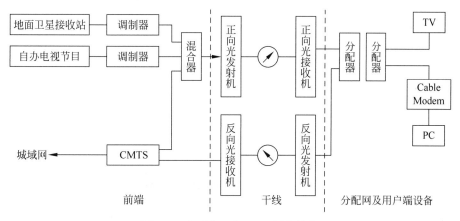

图 5-1 典型的双向 HFC 网络结构

1. 前端

原先对前端的定义是进行电视信号处理的机房,在前端,设备完成有线电视信号的处理,从各种信号源(如天线、地面卫星接收站、录像机、摄像机等)解调出视频和音频信号,然后将音/视频信号调制在某个特定的载波上,这个过程称为频道处理。被调制的载波占用 8MHz 的带宽,载波频率有国家标准规定,一路电视信号就是一个频道。在前端多个这样的不同频率的载波被混合,混合的目的是将各信号在同一个网络中复用(频分复用)。

开展数据业务后,前端设备中又加入了数据通信设备,如路由器、交换机等。

数字前端的主要设备之一是电缆调制解调器前端系统即 CMTS(Cable Modem Termination System)。它是管理和控制用户 Cable Modem 的设备。

2. 干线

正向信号(有线电视信号载波和下行的数据载波)在前端混合后送往各小区,如果小区离前端的距离很近,直接用同轴电缆就可以传送,在主干线路上的同轴电缆线路叫作干线。干线一般采用低损耗电缆,但一般 300m 左右的距离就需要加入放大器。

如果小区离前端较远,如 5~30km,这样的距离传送就需要采用光传输系统。请注意这里所讲的光传输系统不是指 PDH 或 SDH,而是模拟的光传输系统,模拟光传输系统相对于数字传输系统,要求光端机有较高的发射或接收功率,以保证长距离传输后仍能使信号具有较高的载噪比。光传输系统的作用是将射频信号(RF)调制到光信号上,在光纤上实现远距离传输,在远端光节点上从光信号中还原出 RF 信号。光传输系统中的光发射机一般放置在前端机房,光接收机放置在小区。对于传输距离特别远的线路,可以在线路中加中继,将光信号放大后再续传。

电缆调制解调器接入技术

有些 HFC 网络为了节约资金,在光传输系统或主干线下还使用支干线传输,支干线用的同轴电缆一般较主干线同轴电缆稍小,损耗稍大,但成本要低。

反向信号(上行的数据载波信号)的传输路径与正向信号相反。各用户的上行数据载波信号在远端光节点上汇聚后,调制到反向光发射机,从远端光节点传送到前端机房,在前端机房从反向光接收机还原出 RF 信号,送入 CMTS。

3. 分配网及用户端设备

用户分配网不仅完成正向信号的分配,还完成反向信号的汇聚。

正向信号从前端通过干线(光传输系统或同轴电缆)传送到小区后,需要进行分配,以便小区中各用户都能以合适的接收功率收看电视,从干线末端放大器或光接收机到用户终端盒的网络就是用户分配网,用户分配网就是一个由分支分配并串接起来的一个网络。

各用户的上行数据信号在 Cable Modem 中被调制,上行数据载波信号沿着正向信号相反的路径汇聚到光站上。分支分配器的输出输入端口具有互易性,对正向信号起分支分配的作用,对反向信号起混合汇聚的作用。尽管上行数据载波信号从用户端到光站的线路与下行载波信号从光站到用户的线路相同,但由于下行信号工作在高端频率,上行信号工作在低端频率,在同轴电缆上的损耗不同而使两者在同样的线路上损耗不一致。

用户为获取多种业务服务(主要是双向通信),除了上面的网络设备外,用户必须增加一个网络接口单元(NIU),连接机顶盒(STB)或电缆调制解调器(Cable Modem)。根据网络提供的服务决定其由哪些设备组成,它不仅允许用户接入网络,而且可以建立与前端交换机接口连接的信令与通道等。NIU 一端连接室外的同轴电缆,在室内连接用户终端、电视机、计算机和电话机等。

5.1.3 HFC 频谱划分

目前,各国对 HFC 宽带综合服务网的频谱配置还未取得完全的统一。频率的上端北美和欧洲均取为 860MHz,上行频道的规定则有所不同。美国为 42MHz,欧洲为 65MHz。我国的有线电视系统的频率配置如表 5-1 所示,但还未成为正式标准发布。

HFC 网络中既有模拟信号又有数字信号,两类信号的处理方法是完全不同的。各种图像、数据和语音信号需通过调制解调器调制后在同轴电缆上同时传输,因此合理的频谱划分是十分重要的。

实际上,HFC 网络主要采用频分复用方式,整个系统由两部分通道按频分方式混合而成。在表 5-1 中,从 R 波段至 Ⅱ 波段这一部分为模拟信号通道以模拟电视信号为代表,当然还包括 FM 声音等;而在表 5-1 中最下面的 B 波段和 C 波段这一部分为数字信号通道,这部分信号在前端下行光发射机前与模拟信号进行数模混合,在用户终端系统中于下行光接收机后进行数模分离,然后送往 Cable Modem,最后送到各种终端设备。

表 5-1　有线电视系统的频率配置

波　段	频率范围/MHz	业务内容
R	5～65	上行多功能业务
X	66～87	保护带
FM	88～108	声音

波 段	频率范围/MHz	业 务 内 容
A1	110~167	电视
I	167~223	电视
A2	223~463	电视
Ⅱ	470~550	电视
B	550~750	下行多功能业务
C	750~1000	个人通信

5.1.4 双向 HFC 网络的噪声问题

通过对宽带有线电视网络长期的运营,各有线电视运营商逐渐发现 HFC 网络电缆部分的树状拓扑结构是导致其上行通道噪声严重的主要原因。为此,对抗噪声干扰问题也成为设计建设 HFC 网络成功的关键。上行通道的噪声是由多种因素形成的,概括起来,影响 HFC 网络上行通道信号传输的主要因素可分网络结构噪声和系统入侵噪声两大部分。结构噪声是指反向通道各支路级联噪声叠加汇集到反向发射机入端形成的噪声,主要有基础热噪声、汇入点噪声、光端机噪声等;入侵噪声是指一些随机的不规则的外界电磁波的侵入而形成的噪声,包括窄带信号干扰、脉冲噪声干扰、本地特有信号干扰等。在上行通道,同轴电缆部分处于一个极其复杂的电磁环境,每种干扰都处于 HFC 网络的反向频段内,同时由于同轴电缆网上的放大器、分支器、分配器、同轴电线接头以及终端盒屏蔽连接不好等原因,造成回传信号受到严重的噪声影响。抗噪声问题成为一个世界性的难题。

目前,对于避免和抑制噪声的主要方法如下。

(1) 降低每个光节点下的用户数量,减小电缆分配网络的覆盖范围。

(2) Cable Modem 选择采用抗干扰能力强的调制技术和纠错技术。

(3) 合理调整放大器的放大倍数。

(4) 选用屏蔽性能较好的电缆和连接器材,避免产生侵入噪声和脉冲噪声。

5.1.5 HFC 网络协议标准

为了规范 HFC 网络中数据传输设备的研制,从而保证由不同的厂商所开发的数据传输设备的一致性、兼容性、开放性以及通用性,HFC 网络中数据传输设备的研制与开发必须遵循一定的国际标准。当前 HFC 网络的国际标准主要包括 IEEE 802.14、DOCSIS 等。

IEEE 802.14 标准组织的着眼点在于音频、视频传输的服务质量保证方面,把数据都封装成 ATM 的信元来处理,核心交换技术用 ATM 技术来完成。在实际应用中,虽然 802.14 是由 IEEE 制定的国际标准,但是由于它迟迟没有定稿,人们对它的兴趣日益减少,IEEE 802.14 工作组已于 2000 年停止工作。

1995 年 11 月,多媒体有线电视网络有限公司(MCNS),研究并颁布了他们自己的有线电视调制解调器系统标准,其目的是建立一整套协议以在 HFC 网络上进行高速双向数据传输,给用户提供 Internet 等服务,同时使各个厂家的 Cable Modem 产品具有充分的互操作性。该组织于 1997 年 3 月颁布了 HFC 网络多媒体电缆网络中电缆数据业务接口标准(DOCSIS 1.0),这个标准在 1998 年 3 月初被 ITU 通过,成为国际标准 ITU-T J.112B。

1999年，MCNS颁布了DOCSIS 1.1规范，该规范提高了服务质量、IP组播、传输安全和运营支持等性能；2001年MCNS又颁布了DOCSIS 2.0规范，该规范主要引入了S-CDMA技术，增强了上行抗干扰能力，实现了对称传输；2006年，MCNS公布了DOCSIS 3.0规范，该规范着重加强了安全方面的性能，提高了信息的传输安全。MCNS制定的DOCSIS标准已经成为事实上的国际标准。目前，国际上大部分Cable Modem以及前端设备CMTS的研制工作都是基于DOCSIS规范的。

5.2 Cable Modem 系统工作原理

5.2.1 Cable Modem 系统构成

Cable Modem系统工作在双向HFC网络上，是HFC网络的一部分，该系统主要由两部分组成：Cable Modem前端系统CMTS(Cable Modem Terminal System)和用户端的设备Cable Modem。一台前端设备可为多个用户提供服务。Cable Modem系统构成如图5-2所示。

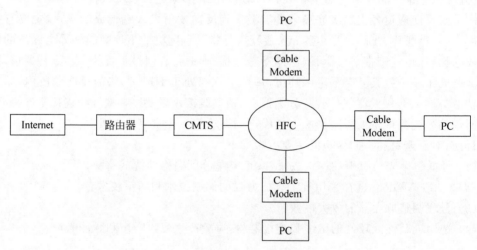

图 5-2　Cable Modem 系统构成

1. Cable Modem

Cable Modem与以往的Modem的工作原理相同，都是将数据进行调制后在Cable(电缆)的某个载波上传输，接收时进行解调，传输机理与普通Modem相同。不同之处在于普通Modem的传输介质在用户与访问服务器之间是独立的，即用户独享通信介质，而Cable Modem是通过HFC网络中的某个传输频带进行调制解调的，Cable Modem属于共享介质系统。

Cable Modem不仅包含调制解调部分，还包括射频信号接收调谐、加密解密和协议适配等部分。

Cable Modem是用户通过HFC网络进行宽带接入的终端设备，它为用户端PC和HFC网络之间建立连接。电缆调制解调器与CMTS组成完整的数据通信系统，完成用户数据信息在HFC网络中的传输。

使用Cable Modem传输数据，利用的是HFC网络中的某一个频道。将HFC网络划分为 3 个宽带,分别用于 Cable Modem 数字信号上传、数字信号下传及电视节目模拟号下传。HFC 网络的频段范围为 5～860MHz,数字信号上传为 5～42(65)MHz,模拟信号下载为 50～550MHz,数字信号下载为 550～860MHz。

为了实现 Internet 接入,有线电视公司一般从 88～860MHz 的电视频道中分离出一条 6(8)MHz 的信道用于下行传送数据。有线电视网采用模拟传输协议,Cable Modem 用来完成数字数据的转换。Cable Modem 将数据进行调制后在 Cable(电缆)的一个频率范围内传输,接收时进行解调。通常下行数据采用 64QAM(正交调幅)调制方式,最高速率可达 27Mb/s,如果采用 256QMA,最高速率可达 36Mb/s。上行数据一般通过 5～42(65)MHz 的一段频谱进行传送,为了有效抑制上行噪声积累,一般选用 QPSK 调制或 16QAM 调制,QPSK 或 16QAM 比 64QAM 更适合噪声环境,但速率较低。上行速率最高可达 10Mb/s。Cable Modem 属于共享介质系统,其他空闲频段仍然可用于有线电视信号的传输。

Cable Modem 的下行传输距离可以是 100km,甚至更远。Cable Modem 前端系统 CMTS 和所有的 Cable Modem 通信。当两个 Cable Modem 需要通信时,必须由 CMTS 转播信息。因为有线电视网属于共享资源,所以 Cable Modem 需要具有加密和解密功能。当给数据加密时,Cable Modem 对数据进行编码和扰码,使得黑客盗取数据非常困难。当通过 Internet 发送数据时,本地 Cable Modem 对数据进行加密,有线电视网服务器端的 CMTS 对数据解密,然后发送给 Internet。接收数据时则相反,有线电视网服务器端的 CMTS 加密数据,送上有线网,然后本地计算机上的 Cable Modem 进行数据解密。

2. CMTS

CMTS 是电缆调制解调器的前端设备,它能对终端设备 Cable Modem 进行认证、配置和管理,它还能为 Cable Modem 提供连接 IP 骨干网和 Internet 的通道。

CMTS 一般安装在有线电视的前端或分前端机房,与路由器、交换机、本地服务器等网络设备构成 HFC 宽带接入系统的前端数据交换平台,为用户接入因特网提供出口和各种本地增值业务。作为与路由器和 HFC 网络之间的连接设备,CMTS 拥有以太网接口和射频接口,并负责接口之间的数据转换。在下行方向,来自路由器的数据包在 CMTS 中被封装成 MPEG-2 帧格式,经过 64QAM 或 256QAM 调制后,与有线电视的电视信号混合,送入 HFC 网络发送给各个用户;在上行方向,CMTS 将接收到的经 QPSK 或 16QAM 调制的数据进行解调,并将数据转换成以太帧格式传送给路由器。

3. Cable Modem 的特点及其系统连接

Cable Modem 产品与前端 CMTS 配合,在用户设备(如计算机)和数据业务节点之间透明传送 IP 数据包。它们的通信为总线方式,一台前端设备可同时为多个用户提供服务。系统的每个下行通道可支持 500～2000 个 Cable Modem 用户,工作时每个 Cable Modem 用户实时分析下行数据中的地址,通过地址匹配确定数据的接收。当用户数量较多时,下行数据量增大,每个用户的平均速度下降。例如,一个下行通道中有 1000 个用户,平均速度为 40Mb/s/1000＝40kb/s。这个速度是指每个用户同时下载数据的情况,实际传输中,系统可以动态分配带宽,使某个用户在很短的时间内,占用一切可用的带宽完成数据的下载。因此,平均速度只是一个最小数据。在前述情况中,每个用户的实际传输速度应为 40kb/s～40Mb/s。

在上行通道中,数据传输速率比下行通道低,整个通道被分成多个时间片,每个Cable Modem根据前端设备提供的参数,确定使用相应的时间片。上行通道的带宽可根据所需的数据传输速率设定。在同样的带宽内,QPKS调制的速率比16QAM调制方式低,但其抗干扰性能好,适用于噪声干扰较大的上行通道,而16QAM调制适用于信道质量好且要求高速传输数据的场合。

在CMTS设备中,为了减小上行通道的干扰,一个下行通道一般对应多个不同频率的上行通道,CMTS根据信道的噪声状况自动跳频到干扰较小的通道,而用户察觉不到跳频的过程。

5.2.2 Cable Modem 工作原理

1. CM 与 CMTS 的通信过程

CMTS(Cable Modem 的前端设备)与电缆调制解调器(Cable Modem,CM)的通信过程为:CMTS从外界网络接收的数据帧封装在MPEG-TS帧中,通过下行数据调制(频带调制)后与有线电视模拟信号混合输出RF信号到HFC网络,CMTS同时接收上行的信号,并将数据信号转换成以太网帧给数据转换模块。用户端Cable Modem的基本功能就是将用户计算机输出的上行数字信号调制成射频信号进入HFC网络的上行通道,同时,CM还将下行的射频信号解调为数字信号送给用户计算机。

2. 上行信道带宽的分配

在上行通道中,整个通道被分成多个小时隙(mini-slot),每个上行信道被看成是一个由小时隙组成的流,CMTS通过控制各个CM对这些小时隙的访问进行带宽分配。CMTS进行带宽分配的机制是分配映射(Mapping,MAP)。MAP是一个由CMTS发出的MAC管理报文,它描述了上行信道的小时隙如何使用,如一个MAP可以把一些时隙分配给一个特定的Cable Modem,另外一些时隙用于竞争传输。每个MAP可以描述不同数量的小时隙数,最小为一个小时隙,最大可以持续几十毫秒,所有的MAP描述了全部小时隙的使用方式。带宽分配算法没有统一的标准,具体的带宽分配算法可由生产厂商自己实现。

1) 上行信道访问

CMTS根据带宽分配算法可将一个小时隙定义为预约小时隙或竞争小时隙,因此,Cable Modem在通过小时隙向CMTS传输数据时也有预约和竞争两种方式。Cable Modem可以通过竞争小时隙进行带宽请求,随后在CMTS为其分配的小时隙中传输数据。当Cable Modem使用竞争小时隙传输带宽请求或数据时有可能产生碰撞,为避免发生碰撞,Cable Modem采用截断的二进制指数后退算法进行碰撞检测。

2) 对服务类型的支持

每台Cable Modem除拥有一个48位的物理地址外,还有一个14位的服务标识(Service ID),并由CMTS分配,每个服务标识对应一种服务类型,通过服务标识在Cable Modem与CMTS之间建立一个映射,CMTS根据这个映射为每台Cable Modem分配带宽,实现QoS管理。

3. Cable Modem 与 CMTS 的交互

Cable Modem在加电之后,必须进行初始化,才能进入网络,接收CMTS发送的数据及向CMTS传输数据。Cable Modem的初始化是经过与CMTS的一系列交互过程实现的。

Cable Modem 的初始化过程如下。

1）确定下行信道

一般 Cable Modem 都有一个存储器,存储上次的下行信道参数,Cable Modem 首先对上次使用过的信道进行搜索,尝试获取存储的下行信道,如果尝试失败,Cable Modem 扫描所有下行信道,寻找有效的下行信道。

2）获取上行信道参数

Cable Modem 在建立了与 CMTS 的同步后,Cable Modem 必须等待一个从 CMTS 发送出来的上行信道描述符(UCD),以获得上行信道的传输参数。CMTS 周期性地传输上行信道描述符即 UCD 给所有的 Cable Modem,Cable Modem 必须从其中的信道描述参数中确定它是否使用该上行信道。若该信道不合适,那么 Cable Modem 必须等待,直到有一个信道描述符指定的信道适合它,若在一定时间内没找到这样的上行信道,那么 Cable Modem 必须继续扫描,直到找到另一个上行信道。在找到一个上行信道后,Cable Modem 必须从信道描述符 UCD 中取出参数,然后等待下一个同步报文,并从该报文中取出上行小时隙的时间标记,随后,Cable Modem 等待一个给所选择的信道的带宽分配映射,然后它就可以按照 MAC 操作和带宽分配机制在上行信道中传输信息。

3）校准

Cable Modem 在获得上行信道的传输参数后,就可以与 CMTS 进行通信了。CMTS 会在 MAP 中给该 Cable Modem 分配一个初始维护的传输机会,用于调整 Cable Modem 传输信号的电平、频率等参数。另外,CMTS 还会周期性地给各个 Cable Modem 发周期维护报文,用于对 Cable Modem 进行周期性的校准。

4）建立 IP 连接

校准完成后,Cable Modem 必须使用动态主机配置协议(DHCP),从 DHCP 服务器上获得分配给它的 IP 地址。另外,DHCP 服务器的响应中还必须包括一个包含配置参数文件的文件名,放置这些文件的 TFTP 服务器的 IP 地址、时间服务器的 IP 地址等信息。

5）建立时间

Cable Modem 和 CMTS 需要建立统一的日期和时间。Cable Modem 采用 IETF 定义的 RFC868 协议从时间服务器中获得当前的日期和时间。RFC868 定义了获得时间的两种方式,一种是面向连接的,另一种是面向无连接的。CMTS 采用面向无连接的方式从 TOD 服务器获得 Cable Modem 所需的时间。

6）建立安全机制

如果有 RSM 模块存在,并且没有安全协定建立,那么 Cable Modem 必须与安全服务器建立安全协定。安全服务器的 IP 地址可以从 DHCP 服务器的响应中获得。

7）Cable Modem 从 CMTS 处获取工作参数

Cable Modem 必须使用简单文件传输协议 TFTP 从 TFTP 服务器上下载配置参数文件。

8）注册

在获得配置参数后,CM 将使用下载的配置参数向 CMTS 申请注册,当 Cable Modem 接收到 CMTS 发出的注册响应后,Cable Modem 就进入了正常的工作状态。

5.3 基于 DOCSIS 的 Cable Modem

5.3.1 DOCSIS 协议层次结构

DOCSIS 规定了关于 CMTS 和 Cable Modem 的参考模型,该参考模型结构是规定分层所需的模块,如图 5-3 所示。

应用层
表示层
会话层
传输层
网络层
数据链路层
物理层

Web	E-mail	DHCP News	TOD	SNMP
传输层					
网络层					
数据链路层					
物理层					

图 5-3　DOCSIS 协议层次参考模型结构图

从图 5-3 协议层次结构图中可以看出,Cable Modem 在网络协议方面与其他网络设备最大的差别在于物理层和介质访问子层 MAC,更上面的 LLC、IP 及应用层等几乎是完全相同的,所以下面重点阐述物理层和介质访问子层 MAC 的结构和功能。

5.3.2 DOCSIS 的物理层

由于 HFC 网络上、下信道是分离的,DOCSIS 详细定义了物理层上下行传输规范。Cable Modem 的下行信道比较简单,它的格式主要是从已有的数字电视广播的标准中派生出来的。由于需要与现有的标准兼容,因此 Cable Modem 吸收了原标准中的所有的电气特性参数。Cable Modem 上、下信道电气特性如表 5-2 所示。

表 5-2　Cable Modem 电气特性

参 数 名 称	下行参数值	上行参数值
中心频率	91～857MHz±30kHz	5～42MHz
频道内功率	−15～+15dBmV	+8～55dBmV
调制方式	64QAM、256QAM	QPSK、16QAM
符号率	5.056 941MB/s(64QAM) 5.360 537MB/s(64QAM)	160、320、640、1280、2560KB/s
带宽	6/8MHz	200、400、800、1600、3200kHz
输入/输出阻抗	75Ω	75Ω
输入/输出回路损耗	＞6dB	＞6dB
接口	F 接头	接头

DOCSIS 协议规定下行信道物理层规范必须符合 ITU-T J.83 规范。同时,由于下行信道优于上行信道,采用高效的 64QAM 和 256QAM 调制方式。采用 QAM 调制的下行信道的可靠性是由 TIU-T J.83B 所提供的强大的 FEC 功能保证的,多层的差错检验和纠正及可变深度的交织能给用户提供一个满意的误码率。高的数据传输速率和低的误码率保证了

DOCSIS 的下行信道是一个带宽高效的信道。

DOCSIS 的下行 FEC 包括可变深度交织、(128,122)RS 编码、TCM 和数据随机化等。在存在前向纠错(FEC)时,DOCSIS 下行信道在 64QAM 调制 C/N 为 23.5dB,256QAM 调制 C/N 为 30dB 时应能提供相当于每秒 3～5 个误码。采用 FEC 的额外好处是允许下行数字载波的幅度比模拟视频载波的幅度低 10dB,这有助于减轻系统负载并减少对模拟信号的干扰,但仍能提供可靠的数据业务。

采用交织的一个负面影响是它增加了下行信道的时延,好处是一个突发噪声只影响不相关的码元。从而当码元位置重新恢复为原来的顺序后,因为突发噪声没有破坏很多连续的相关码元,FEC 能纠正被破坏的码元。交织的深度与所引起的时延有一个固有的关系:交织越深,引入的传输延迟就越大。DOCSIS 标准的最深交织深度能提供 95ms 的突发错误保护,代价是 4ms 的时延。4ms 的时延对观看数字电视或进行 Web 浏览、E-mail、FTP 等 Internet 业务来说是微不足道的,但是对于对端到端时延有严格要求的准实时恒定比特率业务(如 IP Phone)来说,可能会带来一定的消极影响。可变深度交织使系统工程师能在需要的突发错误保护时间与业务所能容忍的时延间进行折中选择。交织深度也可由 CMTS 根据 RF 信道的情况进行动态控制。当然,随着光纤的延伸,线路质量可以得到很大的改善,采用浅交织是必然的。

上行数据首先需要进行分块,块的大小是由 CMTS 指定的,最小为 16B。数据然后依次进行 FEC 编码(采用 Reed-Solomon 编码)。为使线路保持一定程度的 0、1 交替状态,以便于接收端提取同步时钟,需要对传输码流进行加扰,加扰以后插入一定长度的先导码。先导码的作用是训练接收端调整自适应线路参数并提取同步时钟。接下来的工作就是对传输码进行整型并调制,调制方法是由 CMTS 指定的,一般为 QPSK 或 16QAM 两种。16QAM 的信道利用率比 QPSK 高,但 QPSK 的抗干扰性更好。

上行信道的频率范围为 5～42MHz。DOCSIS 的上行信道使用 FDMA 与 TDMA 两种接入方式的组合,频分多址(FDMA)方式使系统拥有多个上行信道,能支持多个 Cable Modem 同时接入。标准规定了 Cable Modem 时分多址(TDMA)接入时的突发传输格式,支持灵活的调制方式、多种传输符号率和前置比特,同时支持固定和可变长度的数据帧及可编程的 Reed Solomon 块编码等。DOCSIS 灵活的上行 FEC 编码使系统经营者能自己规定纠错数据包的长度及每个包内的可纠正误码数。在以前的 Cable Modem 系统中,当干扰造成一个信道有太多的误码时,唯一的解决方法是放弃这个频率而将信道转向一个更干净的频率。尽管 DOCSIS 系统也能工作于这种方式,但灵活的 FEC 编码方式使系统运营者仍能使用这个频率,而只动态地调节该信道的纠错能力。尽管为纠错而增加的少量额外字节会使信道的有用信息率有所降低,但这能保证上行频谱有更高的利用率。

5.3.3 DOCSIS 的传输会聚子层

传输会聚子层能使不同的业务类型共享相同的下行 RF 载波。对 DOCSIS 来说,TC 层是 MPEG-2。使用 MPEG-2 格式意味着其他也封装成 MPEG-2 帧格式的信息(语音或视频信号)可以与计算机数据包相复接,在同一个 RF 载波通道中传输。

MPEG-2 提供了在一个 MPEG-2 流中识别每个包的方式。这样,Cable Modem 或机顶盒(STB)就能识别出各自的包。这种方式依赖于节目识别符(PID),它存在于所有 MPEG-2 帧中。DOCSIS 使用 0xlFFF 作为所有 Cable Modem 数据包的公共包识别符(PID),DOCSISCM 将只对具有该 PID 的 MPEG-2 帧进行操作。

另外,MPEG-2 还提供了一种便于同步的帧结构,如图 5-4 所示。188B 的 MPEG-2 帧起始于一个同步字节,搜索这个以一定的不太长的时间间隔重复出现的 MPEG-2 同步字节就能很容易地完成该信道的帧同步。

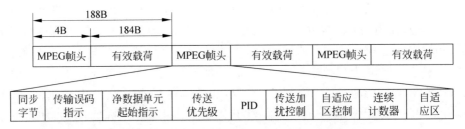

图 5-4　MPEG-2 帧格式

一个 MPEG-2 由长为 4B 的头部和载荷(184B)组成。4B 的头部包括 13b 的 PID 值以及同步字节等。

5.3.4　MAC 子层

由于在有线电视网络中,采用介质共享传输方式,多个用户可能在同一时间向网络传输数据,这样就存在数据碰撞的问题。为了解决这一问题,在 DOCSIS 标准中定义了一个发送 MAC 层。MAC 层处于上行的物理层(或下行的传输汇聚子层)之上,链路安全子层之下。MAC 协议的主要特点之一是由 CMTS 给 CM 分配上行信道带宽。上行信道由小时隙流构成,在上行信道中采用竞争与预留动态混合接入方式,支持可变长度数据包的传输以提高带宽利用率,并可扩展成支持 ATM 传输。具有业务分类功能,提供各种数据传输速度,并在数据链路层支持虚拟 LAN。

尽管 DOCSIS 定义的上下行物理层结构有所不同。但是,上下行的帧结构在 MAC 层是统一的,MAC 帧的长度是可变的,在 MAC 帧之前是 PMD 子层开销(上行)或者 MPEG 传输会聚标头(下行)。MAC 帧的第一部分是 MAC 标头,唯一说明了帧的内容,标头后面是可选的 PDU 的数据区域。MAC 标头格式如图 5-5 所示。

FC (帧控制)	MAC 参数	LEN (帧长)	NCS (EHDR)	包 PDU (检验序列)

图 5-5　MAC 标头格式

根据 MAC 结构中所包含信息种类的不同,MAC 帧可以分成 MAC 数据包帧,MAC 管理帧和 ATM Cell 帧。现行服务主要是基于 IP 的,对 ATM 的支持主要是为将来做准备。

对于数据包类型的 MAC 而言,MAC 层只是在上层协议之前加了一个帧头,而无须对上层协议的帧结构做任何的修改和解释。这对于提高数据的传输吞吐量是非常有好处的。因此,DOCSIS 协议对于 IP 数据包的封装转发是非常高效的,这就是 DOCSIS 在数据业务中被广泛采用的原因。MAC 管理帧格式是 DOCSIS 的一个主要部分。通过 CMTS 与 Cable Modem 之间的 MAC 管理信息的交流。使得 CMTS 能够掌握所有 Cable Modem 的运行状态,从而实现对网络的管理。

主要的 MAC 管理类型如下。

- SYNC Timing Synchronization:同步消息。
- UCD:上行信道描述。
- MAP Upstream Bandwidth Allocation:上行带宽分配。
- RNG-REQ:Ranging 请求。
- RNG-RSP:Ranging 响应。
- REG-REQ:注册请求。
- REG-RSP:注册响应。
- UCC-REQ:上行信道改变请求。
- UCC-RSP:上行信道改变响应。
- BPKM-REQ:密钥管理请求。
- BPKM-RSP:密钥管理响应。

Cable Modem 在第一次开机向 CMTS 自动登记时,主要是以上管理信息之间的交流。当 Cable Modem 随机锁定某个下行信道后,会自动搜索 UCD 信息。UCD 是 CMTS 描述所有上行信道并周期性地在下行信道中广播。Cable Modem 提取 UCD 信息后锁定第一个可用上行信道,然后 Cable Modem 在下行信道中搜索 MAP 信息,MAP 是 CMTS 用来管理共享资源,协调各个用户 Cable Modem 避免数据碰撞。MAP 描述将来的一段时间内,分配给用户 Cable Modem 的时间和长度,它还包括一个竞争区间。Cable Modem 分析 MAP 后,在竞争区间发送一个时延校对 REG-REQ。CMTS 收到请求后,在下行通道中发一个应答 REG-RSP,并在应答的数据包中加入信道自适应参数、时延偏移量和发送功率等信息。Cable Modem 收到后对自身做相应的调整,并在下一个竞争区间发送注册请求 REG-REQ。CMTS 如果确认则发 REG-RSP 予以注册。

在正常的数据传送阶段,Cable Modem 在竞争区间发送请求。如果一定时间内没有收到 CMTS 的应答则表示发生碰撞,Cable Modem 就会在下一个竞争区间重发请求。如果 CMTS 收到请求就会在下一个 MAP 中分配相应的时间小片给 CM 用以传输数据。

CMTS 周期性地向 Cable Modem 广播自己的时间,由于 CMTS 的时钟精确度达到 $5\mu s$ 以上,而 Cable Modem 的本地时钟精确度通常只有 $50\mu s$,为了使 Cable Modem 的时钟能够与 CMTS 同步,CMTS 通过周期性地向 Cable Modem 广播自己的时间让 Cable Modem 有机会校正本地时间来达到同步的目的。

5.3.5 数据链路加密子层

DOCSIS 协议 1.0 中涉及安全问题的规约就有安全系统接口规约(Security System Interface specification,SSI)、基本保密接口规约(Baseline Privacy Interface specification,BPI)和可拆卸安全模块接口规约(Removable Security Module Interface specification,RSMI)三种。SSI 根据对 HFC 网络潜在的安全威胁及传送信息价值的评估和权衡,首先确定了一组具体的安全需求,即系统的安全模型和可提供的安全服务;其次根据确定的安全要求选择并设计了合理的安全技术和机制,以期用很小的代价提供尽可能大的安全性保护。其安全体系结构包含基本保密(Baseline Privacy)和充分安全(Full Secret)两套安全方案。

基本保密方案提供了用户端 Cable Modem 和前端 CMTS 之间基本的链路中加密功能(由 BPI 定义),其密钥管理协议(BPKM)并未对 Cable Modem 实施认证,因而不能防止未授权用户使用"克隆"的 Cable Modem 伪装已授权用户;而充分安全方案利用一块 PCMCA 接口的可拆卸安全模块 RSM 满足了较完整的安全需求(其电气及逻辑功能由 RSMI 定义)。但 RSM 带来的 Cable Modem 造价上升和传输性能降低,使目前大多数有线电视系统运营商更青睐于 Baseline Privacy 方案。鉴于这种情况,1999 年 3 月,Cable Labs 除按期发布原 DOCSIS 1.0 版 BPI 的修订版之外,另颁布了新版 V1.1 中 BPI 的加强版 BPI+,加入了基于数字证书的 Cable Modem 认证机制。

5.3.6 DOCSIS 1.1 协议

上面讨论的是 DOCSIS 协议的 1.0 版本,DOCSIS 1.1 协议能够与 DOCSIS 1.0 协议协同使用;它为多种服务如语音和流控制提供了增强的 QoS,并在 DOCSIS 1.0 的基础上提高了安全性和更快的上行数据传输(平均为 10Mb/s)能力。

1. QoS

DOCSIS 1.1 QoS 的扩展将给协议引入几个新的概念:包分类、数据流识别、业务种类、动态业务分配和数据流调节等。这些扩展将支持在 DOCSIS 电缆数据系统中给不同的数据提供不同的服务等级。也就是说,对特定的数据流将根据类型、源、目的等给予不同的优先级。

DOCSIS 1.1 对同一 Cable Modem 上的不同业务都有保证其 QoS 的办法。

(1) 数据包的分类基于数据源、数据目的地和数据类型等。它作用于每个输入电缆网络的数据分组。数据包分类后,就被加到业务流中去。

(2) 业务流是有一定的 QoS 保证的单向的数据分组流。每个业务流由一组 QoS 参数来描述,包括时延、抖动、吞吐量保证等。这些参数可以通过逐项设定或指定一业务类名(Service Class Name)来确定。

(3) 动态业务分配是为了能动态地产生和删除业务流,保证网络正常运行。由于 Cable Modem 具有多种业务流,这样 Cable Modem 就可以对不同类型的 Internet 业务区别对待。也就是特定的业务流可以根据其类型、数据源、目的地等不同,具有相应的优先级。总之,DOCSIS 1.1 提供 QoS 保证的基本机理同 IPv6 的流标记(Flow Label)功能较为相似,即在射频接口上由 MAC 层协议将需要相似路由处理的一系列数据分组都映射到同一业务流(Service Flow)中,再按一定算法对所有业务流进行调度,并结合流量整型(shaping)、策略(policy)、设定优先级(prioritizing)等措施来确保 QoS。

2. MAC 层分段

为了实现有差别服务,QoS 已经做了很多努力。但是,在负载很重的有线电视网络上,单独依靠 QoS 保证各种业务还不够。这是因为上行信道被许多用户共享,当上行数据量很大时,就很有必要限制数据包的大小,这样 CMTS 才能保证给那些有服务优先级的 Cable Modem 发送数据的机会,使 DOCSIS 1.1 能在共享信道上同时传送同步(synchronous)的话音数据和其他对时延不敏感的数据。为了限制上行数据包的大小,MAC 层分段机理允许 CMTS 发个指令给 Cable Modem,使 Cable Modem 把大的上行数据包分解成许多小的数据包,每个小的数据包具有各自的传输时间,这样 CMTS 就有更大的灵活性安排其他

Cable Modem 的上行数据。

3. 增强了 IP 组播

DOCSIS 1.1 能有效支持网络群组管理协议(Internet Group Message Protocol,IGMP)和相关的 IP 组播业务组播的数据包仅被发送一次,但可以被多个用户接收。由于它们仅被发送一次,因此它们所占用带宽的资源比它们被分别发送给各个用户时要小得多。可以用 IP 组播方式传输的业务有音频、视频、股票自动收报、新闻和天气预报等。IGMP 是支持 IP 组播的协议,DOCSIS 1.1 规定了用户如何实现 IP 组播业务的规范,以及 Cable Modem 如何实现这些要求。

4. BPI+协议

BPI+协议包括封装协议和 BPKM 协议两部分。封装协议描述的是携带加密数据包 PDU 的 MAC 帧格式、所支持的密码技术及应用这些算法规则。BPKM 协议规定了 Cable Modem 由 CMTS 获得授权和会话密钥资料的规程,并支持定期地重授权和更新密钥。BPI+除了支持可变长 PDU 加密外,还支持对分段 MAC 帧的加密。为支持分段上行 MAC 帧,DOCSIS 1.1 将信头元素扩展 1 字节,定义为分段控制域。

BPI+共采用了授权密钥 AK、会话密钥 TEK 和密钥加密、密钥 KEK 三级密钥。CMTS 与 Cable Modem 之间授权密钥 AK 的交换实现了 CMTS 对 Cable Modem 的身份认证和访问控制。Cable Modem 为其业务向 CMTS 申请授权,CMTS 通过 X. 509 证书核实 Cable Modem 是否被授权该业务,并标记为 SA 和分发相应的授权密钥。这样,CMTS 便可确保每个 Cable Modem 只能访问它授权访问的 SA 了。会话密钥 TEK 用于加密通信双方的会话。传送 TEK 时使用的则是密钥加密密钥 KEK 和 3-DES 算法。Cable Modem 使用 BPKM 协议向 CMTS 申请 SA 的密钥资料;CMTS 确保每个 Cable Modem 只能访问它授权访问的 SA。BPI+定期的密钥更新(更新 TEK)和重授权(更新授权密钥)不仅确保了通信的安全,同时完成着访问控制的任务。加密数据包时采用的单钥体制与传送密钥时的双钥体制相结合,既保证了数据安全,又提高了加解密过程的速度。

与 BPI 比较,BPI+增加了 X. 509 V3 数字证书认证 Cable Modem 与 CMTS 的密钥交换,核实 Cable Modem 标识符与 Cable Modem 公钥间的绑定。数字证书不仅能够认证 Cable Modem 身份的真实性,还能保护 RSA 公钥的真实性。防范非法用户不能篡改或替换 Cable Modem 的公钥,从而截取他人的信息,甚至使用合法用户 Cable Modem 的克隆直接欺诈 CMTS 的服务。唯一算法上的改动是将原传送 TEK 时 ECB 方式的 DES 算法改进为 EDE 方式或加密-脱密-加密方式的 3-DES 算法。BPI+要求 Cable Modem 在申请授权时就与 CMTS 商定其 Security Capabilities Selection,即通过 SA 参数中包含的密码系统标识器(Cryptographic Suite Identifier)说明 SA 所使用的加密及认证算法。因而很好地实现了 BPI+协议向前向后的兼容。其他的改进:新增了分段 MAC 帧的 Baseline Privacy,以支持新的带有 QoS 的业务;将 SA 分为基本、静态和动态 3 种类型,并专设 SAID 用于标识 SA 和加入 SA 映射状态机;以及在授权状态机中加入静默状态等,这一切举措都使得 Baseline Privacy 的密钥管理显得更为严密了。

5.3.7 DOCSIS 2.0 简介

DOCSIS 2.0 是专门针对有线电视网络产业所关注的受容量限制和易受噪声侵害的上

行而设计的。它基本上建立在DOCSIS 1.1的基础之上,通过实现对两种物理层(PHY)技术的支持而完成的,这两种技术分别是同步码分复用(S-CDMA)和高级时分复用(A-TDMA)。

两种DOCSIS版本之间主要的不同存在于物理层(PHY),而与之相关的DOCSIS MACP/PHY接口(DMPI)和管理信息库(MIB)也稍有不同。基于DOCSIS 2.0的CMTS和Cable Modem必须支持两种PHY的运行。S-CDMA和A-TDMA都提供大体上相同的数据速率,但是它们在处理数据的方式和降低噪声干扰方面采用了不同的方法。

A-TDMA在基本结构和原理上与DOCSIS 1.0/1.1中的TDMA有点类似,而S-CDMA则是完全不同的一种传输技术,在此只对S-CDMA技术进行比较全面的介绍。

S-CDMA是直接序列扩频(DSSS)通信的一种,专门设计用于在电缆网络上提供更强的抗干扰能力。DSSS最早是由军方开发的,用以抵抗噪声、增强安全性并降低干扰影响的传输技术。DSSS的每个数据符号在发射机端与伪随机序列码(码片序列)相乘,从而"扩展"到较宽的频谱之上;在接收端,同样的伪随机序列码被用来检取出原始信号。在多个数据流同时传输时,每个数据流分别用它们各自的伪随机序列码相乘。DSSS技术可以使许多个用户共享同一频谱,这些用户通过各自不同的伪随机序列码来区分自己的身份,这种复用技术称为直接序列扩频技术(S-CDMA)。

S-CDMA使用了一套相位对齐的正交码以维持同步,减少并发用户之间的干扰。S-CDMA对多个用户进行同步处理来共享同一上行信道,使得多个调制解调器能够同时发送数据。

S-CDMA带来的一个优势是每个数据符号在时间上被展宽了,因此每个发送符号抗脉冲噪声的能力也增强了。对时间同步的严格要求降低了每次发送对前导数据的要求,从而增加了对回传通路的使用效率。虽然数据吞吐量与64QAMTDMA系统的数据吞吐量相当,但S-CDMA实际上采用的是128QAM,额外的数据用于TCM。与增强的前向纠错(FEC)配合使用,获得了对加性高斯噪声(AWGN)的超强抵抗性能。而且,增强的信道均衡使得整个系统能够对上行信道中的相位和幅度畸变给予补偿。

5.3.8　DOCSIS 3.0 简介

2007年,DOCSIS 3.0正式发布。新标准至少从一开始就能将用户带宽提高到下行160Mb/s、上行120Mb/s。这种显著的带宽提升足以满足处理大量高清(HD)多媒体应用的需求。此外,越来越多的有线电视运营商将从让它们与电信公司直接竞争的线缆语音(VoCable)业务中大量获利。另外,因特网协议电视(IPTV)也呼之欲出,并将最终成为更灵活、更有效、可扩展性更高的电视节目分配方法。所有这些业务都可通过DOCSIS 3.0的新一代技术来实现。

DOCSIS 3.0提高线速的关键是信道捆绑概念。3.0版本主要建立在其前代DOCSIS 2.0的信道结构基础之上。将DOCSIS 2.0信道结构作为出发点对DOCSIS 3.0至关重要,因为这样可以确保与旧式设备的向后兼容性,而且随着技术不断向前发展还可实现异构网络,使2.0与3.0 Cable Modem具备透明而高效的可互操作性。

DOCSIS 3.0将DOCSIS 2.0的6MHz物理信道组合或捆绑在一起,以实现带宽更高的逻辑信道。DOCSIS 3.0采用速率为40Mb/s的4条或更多6MHz DOCSIS 2.0物理信道（欧洲一般速率为 50Mb/s 的 8MHz 信道），然后将它们捆绑为一条逻辑信道。捆绑在一起的信道无须连续，也不需要具有相同的性能参数，如线速、时延等。

DOCSIS 3.0 Cable Modem 信道捆绑的最低级别是支持 4 条信道，但是任何数量的信道都可以在逻辑上捆绑在一起，以便根据需要部署高得多的带宽。例如，企业可以预订某项基于 8 条捆绑信道的 DOCSIS 3.0 业务，从而提供下行数据传输速度达到 320Mb/s 的带宽信道。捆绑 16 条信道可以创建下行带宽达 640Mb/s 的信道。信道捆绑概念固有的内在灵活性与可扩展性可为运营商提供极高精确度，使其能够在网络中需要的具体位置高效部署与配置相应带宽容量。

在下行模式中，当 Cable Modem 前端系统（CMTS）等网络处理节点通过逻辑上捆绑在一起的多条物理信道传输原有 DOCSIS 2.0 数据包时就可以实现 DOCSIS 3.0 信道捆绑。与根本上是通过一条信道连续发送一个 MPEG 传输流的 DOCSIS 2.0 下行数据传输不同，DOCSIS 3.0 分组流通过多条物理信道组成的一条逻辑信道到达线缆调制解调器。由于每条物理信道可能具有不同性能参数，因而分组会不按顺序到达。例如，速度较慢的物理信道中的 1 号分组可能会在 2 号分组之后到达，因为 2 号分组是通过一条速度更快的物理信道传输的。调制解调器负责将来自多条信道的分组重新组合成一个分组流。

为了实现上述重新组合过程，DOCSIS 3.0 规范在 DOCSIS 2.0 分组报头中添加了多个新字段。这些新管理字段出于服务质量（QoS）考虑对分组进行优先级排序，建立序号并且为分组定义下行服务标识（DSID）。通过检验每个分组的序号，线缆调制解调器就可以确定分组在数据流中的正确顺序，并对不按顺序传输的分组进行重新排序。当然，如果分组不按顺序到达线缆调制解调器时会产生时延问题。延迟到达的分组会相应延误重新组合过程。DOCSIS 3.0 定义调制解调器可以等待接收分组的最长时延为 18ms。如果分组在 18ms 后仍未到达则宣布丢失。某些高级的调制解调器引入了能够进一步降低上述时延的算法，从而能够确保为 VoCable、IPTV 等时间关键型应用实现更高的服务质量。其中一种算法只要所有捆绑通道接收到后续分组（往往不到 18ms）时就会宣布丢包。对于线缆调制解调器架构而言，降低时延是一种成本要素，因为在重新组合过程中时延越高调制解调器缓冲分组所需的内存就越大。

通过为特定应用细心分配捆绑包中的信道，可以避免网络中可能产生的时延。采用 DSID 报头字段的标题字段可以达到上述目的。例如，通过 DSID 报头信息可以为 IPTV 或 VoCable 等时间关键型应用分配三通道捆绑中具有相同性能特征（包括线速）的两条信道，从而可以确保分组按非常接近其正确顺序的顺序到达 Cable Modem，同时将时延降至最低。另外，也可以将 VoCable 业务分配到一条信道，从而消除通道捆绑造成的所有失序分组和网络时延。相反，对于仅需要尽力而为的非时间关键型应用业务类型（如因特网接入）而言，可通过 DSID 字段信息将其分配到时延要求不高的捆绑中的所有信道。

对于从 Cable Modem 到网络中 CMTS 等处理节点的上行通信，DOCSIS 3.0 中最新的信道捆绑技术消除了 DOCSIS 2.0 固有的某些低效性。例如，DOCSIS 3.0 采用了连续级联与拆分（CCF）概念。无论在 DOCSIS 3.0 还是 DOCSIS 2.0 中，CMTS 都可以在网络中分配时隙（在 DOCSIS 术语中称为微时隙），以满足 Cable Modem 对补充带宽的请求。在 DOCSIS 2.0 中，仅允许 Cable Modem 请求满足传输整个分组所需的递增时隙。因此，如果

电缆调制解调器接入技术

Cable Modem 在上行通信队列中具有 100B 的分组,则 DOCSIS 2.0 要求该 Cable Modem 在整个 100B 分组得到批准之前不可以请求附加带宽。DOCSIS 3.0 放宽了其中部分严格 的限制,只要合理数量的带宽可用即允许传输数据。利用 DOCSIS 3.0 的连续拆分功能,如 果带宽可用并得到 CMTS 的分配,就可以立即传输调制解调器通信队列中某个分组的部分 数据。剩余数据随后在更多带宽空闲时发送。利用连续级联功能,一次传输可以合并多个 分组的数据,从而能够提高带宽效率。

DOCSIS 3.0 还包含一系列同样有助于逻辑信道捆绑和提高线速的其他概念,如上行 业务组 ID 和业务 ID(SID)串。不过,除了单纯针对性能的方面之外,DOCSIS 3.0 还具有 多种部署与运营特性,不仅有助于有线电视运营商更有效地升级到此技术,而且还能创造更 多的收入。

5.4 Cable Modem 的应用

5.4.1 系统的基本构成

一个完整的 HFC 网络数据传输系统的体系结构如图 5-6 所示,主要由以下几部分构 成:Cable Modem 前端系统(CMTS)、用户端的 Cable Modem(CM)、HFC 网络以及网络管 理、服务和安全系统。

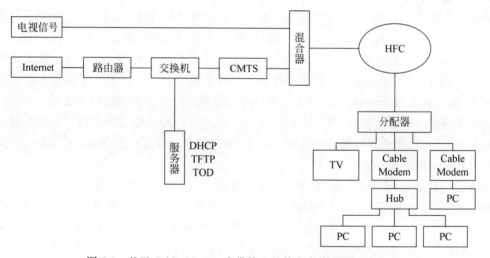

图 5-6 基于 Cable Modem 宽带接入的数字有线电视系统应用

CMTS 是整个系统的核心,它通常放在有线电视前端,通过 10Base-T、100Base-T 等接 口与端交换设备相连,再通过路由器连至 Internet;或者直接连到本地服务器,享受本地业 务的同时负责对各用户端 Cable Modem 的管理和交互工作。

DHCP 服务器用于分配、管理和维护设备参数,如 IP 地址、子网掩码、网关、TFTP 主机 地址、配置文件名称、DNS 地址、TOD 地址等;Cable Modem 在启动过程中必须与 DHCP Server 通信,否则 Cable Modem 将拒绝上线,重启其注册过程。

TFTP 服务器通过简单文件传输服务,为 Cable Modem 提供配置文件及其升级文件 下载。

TOD 服务器遵照 RFC868 时间协议,进行 Cable Modem 和 CMTS 的时间校准。

5.4.2 Cable Modem 系统的配置、使用和管理

DOCSIS 定义了完善的 Cable Modem 启动配置流程,在这个过程中,Cable Modem 真正成为一个零配置的设备,所有的运行参数都是通过上电启动配置流程动态获取。这个定义使 HFC 网络终端成为可以管理的终端,对 HFC 接入的规模应用起到了非常重要的作用。

Cable Modem 加电工作后,首先自动搜索前端的下行频率,找到下行频率后,从下行数据中确定上行信道,与前端设备 CMTS 建立连接,并交换信息,包括上行电平数值、动态主机配置协议(DHCP)和小文件传送协议(TTFP)服务器的 IP 地址等。Cable Modem 有在线功能,即使用户不使用,只要不切断电源,则与前端始终保持信息交换,用户可随时上线。Cable Modem 具有记忆功能,断电后再次上电时,使用断电前存储的数据与前端进行信息交换,可快速地完成搜索过程。

每台 Cable Modem 在使用前,都需在前端登记,在 TTFP 服务器上形成一个配置文件。一个配置文件对应一台 Cable Modem,其中含有设备的硬件地址,用于识别不同的设备。Cable Modem 的硬件地址标识在产品的外部,有 RF 和以太两个地址,TTFP 服务器的配置文件需要 RF 地址。有些产品的地址需通过 Console 接口联机后读出。对于只标识一个地址的产品,该地址为通用地址。

前端设备 CMTS 是管理控制 Cable Modem 的设备,其配置可通过 Console 接口或以太网接口完成。通过 Console 接口配置的过程与 Cable Modem 配置类似,以行命令的方式逐项进行,而通过以太网接口的配置,需使用厂家提供的专用软件。

CMTS 的配置内容主要有下行频率、下行调制方式、下行电平等。下行频率在指定的频率范围内可以任意设定,但为了不干扰其他信道的信号,应参照有线电视的信道划分表选定在规定的频点上。调制方式的选择应考虑信道的传输质量。此外,还必须设置 DHCP、TTFP 服务器的 CMTS 地址、CMTS 的 IP 地址等。

设置完成后,如果中间的线路无故障,信号电平的衰减符合要求,则启动 DHCP、TTFP 服务器,就可以在前端和 Cable Modem 间建立正常的信道。

一般地,CMTS 的下行输出电平为 $50\sim61$dBmV($110\sim121$dBμV),接收的输入电平为 $-16\sim26$dBmV;Cable Modem 接收的电平范围为 $-15\sim15$dBmV;上行信号的电平为 $8\sim58$dBmV(QPKS)或 $8\sim55$dBmV(16QAM)。上下行信号经过 HFC 网络传输衰减后,电平数值应满足这些要求。

CMTS 设备中的上行信道接口和下行信道接口是分开的,使用时需经过高低通滤波器混合为一路信号,再送入同轴电缆。实际使用中,也可用分支分配器完成信号的混合,但对 CMTS 设备内部的上下行信道的干扰较大。

在 CMTS 和 Cable Modem 间的上下行信道建立后,可使用简单网络管理协议(SNMP)进行管理。SNMP 是一个通用的网络管理程序,对于不同厂家的 CMTS 和 Cable Modem 设备,需将厂家提供的管理信息库(MIB)文件装入 SNMP 中,才能管理相应的设备;也可使用行命令的方式进行管理,但操作不直观,容易出现错误。

电缆调制解调器接入技术

5.4.3 HFC 网络用户线接入方式

HFC 网络用户线接入方式,大致有两种方法。第一种方法是多用户共享 Cable Modem 的 HFC+CableModem+Hub 五类线以太网入户方式,即可通过下连集线器支持最多几台 PC 上网;PC 的 IP 地址,通过头端 DHCP 服务器动态获得。第二种方法是同轴电缆入户,用户独享 Cable Modem 的双向网络方式,用户可通过计算机以太网卡或 USB 口,连接到 Cable Modem;PC 的 IP 地址,可通过头端 DHCP 服务器动态获得。

5.5 本章小结

本章介绍了 Cable Modem 的接入技术,Cable Modem 是在 HFC 网络上提供双向 IP 数据业务的用户端设备,它利用 HFC 网络,与头端 CMTS 配合,在用户设备(如计算机)和数据业务节点之间透明传送 IP 数据包。Cable Modem 不仅包含调制解调部分,还包括射频信号接收调谐、加密解密和协议适配等部分。它还可能是一个桥接器、路由器、网络控制器或集线器。使用它无须拨号上网,也不占用电话线,便可永久连接。通过 Cable Modem 系统,用户可在有线电视网络内实现国际互联网的访问、IP 电话、视频会议、视频点播、远程教育、网络游戏等功能。

目前,Cable Modem 主要存在两种不同的标准,MCNS 的 DOCSIS 及 IEEE 802.14。由于 DOCSIS 标准的成熟性、完成性和商用化程度都较好,已经成为事实上的国际标准。

在中国,有线电视网络是三大有线网络之一,其余两个是电话网和电力线网。采用 Cable Modem 在有线电视网上建立数据平台,已成为有线电视事业发展的必然趋势。可以相信,未来 Cable Modem 一定大有作为。或许它并不是最好的,但它一定是不可替代的。

复习思考题

一、单项选择题

1. 双向 HFC 网络由前端、干线、( )和用户端设备组成。

    A. 中端   B. 后端   C. 分配网络   D. 以上都不是

2. 在 HFC 网络中,数字前端的主要设备之一是( )。

    A. CMTS   B. CM   C. NIU   D. STB

3. 在双向 HFC 网络中,如果小区离前端较远,如 5~30km,就需要( )。

    A. PDH   B. SDH

    C. 数字光传输系统   D. 模拟光传输系统

4. 在双向 HFC 中,入侵噪声包括( )、脉冲噪声干扰和本地特有信号干扰。

    A. 宽带信号干扰   B. 窄带信号干扰

    C. 连续信号干扰   D. 周期信号干扰

5. 在有线电视系统的频率配置中,上行多功能业务使用( )波段。

    A. A1   B. A2   C. FM   D. R

6. HFC 的国际标准包括(　　　　)。

　　A. IEEE 802.14　　B. DOCSIS 1.0　　C. DOCSIS 2.0　　D. 以上都是

7. 在 Cable Modem 系统中,下行数据通常采用(　　　　)调制方式。

　　A. 16QAM　　　　　B. 64QAM　　　　　C. 256QAM　　　　D. QPSK

8. 在 Cable Modem 系统中,每个下行通道可支持(　　　　)个用户。

　　A. 100~500　　　　B. 100~1000　　　C. 100~1500　　　D. 500~2000

9. 在 Cable Modem 的工作原理中,初始化过程共包括(　　　　)个步骤。

　　A. 5　　　　　　　B. 6　　　　　　　C. 7　　　　　　　D. 8

10. 在基于 DOCSIS 的 Cable Modem 系统中,上行信道的频率范围是(　　　　)MHz。

　　A. 2~42　　　　　B. 3~42　　　　　C. 4~42　　　　　D. 5~42

11. 在 DOCSIS 的传输会聚子层中,MPEG-2 帧的有效载荷长度为(　　　　)。

　　A. 182B　　　　　B. 183B　　　　　C. 184B　　　　　D. 185B

12. 在 MAC 子层中,MAC 协议的主要特点之一是由(　　　　)分配上行信道带宽。

　　A. 分配器给 CM　　B. 混合器给 CM　C. CM 给 CMTS　D. CMTS 给 CM

13. 在 DOCSIS2.0 协议中,对物理层的支持是(　　　　)技术。

　　A. CDMA 和 TDMA　　　　　　　　　B. T-CDMA 和 S-TDMA

　　C. T-CDMA 和 A-TDMA　　　　　　　D. S-CDMA 和 A-TDMA

14. 在 DOCSIS 3.0 中,信道捆绑的最低级别是支持(　　　　)条信道。

　　A. 2　　　　　　　B. 3　　　　　　　C. 4　　　　　　　D. 5

15. 在 DOCSIS 3.0 中,调制解调器可以等待接收分组的最大时延为(　　　　)。

　　A. 12ms　　　　　B. 16ms　　　　　C. 18ms　　　　　D. 24ms

16. 在 Cable Modem 技术中,TOD 服务用于 Cable Modem 与 CMTS 的(　　　　)。

　　A. 注册过程　　　B. 信道分配　　　C. 网络管理　　　D. 时间校准

17. 在 Cable Modem 系统中,CMTS 的配置内容主要是(　　　　)。

　　A. 下行频率　　　B. 下行调制方式　C. 下行电平　　　D. 以上都是

18. (　　　　)服务器用于分配、管理和维护设备参数,如 IP 地址、子网掩码、网关、TFTP 主机地址、配置文件名称、DNS 地址、TOD 地址等。

　　A. FTP　　　　　B. TFTP　　　　　C. DHCP　　　　　D. DNS

19. 在 DOCSIS 2.0 技术中,S-CDMA 实际上采用的是(　　　　)QAM 都具有明显的优势。

　　A. 16　　　　　　B. 32　　　　　　C. 64　　　　　　D. 128

20. DOCSIS 3.0 的新标准将用户带宽提高到(　　　　)。

　　A. 下行 80Mb/s、上行 60Mb/s

　　B. 下行 160Mb/s、上行 120Mb/s

　　C. 下行 240Mb/s、上行 120Mb/s

　　D. 下行 480Mb/s、上行 160Mb/s

二、填空题

1. 典型的双向 HFC 网络可为 3 个主要部分,由＿＿＿＿＿、＿＿＿＿＿和＿＿＿＿＿组成。

2. DOCSIS 协议规定下行信道物理层规范必须符合 ITU-T J.83 规范。同时,由于下

149

第 5 章

电缆调制解调器接入技术

行信道优于上行信道,采用高效的_____和_____调制方式。

3. DOCSIS 的上行信道使用_____与_____两种接入方式的组合,频分多址(FDMA)方式使系统拥有多个上行信道,能支持多个 Cable Modem 同时接入。

4. BPI+协议包括_____协议和_____协议两部分。

5. BPI+共采用了_____、_____、_____三级密钥。

6. 2007 年,DOCSIS 3.0 正式发布。新标准至少从一开始就能将用户带宽提高到下行_____、上行_____。

7. DOCSIS 3.0 将 DOCSIS 2.0 的_____组合或捆绑在一起,以实现带宽更高的逻辑信道。

8. 一个完整的 HFC 网络数据传输系统主要由_____、_____、_____、服务和安全系统构成。

9. DHCP 服务器用于分配、管理和维护设备参数,如_____、_____、_____、_____、_____、_____、_____等。

10. Cable Modem 加电工作后,首先自动搜索前端的_____,找到_____后,从下行数据中确定_____,与前端设备 CMTS 建立连接,并交换信息,包括上行电平数值、动态主机配置协议(DHCP)和小文件传送协议(TTFP)服务器的 IP 地址等。

三、简答题

1. HFC 网络的结构以及优点是什么?

2. Cable Modem 系统结构、Cable Modem 和 CMTS 的功能。

3. 简述 Cable Modem 的工作原理。

4. Cable Modem 的标准有哪些? 目前被广泛采用的是哪个?

5. 简述 DOCSIS 物理层和 MAC 层主要功能。

6. Cable Modem 系统是如何实现上行信道的带宽分配和管理的?

第6章 以太网接入技术

近年来,电信运营商和设备制造商都在寻找一种廉价而又简单的宽带接入技术,现在看来,目前最能满足这种要求的技术就是以太网接入技术。以太网技术是目前使用最广泛的局域网技术,其简单实用、低成本、可扩展性强、与 IP 网能够很好结合;特别是交换型以太网设备和全双工以太网技术的发展,使得人们将以太网技术应用到公用网络环境成为可能。可以预见,以太网接入技术将成为宽带网接入技术的一种主流技术,有广阔的发展前景。

6.1　以太网接入技术概述

6.1.1　以太网接入及其优点

以太网一直是所有网络技术中性能价格比最高的,而且稳定易用,扩展灵活,是有史以来部署最为广泛的网络系统。以太网接入技术是从传统的以太网技术上发展而来的一种宽带接入技术。利用以太网技术把以前在局域网上的应用拓展到公用电信网的接入网中,来解决用户的宽带接入问题,这就是以太网接入。它同其他接入技术相比较,具有以下一些优势。

1. 协议简单、成熟,设备的兼容性好

以太网技术自 20 世纪 70 年代出现以来,协议日益成熟,标准化程度越来越高,如 IEEE 802.2、IEEE 802.3 等国际标准。由于协议的简单和成熟,来自不同厂商的设备之间互联互通基本不存在问题。而迄今为止,ADSL 和 Cable Modem 还没有解决好来自不同厂商的局端设备和用户端设备之间的互通问题,这在一定程度上影响了这两种技术的推广。

2. 设备廉价

由于以太网协议在局域网中占统治地位,目前世界上已经有一个巨大而又成熟的以太网设备市场。而其他宽带接入设备的市场规模远不如以太网设备。组成以太网的设备如以太网卡、集线器(Hub)、以太网交换机(Switch)等,技术非常成熟,可以由中小型企业研发和生产,因此以太网接入用户端设备成本远远低于其他宽带接入用户端设备成本。

3. 以太网技术与 IP 技术无缝融合

由于以太网的帧格式与 IP 数据格式是兼容的,IP 数据包能很容易地加入以太帧中,并能通过以太网的 MAC(介质访问控制)层进行访问,反之,由 MAC 层能很方便地分离出 IP 包,其间不需要任何转换、分级、复合;另外,以太网是异步的,特别适合 IP 业务的突发传送。

6.1.2 以太网接入技术在应用中存在的问题

以太网技术和其他局域网技术一样,主要是针对小型的私有网络环境设计的,适用于办公环境。如果将这种适用于私有网络环境的技术不加改造地照搬到公用网络环境中,必然会出现很多问题。

1. 认证计费问题

宽带接入不同于局域网应用,在局域网应用中,只具备网元级的管理系统,而公共电信网必须对分散的网络进行管理,其认证计费问题就无法很好地进行处理,存在一定的限制。而且随着宽带事业的发展,针对不同用户的差别化服务和统一管理而言,相应的认证方案和计费方式就需要更为细化的管理。

2. 用户信息的隔离

保障用户数据的安全性,要从物理上隔离用户数据,实现对用户间的隔离。抑制广播包,保证用户的单播地址的帧只有该用户自己能接收到,而不像局域网中的共享总线方式,单播地址在帧总线上的所有用户都可接收到。另外,由于用户终端是以普通的以太网卡与接入网连接,在通信中会发送一些广播地址的帧(如 AKP、DHCP 消息等),而这些消息会携带用户的个人信息,如用户 MAC(介质访问控制)地址等,如果不隔离这些广播消息而让其他用户接收到,容易发生 MAC/IP 地址仿冒,影响设备的正常运行,中断合法用户的通信过程。在接入网这样一个公用网络的环境中,保证其中设备的安全性是十分重要的,需要采取一定的措施防止非法进入其管理系统造成设备无法正常工作,以及某些恶意的消息会影响用户的正常通信。

3. 服务质量(QoS)保证

由于话音、视频等实时业务是未来 Internet 上的重要业务,因此,接入网必须为保证 QoS 提供一定手段,并支持流量优先等级,以减少时延、抖动和丢包等。目前,局域网很难实现统一管理。

6.2 以太网接入的主要技术

6.2.1 用 VLAN 隔离用户信息

宽带接入网把形形色色的用户连接于以太网中,所面对的安全威胁不仅来自外网系统,更大的问题则来自网络内部系统的直接攻击。因此,生活或工作小区网络对于安全机制的要求更加迫切。以太网中大量采用广播的方式实现用户之间的通信。目前,虽然交换机已得到了广泛使用,并为每个用户都提供了专用的网络带宽,但它并没有缩减广播域的大小,小区中任何一幢楼中的计算机发出的广播包都会在整个小区中转发。因此,在宽带接入网这样一个公用网络的环境中,保证用户的安全性是十分重要的。

利用虚拟局域网(Virtual LAN,VLAN)技术可以解决接入用户之间的信息隔离问题,VLAN 把局域网交换机(LAN Switch)的每个端口配置成一个独立的 VLAN,享有独立的VID(VLAN 的标识),并且对应每个用户。VLAN 方式的网络结构如图 6-1 所示。

图 6-1   VLAN 方式的网络结构

根据 VLAN 的特点,各个 VLAN 之间不能直接进行数据通信,如果没有路由器,则每个 VLAN 是独立的,用户是安全的。如果有路由器,则必须通过路由器来转发 VLAN 之间的数据,用户的 IP 地址被绑定在端口的 VLAN 号上,以保证正确的路由选择,实现 VLAN 之间网络访问的安全控制,使用户同样安全,从而解决了用户的安全管理问题。以图 6-1 为例,从物理结构上看,它是一个局域网,但逻辑上是几个独立的局域网(VLAN)。

在 VLAN 方式中,利用 VLAN 可以隔离 ARP、DHCP 等携带用户信息的广播消息,从而使用户数据的安全性得到了进一步提高。在这种方案中,虽然解决了用户数据的安全性问题,但是缺少对用户进行管理的手段,即无法对用户进行认证、授权。为了识别用户的合法性,可以将用户的 IP 地址与该用户所连接的端口 VID 进行绑定,这样设备可以通过核实 IP 地址与 VID 来识别用户是否合法。但是,这种解决方案带来的问题是用户 IP 地址与所在端口捆绑在一起,只能进行静态 IP 地址的配置。另外,因为每个用户处在逻辑上独立的网内,所以对每个用户至少要配置一个子网的 4 个 IP 地址:子网地址、网关地址、子网广播地址和用户主机地址,这样会造成地址利用率极低。

6.2.2   PPPoE 技术

在宽带接入的初期,对于用户的收费方式各运营商主要采用包月制,但随着业务的不断发展,用户的统一管理和差别化服务是非常重要的,所以一套完整的计费和认证方案是非常重要的。目前,主流的以太网宽带接入管理技术有 PPPoE、IEEE 802.1x。

1. PPPoE

基于以太网的点对点协议(Point to Point Protocol over Ethernet,PPPoE)是为了满足宽带接入而制定的新标准,它基于两个被广泛接受的标准:局域网 Ethernet 和 PPP 点对点拨号协议。由于采用动态分配 IP 地址方式,用户拨号后无须自行配置 IP 地址、网关、域名等,它们均是自动生成的,不存在用户自行更改 IP 地址的问题,对用户管理方便,而且 PPPoE 协议是在包头和用户数据之间插入 PPPoE 和 PPP 封装,这两个封装加起来也只有 8 字节,广播开销很小。

2. PPPoE 的实现过程

PPPoE 提供了在广播式的网络(如以太网)中多台主机连接到远端的访问集中器(本书对目前能完成上述功能的设备称为宽带接入服务器 BAS)上的一种标准。在这种网络模型中,不难看出所有用户的主机都需要能独立初始化自己的 PPP 协议栈,而且通过 PPP 协议本身所具有的一些特点,能实现在广播式网络上对用户进行计费和管理。为了能在广播式的网络上建立、维持各主机与接入服务器之间点对点的关系,需要每个主机与访问集中器之间能建立唯一的点到点的会话。

PPPoE 协议共包括两个阶段,即 PPPoE 的发现阶段(PPPoE Discovery Stage)和 PPPoE 的会话阶段(PPPoE Session Stage)。无论是哪一个阶段的数据报文最终都会被封装成以太网的帧进行传送。

1) 发现阶段

当一个主机希望发起一个 PPP 会话时,首先必须通过发现阶段去确认对端的以太 MAC 地址,并建立一个 PPPoE 的会话标识。与 PPP 建立的端对端的关系不同,发现阶段建立的是一种客户服务器的关系。通过发现阶段,一个主机(客户端)可以发现一个接入服务器(服务器端)。由于网络的拓扑结构,一个主机可以和多个接入服务器相联系,发现阶段允许主机先找到所有的接入服务器,然后从中挑选一个与之通信。发现阶段顺利结束后,主机和接入服务器都可以得到它们在以太网上建立点到点连接时所需要的信息,即用来唯一定义一个会话的两个因素:对端的以太网地址和会话标识。

在 PPP 会话阶段建立之前,发现阶段一直处于无状态之中,一旦 PPP 会话建立起来,主机和接入服务器都必须为 PPP 的虚接口分配资源。发现阶段可分为以下 4 个步骤。

(1) 主机在本以太网内广播一个 PADI 包,在此包中包含主机想要得到的服务类型信息。

(2) 以太网内所有接入服务器在收到这个初始化包后,将其中请求的服务与自己能提供的服务进行比较,其中可以为此主机提供服务的接入服务器发回 PADO 包,不能提供此服务的服务器不能发 PADO 包。

(3) 主机可能收到多个服务器的 PADO 包,通过 PADO 的内容,依据一定的条件从发回的 PADO 包可提供服务的接入服务器中挑选一个,并向它发回一个会话请求包 PADR (非广播),在这个包中再次包含所想到的服务信息。

(4) 被选定的接入服务器收到会话请求包 PADR 后,就开始准备进入 PPP 会话阶段。它会产生一会话标识,以唯一的标识说明主机这段 PPPoE 会话,并把这个特定的会话标识包含在会话确认包 PADS 中回给主机,如果没有错误发生就进入 PPP 会话阶段,而主机在收到会话确认包后,如果没有错误发生也进入 PPP 会话阶段。

2) 会话阶段

发现阶段之后,主机和接入服务器(Server)必须为这个虚拟结构分配资源。会话阶段主要是 LCP、认证、NCP 3 个协议的协商过程,LCP 协商主要完成建立、配置和检测数据链路连接,认证协议类型由 LCP 协商(CHAP 或者 PAP)分配,NCP 是一个协议族,用于配置不同的网络层协议,常用的是 IP 地址控制协议(IPCP),它负责配置用户的 IP 地址和 DNS 服务器等工作。

在会话阶段传输的数据包中必须包含在发现阶段确定的会话标识并保持不变。正常情况下,会话阶段的结束是由 PPP 控制完成的,但在 PPPoE 中定义了一个 PADT 包用来结束会话,主机或者接入服务器可以在 PPP 会话开始后的任何时候结束会话。

PPPoE 的会话阶段也称 PPP 数据传输阶段。在这个阶段双方在这点对点的 PPPoE 逻辑链路上传输 PPP 数据帧,PPP 数据帧封装在 PPPoE 数据报文中,PPPoE 数据报文封装在以太网帧的数据域中传输。PPP 具有链路创建阶段、认证阶段和网络协商阶段。

(1) PPP 链路创建阶段。

在 PPP 链路创建阶段,利用 LCP 创建链路。链路两端设备通过 LCP 向对方发送配置信息报文(Configure Packet)。另一端返回配置确认报文(Configure-Ack Packet),就完成了配置信息交换,则 PPP 链路建立。

(2) 用户验证。

在这个阶段,客户端会将自己的身份发送给远端的接入服务器认证。最常用的认证协议有口令验证协议(PAP)和挑战握手验证协议(CHAP)。

(3) 调用网络层协议。

认证阶段完成之后,PPP 将调用在链路创建阶段选定的各种网络控制协议(NCP)。选定的 NCP 解决 PPP 链路之上的高层协议问题,例如,在该阶段 IP 控制协议(IPCP)可以向拨入用户分配动态地址。

3. PPPoE 报文格式

所有的 PPPoE 的数据报文均是被封装在以太网的数据域(净载荷区)中传送的。

1) 以太网的帧格式

目前,大多数的网络中都在使用以太网 2.0 版(Ethernet Ⅱ),它被作为一种事实上的工业标准而广泛使用,图 6-2 为以太网的帧格式。

目标 MAC 地址 (6B)	源 MAC 地址 (6B)	类型 (2B)	数据 (46~1500B)	帧校验 (4B)

图 6-2　以太网的帧格式

以太网目的地址(目的 MAC 地址)和以太网源地址(源 MAC 地址),是人们最为熟悉的数据链路层地址。它包括单播地址、多播地址和广播地址,而对于 PPPoE 协议中则要使用到单播地址和广播地址。

以太网类型域指明数据域中承载的数据报文的类型,对于 PPPoE 的两大阶段,也正是通过以太网的类型域进行区分的。在 PPPoE 的发现阶段时,以太网的类型域填充 0x8863;而在 PPPoE 的会话阶段时,以太网的类型域填充为 0x8864。

数据域(净载荷)主要是用来承载类型域中所指示的数据报文,在 PPPoE 中所有的 PPPoE 数据报文就是被封装在这个域中传送的。

帧校验域主要用来保证链路层数据帧传送的正确性。

2) PPPoE 的数据报文格式

描述完以太网的帧格式后,下面简要介绍 PPPoE 的数据报文格式。PPPoE 的数据报文是被封装在以太网帧的数据域内的。简单来说,可以把 PPPoE 报文分成两大块(虽然这样比较笼统,但还是比较助于理解),一大块是 PPPoE 的数据报头,另一块则是 PPPoE 的净载荷(数据域),对于 PPPoE 报文数据域中的内容会随着会话过程的进行而不断改变。如图 6-3 所示为 PPPoE 报文的格式。

版本	类型	代码	会话 ID	
长度域			净载荷(数据域)	

图 6-3　PPPoE 报文的格式

PPPoE 数据报文最开始的 4 位为版本域,协议中给出了明确的规定,这个域的内容填充 0x01。

紧接在版本域后的 4 位是类型域,协议中同样规定,这个域的内容填充为 0x01。

代码域占用 1 字节,对于 PPPoE 的不同阶段这个域内的内容也是不一样的。

会话 ID 占用 2 字节,当访问集中器还未分配唯一的会话 ID 给用户主机时,则该域内的内容必须填充为 0x0000,一旦主机获取了会话 ID 后,那么在后续的所有报文中该域必须填充那个唯一的会话 ID 值。

长度域为 2 字节,用来指示 PPPoE 数据报文中净载荷的长度。

数据域,有时也称为净载荷域,在 PPPoE 的不同阶段该域内的数据内容会有很大的不同。在 PPPoE 的发现阶段时,该域内会填充一些 Tag(标记);而在 PPPoE 的会话阶段,该域则携带的是 PPP 的报文。

4. PPPoE 认证的优缺点

PPPoE 并不是为宽带以太网接入量身定做的认证技术,其应用于宽带以太网接入,必然有其局限性。虽然 PPPoE 认证方式灵活,在窄带网中有较丰富的应用经验,但是,它的封装方式也造成了宽带以太网接入的种种问题。在 PPPoE 认证中,认证系统必须将每个包进行拆解才能判断和识别用户是否合法。首先,一旦用户增多或者数据包增大,封装速度必然跟不上,从而成为网络瓶颈;其次,这样大量的拆包解包过程必须由一个功能强劲同时价格昂贵的 BAS(宽带接入服务器)来完成,用户发出的每个数据包,BAS 必须进行拆包识别和封装转发。为了解决瓶颈问题,可以采用大量分布式 BAS 等方式来解决问题,但是 BAS 的功能决定了它是一个昂贵的设备,这样一来建设成本就会越来越高。

总结 PPPoE 在宽带接入网中的应用,可以得出以下特点。

1) PPPoE 认证的优点

(1) PPPoE 很容易检查到用户下线,可通过一个会话的建立和释放对用户进行基于时长或流量的统计,计费方式灵活方便。

(2) PPPoE 可以提供动态 IP 地址分配方式,用户无须任何配置,网管维护简单,无须添加设备就可解决 IP 地址短缺问题。同时,根据分配的 IP 地址,可以很好地定位用户在本网内的活动。

(3) PPPoE 是传统 PSTN 窄带拨号接入技术在以太网接入技术的延伸,和原窄带网络用户接入认证体系一致,最终用户相对比较容易接受,从运营商的角度来看,PPPoE 对其现存的网络结构进行变更也很小。

2) PPPoE 认证的缺点

(1) PPPoE 在发现阶段会产生大量的广播流量,对网络性能产生很大的影响。

(2) PPP 和 Ethernet 技术本质上存在差异,PPP 需要被再次封装到以太帧中,所以封装效率很低。

(3) PPPoE 认证一般需要外置 BAS,认证完成后,业务数据流也必须经过 BAS 设备,容易造成单点瓶颈和故障,而且该设备通常非常昂贵。

(4) 由于 PPPoE 的点对点本质,在用户主机和接入服务器之间限制了组播协议的存在,即使几个主机同属于一个组播组,也要为每个主机(HOST)单独复制一份数据流。组播业务开展比较困难,而视频业务大部分都是基于组播的。

(5) 用户端 PC 设备必须安装 PPPoE 客户端软件。

6.2.3 IEEE 802.1x 技术

意识到 PPPoE 在用于以太网环境中的种种缺陷,IEEE 在 2001 年 6 月正式颁布了 IEEE 802.1x 标准,以克服 PPPoE 方式带来的诸多问题,并避免引入宽带接入服务器 (BAS)所带来的巨大投资。

IEEE 802.1x 协议是基于端口的访问控制和认证协议(Port-based Network Access Control Protocol),它可以限制未经授权的用户/设备通过接入端口(Access Port,AP)访问 LAN/WLAN。在获得交换机或 LAN 提供的各种业务之前,IEEE 802.1x 对连接到交换机端口上的用户/设备进行认证。在认证通过之前,IEEE 802.1x 只允许 EAPoL(基于局域网的扩展认证协议)数据通过设备连接的交换机端口;认证通过以后,正常的数据可以顺利通过以太网端口。

以太网的每个物理端口被分为受控和不受控两个逻辑端口,物理端口收到的每个帧都被送到受控和不受控端口。其中,不受控端口始终处于双向连通状态,主要用于传输认证信息。而受控端口的连通或断开是由该端口的授权状态决定的。认证者的 PAE 根据认证服务器认证过程的结果,控制"受控端口"的授权/未授权状态。处在未授权状态的控制端口将拒绝用户/设备的访问。受控端口与不受控端口的划分,分离了认证数据和业务数据,提高了系统的接入管理和接入服务提供的工作效率。

1. IEEE 802.1x 认证的体系结构

IEEE 802.1x 的体系结构如图 6-4 所示。它的体系结构中包括三部分: 请求者系统、认证系统、认证服务器系统。

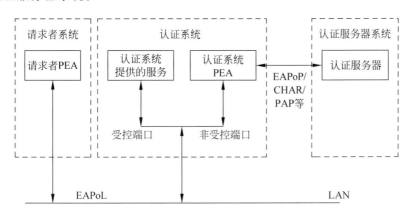

图 6-4 IEEE 802.1x 的体系结构

1) 请求者系统

请求者是位于局域网链路一端的实体,由连接到该链路另一端的认证系统对其进行认证。请求者通常是支持 IEEE 802.1x 认证的用户终端设备,用户通过启动客户端软件发起 IEEE 802.1x 认证,后文的认证请求者和客户端二者表达相同含义。

2) 认证系统

认证系统对连接到链路对端的认证请求者进行认证。认证系统通常为支持 IEEE 802.1x

协议的网络设备,它为请求者提供服务端口,该端口可以是物理端口也可以是逻辑端口,一般在用户接入设备(如 LAN Switch 和 AP)上实现 IEEE 802.1x 认证。后文的认证系统、认证点和接入设备三者表达相同含义。

3) 认证服务器系统

认证服务器是为认证系统提供认证服务的实体,建议使用 RADIUS 服务器来实现认证服务器的认证和授权功能。

2. IEEE 802.1x 工作过程

IEEE 802.1x 认证阶段采用 EAP 报文,其认证阶段和 PPPoE 的方式类似,认证过程如下。

(1) 用户通过 IEEE 802.1x 客户端软件发起认证(EAPoL 报文)报文给交换机,开始启动一次认证过程。

(2) 交换机收到请求认证的数据帧后,将发出一个请求帧要求用户的客户端程序将输入的用户名送上来。

(3) 客户端程序响应交换机发出的请求,将用户名信息通过数据帧送给交换机。交换机将客户端送上来的数据帧经过封包处理后送给认证服务器进行处理。

(4) 认证服务器收到交换机转发上来的用户名信息后,将该信息与数据库中的用户名表相比对,找到该用户名对应的口令信息,用随机生成的一个加密字对它进行加密处理,同时也将此加密字传送给交换机,由交换机传送给客户端程序。

(5) 客户端程序收到由交换机传来的加密字后,用该加密字对口令部分进行加密处理(此种加密算法通常是不可逆的),并通过交换机传送给认证服务器。

(6) 认证服务器将送上来的加密后的口令信息和其自己经过加密运算后的口令信息进行比对,如果相同,则认为该用户为合法用户,反馈认证通过的消息,并向交换机发出打开受控端口的指令,允许用户的业务流通过端口访问网络。

3. IEEE 802.1x 认证的优缺点

IEEE 802.1x 认证系统提供了一种用户接入认证的手段,它仅关注端口的打开与关闭。对于合法用户(根据账号和密码)接入时,该端口打开,而对于非法用户接入或没有用户接入时,则使端口处于关闭状态。认证的结果在于端口状态的改变,而不涉及其他认证技术所考虑的 IP 地址协商和分配问题,是各种认证技术中最为简化的实现方案。

必须注意到 IEEE 802.1x 认证技术的操作颗粒度为端口,合法用户接入端口之后,端口始终处于打开状态,此时其他用户(合法或非法)通过该端口接入时,不需要认证即可访问网络资源。对于无线局域网接入而言,认证之后建立起来的信道(端口)被独占,不存在其他用户非法使用的问题。但如果 IEEE 802.1x 认证技术应用于宽带 IP 城域网,就存在端口打开之后,其他用户(合法或非法)可自由接入且难以控制的问题。因此,在提出可运营、可管理要求的宽带 IP 城域网中如何使用该认证技术,还需要谨慎分析所适用的场合,并考虑与其他信息绑定组合认证的可能性。

总结 IEEE 802.1x 在宽带接入网中的应用,可以得出以下特点。

1) IEEE 802.1x 认证的优点

(1) IEEE 802.1x 协议为二层协议,不需要到达三层,而且接入层交换机无须支持 IEEE 802.1x 的 VLAN,对设备的整体性能要求不高,可以有效降低建网成本。

（2）通过组播实现,解决其他认证协议广播问题,对组播业务的支持性好。

（3）业务报文直接承载在正常的二层报文上,用户通过认证后,业务流和认证流实现分离,对后续的数据包处理没有特殊要求。

2）IEEE 802.1x 认证的缺点

（1）需要特定客户端软件。

（2）网络现有楼道交换机的问题。由于 IEEE 802.1x 是比较新的二层协议,要求楼道交换机支持认证报文透传或完成认证过程,因此在全面采用该协议的过程中,存在对已经在网上的用户交换机的升级处理问题。

（3）IP 地址分配和网络安全问题。IEEE 802.1x 协议是一个二层协议,只负责完成对用户端口的认证控制,对于完成端口认证后,用户进入三层 IP 网络后,需要继续解决用户 IP 地址分配、三层网络安全等问题。因此,单靠以太网交换机加 IEEE 802.1x,无法全面解决城域网以太接入的可运营、可管理以及接入安全性等方面的问题。

（4）计费问题。IEEE 802.1x 协议可以根据用户完成认证和离线间的时间进行时长计费,不能对流量进行统计,因此无法开展基于流量的计费或满足用户永远在线的要求。

6.2.4 PPPoE 与 IEEE 802.1x 认证方式的比较

两种认证技术的比较如表 6-1 所示。

表 6-1 两种认证技术比较表

认 证 方 式	PPPoE	IEEE 802.1x
标准程度	RFC2516	IEEE 标准
封装开销	较大	小
IP 地址	认证后分配	认证后分配
多播支持	差	好
客户端软件	需要	需要
对设备的要求	较高(BAS)	低

PPPoE 认证方式成熟,计费准确,能够较好地控制用户属性,但 BAS 价格昂贵,容易造成单点故障。IEEE 802.1x 简洁高效,纯以太网技术内核,保持了 IP 网络无连接的特性,不需要进行协议间的多层封装,去除了不必要的开销和冗余;消除了网络认证计费瓶颈和单点故障,易于支持多业务和新兴流媒体业务,更加适合在宽带以太网中的使用。

目前,主要宽带运营商主要采用的是 PPPoE 认证方式,IEEE 802.1x 标准规范不够成熟。由于 IEEE 802.1x 的规范有 50％以上都尚未确认,因此目前所有宣称支持 IEEE 802.1x 的厂家都是基于自身的理解和对标准的预测来设计产品,运营商部署 IEEE 802.1x 的风险仍然很高。

6.2.5 基于 VLAN＋PPPoE 的以太网接入技术方案

图 6-5 是 VLAN＋PPPoE 网络结构,VLAN＋PPPoE 接入是一种比较理想的宽带接入方式。

VLAN 即虚拟局域网,是一种通过将局域网内的设备逻辑地划分成一个个不同的网段,从而实现虚拟工作组的技术。划分 VLAN 的目的:一是提高网络安全性,不同 VLAN

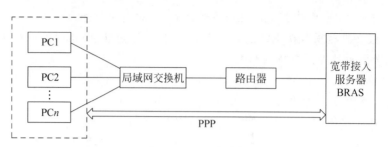

图 6-5　VLAN+PPPoE 网络结构

的数据不能自由交流,需要接受第三层的检验;二是隔离广播信息,划分 VLAN 后,广播域缩小,有利于改善网络性能,能够将广播风暴控制在一个 VLAN 内部。

　　PPPoE 是一个客户端服务器协议,客户端需要发送 PADI 包寻找 BAS,因此它必须同 BAS 在同一个广播式的二层网络内,与 VLAN 的结合很好地解决了这方面的安全隐患。此外,通过将不同业务类型的用户分配到不同的 VLAN 处理,可以灵活地开展业务,加快处理流程,当然 VLAN 的规划必须在二层设备和 BAS 之间统一协调。BAS 收到上行的 PPPoE 包后,首先判别 VLAN ID 的所属类别,如果是普通的拨号用户,则确定是发现阶段还是会话阶段的数据包,并严格按照 PPPoE 协议处理。在会话阶段,根据不同的用户类型从不同的地址池中向用户分配 IP 地址,地址池由上层网管配置。如果是已经通过认证的用户的数据包,则根据该用户的服务类型处理。例如,如果是本地认证的拨号用户且对方也申请有同样的功能,则直接由本地转发。

　　如果是专线用户,则不用经过 PPPoE 复杂的认证过程,直接根据用户的 VLAN ID 便可进入专线用户处理流程,接入速度大大提高。此外,为了统一网管,在 BAS 与其他设备之间需要通信,这些数据包是内部数据包,也可根据 VLAN ID 来辨别。

　　VLAN+PPPoE 方案可以解决用户数据的安全性问题,同时由于 PPP 提供用户认证、授权以及分配用户 IP 地址的功能,因此不会造成上述 VLAN 方案所出现的问题。

6.3　IEEE 802.3ah 以太接入网

　　近年来,随着 Internet 的爆炸式发展,网络核心层和汇聚层的带宽都得到了迅猛提高。但是在接入层,这种提高非常有限。现有的接入技术,如 DSL、光纤接入、Cable Modem、无线宽带等,除了各自的技术局限以外,成本都较高,这是最后一千米成为带宽瓶颈的最主要原因。

　　以太网一直是所有网络技术中性能价格比最高的一个,而且稳定易用,扩展灵活,是有史以来应用最为广泛的网络系统。目前,很多服务商都提供以太网为基础的接入服务。但是,因为接入网是一个公用的网络环境,而以太网原本是面向私有的局域网设计的,特别是在用户的安全与计费方面先天不足。虽然采用 VLAN、PPPoE 等技术可以缓解部分矛盾,但是仍然远未满足接入网对数据安全、接入距离、远程管理、服务类别等特性的要求。

　　另外,目前用户的接入需求中 90% 以上的带宽都是基于 IP 的数据,而以太网特别适合传输基于 IP 的数据。IP 包在以太网中间单封装后就能直接在 MAC 层上传送,无须额外的分割、复合。反之,从以太帧提取 IP 包也一样高效。而且以太网已经提供了从 10Mb/s 到

10Gb/s 的全系列技术。许多设备厂商开始寻求在标准以太网基础上提供额外的特性,以满足接入服务的需求。因此,急需一个统一的标准进行规范。

6.3.1 IEEE 802.3ah 标准概要

2000 年 11 月,IEEE 802.3 工作组批准成立一个新的研究组,其研究题目为"第一英里以太网"(Ethernet in the First Mile),简称为 EFM。到 2001 年第三季度,IEEE 802.3 工作组批准了其项目授权申请(Project Authorization Request),授权 EFM 特别工作组起草 IEEE 802.3ah 标准的草案。2002 年 7 月,特别工作组对一整套基本的技术建议达成了一致,这些基本建议的采纳成为第一版标准草案的原型,该草案在 2002 年年底提交 IEEE 802.3 工作组评审和投票,经过几年的激烈争论以后,2004 年 6 月正式形成 IEEE 802.3ah 标准。

IEEE 802.3ah 研究题目中"第一英里"指的是用户端到电信运营商局端设备的这一段连接,这段连接从使用者的角度是最先一英里,而从运营者的角度是最后一英里。因此,从标准的名称中可以发现该标准强调将用户的需求放在第一位。它的目标是将已经得到广泛应用的以太网技术推广到电信用户的接入网市场。这样可以使网络性能明显提高,同时降低设备和运维的成本。

IEEE 802.3ah 项目的研究范围包括宽带以太网必备的所有技术要素,包括运行在铜线、点对点光纤、点对多点光纤上的物理层规范,运行管理与维护的通用机制,形成对商业和住宅用户提供宽带业务的能力。研究组的几个关键目标如下。

(1)一条单模光纤上点对点的 100Mb/s 和 1000Mb/s 以太网,距离大于或等于 10km。

(2)一条单模光纤上点对多点的 PON 上的 1000Mb/s 以太网,距离大于或等于 10km,复用比大于或等于 1:16。

(3)现有铜线上的点对点 10Mb/s 以太网,距离大于或等于 750m。

(4)OAM 包括远端故障指示,远端环回和链路监视。

6.3.2 铜线以太接入

由于有线电话网 POTS 已经非常普及,接入网要想最快地以最低成本进入千家万户必然要继承话音级铜线作为传输介质。但是,在铺设话音级铜线时,只是考虑符合传送话音信号的需要,带宽低、干扰多。EFM 的策略是在已有的 xDSL(Digital Subscriber Line)系列技术的基础上做出选择,并进一步针对以太网的特性进行测试和优化,从而将其纳入自己的底层传输标准。目前,广泛采用的非对称系列 ADSL 技术由于在视频会议之类的商业应用中并不适合,并没有被 EFM 采纳。为了尽可能地利用线路带宽,EFM 支持长距离和短距离的两种点对点铜线物理层标准。

1. 短距离铜线以太接入标准

短距离标准为速度优化,保证 750m 以内的接入速度大于 10Mb/s。VDSL 是速率最高的 xDSL 技术,能提供对称与非对称两种模式,在 1km 范围内能达到双向对称 13Mb 速率,因此 EFM 在 VDSL 基础上制定了 EoVDSL(Ethernet over VDSL)的方案。即在 VDSL(Very High Data-rate Digital Subscriber Line)标准基础上,加入很少的上层协议,使其纳入以太网的接入标准。为此,在 IEEE 802.3ah 中定义了短距离铜线以太接入模式 10PASS-TS,其主要特点如下。

162

(1) 基于 ITU-T G.993、ANSI T1.424(VDSL)。

(2) 速率为 10Mb/s,距离可达 750m。

(3) 采用频分双工 FDD 技术。

(4) 下行:138kHz~12MHz。

(5) 上行:25~138kHz。

(6) 数话可同传。

2. 长距离铜线以太接入标准

SHDSL (Single Line High Bit Rate Digital Subscriber Line)是 xDSL 家族的新成员。SHDSL 集先前 HDSL、SDSL、IDSL 等多种技术之大成,其最令人瞩目的改进就是大大提高了传输距离,传输距离较 ADSL 至少增加了 30%,是迄今为止传送距离最长的 xDSL 的传送技术,SHDSL 技术在保证全双工的 2Mb/s 数据传输速率下支持至少 2.7km 的距离。因此,EFM 选择了 SHDSL 规范作为长距离铜线以太接入标准,在 IEEE 802.3ah 中定义了长距离铜线以太接入模式 2Base-TL,其主要特点如下。

(1) 基于 ITU-T G.991(G.SHDSL)。

(2) 速率为 2Mb/s,距离可达 2700m。

(3) 可多线对捆绑。

(4) 数话不能同传。

6.3.3 光纤以太接入

虽然已经有很好的 xDSL 技术发掘电话线路的带宽,但是其潜力毕竟有限。光纤线路以其无限的带宽,长距离的传输,抗干扰能力强等优势成为未来传输介质的首选。

1. P2P 光纤传输模式

为了降低成本,EFM 提出了运行在单条光纤上的以太网的标准,作为对现行的运行在光纤对上的以太网的补充。单条光纤的工作原理是在两个方向上使用不同的波长,而非两条独立的光纤使用相同的波长。在其他方面,EFM 采用了已有的技术,如 1000Base-LX 和 100Base-FX。

点到点是经典的以太网结构。EFM 采用了已有的技术,如 1000Base-LX 和 100Base-FX。只是对个别指标为接入网的需求进行优化。主要是为了降低成本,EFM 提出了运行在单条光纤上的以太网的标准,单条光纤的工作原理是在两个方向上使用不同的波长,而非两条独立的光纤使用相同的波长;另外规定了更宽的工作温度范围,非冷却激光会随温度的变化而改变其光学特性,同时光纤也会随温度改变尺寸,所以必须考虑接入网线路在户外工作的温度范围,最终小组通过的标准是 $-40\sim+80℃$;工作波长也有细微的修改,新的上行波长修改为 1260~1360nm,下行波长 1480~1500nm。工作距离定在 2m~10km 的范围内。信号速率为 $1.25\text{GBd}\pm100\times10^{-6}$,允许使用所有类型的激光源。

在 IEEE 802.3ah 中定义了 P2P 的 4 种模式,其主要特点如下。

(1) 100Base-LX10,数据传输速率为 100Mb/s、传输距离为 10km,双光纤传输、工作波长为 1310nm。

(2) 100Base-BX10,数据传输速率为 100Mb/s、传输距离为 10km,单光纤传输、上下行工作波长为 1310/1550nm。

（3）1000Base-LX10，数据传输速率为1000Mb/s、传输距离为10km，双光纤传输、工作波长为1310nm。

（4）1000Base-BX10，数据传输速率为1000Mb/s、传输距离为10km，单光纤传输、上下行工作波长为1310/1490nm。

2. P2MP 光纤传输模式

可以设想，点到点模式中每个用户都需要一条光纤至CO（Central Office，中心机房），并在每条光纤两端配备光收发器。除了成本高昂，如何处理这样大量的光纤汇聚也是一个问题。如果采用路边交换的模式，可以节约光纤，但是不能节省光纤收发器的个数，而且需要建设大量的交换站点，要人员长期维护。而PON（Passive Optical Network，无源光网络）则提供了优秀的解决方案。它用一个完全无源的设备：无源光分路器（Passive Optical Splitter）取代交换机。这使得网络成本大大降低，可靠性提高，并且提供了下行数据的广播能力，这种能力对于视频广播之类的应用非常适合。

EFM的点对多点光纤方案就是基于以太帧格式的PON，即EPON。它的连接使用单纤，上行/下行的数据流使用粗波分复用（WMD）技术，在同一根光纤中传送。

下行数据传送采用广播的方式，OLT（Optical Line Terminal）为已注册的ONU（Optical Network Unit）分配PON-ID，ONU接收与自己PON-ID相匹配的下行数据帧。无源光分路器这时只是忠实地把下行信号分配给每个用户。所有用户的下行信号一直送到各个用户的ONU才被分离，每个用户从而得到自己的下行数据。

上行采用时分复用（TDMA）技术。用户上行数据送到ONU后，ONU进行缓冲，仅在OLT（Optical Line Terminal）分配的时间窗口内才将数据继续向上传送。因此，无源光分路器只是简单地把这些没有碰撞的多路信号合到一条光纤上，送给OLT即可，而不必担心是否会有访问冲突发生。

由于多用户共享线路，EPON无法像ATM那样提供端到端的QoS（Quality of Service，服务质量），但是EFM小组在这方面已经做了很多工作，例如，采用802.1p的标准进行优先权控制，采用资源预留协议（RSVP）为POTS等需要保证响应时间的业务提供高速通道。随着MPLS（多协议标签交换）等新的QoS技术的采用，EPON已完全以相对较低的成本提供够用的QoS保证。

在IEEE 802.3ah中定义了P2MP的两种模式，其主要特点如下。

（1）1000Base-PX10：数据传输速率为1000Mb/s、传输距离为10km，单光纤传输、上下行工作波长为1310/1490nm。

（2）1000Base-PX20：数据传输速率为1000Mb/s、传输距离为20km，单光纤传输、上下行工作波长为1310/1490nm。

6.3.4　IEEE 802.3ah 的 OAM

众所周知，以太网长期以来只是一种计算机局域网络，它的运行可靠性达不到电信级网络的要求。以太网要想进入接入网领域，除了更适合接入需求的物理层特性外，还必须加强其运行、管理和维护（Operations，Administration，and Maintenance，OAM）的能力。传统以太网协议没有提供OAM能力，EFM在IEEE 802.3ah标准中增加了OAM作为其重要内容。OAM为网络运行者提供了监控网络健壮性以及迅速确定故障链路和故障位置的能力。

以太接入网定义的OAM功能主要是：监视和支持相关的网段运行和操作；进行故障检测、通告、定位和修复；消除故障，保持网段处于运行状态；向用户提供用户接入网络的服务。OAM的定义使以太接入网开始走向电信网络的可靠运行级别。

EFM最新修订的方案是将OAM数据报作为原有以太网的Slow Protocol报文的一种新子类型来发送，网桥不会对其转发。这些数据主要用来通知链路状态信息和严重失败事件。每秒钟的报文不能多于10个。出于安全性和复杂性的考虑不提供远程操纵能力，也不提供端到端的OAM通信。OAM数据报只在自己的链路上传送，管理信息的通信留给上层协议完成。

这样，EFM提供的OAM能力大体和现有的ADSL、T1/T3、OC-N、ATM等网络的OAM能力相当，基本上满足了运营商对接入网络的要求。

6.3.5 IEEE 802.3ah的应用

1. P2P光纤接入

应用在接入主干线路，接入用户数量较大的用户驻地网。采用P2P拓扑结构，采用单芯/双芯单模光纤，数据传输速率为100Mb/s或1000Mb/s。P2P光纤接入的结构如图6-6所示。

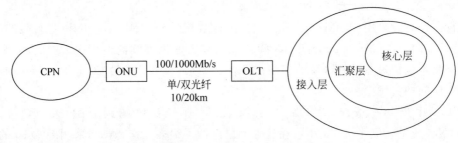

图6-6　P2P光纤接入结构

CPN：用户驻地网(Customer Premises Network)。

ONU：光网络单元(Optical Network Unit)。

OLT：光线路终端(Optical Line Terminal)。

2. P2MP光纤接入

基于无源光网络技术，采用P2MP拓扑结构，接入分散的小型家庭网络甚至分散的单个用户。其结构如图6-7所示。

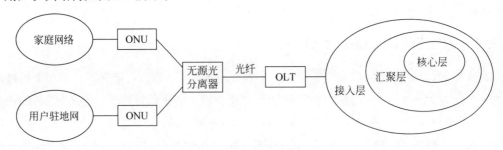

图6-7　P2MP光纤接入结构

3. 长距离铜线以太接入

在电信接入网络的市话电缆上,使用 2Base-TL 接入方式连接市话端局和用户驻地网(CPN),距离可达 2700m,数据传输速率为 2Mb/s,但可通过多线对捆绑予以提高,但要注意必须使用空载线对,数据和话音不能在一个线对内同传。结构如图 6-8 所示。

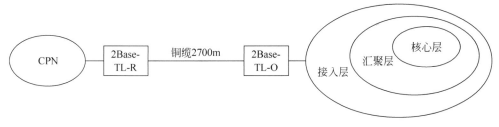

图 6-8　长距离铜线以太接入结构

2Base-TL-R:2Base-TL 远端设备(2Base-TL-Remote-side)。

2Base-TL-O:2Base-TLS 局端设备(2Base-TL-Central Office-side)。

4. 短距离铜线以太接入

在用户驻地网(CPN)内部的电话铜缆上,传输距离小于 750m。使用 10PASS-TS 接入方式,数据传输速率可达 10Mb/s,可在同一线对内同传数据和话音。其结构如图 6-9 所示。

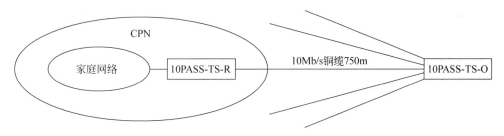

图 6-9　短距离铜线以太接入结构

10PASS-TS-R:10PASS-TS 远端设备(10PASS-TS-Remote-side)。

10PASS-TS-O:10PASS-TS 局端设备(10PASS-TS-Central Office-side)。

6.4　本 章 小 结

以太网接入技术是在以太网技术上发展起来的一种宽带接入技术。以太网技术是 20世纪 70 年代出现的一种局域网技术,也是目前应用最广泛的一种局域网技术。

现有的以太网接入主要基于以下两种情况:一种是基于传统以太网的接入方式;另一种是专门基于电信运营商的以太接入网(IEEE 802.3ah)。

(1) 基于传统以太网的接入方式:这种方式是从传统的以太网发展、改进而来的,传统的以太网主要是针对小型的私有网络环境而设计的,适用于办公环境,但这些技术直接用于接入网环境时,在用户的安全与计费等方面先天不足,必须在技术上予以改进;主要的改进技术有 VLAN 技术、PPPoE 技术、IEEE 802.1x 技术等。

(2) 以太接入网(IEEE 802.3ah)方式:这种方式是基于传统电信运营商的,是专门针对 IP 接入网设计的,标准是 IEEE 802.3ah。IEEE 802.3ah 规定了在铜线、点对点光纤、点对多点光纤上的物理层规范,运行管理与维护的通用机制。

基于以太网技术的宽带接入网与传统的用于计算机局域网的以太网技术大不一样。它仅借用了以太网的帧结构和接口,网络结构和工作原理完全不一样。它具有高度的信息安全性、电信级的网络可靠性、强大的网管功能,并且能保证用户的接入带宽,这些都是现有的以太网技术做不到的。因此,基于以太网技术的宽带接入网可以应用在公网环境中,为用户提供稳定可靠的宽带接入服务。另外,由于基于以太网技术的宽带接入网给用户提供标准的以太网接口,能够兼容所有带标准以太网接口的终端,用户不需要另配任何新的接口卡或协议软件,因而它又是一种十分廉价的宽带接入技术。基于以太网技术的宽带接入网无论是网络设备还是用户端设备,都比 ADSL、Cable Modem 等便宜很多。基于以上考虑,基于以太网技术的宽带接入网将在以后的宽带 IP 接入中发挥重要作用。

复习思考题

一、单项选择题

1. 与其他接入技术相比较,以太网接入技术具有的优势是(   )、以太网技术与 IP 技术无缝融合。

    A. 协议简单、成熟   B. 设备的兼容性好

    C. 设备廉价   D. 以上都是

2. 以太网接入技术在应用中存在的问题是(   )。

    A. 认证计费问题   B. 用户信息的隔离

    C. 服务质量保证   D. 以上都是

3. 以太网接入的主要技术包括 VLAN、PPPoE 和(   )。

    A. QoS   B. IEEE 802.1x   C. IEEE 802.2   D. IEEE 802.3

4. PPPoE 的实现过程包括发现阶段和(   )阶段。

    A. 链路创建   B. 认证   C. 数据传输   D. 以上都是

5. 所有 PPPoE 的数据报文均被封装在以太网的数据域中传送,在 PPPoE 的发现阶段时,以太网的类型域填充(   )。

    A. 0x8861   B. 0x8862   C. 0x8863   D. 0x8864

6. 宽带接入服务器的英文缩写是(   )。

    A. DHCP   B. DNS   C. RAS   D. BAS

7. 在 IEEE 802.1x 体系结构中,包括(   )部分。

    A. 3   B. 4   C. 5   D. 6

8. IEEE 802.1x 的认证过程分为(   )步骤。

    A. 3   B. 4   C. 5   D. 6

9. 在 IEEE 802.1x 技术中,认证协议工作在(   )。

    A. 第一层   B. 第二层   C. 第三层   D. 第四层

10. 在 IEEE 802.1x 认证系统中,仅关注(   )。

A. MAC 地址   B. IP 地址   C. 端口   D. 以上都不是

11. 在各种局域网技术中,应用最广泛的是( )。

     A. Ominet   B. Novell   C. Ethernet   D. ATM

12. 在以太接入网中,必须为保证服务质量提供一定的手段,并支持流量优先等级,以减少( )。

     A. 时延   B. 抖动   C. 丢包   D. 以上都是

13. VLAN 的含义是( )。

     A. 虚拟交换机   B. 虚拟广域网   C. 虚拟城域网   D. 虚拟局域网

14. 在 IEEE 802.3ah 标准中,把第一英里以太网简称为( )。

     A. FEM   B. FFM   C. OAM   D. EFM

15. 在 IEEE 802.3ah 项目中,研究范围包括宽带以太网必备的技术要素,包括( )上的物理层规范,运行管理与维护的通用机制。

     A. 铜线   B. 点对点光纤   C. 点对多点光纤   D. 以上都是

16. 长距离铜线以太接入标准是指( )。

     A. VDSL   B. HDSL   C. LHDSL   D. SHDSL

17. 在 P2MP 光纤传输模式中,下行数据传送采用广播方式,而上行采用( )技术。

     A. CDMA   B. SCDMA   C. TDMA   D. SC-TDMA

18. 在 IEEE 802.3ah 标准中,OAM 能力是指( )。

     A. 运行   B. 管理   C. 维护   D. 以上都是

19. 在短距离铜线以太接入标准中,传输距离最远可达( )米。

     A. 250   B. 500   C. 750   D. 1000

20. 在长距离铜线以太接入标准中,传输距离最远可达( )米。

     A. 2000   B. 2500   C. 2700   D. 5000

二、填空题

1. 以太网接入同其他接入技术相比较,具有以下一些优势:_____、_____、_____和_____。

2. 如果将以太网这种适用于私有网络环境的技术不加改造地照搬到公用网络环境中,必然会出现很多问题,包括_____、_____和_____。

3. 目前主流的以太网宽带接入管理技术有_____和_____。

4. 在 PPPoE 的发现阶段时,以太网的类型域填充_____;而在 PPPoE 的会话阶段时,以太网的类型域填充_____。

5. IEEE 802.1x 协议是基于_____协议。

6. IEEE 802.1x 的体系结构中包括三部分:_____、_____和_____。

7. PPPoE 认证方式_____、_____、_____,但 BAS 价格昂贵,容易造成单点故障。

8. 划分 VLAN 的目的,一是_____,不同 VLAN 的数据不能自由交流,需要接受第三层的检验;二是_____,划分 VLAN 后,广播域缩小,有利于改善网络性能,能够将广播风暴控制在一个 VLAN 内部。

9. IEEE 802.3ah 研究题目中"第一英里"指的是用户端到电信运营商局端设备的这一

段连接。这段连接从使用者的角度是_____,而从运营者的角度是_____。

10. 为了尽可能地利用线路带宽,EFM支持_____和_____的两种点对点铜线物理层标准。

三、简答题

1. 传统以太网技术可否直接用于以太网接入?以太网接入要解决的关键问题有哪些?

2. 常用的以太网接入控制与管理模式有哪两种?

3. PPPoE的客户端是依据什么条件来选择访问集中器的?

4. IEEE 802.1x体系结构由哪几部分组成?

5. IEEE 802.3ah标准中规定了哪几种物理接口?

第7章 光纤接入技术

由于光纤通信具有通信容量大、传输距离长、性能稳定、抗电磁干扰、保密性强等优点，因此，在众多的接入网技术中，光纤宽带接入网具有独特的优势。光纤在骨干线通信中已经广泛应用；在接入网通信中，光纤也将发挥越来越重要的作用。

7.1 光纤接入网基础

7.1.1 光纤接入网的概念

光纤接入网(Optical Access Network，OAN)是目前接入网中发展最为快速的接入网技术，除了重点解决电话等窄带业务的接入问题外，还可以同时解决调整数据业务、多媒体图像等宽带业务的接入问题。光纤接入网泛指从交换机到用户之间的馈线段、配线段及引入线段的部分或全部以光纤实现接入的通信系统。

光纤接入网的组成如图 7-1 所示。

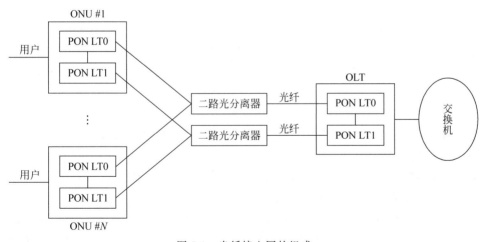

图 7-1　光纤接入网的组成

光纤接入网(OAN)，是用光纤作为主要的传输介质，实现接入网信息传送功能的。光纤接入网通过光线路终端(OLT)与业务节点相连，并通过光网络单元(ONU)与用户连接。光纤接入网包括远端设备(光网络单元 ONU)和局端设备(光线路终端 OLT)，它们通过传输设备相连。系统的主要组成部分是 OLT 和远端 ONU。它们在整个接入网中完成从业务节点接口(SNI)到用户网络接口(UNI)间有关信令协议的转换。接入设备本身还具有组网能力,可以组成多种形式的网络拓扑结构。同时,接入设备还具有本地维护和远程集中监控功能,通过透明的光传输形成一个维护管理网,并通过相应的网管协议纳入网管中心统一管理。

OLT 的作用是为接入网提供与本地交换机之间的接口,并通过光传输与用户端的光网络单元通信。它将交换机的交换功能与用户接入完全隔开。光线路终端提供对自身和用户端的维护和监控,它可以直接与本地交换机一起放置在交换局端,也可以设置在远端。

ONU 的作用是为接入网提供用户侧的接口。它可以接入多种用户终端,同时具有光电转换功能以及相应的维护和监控功能。ONU 的主要功能是接收来自光纤的光信号,并把光信号还原为电信号,处理光信号并为多个小企业、事业用户和居民住宅用户提供业务接口。ONU 的网络端是光接口,而其用户端是电接口。因此,ONU 具有光/电和电/光转换功能。它还具有对话音的数/模和模/数转换功能。ONU 通常放在距离用户较近的地方,其位置具有很大的灵活性。

光纤接入网(OAN)从供电方式上可以分为有源光网络(Active Optical Network,AON)和无源光网络(Passive Optical Network,PON)两大类。

7.1.2 光纤接入网的应用类型

根据光网络单元(ONU)所在的位置,光纤接入网的应用类型包括光纤到大楼(Fiber To The Building,FTTB)、光纤到路边(Fiber To The Curb,FTTC)、光纤到小区(Fiber To The Zone,FTTZ)、光纤到家(Fiber To The Home,FTTH)、光纤到办公室(Fiber To The Office,FTTO)、光纤到楼层(Fiber To The Floor,FTTF)、光纤到电杆(Fiber To The Pole,FTTP)、光纤到邻居(Fiber To The Neighborhood,FTTN)、光纤到门(Fiber To The Door,FTTD)、光纤到远端节点(Fiber To The Remote node,FTTR)等。其中,最常用的是光纤到路边(FTTC)、光纤到大楼(FTTB)、光纤到家(FTTH)三种类型。

FTTC 主要是为住宅用户提供服务的,光网络单元(ONU)设置在路边,即用户住宅附近,从 ONU 出来的电信号再传送到各个用户,一般用同轴电缆传送视频业务,用双绞线传送电话业务;FTTB 的 ONU 设置在大楼内的配线箱处,主要用于综合大楼、远程医疗、远程教育,以及大型娱乐场所,为大中型企事业单位及商业用户服务,提供高速数据、电子商务、可视图文等宽带业务;FTTH 是将 ONU 放置在用户住宅内,为家庭用户提供各种综合宽带业务,FTTH 是光纤接入网的最终目标,但是每一用户都需要一对光纤和专用的ONU,因而成本昂贵,实现起来非常困难。

FTTC 比其他类型更具优势。当采用 FTTC 重建现有网络时,可消除由电缆传输可能带来的误差。它使光纤更深入用户网络中,可减少潜在网络问题的发生和由于现场操作引起的性能恶化。目前,FTTC 是最健壮和"可部署的"网络,是将来可演进到 FTTH 的网络。它同样是新建区和重建区最经济的网络建设方案。

FTTC 的缺点是需要提供户外供电系统。一个位于局端的远程供电系统能给 50～100个路边光网络单元供电,每个路边节点采用单独的供电单元代价非常高,而且在停电时不能满足业务要求。

作为提供光纤到家的最终网络形式,FTTH 去掉了整个铜线设施:馈线、配线和引入线。对所有的宽带应用,这种结构是具有竞争力的解决方案之一。它省去了电话铜线所需要的所有维护工作,并大大延长了网络寿命。

FTTH 的末端连接的是用户住宅设备。在用户家里,需要一个网络终端设备将数据流转换成可接收的视频信号或数据信号。与局端数字终端(Host Digital Terminal,HDT)一样,住宅网关(Residence Gateway,RG)设备是家庭内所有业务的接入平台。它提供网络连接以及将所有业务分配给住宅的各个网元。RG 设备是所有网络结构(包括 FTTB、FTTC 和 FTTH)的网络接口,因此它能适应各种配置的平滑过渡。

7.1.3 光纤接入网的拓扑结构

光纤接入网的拓扑结构,是指传输线路和节点的几何排列图形,它表示了网络中各节点的相互位置与相互连接的布局情况。网络的拓扑结构对网络功能、造价及可靠性等具有重要影响。其 3 种基本的拓扑结构是:总线型、环状和星状,由此又可派生出总线-星状、双星状、双环状、总线-总线型等多种类型的混合应用形式,各有特点、相互补充。

1. 总线型拓扑结构

总线型拓扑结构如图 7-2 所示。总线型拓扑结构是以光纤作为公共总线(母线)、各用户终端通过某种耦合器与总线直接连接所构成的网络结构。这种结构属串联型结构,特点是:共享主干光纤,节省线路投资,增删节点容易,彼此干扰较小;缺点是损耗累积,用户接收机的动态范围要求较高,对主干光纤的依赖性太强。

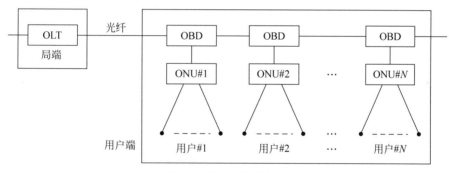

图 7-2 总线型拓扑结构

2. 环状拓扑结构

环状拓扑结构如图 7-3 所示。环状拓扑结构是指所有节点共用一条光纤链路,光纤链路首尾相接自成封闭回路的网络结构。这种结构的突出优点是可实现网络自愈,即无须外界干预,网络即可在较短的时间里从失效故障中恢复所传业务。

3. 星状结构

星状结构是各用户终端通过一个位于中央节点(设在端局内)具有控制和交换功能的星状耦合器进行信息交换,这种结构属于并联结构。优点是它不存在损耗累积的问题,易于实现升级和扩容,各用户之间相对独立,业务适应性强。缺点是所需光纤代价较高,对中央节点的可靠性要求极高。

星状结构又分为单星状结构、有源双星状结构及无源双星状结构 3 种。

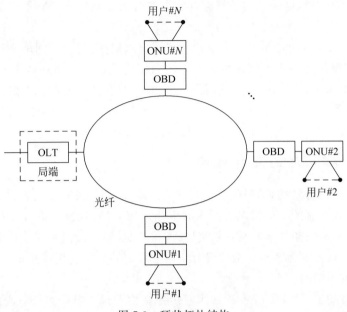

图 7-3 环状拓扑结构

1）单星状结构

单星状拓扑结构如图 7-4 所示。这种结构是用光纤将位于电信交换局的 OLT 与用户直接相连,基本上都是点对点的连接,与现有铜缆接入网结构相似。优点是每户都有单独的一对线,直接连到电信局,因此单星状可与原有的铜线网络兼容;用户之间互相独立,保密性好;升级和扩容容易,只要两端的设备更换就可以开通新业务,适应性强。缺点是成本太高,每户都需要单独的一对光纤或一根光纤(双向波分复用),要通向千家万户,就需要上千芯的光缆,难于处理,而且每户都需要专用的光源检测器,相当复杂。

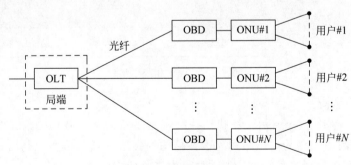

图 7-4 单星状拓扑结构

2）有源双星状拓扑结构

有源双星状拓扑结构如图 7-5 所示。有源双星状拓扑结构在中心局与用户之间增加了一个有源接点。中心局与有源接点共用光纤,利用时分复用(TDM)或频分复用(FDM)传送较大容量的信息,到有源接点再换成较小容量的信息流,传到千家万户。其优点是灵活性较强,中心局有源接点间共用光纤,光缆芯数较少,降低了费用。缺点是有源接点部分复杂,成本高,维护不方便;另外,如要引入宽带新业务,还需将系统升级,要更换所有的光电设

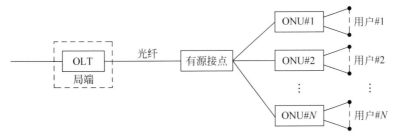

图 7-5 有源双星状拓扑结构

备,或采用波分复用叠加的方案,这比较困难。

3）无源双星状结构

无源双星状拓扑结构如图 7-6 所示。这种结构保持了有源双星状结构光纤共享的优点,将有源接点换成了无源分路器,维护方便,可靠性高,成本较低。由于采取了一系列措施,保密性也很好,是一种较好的接入网结构。

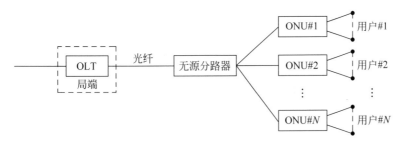

图 7-6 无源双星状拓扑结构

以上所述的几种拓扑结构仅是基本的拓扑结构,在实际应用中,可以灵活地运用上述各种基本拓扑结构来构造结构更复杂的光纤接入网。

选择光纤接入网络的拓扑结构时,一般应考虑以下因素:用户的分布拓扑、OLT 和 ONU 的距离、可使用的技术、提供业务的光信道、光功率预算、波长分配、光纤容量、系统的可靠性要求等。

在实际应用中,由于受经济因素、地理环境、历史条件和网络运行效率等因素的影响,光纤接入网络的实际拓扑结构可能非常复杂。

7.2 无源光网络

7.2.1 无源光网络的概念

无源光网络(Passive Optical Network,PON),是指在 OLT 和 ONU 之间是光分配网络(ODN),不需要使用任何供电设备。

PON 的概念最早是由英国电信公司的研究人员于 1987 年提出的,主要是为了满足用户对网络灵活性的要求。由于 PON 中不包含任何有源器件,成本低,安装和维护方便,成为光接入网技术中的热点,发展十分迅速。电信运营商和设备制造商开发了多种协议和技术来使 PON 解决方案能更好地满足接入网市场要求。

PON 的主要优点是消除了户外有源设备,仅在端局和用户室内需要有源设备,所有的信号处理功能都在交换机和用户家中的设备完成,避免了外部设备的电磁干扰和雷电影响,减少了线路和外部设备的故障率,提高了系统的可靠性。虽然它的传输距离比有源光网络短,覆盖的范围较小,但它的成本低,而且无须另设机房、安装方便、维护容易、结构灵活,因此这种结构可以为家庭用户提供经济的服务。

概括地说,PON 的发展经历了从 APON(基于 ATM 的 PON)到 EPON(基于 Ethernet 的 PON),再到 GPON(Gigabit-capable PON)等几个发展阶段。

PON 的业务透明性较好,原则上可适用于任何制式和速率信号。基于 ATM 的无源光网络(APON)可以利用 ATM 的集中和统计复用,再结合无源分路器对光纤和光线路终端的共享作用,使成本比传统的以电路交换为基础的 PDH/SDH 接入系统低 20%~40%。

APON 采用基于信元的传输系统,允许接入网中的多个用户共享整个带宽。这种统计复用的方式,能更加有效地利用网络资源。

EPON(以太网无源光网络)是一种新型的光纤接入网技术,它采用点到多点结构、无源光纤传输,在以太网之上提供多种业务。它在物理层采用了 PON 技术,在链路层使用以太网协议,利用 PON 的拓扑结构实现了以太网的接入。因此,它综合了 PON 技术和以太网技术的优点:低成本;高带宽;扩展性强,灵活快速的服务重组;与现有以太网的兼容性高;方便管理。

GPON(Gigabit-Capable PON) 技术是基于 ITU-T G.984.x 标准的最新一代宽带无源光综合接入技术,具有高带宽、高效率、大覆盖范围、用户接口丰富等众多优点,是被大多数运营商视为实现接入网业务宽带化、综合化改造的理想技术。GPON 最早由全服务接入网(Full-Service Access Network,FSAN)组织于 2002 年 9 月提出,ITU-T 在此基础上于 2003 年 3 月完成了 ITU-T G.984.1 和 G.984.2 的制定,2004 年 2 月和 6 月完成了 G.984.3 的标准化,从而形成了 GPON 的标准族。

7.2.2 无源光网络的光纤类型

光纤的类型可以分为单模光纤和多模光纤两大类,由于单模光纤的损耗低、带宽宽、制造简单和价格低廉,在公用电信网(包括接入网)中已经成为主导光纤类型。新敷设的光纤几乎全部采用单模光纤。

单模光纤又分为 G.652、G.653、G.654 和 G.655 等多种类型,考虑到成本及网络的维护和统一性,ITU-T 建议在接入网中只使用产量最大、价格最便宜、性能稳定的 G.652 光纤。

有些国家允许使用 G.653 光纤,其理由是色散小,可以与光纤放大器结合在 1.55μm 波长区提供更长的传输距离,扩大用户群,具有一定的优势。然而,ITU-T 认为在接入网环境下,目前的重点是 2Mb/s 速率以下的业务,即使考虑宽带业务后其线路传输速率也不大可能超过 2.4Gb/s,因此,G.652 足以覆盖现行规划的接入网最长传输距离。再考虑到 G.653 光纤的成本偏高以及将来开放波分复用系统方面的困难,因而 ITU-T 不建议使用这种光纤。在采用波分复用系统的光纤接入网中,G.655 光纤有可能成为应用的主流。

7.2.3 无源光网络的波长分配

目前,光纤的可用工作波长区有 3 个,即 850nm 窗口、1310nm 窗口和 1550nm 窗口。由于无源光网络对成本最敏感的部分是光电器件,因此设法降低这一部分的成本是改进整个系统性能的关键。一般来说,设法采用新技术、改进生产工艺和批量生产是降低成本的有效措施。就新技术而言,采用平面光波电路(Planar Lightwave Circuit,PLC)是降低成本的有效措施。降低成本的另一个措施是采用 850nm 波长区。850nm 波长区的激光器已经批量生产,成本较低。850nm 光纤损耗稍大,但对接入网环境不是一个大问题。由于存在多模传输和高损耗传输问题,致使系统复杂性增加,抵消了它在成本方面的优势。

ITU-T 通过 G.982 建议使用 1310nm 窗口和 1550nm 窗口,其中 1310nm 窗口波长区主要支持电话和 2Mb/s 以下的窄带双向通信业务,其工作范围应尽量宽,以便容纳 WDM 应用。按照这一原则,其可用波长的下限主要受限于光纤截止波长和光纤衰减系数,而可用波长的上限主要受限于 1385nm 处的 OH 根吸收峰的影响。据分析,如果光纤的截止波长过高可能会引起模噪声,这种噪声一旦产生就无法消除,因此必须坚决杜绝。相应的措施是保证系统中最短的无连接光纤有效截止波长不超过系统工作波长的下限,以确保单模传输条件。根据 ITU-T 标准,由模噪声所限定的系统工作的下限为 1260nm,以确保单模光纤的正常传输。考虑到光纤工作现场的温度变化范围(−50～+60℃),并假设 1385nm 根吸收峰为 3dB/km,光纤最大衰减系数按 0.65dB/km 计算,波长范围应为 1260～1360nm。

在 1550nm 窗口,除了暂时可以用作异波长双工的下行方向外,主要用于宽带业务。该波长区的下限主要受限于 1385nm 处的 OH 根吸收峰的影响,而上限主要受限于红外吸收损耗和弯曲损耗的影响。如果按 0.25dB/km 光纤衰减系数来计算,则可用波长范围为 1480～1580nm。如果采用掺铒光纤放大器(Erbium-doped Optical Fiber Amplifier,EDFA)技术,则工作波长还要进一步受限于 EDFA 技术占用的增益平坦区,系统的工作范围还会进一步变窄。

7.2.4 无源光网络的关键技术

ONU 至 OLT 的上行和下行信号通常采用多址接入技术和多址复用技术。

1. 双向传输多址技术

无源光网络双向传输多址技术的工作原理如图 7-7 所示。

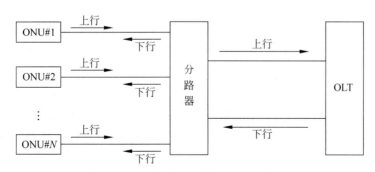

图 7-7 无源光网络双向传输工作原理图

在无源光网络(PON)中,OLT 至 ONU 的下行信号传输过程是：OLT 发送至各 ONU 的信息采用光时分复用(Optical Time Division Multiplex,OTDM)方式组成复帧送到馈线光纤；然后通过无源光分路器以广播方式送到每个 ONU,ONU 收到复帧后,分别取出属于自己的那一部分信息。

1) 光时分多址技术

采用光时分多址(Optical Time Division Multiplex Access,OTDMA)技术的无源光网络的工作原理如图 7-8 所示。

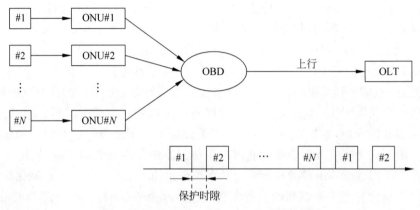

图 7-8 采用光时分多址技术的无源光网络

光时分多址技术是指将上行传输时间划分为多个时隙,在每个时隙只安排一个 ONU,以分组的方式向 OLT 发送分组信息,各 ONU 按 OLT 规定的顺序依次向上游发送。各 ONU 向上游发送的码流在光分路器(Optical Branching Device,OBD)合并时可能发生碰撞,这就要求 OLT 测定它与各 ONU 的距离后,对各 ONU 进行严格的发送定时。由于各 ONU 与 OLT 间距不一样,它们各自传输的上行码流衰减不一样,到达 OLT 时的各分组信号幅度也不同。因此,在 OLT 端不能采用判决门限恒定的常规光接收机,只能采用突发模式的光接收机,根据每个分组开始的几比特信号幅度的大小建立合理的判决门限,以正确接收该分组信号。各 ONU 从 OLT 发送的下行信号获取定时信息,并在 OLT 规定的时隙内发送上行分组信号,因此到达 OLT 的各上行分组信号在频率上是同步的。由于传输距离不同,到达 OLT 时的相位差也就不同,因此在 OLT 端必须采用快速比特同步电路,在每个分组开始几个比特的时间范围内迅速建立比特同步。

2) 光波分多址技术

采用光波分多址(Optical Wavelength Division Multiplex Access,OWDMA)技术的无源光网络的工作原理如图 7-9 所示。

光波分多址技术的工作原理是：将各个 ONU 的上行传输信号分别调制为不同波长的光信号,送至 OBD 后,耦合到馈线光纤,到达 OLT 后,利用光分路器分别取出属于各个 ONU 的不同波长的光信号,再分别通过光电探测器(Photoconductive Detector,PD)解调为电信号。

光波分多址充分利用了光纤的低损耗波长窗口,每个上行传输通道完全透明,能够方便地扩容和升级。与光时分多址技术相比,光波分多址所用的电路设备较为简单,但光波分多

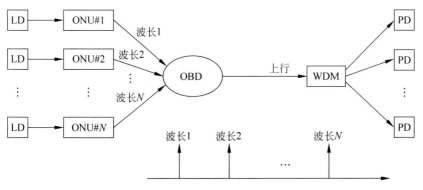

图 7-9 采用光波分多址技术的无源光网络

址要求光源频率稳定度较高,上行传输的通道数及信噪比受光分波器性能的限制,并且系统各通道共享光纤线路而不共享 OLT 光设备,因此系统成本较高。

3)光码分多址技术

采用光码分多址(Optical Code Division Multiplex Access,OCDMA)技术的无源光网络的工作原理如图 7-10 所示。

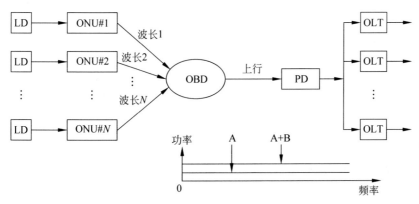

图 7-10 采用光码分多址技术的无源光网络

光码分多址技术是指给每个 ONU 分配一个多址码。各个 ONU 的上行信号与相应多址码进行模二加后将其调制为同一波长的信号。各路上行光信号经 OBD 合并后,经馈线光纤到达 OLT,在 OLT 端经探测器检测出电信号后,再分别与同 ONU 端同步的相应的多址码进行模二加,分别恢复各 ONU 传输来的信号。由于多址码的速率远远大于信号速率,因此光码分多址系统实际上是一种扩频通信系统。

光码分多址系统用户地址分配灵活,抗干扰性能强,由于每个 ONU 都有自己独特的多址码,因此它有较强的加密性能。光码分多址技术不像光时分多址技术那样划分时隙,也不像光波分多址技术那样划分频隙,ONU 可以更灵活地随机接入,而不需要与别的 ONU 同步,但是,光码分多址系统容量不大。

4)光副载波多址技术

采用光副载波多址(Optical SubCarrier Multiplex Access,OSCMA)技术的无源光网络的工作原理如图 7-11 所示。

光副载波多址采用模拟调制技术,将各个 ONU 的上行信号分别用不同的调制频率调

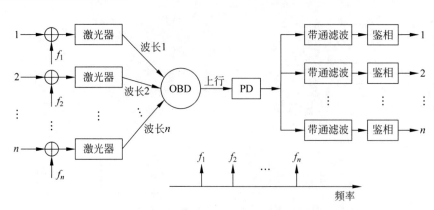

图 7-11　采用光副载波多址技术的无源光网络

制到不同的射频段,然后用此模拟射频信号分别调制各 ONU 的激光器,把波长相同的各模拟光信号传输至 OBD 后,再耦合到同一馈线光纤传送至 OLT,在 OLT 经光电探测器后输出的电信号通过不同的滤波器和鉴相器分别得到各 ONU 的上行信号。

光副载波多址技术在频带宽度允许的范围内,各上行信道比特率完全透明,在一定范围内易于升级。与光时分多址技术相比,光副载波多址技术可以灵活地增加或减少任何一路 ONU,并且该系统各上行信道彼此独立;另外,与光时分多址技术相比,光副载波多址技术不需要复杂的同步技术,但由于各 ONU 至 OLT 距离不同,OLT 接收到的各 ONU 上行光信号功率不同,特别是调制到频率较为接近的射频段的两路上行信号到达 OLT 后的功率相差很大时,将引起严重的相邻信道干扰。增大各上行调制信号射频频段频率间隔,可以使相邻信道干扰得到较大的改善,但是也限制了系统的容量。在传输速率为每秒几十兆比特的系统中,光副载波多址是一项实用技术。

2. 双向多路复用技术

光复用技术可以分为光时分复用(OTDM)技术、光波分复用(OWDM)技术、光码分复用(OCDM)技术、光频分复用(OFDM)技术、光空分复用(OSDM)技术和光副载波复用(OSCM)技术等。其中,光波分复用(OWDM)技术、光频分复用(OFDM)技术、光码分复用(OCDM)技术和光码分复用(OCDM)技术被认为是最具发展潜力的光复用技术。

值得注意的是,多路复用技术与多址接入技术相似。两者不同之处是多路复用技术中所有用户共用一个复用器,而在多址接入技术中,由于各用户所处的位置距离较远,因此用户侧没有复用器。例如,光时分多址(OTDMA)技术在光纤接入网中应用较广,虽然概念与光时分复用相似,但是,在实际光纤接入网应用时,由于各个 ONU 与 OLT 之间的距离可能相差较远,因而引起光信号的传输时延有较大的差距。为了实现各时隙的严格同步,需要在 OLT 中引入复杂的测距功能。

1) 光时分复用

采用复用技术的目的是提高信道传输信息的容量。与光波分复用(OWDM)技术不同的是,光时分复用(Optical Time Division Multiplexing,OTDM)技术并不是采用增加光纤中波道数量的方法来增加传输容量,而是从如何提高每个信道携带的信息量的角度来考虑增加信道的容量。光时分复用(OTDM)技术的基本工作方式是使各路信号在信道上占用不同的时间间隔,即把时间分成均匀的间隔,将各路信号的传输时间分配到不同的时间间隔内进行传输,从而达到互相隔离、互不干扰的目的。

在光纤通信系统中,有两种时分复用方式:一种是在电信号上进行的时分复用;另一种是在光信号上进行的时分复用。在电信号上进行的时分复用是指,在发送端,各支路的电信号通过电复合设备,再进行电/光变换后馈入光纤;在接收端,光信号先进行光/电变换,输出的电信号再经过分路设备分离出各支路信号,这种复用方式的传输速率一般比较低,要做到40Gb/s非常困难。在光信号上进行的时分复用是指,在发送端,来自各支路的电信号分别经过一个相同波长的激光器转变为支路光信号,各支路的光信号分别经过时延调整后,经过合路器合成一路高速光复用信号后馈入光纤;在接收端,收到的光复用信号首先经过光分路器分解为支路光信号,各支路的光信号再分送到各支路的光接收机转换为各支路电信号,这种复用方式的传输速率较高,可以达到100Gb/s。

OTDM复用技术的工作原理如图7-12所示。在发送端,扫描开关K以ω的频率从用户1扫描到用户n,即开关K在不同的时间间隔内分别与用户1到用户n接通;在接收端,扫描开关K′也以相同的频率ω从用户1′扫描到用户n′,只要保证扫描开关K与K′同步,就可以保证系统的正常工作,即用户1与用户1′接通、用户2与用户2′接通、…、用户n与用户n′接通,这就实现了在不同的时间间隔内传送不同的信号。显然,OTDM多路复用能否正常工作,关键在于收发双方必须实现同步。

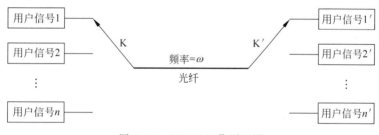

图 7-12　OTDM 工作原理图

2) 光波分复用

光波分复用(Optical Wavelength Division Multiplexing,OWDM)技术是指将多个不同波长的信息光载波复接到同一光纤传输,来提高光纤传输容量的技术。根据被复用的光波长间隔的不同,光波分复用系统可以分为 WDM 系统(波长间隔为 50~100nm)、密集波分复用(DWDM)系统(波长间隔为 1~10nm)和光频分复用(OFDM)系统(波长间隔小于 1nm)。

光波分复用(OWDM)技术的工作原理如图7-13所示。

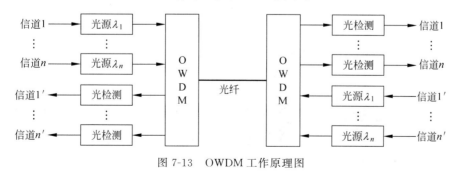

图 7-13　OWDM 工作原理图

目前,不论是科研成果还是具体应用,WDM 和 DWDM 都已经达到了很高的水平。以密集波分复用(DWDM)系统为基础的无源光纤网络(DWDM-PON)是宽带接入网未来的发展方向。国际电信联盟标准部(ITU-T)已经提出了相关的标准 G.983.3。

WDM-PON 采用多波长窄谱光源实现下行通信,不同的波长可专用于不同的光网络单元(ONU)。这样,不仅具有良好的有效性、安全性和保密性,而且可以引入宽带业务,逐步升级。当所需容量超过了 PON 所能提供的速率时,WDM-PON 不需要使用复杂的电子设备来增加传输速率,只需引入一个新波长就可以满足新增的容量需求。因此,当 WDM-PON 升级时,不影响原来的系统。在远端节点,WDM-PON 采用波导路由器替代光分路器,减少了插入损耗,增加了功率预算余量,这样,就可以增加分路比,提供更大的容量。

3) 光码分复用

光码分复用(Optical Code Division Multiplexing,OCDM)技术在工作原理上与电码分复用技术相似。它给系统中的每个用户分配一个唯一的光正交码的码字作为这个用户的地址码。在发送端,对要发送的数据的地址码进行正交编码,然后进行信道复用;在接收端,用与发送端相同的地址码进行正交解码。光码分复用技术通过光编码和光解码实用光信道的复用及信号交换,在光通信中前景乐观。这种技术的优势是:提高了网络的容量和信噪比,改善了系统的性能,增强了保密性和网络的灵活性,降低了系统对同步的要求,可以随时接入,信道共享。由于技术上的原因,光码分复用技术仍未成熟,距离实用阶段还有一段很长的路要走。

光码分复用(OCDM)技术的工作原理如图 7-14 所示。

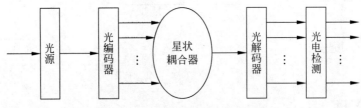

图 7-14　OCDM 技术工作原理图

4) 光频分复用

光频分复用(Optical Frequency Division Multiplexing,OFDM)技术与 OWDM 技术一样,都是在光纤上按光的波长将可传输带宽范围分割成若干光载波信道。OFDM 技术与 OWDM 技术本质上区别不大,因为电磁波的基本参数频率、波长和速率三者间存在着"速率=频率×波长"的固有关系。OWDM 仅是粗分,每个信道的宽度目前仅能做到 0.1nm;而 OFDM 是细分,一个光频道就是一个光载波信道。在实际应用中,当相邻两峰值波长的间隔小于 1nm 时,就称为光频分复用(OFDM)技术,否则称为光波分复用(OWDM)技术。

OFDM 技术的光载波间隔很密,用传统的 OWDM 器件技术(合成器与分波器技术)已经很难将光载波区分开,需要用分辨率更高的技术来选取各个光载波。目前,所采用的主要是可调谐的光滤波器和相干光通信技术。OFDM 通常可以用于大容量高速光通信系统或分配式网络系统,如 CATV 电视广播系统等。OFDM 传输系统的工作原理如图 7-15 所示。

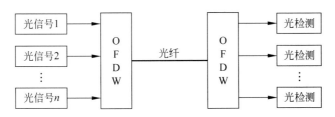

图 7-15　OFDM 传输系统工作原理图

5）光副载波复用

光副载波复用（Optical SubCarrier Multiplexing，OSCM）是电的频分复用技术与光的调制技术相结合的技术。光副载波复用（OSCM）技术不同于 OWDM 和 OFDM 技术，OWDM 和 OFDM 技术都是在光波层进行复用。OSCM 技术实际上与电子学的副载波复用（SCM）技术相似，区别仅在于 OSCM 的载波为光波，而 SCM 的载波为电磁波。OSCM 光纤传输系统的工作原理如图 7-16 所示。

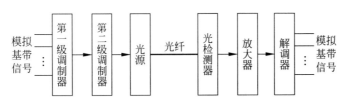

图 7-16　OSCM 光纤传输系统工作原理图

在 OSCM 系统中，首先将多路基带信号调制到不同频率的射频波（超短波或微波）上，然后将多路射频信号复用后，再去调制一个光载波；在接收端，同样也需要分步解调，首先用光探测器从光信号中得到多路射频信号，然后再用电子学的方法从各射频波中恢复出多路基带信号。在 OSCM 光纤传输系统中，第一次调制的载波称为副载波，副载波可以是射频信号，也可以是微波信号，传输的信号可以是数字信号，也可以是模拟信号，或者是数字与模拟混合信号。各信道的调制方式互相独立。

OSCM 技术最大的优点是：可以采用成熟的微波技术，用较简单的方式实现宽带、大容量的光纤传输，可以构成灵活方便的光纤传输系统，为多个用户提供数据、语音和图像等多种业务。

OSCM 技术的主要缺点如下。

（1）对激光器的要求较高。

为了避免信息带内产生的交叉调制，而对 ONU 中的激光器的非线性有一定要求，要求 ONU 能自动调节工作点，以减轻给 OLT 副载波均衡带来的麻烦。

（2）相关强度噪声。

多个 ONU 激光器照射在一个 OLT 接收机上，这种较高的相关强度噪声积累限制了系统性能的改进。

（3）光拍频噪声。

当两个或多个激光器的光谱叠加，照射 OLT 光接收机时，就可能产生光拍频噪声，从而导致瞬间误码率增加。

182

6) 光空分复用

光空分复用(Optical Space Division Multiplexing,OSDM)技术是指不同空间位置传输不同信号的复用方式。例如,利用多芯光纤传输多路信号就是空分复用方式。光空分复用(OSDM)是指对光纤芯线的复用。OSDM 可以扭转信息网络中传输速率受限的状况,使单位带宽的成本下降,为各种宽带业务提供经济的传输和交换技术。OSDM 系统的工作原理如图 7-17 所示。

图 7-17　OSDM 系统工作原理图

7) 时间压缩复用

时间压缩复用(Time Compression Multiplexing,TCM)技术又称为"光乒乓传输",是在一根光纤上以脉冲串形式的时分复用技术。每个方向传送的信号,首先放在发送缓冲器中,然后在不同的时间间隔内发送到单根光纤上;接收端收到时间上压缩的信息在接收缓存器中解除压缩。因为在任一时刻仅有一个方向的光信号在光纤上传输,不受近端串扰的影响。TCM 系统的工作原理如图 7-18 所示。

图 7-18　TCM 系统工作原理图

7.2.5　无源光网络的功能结构

国际电信联盟标准部(ITU-T)G.982 标准对 OLT、ONU 和 ODN 的功能进行了规范。以下对 PON 各部分的功能结构进行介绍。

1. 光线路终端的功能结构

光线路终端(OLT)提供连接到光分配网(ODN)的光接口,并在 OAN 侧至少提供一个网络接口。OLT 的位置可以在本地交换局内,也可以在远端。OLT 包括传送各种业务到ONU 所需的必要手段。OLT 的功能框图如图 7-19 所示。

OLT 由三部分组成,即核心层、公共层和业务层,它们的功能描述如下。

1) OLT 核心层

OLT 核心层功能包括 ODN 接口功能、传输复用功能和数字交叉连接功能。ODN 接口功能提供一组物理光接口功能,连接 ODN 中相应的一组或多组光纤,它包括光/电和电/光转换。为了实现从 OLT 到 ODN 中光分路器处灵活分配点之间不同地理路由间的保护,OAN 系统应能为 OLT 装备可选的备用 ODN 接口。传输复用功能提供在 ODN 上发送或

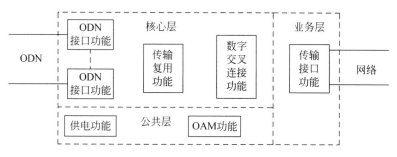

图 7-19　OLT 的功能框图

接收业务通路所必需的功能。数字交叉连接功能提供 ODN 侧的可用带宽与网络侧的网络部件的连接。

2) OLT 业务层

OLT 业务层包括业务端口功能。业务端口至少应传输 ISDN 基群速率,并应能配置成许多种业务中的一种或能同时支持两种或多种不同的业务。任何提供两个或多个 2Mb/s 端口的支路单元(TU)都应能以每个端口为基础独立地进行配置。对这种多端口 TU,它可以将每个端口配置给不同的业务。OLT 设备中每个 TU 位置应能接受任何类型的 TU。OLT 应能支持任何不超过最大设计数、业务类型任意组合的 TU。

3) OLT 公共层

OLT 公共层包括供电功能和 OAM 功能。供电功能将外部电源变换成系统所要求的机内电压。OAM 功能对 OLT 的所有功能块提供处理操作、管理和维护手段,它还提供一个接口功能。对本地控制,提供一个接口用于测试以及通过协调功能经接入网 Q3 接口与操作系统(OS)相连。

2. 光网络单元的功能结构

光网络单元(ONU)提供到 ODN 的光接口,并且在 OAN 用户侧实现接口功能。ONU 可以位于用户住宅内(FTTB、FTTO 或 FTTH),也可以位于用户住宅的室外(FTTC)。ONU 提供传递系统处理的各种不同业务所需要的手段。ONU 功能框图如图 7-20 所示。

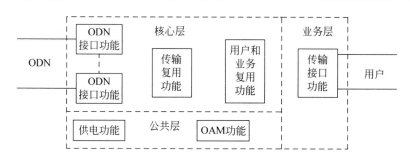

图 7-20　ONU 的功能框图

ONU 由三部分组成,即核心层、业务层和公共层,它们的功能描述如下。

1) ONU 核心层

ONU 核心层功能包括用户和业务复用功能、传输复用功能和 ODN 接口功能。用户和业务复用功能对来自或送到不同用户的信息进行组装和拆卸,并连接单个的业务接口功能。

传输复用功能提供从 ODN 接口功能送来的和送到 ODN 接口功能的输入、输出信号的鉴别和分配所要求的功能,提取和输入与该 ONU 相关的信息。ODN 接口功能提供一组光物理接口功能,连接 ODN 相应的光纤。它包括光/电、电/光变换。如果一个 ONU 中使用一根以上的光纤,则可以存在一个以上的物理接口。

2) ONU 业务层

ONU 业务层提供用户端口功能。用户端口功能提供用户业务接口,并且将其适配到 64kb/s 或 N×64kb/s。该功能可以提供给单个用户或一组用户。它还可以按照物理接口来提供信令变换功能(如振铃、信令、A/D 和 D/A 变换)。

3) ONU 公共层

ONU 公共层功能包括供电和操作、维护与管理(OAM)功能。供电功能为 ONU 提供所需的电源。供电方式可以是本地供电,也可以是远端供电,或者几个 ONU 共用一个电源。ONU 应能在备用电池供电的条件下正常工作。OAM 功能对 ONU 的所有功能块提供处理操作、管理和维护功能的手段(例如,不同功能块的环回控制)。

3. 光配线网络的功能结构

光配线网络(ODN)是 OAN 的关键部分,其主要作用是将一个 OLT 和多个 ONU 连接起来,提供光信号的双向传输。多个 ODN 可以通过光纤放大器结合起来延长传输距离和扩大服务用户的数目。

1) ODN 组成

从网络结构来看,ODN 由馈线光纤、光分路器和支线组成,它们分别由不同的无源光器件组成,主要的无源光器件包括单模光纤和光缆、光纤带和带状光缆、光连接器、无源光分路器、无源光衰减器和光纤接头等。

光无源器件的技术规范可以参考 ITU-T 的 G.671 协议,光纤和光缆的技术规范则可以参考 ITU-T 的 G.672 协议。

2) ODN 模型

ODN 的通用物理结构模型如图 7-21 所示。

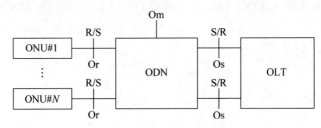

图 7-21　ODN 的通用物理结构

在图 7-21 中,R、S 表示参考点,Or 表示 ONU 与 ODN 之间的光接口,Os 表示 OLT 与 ODN 之间的光接口,Om 表示 ODN 与测试和监视设备之间的光接口。图 7-21 中,连接任何两个光模块的每条线代表一根或多根光纤。

ODN 定义在 S 参考点和 R 参考点之间。与 ITU G.955 协议和 G.957 协议中给出的定义类似,R 和 S 参考点的定义如下。

S 点:光纤上刚好在 OLT[a]/ONU[b] 光连接点之后的点(如光连接器和光纤接头)。

R 点：光纤上刚好在 $ONU_{[a]}/OLT_{[b]}$ 光连接点之前的点（如光连接器和光纤接头）。

注意：这些光连接点不属于 ODN。

信号从 OLT 传向 ONU 被定义为[a]过程，信号从 ONU 传向 OLT 被定义为[b]过程。根据 ODN 的物理实现方式，ODN 两端的 S 点和 R 点可以位于同一根光纤或不同的光纤上。

ODN 在一个 OLT 和一个或多个 ONU 之间提供一个或多个光通道。每条光通道被限定在一个特定波长窗口里的 S 与 R 参考点之间。

在物理层，接口 Or 和 Os 可能需要一根以上的光纤。例如，分隔不同传输方向或不同类型的信号（业务）。接口 Om 物理上可以位于 ODN 中的多个点，而且既可以使用专用光纤，也可以使用传送业务的网络光纤。

ODN 的光特性应能够在不需要大规模改造 ODN 本身的情况下，提供可以预见的任何业务。这种要求对构成 ODN 的无源光器件将产生影响。以下是直接影响 ODN 性能的主要因素。

（1）光波长透明性。

不具有波长选择功能的光分路器之类的无源器件，应能支持传送 1310nm 和 1550nm 波长区内任一波长的信号，这不仅能降低对现有单波长系统的光源要求，而且也为将来的 WDM 系统应用提供了基础。

（2）互换性。

输入和输出接口互换后，对通用器件的光损耗不应产生显著的影响，这样，可以简化网络系统的设计。

（3）光纤兼容性。

所有的光器件都应能与 ITU G.652 协议中规范的单模光纤兼容。

ODN 中光传输的两个方向规定为：信号从 OLT 向 ONU 传输的方向称为下行方向；反之，信号从 ONU 向 OLT 传输的方向称为上行方向。

上行、下行方向的传送可用同一光纤和无源光器件实现（双工方式），也可以用分开的光纤和无源光器件来实现（单工方式）。

如果 ODN 重新配置需要额外的连接器或其他无源器件，它们应处在 S 和 R 参考点之间，并且也应把损耗从任何光损耗的计算中考虑进去。

4. 操作管理维护功能

通常将操作管理维护（OAM）功能分为两部分，即 OAN 特有的 OAM 功能和 OAM 功能类别。

OAN 特有的 OAM 功能包括设备子系统、传输子系统、光的子系统和业务子系统。设备子系统包括 OLT 和 ONU 的机箱、机框、机架、供电和光分路器外壳、光纤的配线盘和配线架等；传输子系统包括设备的电路和光电转换；光的子系统包括光纤、光分支器、滤波器和光时域反射仪或光功率计；业务子系统包括各种业务与 OAN 核心功能适配的部分（如 PSTN、ISDN）。

OAM 功能类别包括配置管理、性能管理、故障管理、安全管理及计费管理。光接入网的 OAM 应纳入电信管理网（TMN），它可以通过 Q3 接口与 TMN 相连。但是，由于 Q3 接口非常复杂,考虑到 PON 系统的成本,在实际应用中一般通过中间协调设备与 OLT 相连,再由协调设备经 Q3 接口与 TMN 相连。这样,协调设备与 PON 可以用标准的简单 Qx 接口。

7.3 APON 接入技术

APON(ATM-PON)起源于窄带 PON 技术,是指基于 ATM 的无源光网络。APON 是在 20 世纪 90 年代中期开发完成的。早在 20 世纪 70 年代,国际电信联盟标准部(ITU-T)就完成了 G.982 的标准,对接入速率为 2Mb/s 以下的窄带 PON 系统进行了定义。但是,这个规范的标准化程度较低,仅对系统容量、分路比进行了规定,而对于双向传输技术、线路速率和帧结构等一系列物理参数都没有制定标准。其主要原因是各厂商先有窄带 PON 产品,此后才有技术规范,而且不同厂商有不同的规范,并且各执一词,都认为自己的规范是最好的。因此,到目前为止,ITU-T 还没有形成统一完整的标准,导致窄带 APON 器件不能大批量生产,价格居高不下。目前,美国、日本、德国等国的窄带 PON 系统已经得到实际应用。

在窄带 PON 系统概念提出的同时,研究人员提出了基于 ATM 技术的宽带 PON 系统,即 APON,使无源光网络迈向宽带时代。APON 在发展过程中经历了多个版本。1998 年 10 月,ITU-T 正式通过了 G.983.1 规范,即基于 PON 系统的高速光接入系统,对 APON 系统进行了详尽的定义,这个规范的标准化程度很高,对标准线路速率、光网络要求、网络分层结构、物理介质层要求、汇聚层要求、测距方法和传输性能要求等做了具体规定。G.983.1 规范的目标是为用户提供接入速率大于 2Mb/s 的宽带接入业务,包括图像、视频和其他分配型业务。

2000 年 4 月,ITU-T 又正式通过了 G.983.2 规范,即 APON 的光网络终端(Optical Network Terminal,ONT)管理和控制接口规范。这个规范主要从网络管理和信息模型上对 APON 系统进行了定义,规定了与协议无关的管理信息库被管实体、OLT 和 ONU 之间的信息交互模型、ONU 管理和控制通道、协议和消息定义等内容。G.983.2 规范的目标是实现不同 OLT 和 ONU 之间的多厂商互联,保证不同厂商生产的设备能够兼容。

2001 年,ITU-T 又发布了关于波长分配的 G.983.3 规范,即利用波长分配增加业务能力的宽带光接入系统。

APON 的标准化程度很高,可大规模生产以降低成本。ATM 统计复用的特点使 APON 能够为更多的用户服务,APON 也继承了 ATM 的 QoS 优势。在 APON 中,由无源光分路器将 OLT 的光信号分到树状网络的各个 ONU,构成点到多点的无源光网络,这是 APON 最重要的特点。根据 G.983 规范,APON 中一个 OLT 最多可以寻址 64 个 ONU,所支持的虚通路(Virtual Path,VP)数目为 4096。

APON 在 PON 上传送 ATM 信元,在物理层采用 PON 技术,在数据链路层采用 ATM 技术。

APON 下行以 155.520Mb/s 或 622.080Mb/s 的传输速率发送连续的 ATM 信元,同时将物理层 OAM 信元插入数据流中。上行以突发的 ATM 信元方式发送数据流,并在 ATM 信元头增加 3B 的物理层开销,以支持突发发送和接收。APON 提供了非常丰富和完备的 OAM 功能,包括比特误码率的监视、告警和检测,自动发现和自动测距,并采用搅动策略作为实现下行数据加密的安全机制。

以 ATM 技术为基础的 APON,综合了 PON 系统的透明宽带传送能力和 ATM 技术的多业务多比特率支持能力的优点,代表了接入网发展的方向。APON 系统主要有以下优点。

1. 理想的光纤接入网

无源纯介质的 ODN 对传输技术体制的透明性,使 APON 成为未来光纤到家(Fiber To The Home,FTTH)、光纤到办公室(Fiber To The Office,FTTO)、光纤到大楼(Fiber To The Building,FTTB)的最佳解决方案。

2. 低成本

树状分支结构,多个 ONU 共享光纤介质使系统总成本降低;纯介质网络,彻底避免了电磁和雷电的影响,维护运营成本大大降低。

3. 高可靠性

局端至远端用户之间没有有源器件,可靠性较有源光接入网大大提高。

4. 综合接入能力

能适应传统电信业务 PSTN/ISDN;可以传输 IP 业务数据;同时具有分配视频和交互视频业务(CATV 和 VOD)的能力。

7.3.1 APON 的系统结构

APON 系统的网络结构如图 7-22 所示。从图 7-22 中可以看出,APON 系统由 ONU、OBD 和 OLT 组成。在 ONU 与 OLT 之间传送 ATM 信元。APON 的网络侧,与 OLT 连接的是 ATM 交换机。在 APON 的用户侧,ONU 可以通过 ISDN、LAN 等与用户连接。系统中一个 ODN 的分支比最高可达 1∶32,即一个 ODN 最多可以支持 32 个 ONU;光纤的最大距离为 20km;光功率损耗分别为 10～20dB(B 类)、10～30dB(C 类)。根据系统所支持的用户群的数目,OLT 应该能够提供多个 ODN 以满足大用户群多 ONU(大于 32)的需求。

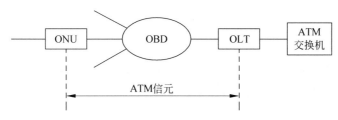

图 7-22　APON 系统的网络结构

在上行方向,APON 采用时分多址接入方式,用户终端发出的信息插入指定的时隙,然后送到 OLT。为了使多用户上行传输同步,在 ONU 和 OLT 之间必须进行测距,定期测定中心局与每个用户之间的传输延迟。

在下行方向,由 ATM 交换机送来的 ATM 信元从一种标准接口转换成另一种标准接口,并加上系统管理数据后送到光电转换器并发送到 PON。在 PON 中,通过 OBD 对光信号进行分路。ONU 检测出光信号后,通过 ATM 复用/解复用器,然后送入用户设备中的业务接入单元。其中,ATM 复用/解复用器可统计地复用语音、数据及其他信令信息。

根据 ITU-T G.983 规范,APON 有两种规定的线路速率:上、下行对称的 155.520Mb/s 与上、下行非对称速率(上行 155.520Mb/s,下行 622.080Mb/s)。上、下行信号的传输可以用两条独立的光纤,也可以复用一条光纤传输。相应地有两种复用方法:一种采用单光纤的波分复用方式,上行信号采用 1310nm 的波长,下行信号采用 1550nm 的波长;另一种采用单向双纤的空分复用方式,即使用两根光纤,一根光纤传输上行信号,另一根光纤传输下行信号,上、下行都工作在波长 1310nm 的区间。在 1310/1550nm 的 WDM 器件和 1310nm 波长的激光器价格逐渐降低的情况下,第一种传输方法是成本较低的方案。

ITU-T G.983 规范规定了 APON 的传输复用和多址接入方式,即采用以 ATM 信元为基础的 TDM/TDMA 方式。基于 TDMA 的 APON 系统结构如图 7-23 所示。该系统采用无源双星(Passive Double Star,PDS)拓扑结构,分路比小于 32。

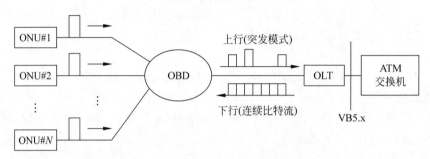

图 7-23　基于 TDMA 的 APON 系统结构

1. 光线路终端

APON 的光线路终端(OLT)通过 VB5 接口与外部网络相连,目的是能够与现存的各类交换机实现互联,系统也具有向外部网络提供现存窄带接口的能力,如 V5 接口等。OLT 和 ONU 通过 ODN 在业务网络接口(SNI)和用户网络接口(UNI)之间提供透明的 ATM 传输业务。OLT 由业务接口、ATM 交叉连接、ODN 接口、OAM 模块和供电模块等组成。

1) 业务接口

业务接口实现系统不同类型的业务节点接入,如 PSTN、ATM 交换机、VOD 服务器和 Internet 服务器等。业务接口主要通过 VB5.x 或 V5.x 接口实现。这个功能模块将 ATM 信元插入上行的 SDH 净负荷区,也能够从下行的 SDH 净负荷区中提取 ATM 信元。VB5 接口的速率可以是 SDH 的 STM-1(155Mb/s)或 STM-4(622Mb/s)。

2) ATM 交叉连接

ATM 交叉连接模块是一个无阻塞的 ATM 信元交换模块,主要实现多个信道的交换、信元的路由、信元的复制和错误信元的丢弃等功能。

3) ODN 接口

ODN 的每个接口模块驱动一个 PON,接口模块的数目取决于所支持用户的数目。ODN 的主要功能:和 ONU 一起实现测距功能,并且将测得的定距数据存储,以便在电源或者光中断后重新启动 ONU 时恢复正常工作;从电到光变换发送上行帧;从光到电变换接收下行帧;从突发的上行光信号数据中恢复时钟;提取上行帧中的 ATM 信元和插入 ATM 信元至下行帧;给用户信息提供一定的加密保护;通过 MAC 协议给用户动态地分配带宽。

4）OAM 模块和供电模块

OAM 模块对 OLT 的所有功能模块提供操作、管理和维护手段,包括配置管理、故障管理、性能管理、安全管理和计费管理等;也提供标准接口(Q3 接口)与 TMN 相连。

供电模块将外部电源变换为 OLT 所要求的机内各种电压。

2. 光分配网络

光分配网络(ODN)为 OLT 和 ONU 之间的物理连接提供光传输介质,它主要包括单模光纤和光缆、光连接器、无源光分路器件、无源光衰减器、光纤接头等无源光器件。根据 ITU-T 的建议,系统中一个 ODN 的分支比最高可以达到 1∶32,即一个 ODN 最多可以支持 32 个 ONU;光纤的最大距离为 20km。根据系统所支持用户群的大小,OLT 能够提供多个 ODN 接口以满足大用户群多 ONU 的需求。

3. 光网络单元

光网络单元(ONU)实现与 ODN 之间的接口和接入网用户侧的接口功能。ONU 主要由 ODN 接口功能模块、用户端口功能模块、业务传输复用/解复用模块、供电功能模块和 OAM 功能模块等组成。

1）ODN 接口功能模块

ODN 接口功能模块实现的功能:光/电、电/光变换功能;从下行 PON 帧中取出 ATM 信元和向上行 PON 帧中插入 ATM 信元功能;与 OLT 一起完成测距功能;在 OLT 的控制下调整发送光的功率;当与 OLT 通信中断时,切断 ONU 光发送,以减少这个 ONU 对其他 ONU 通信的串扰。

2）用户端口功能模块

用户端口功能模块提供各类用户接口,并且将其适配为 ATM 信元。用户接口单元采用模块化设计使系统支持现存的各类业务;通过添加新模块也可以方便地升级到将来的新业务。

3）业务传输复用/解复用模块

业务传输复用/解复用模块将来自不同用户的信元进行组装、拆卸,以便和各种不同的业务接口端相连,并复用到 ODN 接口模块;将 ODN 接口模块的下行信元进行解复用至各个用户端。

4）供电功能模块

供电功能模块提供 ONU 正常工作所需的电源。供电方式可以是本地供电,也可以是直流远端供电。ONU 在备用电池供电的情况下应能够正常工作。

5）OAM 功能模块

OAM 功能模块对 ONU 所有的功能模块提供操作、管理和维护等功能。例如,线路接口板和用户环路维护、测试和告警、将告警报告送至 OLT 等。

7.3.2 APON 的帧结构

APON 系统所采用的传输技术为 TDM/TDMA,即上行信号采用 TDMA 方式,上行速率为 155.520Mb/s。下行信号采用 TDM 广播方式,各个 ONU 从下行信号中选出属于自己的信元,下行速率可以是 155.520Mb/s 或者 622.080Mb/s。由于各个 ONU 与 OLT 之间的距离并不相同,在上行传输时,必然存在相位差别和幅度差别的问题。

在上行方向,采用 TDMA 技术,由各个 ONU 收集来自用户的信息,通过突发模式以
155.520Mb/s 的速率发送数据。在上行和下行时,信元被封装在一个 APON 帧中。

按 G.983.1 建议,APON 可以采用两种速率结构,即上、下行均为 155.520Mb/s 的对
称帧结构,或者是下行 622.080Mb/s、上行 155.520Mb/s 的不对称帧结构。

APON 的对称帧结构如图 7-24 所示。

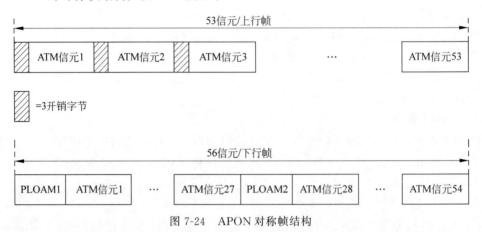

图 7-24　APON 对称帧结构

APON 的不对称帧结构如图 7-25 所示。

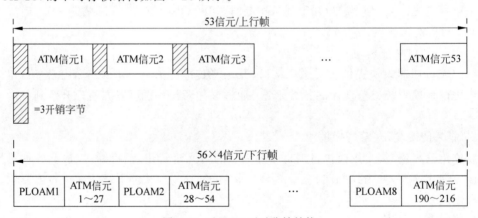

图 7-25　APON 不对称帧结构

上行帧每帧包含 53 个时隙,每个时隙包含 56B,其中 3B 是开销字节。开销字节的具体
内容由 OLT 编程决定。开销包括三部分:用于防止上行信元间碰撞的保护时间(最短长度
4b);用于比特同步和幅度恢复的前导字节;用于指示 ATM 信元或小时隙开始的定界符。
开销中三部分的边界不固定,以便容许厂商根据其接收机的要求自行设计。此外,上行时隙
可以用作可分割时隙,它由来自多个 ONU 的小时隙(mini-slot)组成,MAC 协议利用这些
小时隙向 OLT 传送 ONU 的排队状态信息,以实现带宽动态分配。

下行帧每 28 个时隙插入一个物理层维护管理信元(Physical Layer OAM,PLOAM),
其余为 ATM 信元。155.520Mb/s 速率的下行帧包含两个 PLOAM,共有 56 个时隙;
622.080Mb/s 速率的下行帧包含 8 个 PLOAM,共有 224 个时隙。

在图 7-24 和图 7-25 中,上、下行帧的开头都分别相互对准,这表明上、下行帧具有相同的经历时间。然而,在 OLT(或 ONU)中的参考点 S/R 处,两者的实际相位差并不确定。两帧可能会与 OLT 中的某个虚拟参考点相互对准。测距过程用以使上行信元与上行帧对准。

7.3.3 APON 的关键技术

由于采用 G.983.1 的 APON 系统下行方向以 TDM 方式工作,可以使用标准的 SDH 光接口,因此实现起来比较容易。然而,由于 PON 的 ODN 实际上是共享传输介质,需要接入控制才能保证各 ONU 的上行信号完整地到达 OLT。通常采用 TDMA 的上行接入控制,信号是突发模式,即上行信号是突发的、幅度不等的、长度也不同的脉冲串,并且间隔时间也不相同。

由于 APON 系统上行是突发模式,需要解决以下几个关键的技术:带宽动态分配、测距技术、快速比特同步技术、突发信号的收发技术等。下面将分别进行介绍。

1. 带宽动态分配技术

由于 APON 系统在上行方向共享传输媒质,因此必须进行上行接入控制,以便在为用户提供多种业务的同时,避免不同 ONU 发送的信号在 OLT 处发生冲突,提高信道的利用率。APON 的优点在于它能够提供宽带综合接入,所以 APON 的 MAC 协议必须能够充分利用上行带宽,同时支持不同业务的 QoS 要求。对综合业务,只有动态分配上行带宽才能充分利用上行带宽,要支持不同业务的 QoS,就必须对业务进行优先级划分,因此 APON 的 MAC 协议必须具备带宽动态分配和业务信元按优先级接入的特点。如何设计一个公平、高效,又支持不同业务 QoS 的 MAC 协议是实现 APON 宽带综合接入的关键。

带宽分配算法既要考虑连接业务的性能特点和服务质量的要求,又要考虑接入控制的实时性。通常的算法分为两大类:第一类算法是建立连接时采用了缓冲存储,但是为了满足实时性要求,很难有效地对系统资源进行统计复用,因此,只能在业务量较大时取得较好的性能;第二类算法是建立连接时无缓冲存储,这既可以满足实现要求又能很好地对系统资源进行统计复用,但是在业务量较大时会产生信元丢失。

在 APON 系统中,相对于主干网其业务量小得多,因此实际应用中一般选用第二类的带宽分配算法。在 APON 上行信道中,动态分配带宽有效地管理网络资源,使 APON 能够为用户不同类型的业务提供满足要求的连接。

2. 测距技术

从各节点发出的 ATM 信元传输路径不同,到达接收机也是不同步的。只有各 ONU 与 OLT 的连接距离相等,才能避免 ATM 信元在 OLT 处发生碰撞。然而在实际线路中,各 ONU 与 OLT 的距离是无法实现相等的。

测距技术的目的是补偿因 ONU 与 OLT 之间的距离不同而引起的传输时延差异,使所有 ONU 到 OLT 的逻辑距离相同。产生传输时延差异的原因有两个,一个是物理距离不同;另一个是由于环境温度变化和光电器件的老化等。测距程序分为两个步骤:第一步是在新的 ONU 安装调测阶段进行静态粗调,这是对物理距离差异进行时延补偿;第二步是在通信过程中实时进行动态精调,以校正由于环境温度变化和器件老化等因素引起的时延漂移。测距方法可以分为扩频法测距、带外法测距和带内开窗测距。

1) 扩频法测距

扩频法测距粗测时 OLT 向 ONU 发送出一条指令,通知 ONU 发送一个特定低幅值的伪随机码,OLT 利用相关技术检测出从发出指令到接收到伪随机码的时间差,并根据这个值分配给 ONU 一个均衡时延 Td。动态精测需要开一个小窗口,通过监测相位变化实时地调整时延值。这个方法的优点是不中断正常业务,精测时占用的通信带宽很窄,ONU 所需的缓存区较小,对业务质量(QoS)的影响不大。缺点是技术复杂,精度不高。

2) 带外法测距

带外法测距粗测时向 ONU 发送一条指令,ONU 接收到指令后将低频小幅的正弦波加到激光器的偏置电流中,正弦波的初始相位固定。OLT 通过检测正弦波的相位值计算出环路时延,并根据此值分配给 ONU 一个均衡时延。精测时需要开一个信元窗口。这个方法的优点是测距精度高,ONU 的缓存区较小,对 QoS 影响也较小;缺点是技术复杂,成本较高,测距信号是模拟信号。

3) 带内开窗测距

带内开窗测距方法的最大特点是精测时占用通信带宽,当一个 ONU 需要测距时,OLT 命令其他 ONU 暂停发送上行业务数据,形成一个测距窗口供这个 ONU 使用。测距 ONU 发送一个特定信号,当 OLT 接收到这个信号后,计算出均衡时延值。精测采用实时监测上行信号,不需要另外开窗口。此方法的优点是利用成熟的数字技术,实现简单、精度高、成本低;缺点是测距占用上行带宽,ONU 需要较大的缓存器,对业务的 QoS 影响较大。

接入网最敏感的是成本,所以 APON 通常采用带内开窗测距技术,为了克服以上提到的方法的不足,需要采取措施减少开窗尺寸。因为开窗测距是对新加入的 ONU 进行的,该 ONU 与 OLT 之间的距离可以有一个大概的估算值,根据估算值先分配给 ONU 一个预时延,这样可以大大减少开窗尺寸。如果估计距离精确度为 2km,则开窗大小可以限制在 10 个信元以内(一个上行帧为 53 个信元)。为了不中断其他 ONU 的正常通信,可以规定测距的优先级较信元传输的优先级低,这样,只有在空闲带宽充足的情况下才允许静态开窗测距,使得测距仅对信元时延变化有一定的影响,而不中断业务。

3. 快速比特同步技术

不管采用哪一种测距方法,总是受测距精度的限制,在采用的测距机制控制 ONU 的上行信号发送后,上行信号仍会有一定的相位漂移。在上行帧的每个时隙里有 3 字节开销,保护时间用于防止微小的相位漂移破坏信号,前导字节则用于同步。OLT 在接收上行帧时,搜索前导字节,并以此快速地获取码流的相应信息,达到比特同步;然后根据定界符确定 ATM 信元的边界,完成字节同步。OLT 必须在收到 ONU 上行突发的前几个比特内实现比特同步,才能恢复 ONU 信号。同步获取可以通过将收到的码流与特定的比特信号进行相关运算来实现。一般的滑动搜索方法时延太大,不适用于快速比特同步。可以采用并行的滑动相关搜索方法,将收到的信号用不同相位的时钟进行采样,采样结果同时(并行)与同步比特信号进行相关运算,并比较运算结果,当相关系数大于某个门限值时,将最大值对应的取样信号作为输出,并把该相位的时钟作为最佳时钟源;如果多个相关系数相等,则可以选取相位居中的信号的时钟。

4. 突发信号的收发技术

在使用 TDMA 技术传输的上行接入中,各个 ONU 必须在指定的时间区间内完成光信号的发送,以避免与其他信号发生冲突。为了实现突发模式,在收发端都要采用特别的技术。光突发发送电路要求能够快速地开启和断开,迅速建立信号,传统的电光转换模块中采用的加反馈自动功率控制不再适用了,需要使用响应速度很快的激光器。在接收端,由于来自各个用户的信号光功率不同并且是变化的,因此突发接收电路必须在每收到新的信号时调整接收电平(门限)。调整工作通过 APON 系统中的时隙前置比特实现。突发模式前置放大器的阈值调整电路可以在几个比特内迅速建立起阈值,接收电路根据这个门限正确地恢复数据。

常规的光纤通信,如 SDH 系统,激光器的消光比只要大于 4.1dB 就可以了。但是,对于 APON 系统是不能接受的,因为 PON 系统是点对多点的光通信系统。以 1∶16 系统为例,上行方向正常情况下只有一个激光器发光,即处于 1 的状态,其余 15 个激光器都处于 0 状态。根据消光比定义,即使是 0 状态,仍会有一些激光发出来。15 个激光器的光功率加起来,如果消光比不大,有可能远远大于信号光功率,使信号淹没在噪声中,因此用于APON 系统的激光器要有很好的消光比。

这个技术难题在窄带 PON 系统的开发时就曾经遇到过,只是当时速率比较低,比较容易解决。对突发同步来说,速率越高越困难,而且 APON 系统测距过程比窄带 PON 系统要复杂得多。对于 APON 系统,有学者主张采用光放大器,因为激光器的输出功率有限(一般在 3dB 左右),衰减受限距离小。为了扩大系统覆盖范围,有必要引入掺铒光纤放大器(Erbium Doped optical Fiber Amplifier,EDFA)。特别是应把 EDFA 放在局端 OLT 作为预放大器,允许多个用户共用 EDFA,以降低成本。但是,突发模式的上行信号会引致光放大器的"浪涌"效应。EDFA 的输出功率会达到数瓦,这样高的功率有可能"烧坏"光连接器和接收机。

5. 搅码技术

由于 APON 系统是共享介质的网络,其下行方向上固有的广播特性给用户信息带来了安全性和保密性问题。为了保证用户信息必要的保密性,APON 采用了搅码(churning)技术。这是一种介于传输扰码和高层编码之间的保护措施,基于信息扰码实现,为用户信息提供较低水平的保护。这个搅码技术比较简单,容易实现,附加成本很低。具体实现可以通过 OLT 通知 ONU 上报信息扰码,然后 OLT 对下行信元在传输汇聚层进行搅动,ONU 处通过信息扰码提取属于自己的数据。信息扰码长度一般为 3B,利用随机产生的 3 字节和从上行用户信息中提取出的 3 字节进行异或运算得到。信息扰码可以快速更新,以满足更高的保密要求。

6. MAC 协议

由于 APON 系统是一个共享介质的网络,每个用户对带宽的要求都不同。因此,要求网络有一个功能强大的 MAC 协议,完成信元的时隙分配、带宽的动态分配、接入允许/请求等功能。

通常 MAC 协议采取的措施是基于信元的授权分配机制。只有 OLT 给各个 ONU 发送了授权信号,且 ONU 收到自己的授权信号后才会发送上行信元。

MAC 协议要求能够对每个用户提供公平、高效、优质的接入,保证接入延迟、信元延迟变化、信元丢失率等参数尽可能小。同时,MAC 协议的选取还要考虑协议实现的复杂程度。

7. 故障检测和处理技术

这一技术是为了避免某个 ONU 故障而引起整个网络瘫痪。APON 系统需要采用完善的检测机制判断产生故障的设备,并及时停止激光器的工作。

7.3.4 APON 的应用

由于相距光纤到家(FTTH)的广泛应用还需要一段时间,加上 APON 终端与 ADSL、以太网等终端相比成本偏高,因此目前 APON 主要应用在企业、商业大楼等集团式宽带接入网中,特别适合 ATM 骨干交换机端口不足、光纤资源紧张、用户具有综合业务接入需求,而且对 QoS 要求较高的场合。

目前,尽管已经有不少国家试验 APON 系统,但是一直未能广泛应用。例如,日本的 π 系统采用的是 STM 的 PON 技术,构成无源双星的光网络;还有欧洲的 ACTSAC022 Bonaparte 项目,已经在 4 个国家分别进行了用户试验,并根据用户的实际需求提供远程教学、远程医疗等多媒体宽带业务。此系统使用 APON 连接 32 个终端,可以支持的最大距离为 10km,最多连接 81 个用户。接入系统的总传输容量为上行和下行均为 622.080Mb/s,每个用户使用的带宽可以从 64kb/s 到 155.520Mb/s 灵活分配。

虽然 APON 系统的价格较昂贵,市场前景并不乐观,但是,APON 系统拥有多种先进的接入网技术,其技术优势是不容置疑的。

7.4 EPON 接入技术

以太网无源光网络(Ethernet Passive Optical Network,EPON)是指采用 PON 的拓扑结构实现以太网的接入。随着 Internet 的高速发展,用户对网络带宽的需求不断地提高,各种新的宽带接入技术已经成为目前研究的热点。EPON 正是这些新技术之一,它为在中心局和客户现场之间配置光接入线路提供了一种低成本的实现方法。EPON 建立在国际电信联盟标准部(ITU-T)关于异步传输模式 APON 的标准 G.983 的基础上,寻求构建把生活带入全业务接入网络(Full-Services Access Network,FSAN)。这个全业务接入网络在单一的光接入系统上传输汇聚的数据、视频和语音信息。

7.4.1 EPON 的发展背景

数据业务自 1990 年以来年增长率一直超过 100%。随着互联网的迅猛发展,以 IP 为代表的数据业务更是以前所未有的速度在增长,1995 年和 1996 年的年增长率甚至高达 1000%。与此同时,话音业务虽然也在增长,但速度相对慢得多,每年增长仅为 8%。统计资料表明,全球数据业务量目前已经超过了话音业务量,而且其高速发展的趋势仍将持续下去。上网的用户数量将越来越多,上网的时间也越来越长。市场分析认为,在网络升级到宽带以后,由于上网环境大大改善,用户乐在其中,上网的时间将比以往多 30%。今后居家办公的自由职业者越来越多,他们要求网络性能与局域网一样。随着每个用户带宽的增加,服务种类将越来越多,新的应用将层出不穷。

由于技术和市场的原因,ATM 已经在局域网市场中全面败退。与此相反,IP/Ethernet 技术却越来越受到人们的喜爱。以太网是在 20 世纪 80 年代发展起来的一种局域网技术,它的带宽为 10Mb/s,最初是共享媒体型,需要防碰撞侦听,这就限制了使用效率和传输距离。20 世纪 90 年代发展起来的交换型以太网,不仅解决了上述问题,还相继推出了快速以太网(100Mb/s)和千兆以太网(1000Mb/s)。由于以太网具有使用简单方便、价格低廉、速度快等优点,很快就取代了 Novell 等网络,成为局域网的主流技术。

以太网的帧格式与 IP 是一致的,特别适合传输 IP 数据。随着互联网的快速发展,以太网被广泛应用。目前,全世界已经拥有超过 5 亿个以太网终端,以太网技术已经被事实证明是最成功的网络技术。随着千兆以太网技术的日渐成熟和万兆以太网的出现,以及低成本在光纤上直接架构千兆以太网和万兆以太网技术的完善,以太网开始进入城域网(MAN)和广域网(WAN)领域。目前,万兆以太网已经成为宽带 IP 城域网的首选方案,并且开始应用于广域网。如果接入网也采用以太网,将形成从局域网、接入网、城域网至广域网全部是以太网的统一的网络结构。采用与 IP 一致的统一的以太网结构,各个网络之间实现无缝连接,中间不需要任何格式转换,这将提高运行效率、降低成本、方便管理。这种结构可以提供端对端的连接,根据与用户签订的服务协议,保证服务质量。

基于上述原因,以太网接入技术得到快速发展和广泛关注,特别是 EPON 的概念引起了设备供应商和运营商的浓厚兴趣。2001 年初,IEEE 成立了 802.3 EFM(Ethernet in the First Mile)研究组,即以太网第一英里研究组,发展制定以太网光纤接入技术标准,力求在现有 IEEE 802.3 协议的基础上,通过较小的代价实现在用户接入网络中传输以太网帧。为了实现这一目标,在 IEEE 802.3 EFM 研究组的头两次会议上,小组提出了 EPON 的概念,决定着手研究这个课题,并且对其目标、优势和关键技术等问题进行初步的讨论,提出要加速 EPON 的标准化工作。IEEE 802.3 EFM 研究组指出了 EPON 的诸多优点,包括成熟的协议、易于扩展、面向用户并采用现有的技术等。2001 年 12 月,由 20 家公司发起成立了采用以太网设备构建接入网的以太网第一英里联盟(EFMA),它们已经成为 IEEE 802.3ah 协议的主要技术力量。

所谓第一英里(First Mile),也就是连接服务提供商中心局与用户的通信架构。通常称这个网络为最后一英里、用户接入网或者本地环路。为了突出它的优先地位和重要性,EFMA 建议把"最后一英里"(Last Mile)这一网段改称为"第一英里"。

EFM 研究组定义了 3 个拓扑结构和物理层。

1. 点到点铜线连接

通过现有的铜线以 10Mb/s 以上的数据传送速率,在 750m 距离内进行点到点(Point to Point)方式的铜线连接。

2. 点到点光纤连接

采用一条光纤以 1Gb/s 的数据传送速率,在 10km 距离内进行点到点方式的光纤连接。

3. 点到多点光纤连接

采用一条光纤以 1Gb/s 的数据传送速率,在 10km 距离内进行点到多点(Point to Multi Point)方式的光纤连接。点到多点方式的光纤连接,通过光分割传送信号,分割比率为 1:16。

EPON 利用无源光网络(PON)的拓扑结构实现以太网的接入。业务网络接口到用户网络接口间为 EPON,而 EPON 通过业务节点接口(SNI)与业务节点相连,用户网络接口(UNI)与用户设备相连。EPON 的上行信道为用户共享的百兆/千兆信道,下行信道为百兆/千兆的广播方式信道。

EPON 支持很多 EFM 应用,如光纤到路边(FTTC)、光纤到大楼(FTTB)、光纤到办公室(FTTO)、光纤到家(FTTH)等。

EPON 具有其他接入技术无法比拟的优势,可以预见在不久的将来,EPON 很可能成为以太网家族中又一重要成员。

7.4.2 EPON 的系统结构

EPON 位于业务网络接口到用户网络接口之间,通过 SNI 与业务节点相连,通过 UNI 与用户设备相连。EPON 主要由光线路终端(OLT)、光配线网络(ODN)和光网络单元/光网络终端(ONU/ONT)三部分组成。其中,OLT 位于局端,ONU/ONT 位于用户端。OLT 传送到 ONU/ONT 为下行方向,反之为上行方向。EPON 接入网结构如图 7-26 所示。

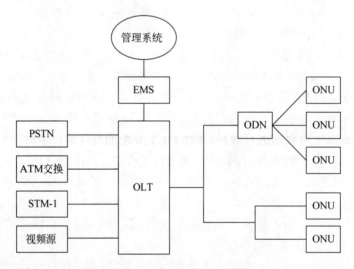

图 7-26　EPON 接入网结构

在 EPON 系统中,OLT 既是一个交换机或路由器,又是一个多业务提供平台(Multiple Service Providing Platform,MSPP),它提供面向无源光纤网络的光纤接口。根据以太网向城域网和广域网发展的趋势,OLT 将提供多个 Gb/s 和 10Gb/s 的以太网接口,支持 WDM 传输。为了支持其他流行的协议,OLT 还支持 ATM、FR 和 OC3/12/48/192 等速率的 SONET 的连接。如果需要支持传统的 TDM 语音、普通电话线(POTS)和其他类型的 TDM 通信(T1/E1),OLT 可以被复用连接到 PSTN 接口。OLT 除了提供网络集中和接入的功能外,还可以针对用户的 QoS/SLA(Service Level Agreement)的不同要求进行带宽分配、网络安全和管理配置。

OLT 根据需要可以配置多块光线路卡(Optical Line Card,OLC),OLC 与多个 ONU 通过无源光分路器(Passive Optical Splitter,POS)连接,POS 是一个简单的设备,它不需要供电,可以放置于全天候的环境中。通常一个 POS 的分线率为 8、16 或 32,并可以多级连接。

作为 EPON 的核心,OLT 实现的功能:向 ONU 以广播方式发送以太网数据;发起并控制测距过程,并记录测距信息;发起并控制 ONU 功率,控制 ONU 注册;为 ONU 分配带宽,即控制 ONU 发送数据的起始时间和发送窗口大小;产生时间戳消息,用于系统参考时间;其他相关的以太网功能。

在 EPON 系统中,从 OLT 到 ONU 的距离最远可达 20km,如果使用光纤放大器,距离还可以延长。

EPON 系统中的 ONU 采用了技术成熟的以太网协议,在中带宽和高带宽的 ONU 中,实现了成本低廉的以太网第二层和第三层交换功能。此类 ONU 可以通过层叠来为多个最终用户提供共享高带宽。在通信过程中,不需要协议转换就可以实现 ONU 对用户数据的透明传送。

ONU 也支持其他传统的 TDM 协议,而且不增加设计和操作的复杂性。在带宽更高的 ONU 中,将提供大量的以太接口和多个 T1/E1 接口。对于光纤到家(FTTH)的接入方式,ONU 和 NIU 可以集成到一个简单设备中,不需要交换功能,用极低的成本给终端用户分配所需的带宽。

ONU/ONT 为用户提供的 EPON 接入功能如下。

(1) 选择接收 OLT 发送的广播数据。

(2) 响应 OLT 发出的测距和功率控制命令,并做相应的调整。

(3) 对用户的以太网数据进行缓存,并在 OLT 分配的发送窗口中向上行方向发送。

(4) 其他相关的以太网功能。

EPON 系统中的 OLT 和所有的 ONU 由网元管理系统管理,网元管理系统提供业务提供者核心网络运行所需的接口。网元管理系统管理的范围包括故障管理、配置管理、计费管理、性能管理和安全管理等。

从 EPON 中功能划分可以看出,EPON 较复杂的功能主要集中在 OLT,而 ONU/ONT 的功能较为简单,这主要是为了尽量降低用户设备的成本。

7.4.3 EPON 的工作原理

EPON 是多种网络技术相结合的产物,它采用点到多点结构,无源光纤传输方式,在以太网之上提供多种业务。目前,IP/Ethernet 的应用已经占到整个局域网通信市场的 95% 以上,EPON 由于使用 7.4.2 节介绍的经济而高效的网络结构,从而成为连接接入网最终用户的一种有效的通信方法。

EPON 系统采用 WDM 技术,实现强制单纤双向传输方式。为了分离同一根光纤上多个用户的双向的信号,采用以下两种复用技术:上行数据流采用 TDMA 技术,载波波长为 1310nm;下行数据流采用 TDM 技术,载波波长为 1490nm。

EPON 从多个 ONU 到 OLT 上行传输数据与从 OLT 到多个 ONU 下行传输数据相比较是十分不同的。EPON 所采用的上行技术和下行技术分别如图 7-27 和图 7-28 所示。

在图 7-27 中,采用时分复用技术(TDM)分时隙给 ONU 管理上行流量,时隙是同步的,以便当数据信号合到一根光纤时各个 ONU 的上行包不会互相干扰。ONU 在指定的时隙上传数据给 OLT。采用时分复用避免数据传输冲突。

在图 7-28 中,数据从 OLT 到多个 ONU 下行采用广播方式,在 ONU 注册成功后分配

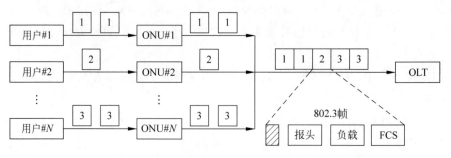

图 7-27　EPON 的上行 TDM 方式

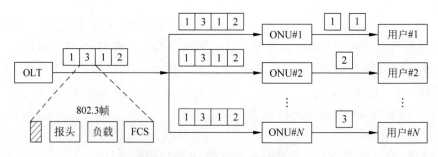

图 7-28　EPON 的下行广播方式

一个唯一的 LLID；在每个分组开始之间添加一个 LLID,替代以太网前导符的最后 2 字节；OLT 接收数据时比较 LLID 注册表,ONU 接收数据时,仅接收符合自己的 LLID 的帧或者广播帧。根据 IEEE 802.3 协议,每个包的包头表明是要发送给 n 个 ONU 中具体的哪一个。此外,部分包可以发给所有的 ONU(广播方式)或者特殊的某一组 ONU(组播方式)。在光分路器处,数据被分成独立的多组信号,每组载有所有指定 ONU 的信号。当数据信号到达某个 ONU 时,它接收给自己的数据包,并过滤掉发给其他 ONU 的数据包。例如,在图 7-28 中,ONU2 收到包 1、3、1、2,但是它仅把包 2 送给终端用户 2,而过滤掉其余的包 1 和包 3。

按照 IEEE 802.3 协议组成可变长度的数据包,每个 ONU 分配一个数据包,每个数据包由信头、可变长度净荷和误码检测域组成。

EPON 的上行帧结构及其组成过程,分别如图 7-29 和图 7-30 所示。

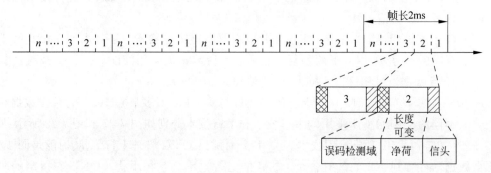

图 7-29　EPON 上行帧结构

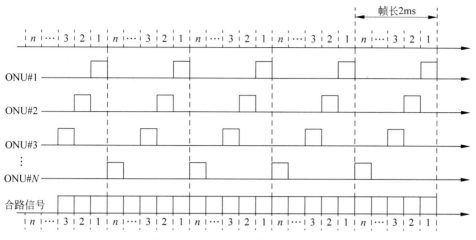

图 7-30 EPON 上行帧的组成过程

与光分配器连接的各个 ONU 发送的上行信息流通过光分配器耦合到共用光纤,以 TDM 的方式复合成一个连续的数据流。这个数据流以帧的形式组成,帧的长度与下行帧一样,都是 2ms,每帧有一个帧头,表示帧的开始。每帧可以进一步划分成可变长度的时隙,每个时隙分配给一个 ONU,用于发送给 OLT 的上行数据。

每个 ONU 有一个 TDM 控制器,它与 OLT 的定时信息一起,控制上行数据包的发送时刻,以避免复合时相互间发生碰撞和冲突。图 7-29 中专门用时隙 3 表示传送 ONU3 的数据包,这个时隙含有两个可变长度的数据包和一些时隙开销。时隙开销包括保护字节、定时指示符和信号权限指示符。当 ONU 没有数据发送时,它就用空闲字节填充它自己的时隙。

EPON 下行帧结构如图 7-31 所示。

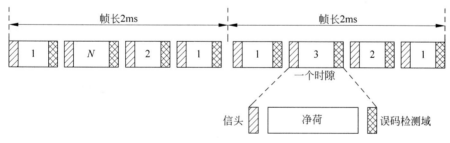

图 7-31 EPON 下行帧结构

EPON 的下行帧由被分割成一定长度帧的连续信息流组成,传输速率为 1.25Gb/s,每帧又携带多个可变长度的数据包。含有同步标识符的时钟信息位于每帧的开头,用于 ONU 与 OLT 的同步,每 2ms 发送一次,同步标识符占 1 字节。

7.4.4 EPON 的光路波长分配

EPON 系统的光路可以使用 2 个波长,也可以使用 3 个波长。当使用 2 个波长时,上行使用 1310nm,下行使用 1510nm。这种系统可用于分配数据、语音和 IP 交换式数字视频 (SDV)业务给用户;当使用 3 个波长时,除上行使用 1310nm,下行使用 1510nm 外,可以增加一个 1550nm 窗口(1530~1565nm)波长。这种系统除提供两个波长业务外,还提供有线电视(CATV)业务或者密集波分复用(Dense Wavelength Division Multiplexing,DWDM)业务。

EPON 系统的二波长结构如图 7-32 所示。1310nm 用来携带上行用户语音信号和点播数字视频、下载数据的请求信号;1510nm 波长用来携带下行数据、语音和 IP 交换式数字视频业务。使用 1.250Gb/s 的双向 PON,即使分光比为 32,也可以传输 20km。

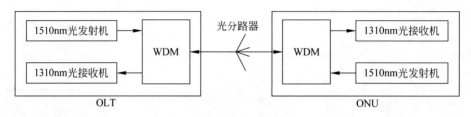

图 7-32　EPON 的二波长结构

EPON 系统的三波长结构如图 7-33 所示。

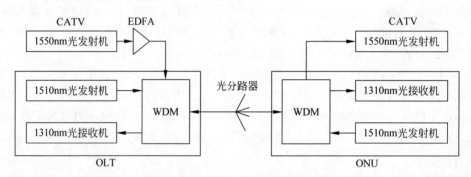

图 7-33　EPON 的三波长结构

三波长 EPON 系统除了使用 1510nm 波长携带下行数据、语音和数字视频业务外,另外使用 1550nm 波长携带下行 CATV 业务。上行用户语音信号和点播数字视频、下载数据的请求信号仍用 1310nm 波长。在这里,既可以直接传输模拟视频信号,也可以将模拟视频信号编码成 MPEG2 数字视频流,然后用 QAM 调制载波。这种 EPON,即使分光比为 32,也可以传输 18km。1550nm 窗口(1530~1565nm)可以留待以后的 DWDM 业务和模拟视频业务使用。这样,可以降低使用 EPON 的初装费用,随着用户业务量增加,对带宽需求量加大,今后可以在现有 EPON 的光路上增加 DWDM 器件和设备,使 EPON 升级。

7.4.5　EPON 的应用

目前,EPON 的技术基本成熟,已经具备了小规模商业应用的条件,是宽带接入网的理想接入方案之一。网络服务商应综合考虑 EPON 的技术特点、业务需求、成本、网络发展、竞争等因素,在有明确市场需求、投资效益或竞争需要的条件下,选择 EPON 系统。EPON 主要可以应用于以下领域。

1. 办公大楼、网咖、餐厅、校园等商业客户比较集中的场合
商业客户的业务需求具有如下特征:带宽需求一般较高(均超过 2Mb/s,典型需求为

10Mb/s 甚至 100Mb/s）；可以承受较高的资费；对系统的可用性和维护质量要求较高；某些企业距离局端可能较远，需要系统有较远的覆盖能力。

采用 EPON 方式提供比较密集（如 10 个以上）的商业用户的宽带接入，与媒质转换器直连方式相比，可以节省主干光缆，增强维护管理能力。

由于商业用户投资收益相对较高，而且竞争比较激烈，可以有效降低投资风险。商业用户在数量上远小于住宅用户，对 EPON 设备互通性要求可以降低，引入技术风险较低。

EPON 适用于数兆比特到 100Mb/s 左右的带宽需求的用户。对于速率超过 100Mb/s 的用户，考虑到这种用户和业务的重要性、安全性，应选择光纤直连方式。

对于分布零散的商业用户，建议采用点到点光纤直连方式。

2. 对上行带宽要求较高的业务（如视频监控、视频通信等业务）

视频监控、视频通信等业务需求具有如下特征：业务质量与业务体验与带宽（特别是上行带宽）直接相关；接入网设备需具备一定的 QoS 能力；主要应用于公共安防和行业应用，用户的要求较高，对成本不太敏感，很多情况下需要的终端数量较大。

针对这类用户展开视频监控、视频通信等业务时，由于 xDSL 技术上行带宽和传输距离有限，无法满足业务需求，可以利用 EPON 技术提高网络接入能力，以满足高质量视频业务的需要。

在终端设备数量较大且分布相对集中的情况下，EPON 技术与点对点直连方式相比，能够节省主干光缆，具有比较明显的优势。

3. EPON+LAN 方式光纤园区接入

目前，FTTB+LAN 接入方式存在以下问题：网络层次较多，包括园区交换机、楼道交换机，有两级甚至多级；楼道交换机性能不足，一般不支持带宽控制、QoS 控制、组播、SVLAN/QinQ 等；园区交换机与楼道交换机互联，某些情况下采用光纤收发器，增加了故障点且维护管理能力较弱。

针对园区宽带用户，建议采用以下技术措施。

（1）采用光分路器取代园区交换机，这样可以减少网络层次。

（2）采用无源光网络结构，这样可以避免园区交换机和光纤收发器的使用，减少故障点，增强维护管理能力。

（3）建议采用内置 EPON 接口的以太网交换机，以进一步简化网络的层次结构。

（4）选用楼道型 ONU（楼道交换机），以便支持带宽控制、QoS 机制、组播、远程管理等，使多业务能力和维护管理能力得到增强。

4. 高档住宅小区

高档别墅、高档公寓等业务需求具有如下特征：相对于普通住宅用户，对建设投资和业务资费不敏感；业务类型主要包括互联网专线接入、电话、IPTV 等；房地产开发商一般乐于采用 FTTH 等技术以提高楼盘的档次。

如果高档住宅小区的开发商愿意承担部分或全部建设费用，可以考虑一步到位，采用 EPON 实现 FTTH，同时就充分利用 EPON 的多业务综合接入能力，开展高速 Internet 接入、IPTV、VoIP 等综合业务接入，以提高每户平均收入（Average Revenue Per User，ARPU）。

当竞争需要时，可以考虑将 EPON 用于住宅用户，用 EPON 技术对中高档住宅小区进行 FTTH 覆盖。

7.5　GPON 技术

7.5.1　GPON 简介

虽然经过多年的发展,但是 APON 至今仍未进入市场。其主要原因在于 ATM 协议过于复杂,对接入网市场来说设备成本较高,众多 APON 厂商的产品难以实现互通,同时,还受到 ATM 在局域网中挫败的影响。因此,针对 PON 的研究重点主要集中在 EPON 和 GPON 这两种光纤接入的新技术上。

GPON 与 EPON 最大的差别在于业务支持能力上。GPON 是为了支持全业务部署设计的,而 EPON 是为使点到点网络能支持点到多点网络而设计的,没有考虑对全业务的支持。EPON 最初是用来向高速上网业务提供比普通 DSL 网络或有线电视网络更高的接入速率,所以当用 EPON 构建的网络提供全业务时,其可靠性还未得到验证。而 GPON 系统在宽带能力、安全性、可管理性以及经济效益等方面都明显优于 EPON 系统。

GPON 采用 GEM(GPON Encapsulation Method)封装机制,它适配来自传送网上高层客户信令的业务,可以对 Ethernet、TDM、ATM 等多种业务进行封装映射,能提供 1.244Gb/s 和 2.488Gb/s 下行速率和所有标准的上行速率,并具有强大的 OAM 功能。

GPON 协议设计时主要考虑以下因素:基于帧的多业务(ATM、TDM 和数据)传送、上行带宽分配机制采用时隙指配;支持不对称线路速率;线路码是不归零码,在物理层有带外控制信道,用于使用 G.983 的 PLOAM 的 OAM 功能;为了提高带宽效率,数据帧可以分拆和串接;缩短上行突发方式报头(包括时钟和数据恢复);动态带宽分配报告,安全性和存活率开销都综合在物理层;帧头保护采用循环冗余码(CRC),误码率估算采用比特交织奇偶校验;在物理层支持 QoS。

GPON 系统采用 125μs 长度的帧结构,用于更好地适配 TDM 业务;继续沿用 APON 中的 PLOAM 信元的概念传送 OAM 信息,并加以补充丰富;帧的净负荷分为 ATM 信元段和 GEM 通用帧段,实现综合业务接入。

7.5.2　GPON 的标准

GPON 的概念最早由全业务接入网联盟(Full Service Access Networks,FSAN)在 2001 年提出。ITU-T 根据 FSAN 联盟关于吉比特(Gb)业务需求的研究报告,重新制定了 PON 所要达到的关键指标,同时借鉴 APON 技术的研究成果,开始进行新一代 PON 技术标准的研究工作。FSAN/ITU-T 以 APON 标准为基本框架,重新设计了新的物理层传输速率和 TC 层,推出了新的 GPON 技术和标准。它通过为用户提供吉比特的带宽,高效的 IP、TDM 承载模式,提供更完善的宽带接入网解决方案。

GPON 的 ITU-T G.984.x 系列标准,目前已经从 ITU-T G.984.1 发展到 ITU-T G.984.6,共有 6 个标准。

1. ITU-T G.984.1(总体特性标准)

ITU-T G.984.1 标准的全称是千兆比特无源光网络的总体特性,主要规范了 GPON 系统的总体要求,包括光纤接入网(OAN)的体系结构、业务类型、业务节点接口(SNI)和用户网络接口(UNI)、物理速率、逻辑传输距离等系统的性能指标。ITU-T G.984.1对GPON提出了总体目标,要求光网络单元(ONU)的最大逻辑距离可达20km,支持的最大分路比为16、32或64,不同的分路比对设备有不同的要求。从分层结构上看,ITU-T定义的GPON由物理媒体相关(PMD)层和传输汇聚(TC)层构成,分别由ITU-T G.984.2和ITU-T G.984.3进行规范。ITU-T G.984.1标准的主要内容如下。

(1) 支持全业务,包括话音(TDM、SONET和SDH)、以太网(10Mb/s或100Mb/s)、异步传输模式(ATM)、租用线及其他业务。

(2) 覆盖的物理距离至少为20km,逻辑距离限于60km以内。

(3) 支持同一种协定下的多种速率模式,包括同步622Mb/s,同步1.25Gb/s,以及不同步的下行2.5Gb/s、上行1.25Gb/s或更多的速率模式(将来可以达到同步2.5Gb/s)。

(4) 针对点到点服务管理,需要提供运行、管理、维护和配置(OAM)的能力。

(5) 针对PON下行流量,以广播形式进行传输的特点,提供协定层的安全保护机制。

2. ITU-T G.984.2(PMD层标准)

ITU-T G.984.2标准的全称是千兆比特无源光网络的物理媒体相关(PMD)层规范,主要规范了GPON系统的物理层要求。ITU-T G.984.2规定,系统下行速率为1.244Gb/s或2.488Gb/s,上行速率为0.155Gb/s、0.622Gb/s、1.244Gb/s或2.488Gb/s。标准定义了在各种速率等级下OLT和ONU光接口的物理特性,提出了1.244Gb/s及其以下各速率等级的光线路终端(OLT)和ONU光接口参数。但是,对于2.488Gb/s速率等级,并没有定义光接口参数,原因是这个速率等级的物理层速率较高,因此对光器件的特性提出了更高的要求,有待进一步研究。从应用的角度来看,在GPON中实现2.488Gb/s的速率有较高的难度。

3. ITU-T G.984.3(TC层标准)

ITU-T G.984.3标准的全称是千兆比特无源光网络的传输汇聚(TC)层规范,在2003年发布。这个标准规定了GPON的TC层帧格式、封装方法、适配方法、测距机制、QoS机制、安全机制、动态分配和操作维护管理功能等。

ITU-T G.984.3标准引入了一种新的传输汇聚子层,用于承载ATM业务流和GPON封装方法(GEM)业务流。GEM是一种新的封装结构,主要用于封装那些长度可变的数据信号和时分复用(TDM)业务。

4. ITU-T G.984.4(OMCI标准)

ITU-T G.984.4标准的全称是GPON系统管理控制接口规范。2004年6月正式发布的ITU-T G.984.4规范提出了对光网络终端管理与接口(OMCI)的要求,包括OLT和ONU之间交换信息的协议独立的管理信息库(Management Information Base,MIB)的管理实体,以及ONU管理和控制通道、协议和具体消息。ITU-T G.984.4的目标是实现多厂家OLT和ONU设备之间的互通。这个建议指定了协议无关的管理实体,模拟了OLT和ONU之间信息交换的过程。ITU-T G.984.4重用了APON标准G.983中的许多内容。

5. ITU-T G.984.5(增强带宽标准)

ITU-T G.984.5标准主要规范了缩窄下行波长的范围,ONU新增波长过滤模块,为下一代GPON共存演进进行了预留。

6. ITU-T G.984.6(扩展距离标准)

ITU-T G.984.6 标准主要规范了如何在 ODN 中增加有源扩展盒,从而有效扩展 GPON 的最长距离,并给出了几种类型的扩展盒模型。

7.5.3 GPON 的系统结构

1. GPON 系统的网络结构

GPON 系统的网络结构如图 7-34 所示。

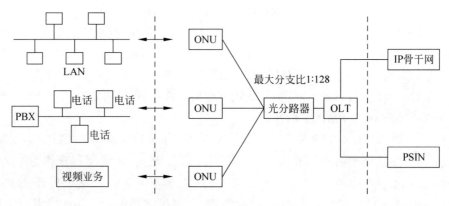

图 7-34　GPON 系统的网络结构

与所有的 PON 系统一样,GPON 系统由 OLT、ONU 和 ODN 组成,OLT 位于局端,是整个 GPON 系统的核心部件,向上提供广域网接口(包括千兆以太网、ATM 和 DS-3 接口等),作为无源光网络系统的核心功能器件,OLT 具有集中带宽分配、控制光分配网(ODN)、实时监控、运行维护管理光网络系统和功能;ONU 放在用户侧,为用户提供 10/100 Base-T、T1/E1 和 DS-3 等应用接口,适配功能在具体实现中可以集成于 ONU 中;ODN 是一个连接 OLT 和 ONU 的无源设备,其功能是分发下行数据和集中上行数据。GPON 系统中下行数据采用广播方式发送,上行数据采用基于统计复用的时分多址方式接入。系统支持的分路比为 1：16/32/64,随着光收发模块的发展演进,支持的分路比将达到 1：128。在同一根光纤上,GPON 可以使用波分复用(WDM)技术实现信号的双向传输。根据实际需要,还可以在传统树状拓扑结构的基础上,采用相应的 PON 保护结构来提高网络的生存性。

2. OLT 的功能结构

OLT 的功能结构如图 7-35 所示。OLT 网络侧经标准 SNI 连接到城域网。OLT 的 ODN 侧提供比特率、功率预算、抖动等特性符合 GPON 标准的光接口。OLT 主要由 PON 核心模块、业务接口模块和交叉连接模块三部分组成。

(1) PON 核心模块(PON Core Shell):由 ODN 接口功能和 PON TC 功能两部分组成。ODN 接口功能在 G.984.2 中规范;PON TC 功能包括媒质接入控制,OAM、DBA、ONU 管理和交叉连接功能进行的 PDU 定界。每个 PON 的 TC 选择支持 ATM、GEM 和双重模式中的一种。

(2) 业务连接模块(Service Shell):提供 PON 中业务节点接口和 TC 接口的转换。

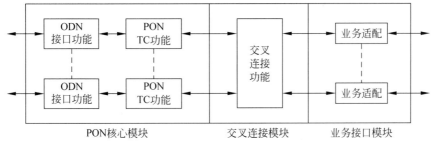

图 7-35　OLT 的功能结构

（3）交叉连接模块（Cross Connect Shell）：提供 PON 核心模块和业务连接模块之间的连接。OLT 根据连接模式是 GEM、ATM 或双重模式提供相应的交叉连接功能。

3. ONU 的功能结构

ONU 的功能结构如图 7-36 所示。

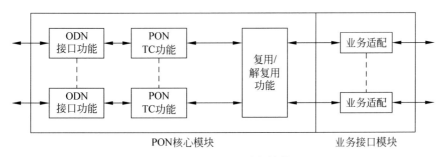

图 7-36　ONU 的功能结构

由图 7-36 可知，ONU 的主要功能模块与 OLT 相似。由于 ONU 只有一个 PON 接口，因此交叉连接功能可以省略，取代交叉连接功能的是业务复用和解复用功能。每个 PON 的 TC 选择支持 GEM、ATM 或双重模式中的一种。

7.5.4　GPON 的工作原理

1. GPON 的传输方式

GPON 的上行传输方式如图 7-37 所示。

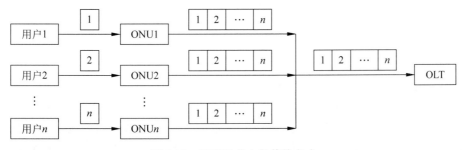

图 7-37　GPON 的上行传输方式

在上行方向，多个 ONU 共享干线信道容量和信道资源。由于无源光合路器的方向属性，从 ONU 来的数据帧只能到达 OLT，而不能到达其他 ONU。从这一点上分析，上行方

光纤接入技术

206

向的 GPON 就像一个点到点的网络。但是,不同于其他的点到点网络,来自不同 ONU 的数据帧可能会发生数据冲突,因此,在上行方向 ONU 需要一些仲裁机制来避免数据冲突,并公平地分配信道资源。GPON 系统的上行方向是通过时分复用(TDMA)方式传输数据的,上行链路被分成不同的时隙,根据下行帧的上行带宽映射域(Up Stream Band Width Map,US BW Map)来给每个 ONU 分配上行时隙,这样,所有的 ONU 就可以按照一定的秩序发送自己的数据,不会为了争夺时隙而发生冲突。每帧共有 9120 个时隙。

GPON 的下行传输方式如图 7-38 所示。在下行方向,GPON 是一个点到多点的网络。OLT 以广播方式由数据包组成的帧经由无源光分路器发送到各个 ONU。GPON 的下行帧长为固定的 125μs,所有的 ONU 都能收到相同的数据,但是通过 ONU ID 来区分不同的 ONU 数据,ONU 通过过滤来接收属于自己的数据。

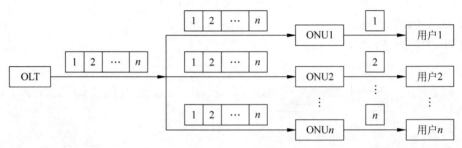

图 7-38　GPON 的下行传输方式

2. GPON 帧结构

为了更好地适配 TDM 业务,GPON 继续沿用 APON 中 PLOAM 信元的概念传送 OAM 信息,并加以补充丰富,帧的净负荷中分为 ATM 信元域和 GEM 通用帧域,实现综合业务的接入。

GPON 系统的上行帧结构如图 7-39 所示。上行帧长为 125μs,帧格式的组织由下行帧中的上行带宽映射域(US BW Map)确定。

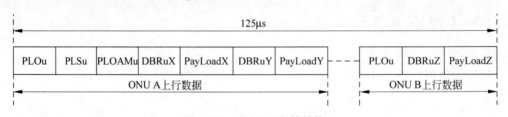

图 7-39　GPON 上行帧结构

上行物理层开销(Physical Layer Overhand upstream,PLOu)用于突发同步,包含前导码、定界符、BIP、PLOAMu 指示和 FEC 指示,其长度由 OLT 在初始化 ONU 时设置,ONU 占据上行信道后,首先发送 PLOu 单元,以使 OLT 能够快速同步并正确接收 ONU 数据;PLSu 为功率测量序列,长度为 120B,用作调整光功率;PLOAMu 用于承载上行 PLOAM 信息,包含 ONU ID、Message ID、Message 和 CRC,长度为 13B,DBRu 包含 DBA 域和 CRC 域,用于申请上行带宽,共 2B;Payload 域填充 ATM 信元或 GEM 帧。

GPON 系统的下行帧结构如图 7-40 所示。它由被分割成帧长 125μs 的连续信息流组成。在图 7-40 中,下行物理层控制块(Physical Control Block downstream,PCBd)提供帧同步、定时及动态带宽分配等 OAM 功能,载荷部分透明承载 ATM 信元和 GEM 帧。ONU 根据 PCBd 获取同步等信息,并依据 ATM 信元的 VPI/VCI 过滤 ATM 信元,依据 GEM 帧头的 Port ID 过滤 GEM 帧。

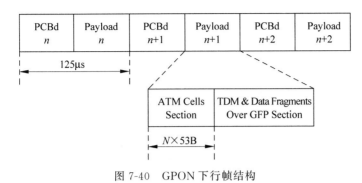

图 7-40　GPON 下行帧结构

图 7-41 给出了 PCBd 模块的组成。在图 7-41 中,物理层同步用于 ONU 与 OLT 同步;Ident 用作超帧指示,值为 0 时指示一个超帧的开始;PLOAMd 用于承载下行 PLOAM 信息;BIP 是比特间插入的奇偶校验码,占 8 位,用于误码监测;Plend 用于说明上行带宽映射域(US BW Map)的长度和载荷中 ATM 信元的数目,为了增强容错性,Plend 出现两次;US BW Map 域用于上行带宽分配,带宽分配的控制对象是传输容器(Transmission Container,T-CONT),一个 ONU 可以分配多个 T-CONT,每个 T-CONT 包含多个具有相同 QoS 要求的 VPI/VCI 或 Port ID。

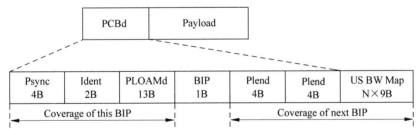

图 7-41　PCBd 模块的组成

3. 传输容器

传输容器(Transmission CONT,T-CONT)是 GPON 动态分配技术中引入的新概念,它提高了动态分配的效率。GPON 支持的 T-CONT 类型分为 5 种,不同种类的 T-CONT 拥有不同类型的带宽,因此,可以支持不同服务质量的业务。这 5 种类型是固定带宽型、确保带宽型、具有最小保证带宽的突发分配型、尽力而为分配型和组合分配型。

1)固定带宽型

这一类型 T-CONT 提供的业务对时延敏感。因此,不论 T-CONT 是否有数据要发送,OLT 都为其分配固定带宽。即使发现拥塞,也不再分配额外带宽。此类 T-CONT 可用于承载 TDM 业务和 ATM 适配层业务。

2)确保带宽型(需要激活的固定分配)

这一类型 T-CONT 采用预约方式分配带宽,与固定带宽型的不同之处是,授权分配发送的时隙间隔在变化。此类 T-CONT 可用于承载部分 ATM 业务和需要资源预留的以太网业务,如 MPLS over Ethernet。

3)具有最小保证带宽的突发分配型

这种类型的 GPON 下行帧结构如图 7-42 所示。

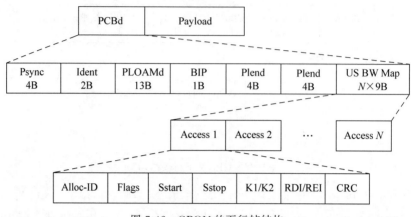

图 7-42　GPON 的下行帧结构

这一类型 T-CONT 可以得到确保和非确保带宽,两项之和不能超过预约的最大带宽。只有当峰值速率超过确保带宽时,才开始分配非确保带宽。当具有确保带宽的 T-CONT 要求额外带宽时,它可以得到与它的确保带宽成比例的非确保带宽。OLT 通过改变下行帧 PCBd 域中的上行带宽映射域(US BW Map)的授权间隔和发送窗口长度来给 T-CONT 分配更多资源。

4)尽力而为分配型

这种类型的 T-CONT 提供的业务对时延不敏感,因此,采用动态方式分配尽力而为带宽。此类业务的逻辑链路没有保证带宽,只是在分配完固定带宽、确保带宽和非确保带宽后才为这种类型的 T-CONT 分配带宽,它可以用来承载不定比特率(UBR)业务或者传统的以太网业务。

5)组合分配型

这种类型的 T-CONT 支持所有其他类型。每个 T-CONT 所分得的带宽之和不应该超过最大带宽。首先,分配固定带宽和确保带宽;其次,分配与确保带宽成比例的非确保带宽;最后,如果仍然需要额外的带宽,可以分配尽力而为带宽,直到达到它应该得到的最大带宽。

7.5.5　GPON 的协议栈

GPON 系统的协议参考模型如图 7-43 所示。其中,GPON 传输汇聚层(GPON Transmission Convergence layer,GTC)可分为 PON 成帧子层和适配子层。传输汇聚层的成帧子层完成 GTC 帧的封装、终结所要求的 ODN 传输功能、PON 的测距、带宽分配等;传输汇聚层的适配子层提供 PDU 与高层实体的接口。GEM 和 ATM 信息在各自的适配子层完成业务数据单元(SDU)与协议数据单元 PDU 的转换。OMCI 适配子层高于 ATM 和 GEM 适配子层,它识别 VPI/VCI 和 Port-ID,并完成 OMCI 通道数据与高层实体的交换。

		适配子层	OMCI 适配子层：识别 VPI/VCI 和 Port-ID 提供该通道数据和高层实体的交换	
传输媒质层（注：应提供相关的 OAM 功能）	传输汇聚层（GTC 层）		ATM 适配子层：ATM、SDU 与 PDU 的转换	GEM 适配子层：GEM、SDU 与 PUD 的转换
		成帧子层	测距 上行时隙分配 带宽分配 保密和安全 保护倒换	
	物理媒质层（PM 层）		E/O 适配 波分复用 光纤连接	

图 7-43　GPON 系统层次模型

1. GPON 的协议栈

1）GTC 协议栈

传输汇聚层（GTC）系统协议栈如图 7-44 所示，由 GTC 成帧子层（GTC Framing Sublayer）和 TC 适配子层（TC Adaptation Sublayer）组成。

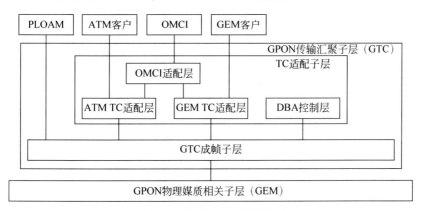

图 7-44　传输汇聚层的协议栈

在 GTC 成帧子层，ATM 块、GEM 块、嵌入的 OAM 和 PLOAM 形成 GTC 帧。嵌入的 OAM 通道信息直接嵌入 GTC 头，对 GTC 成帧子层进行控制，在该子层就被终结。PLOAM 信息作为该子层的客户业务处理。GTC 成帧子层对所有数据来说都是全局可见的。OLT GTC 成帧子层与所有的 ONU GTC 成帧子层直接对等。

ATM 和 GEM SDU 在各自的适配子层被识别，与 OMCI 实体间相互转化。

2）控制管理平面协议栈

GPON 系统的控制管理平面功能块如图 7-45 所示。

GPON 控制平面由三部分组成：嵌入的 OAM、PLOAM 和 OMCI。嵌入的 OAM 通道和 PLOAM 通道管理 PMD 层和 GTC 层；OMCI 提供对业务定义的高层统一管理。

嵌入的 OAM 通道由格式化的 GTC 帧头提供。嵌入 OAM 通道的每个信息直接映射到 GTC 帧头中的特定区域，提供了一条时间要求严格的控制信息的低时延通道。GPON

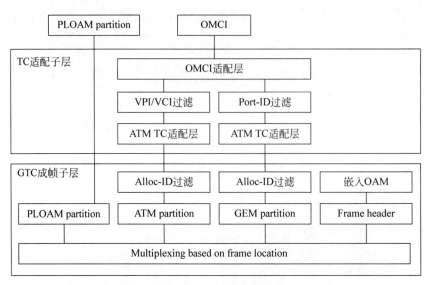

图 7-45　控制管理平面

使用这一通道提供带宽授权、密钥交换、DBA 信令功能。

PLOAM 通道在 GTC 帧内专门分配的区域传送。它传送所有不经由嵌入 OAM 通道的 PMD 和 GTC 层管理信息。

OMCI 管理 GTC 上层所定义的业务。GTC 为 OMCI 信息流提供 ATM 或 GEM 传送接口,并根据设备情况配置可选的通道、指定传输协议流识别符(VPI/VCI 或 Port-ID)。

3) U 平面协议栈

GPON 系统的 U 平面协议栈如图 7-46 所示。

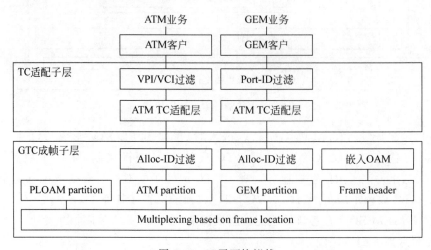

图 7-46　U 平面协议栈

U 平面通过业务类型(ATM 或 GEM 模式)和它们的 Port-ID 或 VPI 来识别业务流。Port-ID 用来识别 GEM 业务流,VPI 用来识别 ATM 业务流。GPON 采用 G.983.4 中规范的传输容器(T-CONT)概念,T-CONT 通过 Allco-ID 来识别,是捆绑业务单元。带宽分配和 QoS 保障都以每个 T-CONT 为单位授权控制,不同的业务类型不能映射到同一个

T-CONT,必须被映射到不同的 T-CONT,每个 T-CONT 有不同的 Alloc-ID。

2. GPON 的传输汇聚层

GPON 的传输层标准是 ITU-T 在 2003 年发布的,该标准定义了 GPON 的 TC 子层、帧格式、封装方法、适配方法、测距机制、QoS 机制、安全机制、动态带宽分配和操作维护管理等。GPON 引入了一种新的传输汇聚子层,用于承载 ATM 业务流和 GPON 封装方法(GEM)业务流,这一子层集中体现了 GPON 的特征。

1) GPON 的传输汇聚层的关键功能

GPON 的传输汇聚层的关键功能包括媒质接入控制和 ONU 注册。

(1) 媒质接入控制。

OLT 在下行物理控制块(Physical Control Block,PCB)的上行带宽映射域(US BW Map)中传递一种指针信息,只是上行流中相应的 ONU 开始和结束传输的时间,使之在任何时间内只有一个 ONU 能够访问媒质,正常工作时没有冲突。指针以字节为单位,允许 OLT 以 64kb/s 的粒度(因为帧长是 125μs,一帧里的 1 字节就对应 64kb/s)对媒质进行高效的带宽控制。一些 OLT 的应用可选用以更大的粒度设置指针和时隙大小,通过动态的带宽控制。一些 OLT 的应用可选择以更大的粒度设置指针和时隙大小,通过动态的带宽粒度设置和带宽分配达到更大的带宽控制。GPON 媒质访问控制以每个 T-CONT 为单元。

(2) ONU 注册。

ONU 通过两种方式进行注册:一种方式是通过管理系统在 OLT 处注册 ONU 的序列号;另一种方式是直接在 OLT 处注册 ONU 的序列号。

2) GTC 业务流与 QoS

在动态资源分配中,OLT 通过检查 ONU 的 DBA 报告自动检测到来的业务,了解网络中的拥塞情况,然后根据带宽分配策略分配合适的资源。GTC 提供了 ITU-T G.983.4 指定的状态报告 DBA 和非状态报告 DBA。

表 7-1 列举了 GPON DBA 规范中的主要功能和 APON DBA 功能的对应关系。

表 7-1 GPON DBA 与 APON DBA 的功能之间的关系

功　　能	GPON DBA	APON DBA
控制单元	T-CONT	T-CONT
T-CONT 的标志	Grant Code	Alloc-ID
报告单元	ATM 信元	对于 ATM 是 ATM 信元;对于 GEM 是固定长度块(48B)
报告机制	mini-slot	PLOu 报告,DBRu 报告和 ONU DBA 报告
协商过程	POLAM(G.983.4)、OMCI(G.983.7)	GPON OMCI

GPON 的 TC 层规范了 T-CONT 类型。GPON 中 OLT 检测每个 T-CONT 业务负荷,通过使用指针安排 ONU 的传输方式来保证 QoS。例如,当连续分配资源以提供 TDM 业务的应用时,这样的业务数据被指定短而重复的传输周期指针。GPON 中对 ATM 业务提供的 QoS 与 G.984.3 中所提供的 QoS 机制一致,GPON 的 GEM 业务同样设定 5 种 T-CONT 业务,也满足不同的业务要求的 QoS。ATM 业务的处理完全和 G.983.4 兼容。

不同业务的 VCC 或 VPC 可以根据 QoS 的需要装载在同一类型的 T-CONT。至于 GEM,除了用固定长度块代替了 ATM 信元,其他都和 G.983.4 兼容。Port 标志的 GEM 连接可以流量整型,也可以装载在一种类型的 T-CONT 中。GPON 和 APON 一样,通过 5 种类型的传输容器,将不同优先级、不同类型的业务映射到不同的 T-CONT 中,通过以 T-CONT 为控制单元的带宽分配,可以区分业务、保证不同业务的不同 QoS 要求。

3) ONU 激活方式

GPON 系统使用权数字带内开窗测量 ONU 与 OLT 间的逻辑距离。如果 ONU 被测距,它就可以在该 PON 中工作。GPON 要求最大测距为 20km。在测量每个 ONU 的传输时时延,不能打断 PON 中其他 ONU 的业务。

在对新 ONU 进行测距的时候,正在工作的 ONU 必须暂时停止传输信号,以便打开测距窗口。如果已经知道 ONU 的大致位置信息,可以减少这个测距窗口时间,但是如果此前没有进行测距,则这个测距窗口时间取决于 PON 的最大测距范围。

ONU 的激活过程是在 OLT 的控制下进行的,ONU 响应 OLT 发起的消息。这个激活过程是通过上下行的标志位和 PLOAM 消息的交换来完成的。激活过程的具体步骤是:ONU 根据 OLT 的要求调整发射功率;OLT 发现一个新连接 ONU 的序列号;OLT 给这个序列号指派 ONU-ID;OLT 测量这个 ONU 的到达时间;OLT 将均衡时延通知 ONU;ONU 插入 OLT 通知的均衡时延。

7.5.6 GPON 的封装方式

GPON 的技术特征主要体现在传输汇聚层,而 GPON 传输汇聚层的最大特色是采用了全新的传输汇聚层协议——GEM(GPON Encapsulation Method)。

针对 GPON 的传输汇聚层有 3 个候选方案:ATM Based Enhanced BPON、Ethernet Based EMPCP(Enhanced Multi Point Control Protocol)和 PMF-TC(PHY Multi-Frame TC)。其中,PMF-TC 引入了 GFP(Generic Framing Procedure)对高层的 IP 数据进行封装适配,并引入了 OAM 及动态带宽分配机制,是 3 种候选方案中效率最高的一种,因此在 2002 年 9 月被 FSAN 选定作为 GPON 的传输汇聚层的基线建议。但是,FSAN 虽然选择 PMF-TC 作为基线建议,考虑到 PON 结构中多路复用的需要,并没有选择 GFP 作为适配协议,而是定义了专用的适配协议 GEM。GEM 可以实现多种数据的简单、高效的适配封装,将定长或变长的数据分组进行统一的适配处理,并提供端口复用功能,提供和 ATM 一样的面向连接的通信。以下将对 GEM 的功能、帧格式、定界方式、分片机制等逐一进行介绍。

1. GEM 的功能

从帧结构封装的角度来看,GEM 和其他数据封装方式类似。然而,GEM 是嵌入在 PON 内部的,与 OLT 端的 SNI 及 ONU 端的 UNI 类型无关,如图 7-47 所示。GEM 的封装功能在 GPON 内部终结,在 PON 以外是无法看到的。

2. GEM 帧结构

GEM 帧结构如图 7-48 所示,由 GEM 帧头和净负荷域两部分组成。GEM 帧头用于指示净负荷的长度、所使用的端口、净负荷的类型和纠错码等,净负荷域则用于承载各种类型的用户数据。

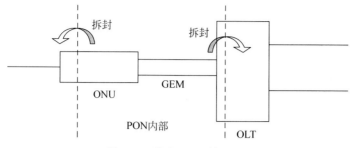

图 7-47　嵌入 PON 的 GEM

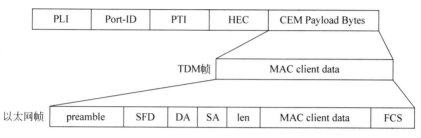

图 7-48　GEM 帧结构

GEM 的帧头由净负荷长度指示(PLI)、端口 ID(Port-ID)、净负荷类型指示(PTI)和头差错校验(HEC)组成。

PLI 占 12b,指示的是头部后面的净负荷域的长度,最多为 4095B。因此,大于 4095B 的用户数据帧都要分片机制传送。

Port-ID 也占 12b,可以标识 4096 个不同的端口,用于支持多端口复用,其作用相当于 APON 中的 VPI。

PTI 占 3b,用于指示净负荷段的内容类型和相应的处理方式,类似于在 ATM 中的应用,编码含义如表 7-2 所示。3b 中的最高位指示是数据帧还是 GEM OAM 帧,中间位指示是否发生拥塞,最低位指示在分片机制中是否是最后一帧。PTI 预留了 3 个编码。

表 7-2　PTI 编码含义

PTI 编码	含　义
000	用户数据段,没有拥塞,不是帧的末端
001	用户数据段,没有拥塞,是帧的末端
010	用户数据段,发生拥塞,不是帧的末端
011	用户数据段,发生拥塞,是帧的末端
100	GEM OAM
101	保留
110	保留
111	保留

HEC 占 13b,提供头部的检测和纠错功能,采用 BCH(39,12,2)编码和奇偶校验码结合的方式,其生成多项式如下:

$$x^{12} + x^{10} + x^{8} + x^{5} + x^{4} + x^{3} + 1$$

7.6 本章小结

光纤接入网(OAN)是目前电信网中发展最为快速的接入网技术,除了重点解决电话等窄带业务的有效接入问题外,还同时可以解决调整数据业务、多媒体图像等宽带业务的接入问题。

光纤接入网(OAN)从供电方式上可以分为有源光网络(AON)和无源光网络(PON)两大类。

无源光网络(PON),是指在 OLT 和 ONU 之间是光分配网络(ODN),没有任何有源电子设备,它包括基于 ATM 的无源光网络 APON 及基于 IP 的 PON。

PON 的概念最早是由英国电信公司的研究人员于 1987 年提出的,主要是为了满足用户对网络灵活性的要求。由于 PON 中不包含任何有源器件,成本低,安装和维护方便,成为光接入网技术中的热点,发展十分迅速。

概括地说,PON 的发展经历了从 APON(基于 ATM 的 PON)到 EPON(基于 Ethernet 的 PON),又到 GPON 等几个发展阶段。

APON 采用基于信元的传输系统,允许接入网中的多个用户共享整个带宽。这种统计复用的方式,能更加有效地利用网络资源。

EPON(以太网无源光网络)是一种新型的光纤接入网技术,它采用点到多点结构、无源光纤传输,在以太网之上提供多种业务。它在物理层采用了 PON 技术,在链路层使用以太网协议,利用 PON 的拓扑结构实现了以太网的接入。因此,它综合了 PON 技术和以太网技术的优点:低成本;带宽高;扩展性强,灵活快速的服务重组;与现有以太网的兼容性;方便的管理等。

GPON 技术是基于 ITU-TG.984.x 标准的最新一代宽带无源光综合接入标准,具有高带宽、高效率、大覆盖范围、用户接口丰富等众多优点,被大多数运营商视为实现接入网业务宽带化、综合化改造的理想技术。

复习思考题

一、单项选择题

1. 以下(   )不属于光纤通信所具有的优点。
    A. 通信容量大　　　B. 传输距离长　　　C. 设备廉价　　　D. 抗电磁干扰

2. 光纤接入网泛指从交换机到用户之间的(   )的部分或全部以光纤实现接入的通信系统。
    A. 馈线段　　　　　B. 配线段　　　　　C. 引入线段　　　D. 以上都是

3. 以下不属于光纤接入网的组成部分的是(   )。
    A. ONU　　　　　　B. OLT　　　　　　C. Optical　　　　D. Coax

4. OLT 的作用是为光纤接入网提供与(   )之间的接口。
    A. 路由器　　　　　B. 本地交换机　　　C. 光线路终端　　D. 光网络单元

5. 在各种类型的光纤接入网中,比其他类型更具有优势的是(   )。

    A. FTTB   B. FTTC   C. FTTH   D. FTTN

6. FTTC 的缺点是(   )。

    A. 不能消除由电缆传输可能带来的误差

    B. 不能用作新建区的网络建设方案

    C. 不能用作旧区重建的网络建设方案

    D. 需要提供户外供电系统

7. 在 FTTH 网络中,去掉了(   )。

    A. 馈线   B. 配线   C. 引入线   D. 以上都是

8. 光纤接入网的基本拓扑结构包括(   )。

    A. 总线型拓扑结构   B. 环状拓扑结构   C. 星状拓扑结构   D. 以上都是

9. 在光纤网络中,RG 是指(   ),是家庭内所有业务的接入平台。

    A. 光线路终端   B. 光网络单元   C. 住宅网关   D. 局端数字终端

10. 无源光网络是指在(   )之间是光分配网络,不需要使用任何供电设备。

    A. OLT 与 ONU   B. OLT 与路由器

    C. OLT 与交换机   D. ONU 与用户驻地设备

11. 单模光纤又分为多种类型,ITU-T 建议在接入网使用的是(   )型光纤。

    A. G.651   B. G.652   C. G.653   D. G.654

12. 在无源光网络中,光纤可用的工作波长区有(   )个。

    A. 2   B. 3   C. 4   D. 5

13. 在 ITU-T 的 G.982 建议中,在 1310nm 的窗口波长区,波长范围应为(   )。

    A. 1230～1330nm   B. 1240～1340nm

    C. 1250～1350nm   D. 1260～1360nm

14. 在双向传输多址技术中,光波分多址的英文缩写为(   )。

    A. OTDMA   B. OCDMA   C. OWDMA   D. OSCMA

15. 光多路复用技术与光多址接入技术的不同之处是所有用户共用(   )。

    A. 一条单模光纤   B. 一条多模光纤   C. 一个复用器   D. 以上都是

16. 双向多路复用技术可以分为(   )种。

    A. 4   B. 5   C. 6   D. 7

17. 在无源光网络的功能结构中,OLT 由(   )部分组成。

    A. 3   B. 4   C. 5   D. 6

18. 在 APON 接入技术中,ITU-T 正式通过的国际标准是(   )。

    A. G.983.1   B. G.983.2   C. G.983.3   D. 以上都是

19. 在 APON 的系统结构中,一个 ODN 的分支比最高可达(   )。

    A. 1∶8   B. 1∶16   C. 1∶32   D. 1∶64

20. 在 APON 的帧结构中,无论是否对称帧,上行帧每帧包含 53 个时隙,每个时隙包含 56 字节,其中(   )字节是开销字节。

    A. 2   B. 3   C. 4   D. 5

二、填空题

1. 光纤通信具有_____、_____、_____、_____、_____等优点。

2. 光纤接入网泛指从_____、_____的部分或全部以光纤实现接入的通信系统。

3. OLT 的作用是为接入网提供_____,并通过光传输与用户端的光网络单元通信。

4. ONU 的作用是_____。

5. 光纤接入网的应用类型最常用的是_____、_____、_____。

6. 光纤接入网 3 种基本的拓扑结构是_____、_____、_____。

7. 无源光网络(PON),是指_____,不需要使用任何供电设备。

8. PON 的发展经历了从_____到_____,再到_____等几个发展阶段。

9. 光纤的类型可以分为_____光纤和_____光纤两大类,由于_____光纤的损耗低、带宽宽、制造简单和价格低廉,在公用电信网(包括接入网)中已经成为主导光纤类型。新敷设的光纤几乎全部采用_____光纤。

10. 光纤的可用工作波长区有 3 个,即_____窗口、_____窗口和_____窗口。

三、简答题

1. 什么是光纤接入网?请画图说明光纤接入网的组成。

2. 在光纤接入网中,ONU 和 OLT 的作用分别是什么?

3. 光纤接入网主要的 3 种应用类型是什么?每种应用类型分别具有哪些特点?

4. 光纤接入网包括哪些拓扑结构?

5. 什么是无源光网络?

6. 无源光网络的关键技术分别有哪些?请逐一说明。

7. 什么是 APON?请画图说明其系统结构。

8. 请画图说明 APON 的帧结构。

9. 什么是 EPON?请画图说明其系统结构。

10. EPON 的工作原理什么?

11. 什么是 GPON?请画图说明其系统结构。

12. GPON 的工作原理是什么?

13. 请分别画图说明 GPON 的 GTC 协议栈、控制管理平面协议栈和 U 平面协议栈。

14. GPON 的封装方式是什么?请画图说明 GEM 的帧结构。

第8章　无线局域网接入技术

无线局域网(Wireless Local Area Network,WLAN)是一种使用无线传输的局域网技术,工作在 2.4GHz 和 5GHz 频段。作为接入网应用时,WLAN 通常采用中心结构,以接入点(Access Point,AP)为中心将多个用户工作站接入上一层网络,如网络运营商的核心网或主干网。

WLAN 的核心技术是 CSMA/CA 协议、IEEE 802.11 标准和 WLAN 接入技术。本章将围绕 WLAN 的体系结构、CSMA/CA 基本工作原理、WLAN 的物理层、WLAN 的媒体访问控制层和 WLAN 安全技术等方面进行深入的讨论,期待读者通过本章的学习,对 WLAN 接入技术有比较全面的了解。

8.1　无线局域网概述

无线局域网为局部区域内固定的或移动的站点提供无线连接和通信服务,这些站点可以是安装了无线网卡的台式计算机、笔记本电脑、智能手机或平板电脑等支持无线局域网的电子设备。

无线网络最大的优点是可以帮助人们摆脱有线的束缚,更便捷、更自由地沟通。虽然目前大多数的网络仍然是有线网络,但是近年来无线网络的应用与日俱增,特别是无线网络技术与互联网技术相结合,为接入网领域带来无法估量的发展前景。

8.1.1　无线局域网的覆盖范围

无线局域网是近年迅猛发展的技术,由于不需要接线,使人们摆脱了通信电缆(双绞线)的束缚,可以更便捷、更自由地沟通。

无线局域网就是在局部区域内以无线传输介质(空气)进行通信的无线网络。在这里,所谓的局部区域,是指距离受限的区域,通常是指在几十米到几百米的范围内。这是一个相对的概念,是相对于覆盖范围达到几十千米的无线城域网(Wireless Metropolitan Area Network,WMAN)和覆盖范围为数百千米甚至更远的无线广域网(Wireless Wide Area Network,WWAN)而言的。覆盖范围比无线局域网更短的是无线个人区域网(Wireless Personal Area Network,WPAN)。

无线局域网是一种能在几十米到几百米范围内支持较高数据速率(2Mb/s 以上)的无线网络,可以采用微蜂窝(Microcell)、微微蜂窝(Picocell)或非蜂窝(No Cell)结构。无线局域网的典型技术标准是 IEEE 802.11 系列标准和 HiperLAN 系列标准。

8.1.2 无线局域网的特点

与有线局域网相比,无线局域网具有移动性、经济性、灵活性和可伸缩性等特点。

1. 移动性

无线局域网的显著特点之一是提供了移动性。无线局域网能够利用无线电波为用户进行信息传递,提供实时的无处不在的网络接入功能,使用户可以很方便地获取信息。

移动性可以分为用户移动和用户设备移动两类。在无线局域网中,无线局域网设备的移动又分为固定式(Fixed)、半移动式(Nomadic)、便携式(Portable)和全移动式(Mobile)。半移动式是指设备可以在网内移动,但只能在静止状态下与网络进行通信。全移动式是指设备可以在移动状态下保持与网络的通信,即边移动边通信。全移动式又可以进一步划分为慢速移动式和快速移动式。目前,无线局域网系统仅支持固定式、半移动式和慢速移动式。

2. 经济性

无线局域网可以应用于不适合物理布线或者物理布线困难的环境,从而节省了电缆(或光纤)及相关附件的费用,省去了布线工序,可以快速组网,节省人工成本,能够使网络快速地投入应用,提高了经济效益;对于需要临时组建网络的地方,无线局域网可以以低成本快速实现;对于需要经常重新布线的地方,无线局域网也可以节省反复布线的费用。

3. 灵活性

无线局域网容易安装,使用方便,组网灵活,可以将网络延伸到线缆无法连接的地方,并可方便地移动、增减设备。无线局域网的组网方式可以灵活多变,既能通过基本结构接入骨干网,也能构建自组网、单区网和多区网,还能在不同无线局域网之间进行移动。

4. 可伸缩性

只要在无线局域网的适当位置添加接入点或扩展点,就可以扩展无线局域网的覆盖范围,从而达到扩展网络的目的。

8.1.3 无线局域网的发展

最早的无线局域网是由美国夏威夷大学在1971年开发成功的Aloha net。位于东太平洋的美国著名度假胜地夏威夷群岛由多个岛屿组成,夏威夷大学共有10个校区,主校区位于Oahu岛,其他校区则分布在各个不同的岛。为了使各岛的计算机设备能够相互通信,共享信息资源,需要构建一个能把各校区的计算机连接在一起的计算机网络。考虑到夏威夷大学网络建设的实际条件,要建立跨越海洋的有线网络比较困难,因此,采用空气作为传输介质的无线网络在当时的情况下是一个切实可行的方案。Aloha net由7台计算机组成,横跨4个岛。采用星状网络拓扑结构,设置上行和下行两个广播信道,主机的数据经下行信道发往各个终端;当计算机终端需要发送数据至主机时,终端的无线电收发器使用被称为Aloha的信道接入协议,把数据经上行信道发往Aloha net中心站,再由中心站送到主机。上行信道使用的频段为407.35MHz,下行信道使用的频段为413.475MHz,数据传输速率为9.6kb/s。

世界上第一个试验性的无线局域网建成后,在医疗、零售等领域陆续研制了各种类型的无线局域网。与其他网络面世之初遇到的问题一样,由于通信协议不同,各厂商的无线设备之间不能互联,因此,在 1990 年 7 月,IEEE 802.11 研究组成立,开始着手制定无线局域网的标准,并于 1997 年 11 月颁布了全球第一个无线局域网标准——IEEE 802.11协议,这标志着无线局域网正式诞生。

从第一个无线局域网出现至今,无线局域网的发展已经经历了 4 代。

1. 第一代无线局域网

1985 年,美国联邦通信委员会(Federal Communications Commission,FCC)颁布的电波法规为无线局域网的发展奠定了基础。它为无线局域网系统分配了两种频段:一种是专用频段,这个频段避开了比较拥挤的用于蜂窝电话和个人通信服务的 1~2GHz 频段,而采用更高的 2.4GHz 和 5GHz 频段;另一种是免许可证的频段,主要是工业、科学、医学(Industrial Scientific Medical,ISM)频段,它在无线局域网的发展历史上发挥了重要作用。美国早期的 ISM 频段主要是 902~928MHz 和 2.4~2.4835GHz,颁布规则限制发送功率最大为 1W;如果采用扩频技术,要求扩频最大发送功率不超过 100mW,扩频增益不小于10dB。第一代无线局域网产品,大多数采用了扩频技术。

2. 第二代无线局域网

20 世纪 80 年代,IEEE 802 委员会开展了无线局域网标准的研究和制定工作。并于1990 年 7 月成立了专门的 IEEE 802.11 研究组,负责制定无线局域网物理层和媒体访问控制层(MAC)协议。1991 年 5 月,IEEE 成立了无线局域网的专题研究组,并举行了国际上第一次关于无线局域网的专题会议。1997 年 6 月,IEEE 802.11 标准制定完成,并于 1997年 11 月颁布。此后,众多厂商相继推出了基于 IEEE 802.11 标准的无线局域网产品,这些产品属于第二代无线局域网设备,它们大都工作在 2.4~2.4835GHz 频段,数据传输速率为1~2Mb/s。

3. 第三代无线局域网

由于 IEEE 802.11 的数据速率最高只能够达到 2Mb/s,远远不能满足人们对无线局域网应用的需求,因此,1999 年 9 月,IEEE 803 委员会推出了 IEEE 802.11b 标准,把传输速率提高到 11Mb/s,凡符合 IEEE 802.11b 标准的产品,都被称为第三代无线局域网产品。

4. 第四代无线局域网

1999 年 9 月,IEEE 802 委员会推出了 IEEE 802.11a 标准,工作在 5GHz 频段,把传输速率提高到 54Mb/s。2002 年,IEEE 802 委员会又推出了 IEEE 802.11g 标准,它的最大传输速率为 54Mb/s,但仍工作在 2.4GHz 频段,与 IEEE 802.11b 标准兼容。同时,欧洲高速无线局域网标准化组织也制定完成了类似的 HiperLAN2 标准,工作在 5GHz 频段。凡符合IEEE 802.11b、IEEE 802.11g 和 HiperLAN2 标准的产品,都被称为第四代无线局域网产品。

2002 年,中国信息产业部无线电管理局根据 WLAN 的发展动态,先后公布了多个关于无线局域网的规范性文件。规定了 2.4~2.4835GHz 频段的无线电发射设备的主要技术指标,要求当天线增益小于 10dB 时,等效全向辐射功率(Equivalent Isotropically Radiated Power,EIRP)不大于 100mW;当天线增益大于或等于 10dB 时,等效全向辐射功率(EIRP)不大于 500mW。2002 年 7 月,又规定了 5.725~5.850GHz 频段的无线电发射设备的主要技术指标,要求发射功率不大于 500mW,等效全向辐射功率不大于 2W。

8.1.4　无线局域网的分类

根据使用的频段来划分,无线局域网的工作频段可以分为不需要执照的自由频段和需要执照的专用频段两大类。其中,不需要执照的自由频段可以分为无线电和红外线两种。无线电频段又可分为窄带和宽带两种。红外线可分为定向波束红外线(Infra-Red,IR)和扩散红外线。宽带频段又可以进一步分为扩频和非扩频。而扩频可以分为直接序列扩频(DSSS)和跳频扩频(FHSS)。无线局域网的分类如图 8-1 所示。

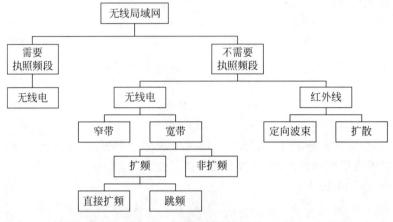

图 8-1 无线局域网的分类

此外,根据业务类型来划分,无线局域网也可以分为面向连接的业务和面向非连接的业务两类。面向连接的业务主要用于传输语音和视频信号,通常采用基于 TDMA 和 ATM 的技术;面向非连接的业务主要用于高速数据传输,通常采用分组交换技术。

8.1.5 无线局域网的应用

在实际应用中,无线局域网可以采用对等方式或基于接入点(AP)的方式接入有线网络,这两种方式下的网络协议体系并不相同。

1. 基于对等方式接入

基于对等方式的无线接入网的协议体系结构如图 8-2 所示。

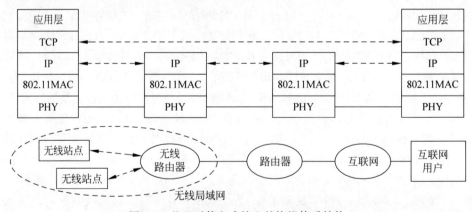

图 8-2 基于对等方式接入的协议体系结构

在对等方式中,无线链路上各节点的实体在协议上是平等的,通过无线路由器(Wireless Router,WR)与有线网络连接。这种组网方式利用路由技术使组网既方便又灵活,与 IP 接入网通过 RP 选择不同的核心网或 IP 服务提供者的思想十分相似。

另外,在对等方式下,无线站点之间存在直接通信的方式。无线站点之间的直接通信对用户来说是方便的,但对于接入控制则带来管理上的困难。这与在手机之间增加直接对讲功能,让两个手机不经过交换机直接通话的工作方式类似,用户在对讲状态下不受网络控制,用户之间的通信过程中占用了网络信道,而网络却无法控制,也难以计费。

2. 基于 AP 的链路级接入

基于 AP 方式的无线接入网的协议体系结构如图 8-3 所示。

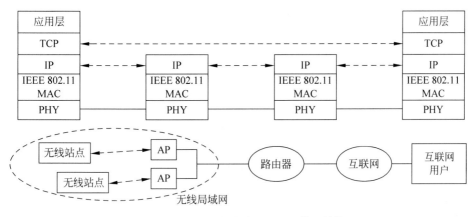

图 8-3　基于 AP 方式接入的协议体系结构

在基于 AP 的接入模型中,用户的接入完全可以由 AP 控制。在 AP 上执行 master(管理端)功能模块,对各无线用户的 AP client(客户端)模块进行管理。client 的接入需要申请,master 对其进行检查,检查合格才能允许 client 进入数据通信阶段。

master 对 client 的检查过程中可以使用 802.1x 或类似协议对用户合法身份进行认证。AP master 与 AP client 的关系如图 8-4 所示。

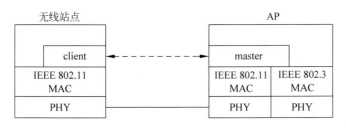

图 8-4　AP master 与 AP client 的关系

3. 基于 AP 的网络级接入

传统的 AP 仅工作在数据链路层,实现用户到分布式系统之间的桥接,但是在这种方式下,AP 不能选择分布式系统中不同的 IP 服务提供者,不够灵活,而且 IP 接入网要求的动态分配 IP 地址、地址转换(NAT)等功能都无法在 AP 上实现。

网络级接入的 AP,新增了许多网络层功能,它具有 IP 地址,可作为 DHCP 服务器分配 IP 地址,可以设置链路级和网络级的访问控制表,还可以在不同的接口上配置不同的 IP 子网,并启动路由和转发功能,因此,可以认为这种 AP 是一台简单的路由器——无线路由器(WR),在无线信道部分具有 AP 控制能力。

基于 AP 的无线路由器接入体系结构如图 8-5 所示。

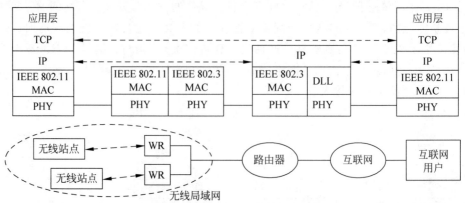

图 8-5 基于 AP 的无线路由器接入的协议体系结构

基于 AP 的无线路由器在无线信道部分采用 AP 方式,能够对用户进行有效的控制,它的网络层部分可以很好地支持 IP 接入网所要求的各种功能,这些功能在简单的家庭网络中没有什么必要,但是对于接入网则是十分必要的。

综上所述,从信道应用的角度上划分,可以将无线局域网分为对等方式和基于 AP 的方式。对等方式下,接入网很难对用户之间的直接通信进行控制,但用户往往会喜欢这种自由的方式。基于 AP 的方式可以对用户进行有效的控制,因为在这种方式下,用户任何通信都必须首先经过 AP。

8.2 无线局域网的体系结构

8.2.1 无线局域网的组成

如图 8-6 所示,无线局域网由站点、无线介质、接入点或基站和分布式系统等部分组成。

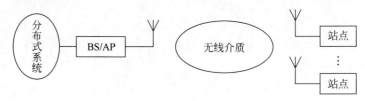

图 8-6 无线局域网的组成

1. 站点

网络是实现站点(Station,STA)之间数据传输的,人们把连接在无线局域网中的设备称为站点。站点也称为主机(Host)或终端(Terminal),是无线局域网最基本的组成单元。站点在无线局域网中又常被称为客户端(Client),它是具有无线网络接口的计算机设备。站点通常包括终端用户设备、无线网络接口和网络软件等部分。

1)终端用户设备

终端用户设备是站点与用户的交互设备。这些终端用户设备可以是台式计算机、笔记本电脑等,也可以是其他智能终端设备,如 PDA 等。

2) 无线网络接口

无线网络接口是站点的重要组成部分,它负责处理从终端用户设备到无线介质之间的数字通信,一般是指采用调制、解调技术和通信协议的无线网卡或调制解调器。无线网络接口与终端用户设备之间通过计算机总线(如 PCI 总线)或者接口(如 RS-232 接口、USB 接口)等相连,并由相应的软件驱动程序提供客户应用设备或网络操作系统与无线网络接口之间的联系。常用的驱动程序标准有网络驱动接口标准(Network Driver Interface Standard, NDIS)和开放式数据链路接口(Open Data-Link Interface, ODI)标准。

3) 网络软件

网络软件包括网络操作系统和网络通信协议等,运行在无线网络的不同设备上。客户端的网络软件运行在终端用户设备上,负责完成用户向本地设备软件发出命令,并且将用户接入无线网络。

无线局域网中的站点可以是固定的,也可以是移动的。从站点的移动性来划分,无线局域网中的站点可以分为固定站、半移动站和移动站 3 种。

固定站是指位置固定不动的站点;半移动站是指经常改变地理位置,但在移动状态下并不要求保持与无线网络通信的站点;移动站则要求能够在移动状态也可以保持与无线网络的通信。

2. 无线介质

无线介质(Wireless Medium, WM)是指无线局域网中站点与站点之间、站点与接入点之间通信的传输介质,即空气,它是无线电波和红外线传播的良好介质。

3. 无线接入点

1) 无线接入点的组成

无线接入点(AP)是具有无线网络接口的网络设备,它至少应包含以下 3 部分。

(1) 至少一个分布式系统的接口。

(2) 至少一个无线网络接口和相关软件。

(3) 接入控制软件、桥接软件、管理软件等 AP 软件和网络软件。

2) 无线接入点的功能

无线接入点类似蜂窝结构的基站,是无线局域网的重要组成部分。无线接入点是一种特殊的站点,它通常处于基本服务区(Basic Service Area, BSA)的中心,固定不动。无线接入点的基本功能如下。

(1) 作为接入点,完成其他非 AP 的站对分布式系统的接入访问和同一基站子系统(Base Sation Subsystem, BSS)中的不同站点之间的通信。

(2) 作为无线网络和分布式系统的桥接点完成无线局域网与分布式系统之间的桥接功能。

(3) 作为 BSS 的控制中心,完成对其他非 AP 站点的管理和控制。

4. 分布式系统

一个无线局域网基本服务区(BSA)所能够覆盖的区域受到环境和主机收发信机特性的限制。为了覆盖更大的区域,就需要把多个 BSA 通过分布式系统(Distributed System, DS)连接起来,形成一个扩展服务区(Extended Service Area, ESA),而通过 DS 互相连接起来的属于同一个 ESA 的所有主机组成一个扩展服务组(Extended Service Set,ESS)。

分布式系统用来连接不同 BSA 的通信信道,称为分布式系统信道。分布式系统信道可以是有线信道,也可以是无线信道。这样,在组建无线局域网时就可以灵活多样。在通常的情况下,有线分布式系统与骨干网都采用有线局域网(如 IEEE 802.3);而无线分布式系统可以通过 AP 之间的无线通信取代有线电缆来实现不同 BSS 的连接。

分布式系统通过入口(Portal)与骨干网相连。从无线局域网发送到骨干网的数据都必须经过入口;反过来,从骨干网发送到无线局域网的数据也必须经过入口。这样,就可以通过入口把无线局域网和骨干网连接在一起。与能够连接不同拓扑结构的有线局域网的有线网桥一起,Portal 必须能够识别无线局域网的帧、DS 上的帧和骨干网上的帧,并且能够相互转换。Portal 是一个逻辑的接入点,它既可以是一个单一的设备(如网桥、路由器或网关等),也可以和 AP 共存于同一个设备中。一般来说,Portal 和 AP 大都集成在一起,而 DS 与骨干网往往属于同一个局域网。

8.2.2 无线局域网的拓扑结构

无线局域网的拓扑结构可以从不同的角度来分类。从物理拓扑结构来划分,可以分为单区网(Single Cell Network,SCN)和多区网(Multiple Cell Network,MCN);从逻辑结构上来划分,可以分为对等式、基础结构式或总线式、星状、环状等;从控制方式来划分,可以分为无中心分布式和有中心集中控制式两种;从与外网的连接性来划分,可以分为独立性无线局域网和非独立性无线局域网。

基站子系统(BBS)是无线局域网的基本构造模块。它有两种基本的拓扑结构,分别是基础结构集中式拓扑结构和分布对等式拓扑结构。单个 BSS 称为单区网,多个 BSS 通过 DS 互联构成多区网。

1. 基础结构集中式拓扑结构

基础结构集中式拓扑结构仅包含一个 AP 的单区基础结构集中式 BSS,如图 8-7 所示。

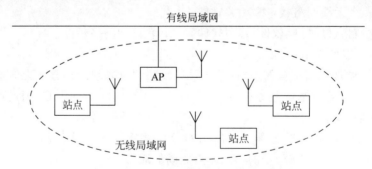

图 8-7　单区基础结构集中式的 BSS 模式

基础结构集中式拓扑的无线局域网包括分布式系统媒体(Distributed System Media, DSM)、AP 和端口实体。并且,它也是 ESS 的分布和综合业务功能的逻辑位置。一个基础结构除了 DS 以外,还包含一个或多个 AP 及零个或多个端口,因此,在基础结构 WLAN中,至少要有一个 AP。AP 是 BSS 的中心控制站点,网络中的站点在 AP 的控制下与其他站点进行通信。

2. 分布对等式拓扑结构

如图 8-8 所示,分布对等式网络是一种独立的基站子系统(Independent Base Station Subsystem,IBSS)。它至少有两个站点。IBSS 是一种典型的、以自发方式构成的单区网。在可以直接通信的范围内,IBSS 中任意站点之间可以直接通信而不需要 AP 连接。由于没有 AP,站点之间的关系是对等的、分布式的和无控制中心的。由于 IBSS 网络不需要预先计划,可以随时需要随时建立,因此,这种工作模式被称为自组织网络(ad hoc network)。采用这种拓扑结构的网络,各站点竞争公用信道,当站点数量较多时,信道竞争将成为影响网络性能的关键因素。因此,IBSS 仅适合于小规模、小规范的 WLAN 系统。

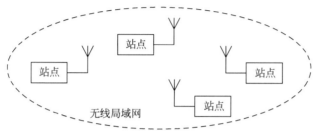

图 8-8　分布对等式的 IBSS 模式

IBSS 网络的典型特点是受时间和空间的限制,而这些限制使得 IBSS 的建立和拆除十分简单,使 IBSS 网络中的用户可以很方便地操作。也就是说,除了网络中必备的站点外,用户不需要专业的网络技术知识和操作技能,就可以使用 IBSS 网络了。因此,IBSS 结构简单、组网灵活、使用方便,多用于临时组建的小型无线局域网。

3. ESS 网络拓扑结构

扩展服务区(ESA)是由多个 BSA 通过 DS 连接形成的一个扩展区域,覆盖范围可以达几千米。属于同一个 ESA 的所有站点组成扩展服务组(ESS),如图 8-9 所示。在 ESA 中,AP 除了应该完成的基本功能外,还可以确定一个 BSA 的地理位置。

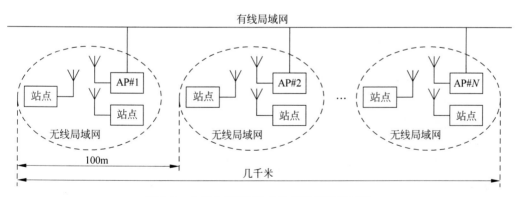

图 8-9　由多个 IBSS 组成的 ESS 无线局域网

ESS 是一种由多个 BSS 组成的多区网,其中每个 BSS 都被分配了一个标识号 BSS ID。如果一个网络由多个 ESS 组成,每个 ESS 也被分配一个标识号 ESS ID,所有 ESS ID 组成一个网络标识(Network ID),用以标识由这几个 ESS 组成的网络(子网)。

实际上,两个 ESS 中的 BSA 之间并不一定需要重叠。当一个站点从一个 BSA 移动到另一个 BSA,称这种移动为散步(Walking)或越区切换(Handover 或 Handoff),这是一个链路层移动;当一个站点从一个 ESA 移动到另一个 ESA,称这种移动为漫游(Roaming),这是一种网络层或 IP 层移动。当然,在这种移动过程中,同样包含着越区切换。

4. 中继型或桥接型网络拓扑结构

采用中继型或桥接型网络拓扑结构,也是拓展无线局域网覆盖范围的一种有效方法。

两个或多个网络或网段可以通过无线中继器、无线网桥或无线路由器等无线网络设备互联起来。如果中间只通过一级无线设备互联,称为单跳(Single Hop)网络;如果中间经过多级无线设备互联,则称为多跳(Multiple Hop)网络。

8.2.3　无线局域网的服务

对于无线局域网的不同层次,都有相应的服务。例如,IP 层有 DHCP、DNS、ARP 服务,应用层主要有 WWW 服务、FTP 服务、SMTP 和 POP3 等服务。与无线局域网的体系结构密切相关的服务主要有分布式系统服务(DSS)和 STA 服务两种类型,这两种服务都属于 MAC 层。

1. 分布式系统服务

由分布式系统(DS)提供的服务称为分布式系统服务(Distributed System Service,DSS)。在无线局域网中,DSS 通常由 AP 提供。DSS 包括以下 5 种。

1) 关联

为了在 DS 内传送信息,分布式服务需要知道应接入哪一个 AP。这种服务信息由关联提供给 DS。支持 BSS 的切换移动,关联服务是必要条件。也就是说,关联只能支持无切换移动。

在站点允许通过 AP 发送数据信息前,它必须首先与 AP 建立关联。要建立关联,必须唤醒关联服务,关联服务提供了站点到 DS 的 AP 映射。DS 使用这个信息完成它的消息分布业务。在任一指定的时刻,一个站点只能与一个 AP 关联。一旦关联完成,站点就能与 DS 进行通信。一般情况下,关联由移动站点激活,而不是 AP 激活。

在同一时间,一个 AP 可以与多个移动站点关联。

2) 重新关联

对于移动站点之间的无切换消息传送,连接为充分条件。要支持 BSS 切换移动,还需要重新关联服务。

重新关联服务用于完成当前关联从一个 AP 移动到另一个 AP。当移动站点在 ESS 内从一个 BSS 移动到另一个 BSS 时,它保持了 AP 与移动站点之间的映射。当移动站点保持与同一个 AP 的关联时,重新关联还能改变已经建立的关联的属性。重新关联总是由移动站点激活的。

3) 解除关联

当要终止一个已经存在的关联时,就会唤醒解除关联。在 ESS 中,解除关联服务指示 DS 取消已经存在的关联,因此试图通过 DS 向已经解除关联的站点发送信息是无效的。

关联的任何一部分都可以唤醒解除关联服务,解除关联是一个通告型服务,而不是请求型服务,它不能被关联的任一方拒绝。

AP 可以解除站点关联,使 AP 从无线网络中移走。移动站点也可以试图在需要它们离开无线网络时解除关联,但是,MAC 协议并没有依靠移动站点来唤醒关联服务。

4) 分布

分布是无线局域网的站点使用的基本服务。分布服务由来自 ESS 中的站点的每个数据消息唤醒,并借助 DSS 来完成。

5) 集成

DSS 分发到端口的消息使得 DS 唤醒集成功能,集成功能负责完成消息从 DSM 到集成 LAN 介质和地址空间的变换。如果分布式服务确定消息的接收端是集成局域网的成员,则 DS 的输出位置是端口而不是 AP。

2. STA 服务

由 STA 提供的服务被称为 STA 服务,它存在每个 STA 和 AP 中。STA 服务包括以下 3 个步骤。

1) 认证

利用认证服务控制 WLAN 的接入能力,所有 STA 均可使用该服务得到与他们通信的 STA 身份,如果两台 STA 之间没有建立一种交互式可接收的认证级别,那么就无法建立关联。

STA 之间的认证可以是链路级认证,也可以是端到端或用户到用户的认证。

IEEE 802.11 标准支持开放系统认证和共享密钥认证,后者执行有线等价保密(WEP)算法。

2) 解除认证

当需要终止已经存在的认证时,解除认证服务就会被唤醒。在 ESS 中,由于认证是关联的先决条件,因此解除认证就可以使 STA 解除关联。解除认证服务可以由任何一个关联实体唤醒,它不是一个请求型服务,而是一个通知型服务。即解除认证不能被任何一方拒绝。当 AP 向已经关联的 STA 发送解除认证时,关联将被强制终止。

3) 保密

在有线局域网中,只有物理上连接到传输介质的那些 STA 可以侦听到 LAN 服务。对于无线共享媒体来说,任何一台符合 IEEE 802.11 标准的 STA 都可以侦听到覆盖范围内的所有 PHY 服务。因此,无保密的独立无线链路连接到已经存在的有线局域网时,将会严重危害有线局域网的安全。

为了提高无线局域网的安全性,IEEE 802.11 标准提供了 WEP、WPA、TKIP 等加密技术。

8.3　CSMA/CA 协议

CSMA/CD 协议在有线局域网上取得了巨大的成功,这为无线局域网领域提供了许多值得借鉴的经验。在局域网中,CSMA/CD 协议以竞争方式共享信道,具有灵活性好、成本低廉的特点,能够很好地适应计算机网络的发展。因此,IEEE 802.11 研究组建议在无线局域网中采用类似的技术——载波侦听多路访问/冲突避免(Carrier Sense Multiple Access/Collision Avoidance,CSMA/CA)协议。

8.3.1 CSMA/CA 基本原理

无线收发器不能在同一个频率上发送信号的同时接收信号,所以无线局域网的物理层无法在传输数据过程中同时检测冲突,即不能像 CSMA/CD 技术那样检测到冲突后立即停止传输,因此一旦发生冲突,持续时间将最少为一个帧的传输时间,造成信道资源的很大浪费。CSMA/CA 协议采用冲突避免技术来降低冲突概率,尽管在没有冲突发生时会增加时间开销,但是换来的是降低冲突发生的概率。实践证明,这样的时间开销是值得的。

无线局域网的 CSMA/CA 协议的工作原理如图 8-10 所示。

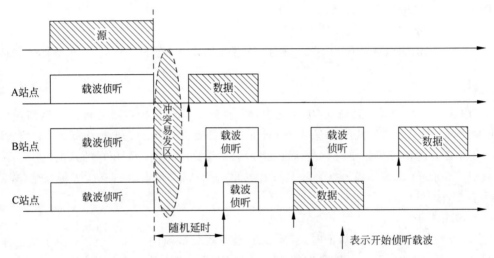

图 8-10 CSMA/CA 协议的工作原理

要降低冲突发生的概率,应首先分析什么情况下发生冲突的概率最大,然后有针对性地加以避免。采用了载波侦听技术后,可以保证侦听到载波的站点不会与正在传输的站点发生冲突,但当一个帧传输结束时,正在侦听同一个信道的 A、B、C 3 个站点都会开始竞争信道,如果它们的策略是在信道一旦空闲时就发送数据,则冲突不可避免。因此,采用载波侦听技术后,信道由忙转闲的时刻是最容易发生冲突的时刻,如果能够使需要访问信道的多个站点在时间上分隔开,将降低冲突发生的概率,即通过随机延时的机制(随机回退)让一个站点先发送,其余站点稍后再尝试发送,它们会因为侦听信道载波忙而等待,从而避免冲突。

借鉴有线局域网 CSMA/CD 协议在检测到冲突后分散多个参与冲突站点的二进制指数随机回退算法,无线局域网的 CSMA/CA 协议引入了一种传输前分散多个可能冲突站点的时延算法。这个算法也是一种二进制指数随机回退算法,各站点在信道空闲后的竞争窗口里以时间片为单位进行随机回退。

每个站点都有一个回退计数器,记录时间片个数。当站点准备传输但发现无线传输介质忙时,会取一个随机数放入回退计数器中。当介质空闲后,即站点可以竞争信道时,回退计数器开始倒计数,每经过一个时间片计数值减 1,并在这个过程中持续载波侦听。

CSMA/CA 协议的随机回退过程如图 8-11 所示。如果回退计数器倒计数值变为零(即已经到期),并且介质始终为空闲,则站点可以立即传输数据;如果回退计数器倒计数值不为零(即未到期),而介质变为忙,表示有其他站点竞争占用了信道,则本站点停止计数,但倒计数值没有清零,等到下一轮又开始竞争信道,继续倒计数。

回退倒计时的原则是只要放入一个值,就将一直倒计数到 0,中途不会重置。如图 8-11 所示,A 站在每次竞争时,用于继续退避的计数值都有所减少,在最后一次竞争中,A 站的继续退避计数值已经减到很小,也就能够优先获得发送机会。在这里,CSMA/CA 协议与 CSMA/CD 的回退计时在每次冲突后都重新计算有所不同,这样做可以避免出现某个帧总是发不出去的现象。

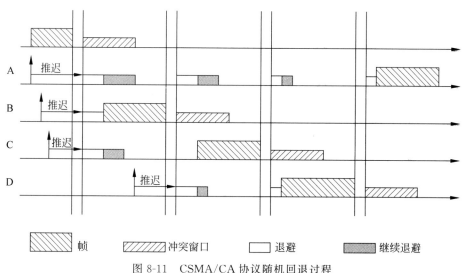

图 8-11　CSMA/CA 协议随机回退过程

冲突窗口的取值序列为(7,15,31,63,127,255),每次就从取值序列中取出一个值,如果传输不成功,冲突窗口就从取值序列中取出下一个值,这个取值序列具有按二进制指数增长的趋势,这意味着当冲突次数过多时,站点发送时延将按指数方式递增,站点之间在时间间隔上的分布变大,从而降低冲突发生的概率。

因为多个站点在传输前都按照随机方式进行时延,具有最小回退时间的站点将先竞争得到信道,减轻了信道由忙转闲时的激烈冲突。在随机回退机制下,两个站点因回退时间相同而发生冲突是小概率事件,所以冲突的概率降低了。但是,每个站点在传输数据前都要时延,即使是只有一个站点在监听信道,不会发生冲突时也同样处理,这样做,降低了部分信道的利用率。

分析和归纳 CSMA/CA 协议避免冲突的过程,可以得到如图 8-12 所示的流程图。

8.3.2　冲突避免机制

依靠载波侦听技术,CSMA/CD 可以有效避免有线局域网正在传输的站点发生冲突,然而,在无线环境下,载波侦听也不一定可靠。如图 8-13 所示,在隐藏站点的情况下,B 和 C 互相听不到对方。因此,容易导致 B 和 C 同时向中间的 AP 发送数据的情况。这时,AP 收到的是 B 和 C 叠加后的冲突数据。

如果经常出现这种情况,那么即使进行载波侦听,其效果也与没有侦听载波的 ALOHA 技术类似。针对这种情况,CSMA/CA 协议采用 RTS/CTS 机制来避免此类冲突的发生。

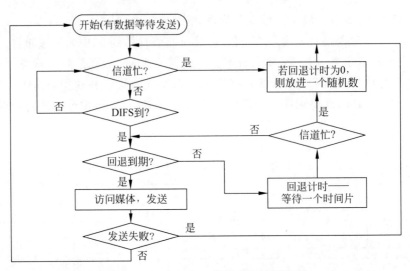

图 8-12　CSMA/CA 协议介质访问流程

发送 RTS 帧的机制如图 8-14 所示,发送 CTS 帧的机制如图 8-15 所示。

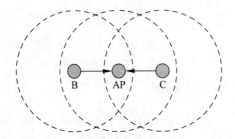

图 8-13　隐藏站点发生的冲突

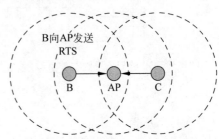

图 8-14　B 站向 AP 发送 RTS 帧

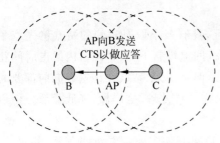

图 8-15　AP 向 B 发送 CTS 帧以应答

采用 RTS/CTS 机制的无线局域网的工作原理如下。

(1) B 站点在发送前首先发送一个"请求发送"(Ready To Send,RTS)控制帧给 AP。

(2) AP 可以同时听到 B 和 C,但 B 听不到 C。如果 AP 认为信道空闲,即 C 站点没有发送数据,则 AP 应向 B 发送"清除待发送"(Clear To Send,CTS)帧给 B 作为应答信号,允许 B 发送数据。

(3) 当 B 收到 CTS 帧,确认信道处于空闲状态时,将向 AP 发送数据。在 AP 发送 CTS 应答 B 的同时,AP 附近的站点(包括 C)都根据这个 CTS 帧抑制各自的发送行为,直到 B 的数据发送完成,从而避免与 B 冲突。

(4) 如果信道忙,当 AP 正在发送数据时,AP 不会发送 CTS;如果两站点同时发送了 RTS 给 AP,则两个 RTS 在 AP 处冲突,AP 不能识别,也无法回应 RTS。

(5) 当 B 发送了 RTS,但没有收到 AP 应答 CTS 时,或者收到的 CTS 不是对本站发出的 RTS 的应答时,发送 RTS 的站就要抑制数据的发送,随机回退,再次尝试发送 RTS。

注意:RTS/CTS 机制并不能完全避免冲突。例如,当两个站点同时发出 RTS 帧时,就会发生冲突。由于 RTS 帧很短,冲突并不会持续很长时间,因此对 RTS/CTS 机制的正确理解应该是用较短的 RTS 冲突替代了较长的数据帧冲突,从而减轻冲突的影响。

RTS/CTS 机制每次传输都会多交换两个控制帧,假如数据帧较多,这的确是一笔不小的开销。因此,在实际应用中常常设置一个门限值,只有当需要传输的帧长超过这个门限值时才会启动 RTS/CTS 机制,因为较短的帧并没有必要使用 RTS/CTS 机制。

8.3.3 单帧等待应答

为了应付突发事件较多的无线网络环境,尽快处理帧传输中的错误,提高信道的可靠性,CSMA/CA 协议采用一种与停等(Stop and Wait)ARQ 协议相似的方式处理差错:当发送方发送一数据帧后,会等待接收方回复的应答帧——ACK,如果在限定的时间内发送方没有收到应答帧,将尝试重新发送;因此,接收方应在数据帧接收到后立即回复应答帧 ACK。

当信道比较繁忙或信道状态比较复杂时,单帧等待方式将有可能由于接收方在限定的时间内来不及应答,导致发送方频繁超时重传,从而加重信道的负担。

为了使接收方能及时应答,CSMA/CA 协议定义了两个重要的时间间隔:即分布帧间间隔(Distributed Inter Frame Space,DIFS)和短帧间间隔(Short Inter Frame Space,SIFS)。

1. 传输前的"静默"

如图 8-16 所示,每个站点都必须在介质空闲时间 DIFS 后才能开始传输前的信道竞争,即启动回退过程,开启传输前的倒计时。一旦各站点开始回退倒计时,随时都有可能出现某个站点倒计时为零从而抢占信道。从 DIFS 结束开始竞争至回退时延的最长时间称为竞争窗口(Contention Windows,CW);从信道空闲至开始竞争的 DIFS 时间范围内,是各个站点都必须遵守的"静默"时间段。

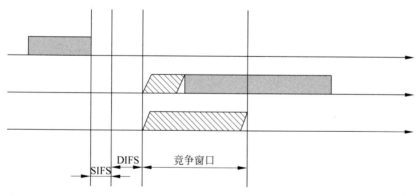

图 8-16　帧间间隔与竞争窗口

2. 应答时的"优先"

假如某个站点在 DIFS 时间段内抢先发出信号,可以认为这个站点不需要经过竞争就优先获得信道,这是获得信道访问优先权的一种实现方式。如果使接收方的应答帧具有这种优先权,应答帧就可以及时发送出去。因此,CSMA/CA 协议规定,接收站点在信道空闲 SIFS 时间后,就可以发送应答帧。由于 SIFS 是比 DIFS 更短的时间间隔,接收站点在发送应答帧时只需等待媒体空闲较少时间,与此同时,其他各站点则需等待 DIFS 时间后才能尝试抢占信道,这样,接收站点就优先于其他站点抢占信道发送出应答帧,从而保证了单帧等待过程的顺利完成,也提高了信道的可靠性。

3. 帧交换序列

在发送方单帧等待、接收方立即应答的机制下,每次成功传输至少包含两个帧的交换,即 A 站点发送到 B 站点的数据帧(Data Frame)和 B 站点送回 A 站点的 ACK 应答帧,这样就形成了帧交换序列。

综合 8.3.2 节介绍的 RTS/CTS 机制和本节介绍的应答机制,就遵循如下的发送过程:首先由发送方发送 RTS 帧请求发送;接收方回复应答 CTS 帧,清空信道等待接收;然后发送方发送数据帧;接收方在完成数据帧的接收以后,再发送应答帧通知发送方。以上过程形成一个多帧的交换序列,即 RTS+CTS+Data Frame+ACK,其中 RTS 帧和 Data Frame 帧是源站点发给目的站点的,而 CTS 帧和 ACK 帧则是目的站点送回源站点的。

帧交换序列如图 8-17 所示。在整个帧交换序列中,各帧之间的时间间隔都是 SIFS,这意味着序列中每次媒体空闲时,帧交换序列中的站点只需要等待 SIFS 时间就可以占用信道。同时,其他站点准备信道时都需要等待较长的 DIFS 时间。因此,其他站点是无法在序列中成功竞争到信道的。显然,一旦站点竞争到信道启动帧交换序列后,这个序列不会因为其他站点试图竞争信道而被中断。

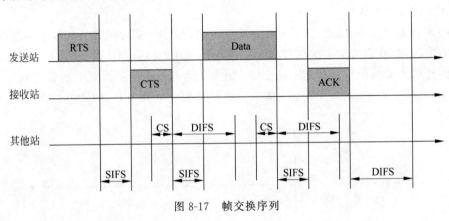

图 8-17　帧交换序列

8.3.4　分段与重装

CSMA/CA 协议中,帧的分段与重装如图 8-18 所示。在不可靠的无线信道上传输长帧是不容易的,帧越长,则传输过程中出错的概率就越高,由于差错而重传的代价也越高。当帧的长度达到一定程度时,尽管多次重传,接收方站点也很难一次正确接收到完整的帧。因此,在通信质量较差的无线信道上,有必要将一个长帧分成多个分段(Frag)传输,而且最好能根据信道的实际质量,决定分段的长度。CSMA/CA 协议规定了将长帧进行分段的规程,各个分段都具有独立的帧头和完整的结构。也就是说,虽然它们是帧的分段,但是在结构上,都相当于一个个独立的帧。同一帧的各个分段具有相同序列号以及不同的分段号,以便接收方进行重装。

然而,把一帧分为多个分段传输,将使得无线局域网中帧的数量增加。站点需要多次参与信道竞争,也增加了冲突的概率。因此,CSMA/CA 协议采用"帧猝发"技术来避免因分段而造成站点不得不多次参与信道竞争的情况。

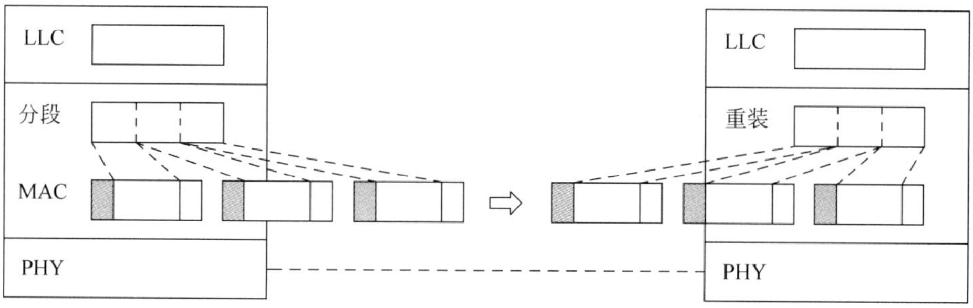

图 8-18　帧的分段与重装

帧猝发技术依然使用具有优先权的 SIFS 时间间隔,站点在连续发送一帧的多个分段时,每个分段只需要等待 SIFS 的时间间隔。这样,发送完一个分段并收到应答后,当其他站点还在等待 DIFS 间隔时,发送站点已经结束了 SIFS 过程,抢先一步占用了信道。换句话说,发送站点并没有在发送完一个分段后放弃信道和重新竞争。这样,长帧分段后,发送站点虽然发送的帧(分段)数量增加了,但是发送这些分段只竞争了一次信道,只有在发送第一个分段时才需要竞争信道。

8.3.5　信道占用预测

在 CSMA/CA 协议中,载波侦听是十分重要的技术,当载波侦听发现介质空闲时,站点将启动介质竞争过程以占用信道。在有线局域网中,载波侦听完全依靠物理层来实现;而在无线局域网中,尽管仍然可以依靠物理层的物理手段来侦听载波,但侦听的结果不一定可靠。例如,在如图 8-13 所示的"隐藏站点"的问题中,由于无线电波覆盖范围有限,站点 A 和站点 C 就无法侦听到对方的载波。所以,工作在无线环境下的 CSMA/CA 机制,除了使用物理检测方式外,还使用了虚拟载波侦听机制,即用逻辑方法对信道的占用情况进行预测。CSMA/CA 是一种 MAC 层技术,因此,人们又常称虚拟载波侦听机制为 MAC 层载波侦听。在 CSMA/CA 协议中,物理载波侦听和虚拟载波侦听这两种手段是互相配合使用的。

1. 虚拟载波侦听

虚拟载波侦听并非通过介质上的信号情况来侦听载波,而是从 MAC 帧中携带的相关信息来实现逻辑预测。也就是说,每个帧携带发送站点下一个帧将持续时间的信息,与之相关的各个站点根据这个信息对信道占用进行预测。如果一个站点没有侦听到持续时间的信息,例如,当监听载波时,这一帧的持续时间字段已经传送过,则站点只能依靠物理层检测。

虚拟载波侦听利用网络分配矢量(Network Allocation Vector,NAV)实现。NAV 是一个倒计时计时器,随时间的流逝逐渐减少,当倒计时为 0 时,虚拟载波检测将认为介质处于空闲状态。因此,虚拟载波检测技术在适当的时候以适当的值设置和更新 NAV 的计时值。

下面以源站点发送一个进行了分段的数据帧为例,分析其他站点更新 NAV 的过程。如图 8-19 所示,A、B、C 3 个站点在不同时刻开始载波监听,最后它们的 NAV 结束时刻都一样,都在帧交换序列结束的时刻。

在图 8-19 中,A 站点于 RTS 帧前启动虚拟载波侦听,它根据 RTS 帧改变 NAV_A 到 ACK0 结束的时刻。当 RTS 帧结束、CTS 帧结束或编号为 0 的分段(Frag0)结束时,A 站点并不会认为信道空闲;收到 Frag0 的持续时间字段后,A 站点更新 NAV_A 为 ACK1 的结束

234

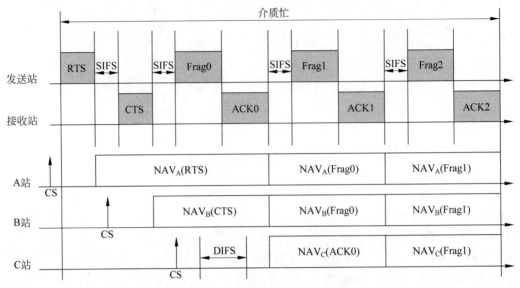

图 8-19　NAV 虚拟载波侦听

时刻;收到编号为 1 的分段(Frag1)的持续时间字段后,A 站点再次更新 NAV_A 为 ACK2 的结束时刻;以此类推,最终 A 站点将在 ACK2 的结束时刻把倒计时值置为 0。

　　B 站点在 CTS 帧前启动虚拟载波侦听,NAV_B 会根据 CTS 的持续时间字段设置为到 ACK0 结束,以后 NAV_B 的更新过程与 A 站点一样。

　　C 站点在 Frag0 传输中间启动虚拟载波侦听,它没有收到 Frag0 的持续时间字段,它的物理载波侦听会在 Frag0 结束时认为媒体空闲,但是它还没来得及开始竞争信道就收到了接收站点的 ACK0,只能根据 ACK0 将 NAV_C 设置到 ACK1 结束;以后 NAV_C 的更新过程与 A 站点一样。

　　从以上的分析可知,虚拟载波侦听不是预测一个帧的结束,而是预测一个帧交换序列的结束。另外,如果 B 站点侦听不到发送站点的载波,它还可以根据接收站点发送的 CTS 帧和各 ACK 帧来实现虚拟载波侦听,从而增加虚拟载波侦听机制的可靠性。

　　2. 虚拟载波侦听与物理载波侦听的综合

　　信道处于"忙"或"闲"状态的结论最终由虚拟载波侦听与物理载波侦听各自的结果综合判断而得出。只有在 NAV 到期,而且物理侦听结果也显示为空闲时,MAC 实体才认为信道空闲;当两者判断的结果不一致时,一律当作信道忙来处理。当然,正常情况下,NAV 与物理侦听载波的结果都是相同的。

8.4　无线局域网的物理层

　　无线局域网中应用最广泛的标准是 IEEE 802.11x 标准。IEEE 802.11 标准包含 MAC 层的 3 个物理层载波频段,其中,两个工作在 2.4GHz 波段,一个工作在红外波段,3 个载波频段的速率都达到了 1~2Mb/s;IEEE 802.11a 标准工作在 5GHz 波段,速率达到 54Mb/s;IEEE 802.11b 标准工作在 2.4GHz 波段,速率达到 5.5~11Mb/s;IEEE 802.11g 标准也工作在 2.4GHz 波段,速率达到 54Mb/s;IEEE 802.11n 标准工作在 2.4GHz 或 5GHz 波段,最高速率可达 600Mb/s。

8.4.1 IEEE 802.11 物理层

IEEE 802.11 标准定义的物理层有 3 个可选的载波频段,即跳频扩频(FHSS)、直接序列扩频(DSSS)和红外线(IR),其中,FHSS 和 DSSS 都工作在 2.4～2.4835GHz 频段。

1. 跳频扩频

跳频扩频(Frequency Hopping Spread Spectrum,FHSS)技术,是指信号载波将在一个宽的频带上不断从一个频率跳变到另一个频率。发射机频率跳跃的次序和相应的频率由一串随机序列决定,接收机必须采用相同的跳频序列,在适当的时候调整到适当的频率,才能正确接收数据。

一个 FHSS 系统利用多个信道,其中信号由一个信道跳到另一个基于伪噪声序列的信道。在 IEEE 802.11 模式中,使用 1MHz 的信道。在不同国家和地区,信道迁跳的细节是有差异的。例如,在美国最小迁跳距离为 4MHz,在欧洲最小迁跳距离为 6MHz,而在日本最小迁跳距离则为 5MHz。

在调制方面,FHSS 在 1Mb/s 系统中使用两级高斯 FSK。位 0 和位 1 按照当前载频的偏差进行编码;而在 2Mb/s 系统中使用一个 4 级高斯 FSK。其中,4 个与中心频率不同的偏差定义了 4 种不同的两位编码。

2. 直接序列扩频

直接序列扩频(Direct Sequence Spread Spectrum,DSSS)技术,是将一位数据编码为多位序列,称为一个"码片"。例如,数据 0 用码片 00100111000 编码,数据 1 用码片 11011000111 编码,数据串 010 则编码为 00100111000、11011000111 和 00100111000。

从表面上看,采用直接序列扩频技术要求更高的带宽,但这样的代价是值得的。合理地选择码片,有助于提高处理增益,增强信道的抗干扰能力,以便应对嘈杂的无线网络环境。如果选择正交的码片组,就可以使用同一频率同时发送多路数据。

在 DSSS 系统中,采用差分二进制相移键控(DBPSK)和差分正交相移键控(DQPSK)调制技术,分别支持 1Mb/s 和 2Mb/s 数据传输速率,可以提供 14 个信道,但是能够同时使用的非重叠信道只有 3 个,所以,当存在多个 BSS 重叠区域时,每个 BSS 应尽量选择互不干扰的工作频段。

3. 红外线

IEEE 802.11 标准下的红外线(IR)传输工作波长为 850～950nm 波段,使用 16/4 电平的脉冲定位调制(Pulse Position Modulation,PPM)技术,分别支持 1Mb/s 和 2Mb/s 数据传输速率。在 1Mb/s 数据传输速率中,以每 4 个数据位为一组,每组被映射为一个 16-PPM 符号,每个符号是一个由 16 位二进制数据组成的字符串;在 2Mb/s 数据传输速率中,以每两个数据位为一组,每组被映射到某个 4 位序列,每个 4 位序列由 3 个 0 和 1 个 1 的二进制数据组成。

虽然红外线不会对无线电波产生干扰,设备成本较低,安装简单,但是通信距离较短(仅限于 20m 范围内),传输过程中易受墙壁等障碍物阻挡,移动性较差,这使得红外线技术在无线局域网中的应用受到限制。

早期的 IEEE 802.11 标准数据传输速率最高仅为 2Mb/s,后来经过改进,传输速率达 11Mb/s 的 IEEE 802.11b 紧接着出台。但随着无线局域网的发展,特别是 IP 语音、视频数据流等高带宽网络应用变得更为频繁,IEEE 802.11b 标准 11Mb/s 的数据传输速率不免有些力不从心。因此,传输速率达 54Mb/s 的 IEEE 802.11a 和 IEEE 802.11g,甚至传输速率高达 300Mb/s 的 IEEE 802.11n 等新技术相继诞生。下面从性能和特点上,分别介绍这 4种当今市场上主流的无线局域网技术标准。

8.4.2 IEEE 802.11a 标准

IEEE 802.11a 是 IEEE 802.11 原始标准的一个修订标准,于 1999 年获得批准。IEEE 802.11a 标准采用了与原始标准相同的核心协议,载波频段为 5.2GHz,使用 52 个正交频分复用(Orthogonal Frequency Division Multiplexing,OFDM)副载波,最大原始数据传输速率为 54Mb/s,这达到了现实网络中等吞吐量(20Mb/s)的要求。如果需要,数据传输速率可降为 48Mb/s、36Mb/s、24Mb/s、18Mb/s、12Mb/s、9Mb/s 或者 6Mb/s。IEEE 802.11a 拥有 12 条不相互重叠的频道,8 条用于室内,4 条用于点对点传输。但是,它不能与 IEEE 802.11b 进行互操作,除非使用对这两种标准都兼容的设备。

由于 2.4GHz 频段已经被广泛使用,因此采用 5.2GHz 的频段使得 IEEE 802.11a 具有较少冲突的优点。然而,高载波频率也带来了负面效果。IEEE 802.11a 几乎被限制在直线范围内使用,这导致必须使用更多的接入点;同样还意味着 IEEE 802.11a 不能传播得像 IEEE 802.11b 那么远,因为它更容易被吸收。

在 52 个 OFDM 副载波中,48 个用于传输数据,4 个是引示副载波(Pilot Carrier),每个带宽为 0.3125MHz(20MHz/64),可以是二进制相移键控(BPSK),四相移相键控(QPSK),16-QAM 或者 64-QAM。总带宽为 20MHz,占用带宽为 16.6MHz。符号时间为 4μs,保护间隔为 0.8μs。实际产生和解码正交分量的过程都是在基带中由 DSP 完成,然后由发射器将频率提升到 5GHz。每个副载波都需要用复数来表示。时域信号通过逆向快速傅里叶变换产生。接收器将信号降频至 20MHz,重新采样并通过快速傅里叶变换来获得原始数据。使用 OFDM 的好处包括减少接收时的多路效应,增加了频谱效率。

物理层的主要目的是通过 MAC 层传送媒体接入控制(MAC)协议的数据单元(MPDU)。物理层分为 PLCP 子层和 PDM 子层,PLCP 子层提供 OFDM 传输所需的成帧和信令位,PDM 子层完成实际的编码和传输操作。

IEEE 802.11a 标准的物理层帧格式如图 8-20 所示。

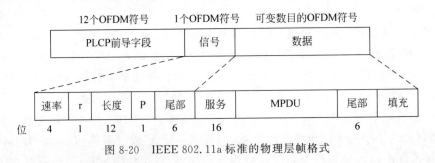

图 8-20 IEEE 802.11a 标准的物理层帧格式

在图 8-20 中,PLCP 前导字段的作用是使接收器获得一个正交频分复用(OFDM)符号并且实现与解调器同步,紧接着的是信号字段,它由一个长度为 24 位二进制数的 OFDM 符号组成。前导字段和信号字段使用 BPSK 调制方式以 6Mb/s 的速率传送。

信号字段由以下 5 部分组成。

(1) 速率:说明帧中的数据字段部分的传输速率。

(2) r:保留供将来使用。

(3) 长度:在 MPDU 中 8 位组的个数。

(4) P:奇校验位,取决于数据速率、r 和长度共 17 位二进制数据中 1 的个数。

(5) 尾部:附加到这个 OFDM 符号后的 6 个 0,可使卷积编码器达到 0 状态。

数据字段中 OFDM 符号的个数是可变的,数据字段由以下 4 部分组成。

(1) 服务:由 16 位二进制数组成,前 6 位设为 0,用于实现与解扰器同步,其余 9 位全置为 0。

(2) MAC 协议数据单元(Media Protocol Data Unit,MPDU):由 MAC 层交付传输的数据。

(3) 尾部:6 个 0,用于重新初始化卷积编码器。

(4) 填充:为使得在数据字段中的长度刚好为一个 OFDM 符号(即 48 的整倍数)而需要填充的若干位数据。

IEEE 802.11a 的产品直到 2001 年才开始在市场上销售,比 IEEE 802.11b 的产品还要晚,这是由于产品中 5GHz 的组件研制成功得太迟了。时过境迁,目前,IEEE 802.11b 产品已经被广泛采用,IEEE 802.11a 产品并没有被广泛采用。再加上 IEEE 802.11a 的一些弱点和不同国家标准有所差异的限制,使得它的使用范围更窄了。WLAN 设备厂商为了应对这样的市场形势,对技术进行了改进,使 IEEE 802.11a 技术与 IEEE 802.11b 技术在很多特性上很相近,并开发了可以兼容不止一种 IEEE 802.11 技术标准的产品。现在已经有了可以同时支持 IEEE 802.11a、b、g、n 的双模式、三模式甚至四模式的无线网卡,它们可以自动根据情况选择标准。同样,新的移动适配器和接入设备也能同时支持所有的这些标准。

8.4.3 IEEE 802.11b 标准

从性能上看,IEEE 802.11b 是 IEEE 802.11 DSSS 模式的一个扩充,它的带宽为 11Mb/s,实际传输速率在 5Mb/s 左右,与普通的 10Base-T 规格有线局域网持平。无论是家庭无线组网还是中小企业的内部局域网,IEEE 802.11b 都能基本满足使用要求。由于基于的是开放的 2.4GHz 频段,因此 IEEE 802.11b 的使用无须申请,既可作为对有线网络的补充,又可自行独立组网,灵活性很强。

IEEE 802.11b 标准的物理层帧格式如图 8-21 所示。

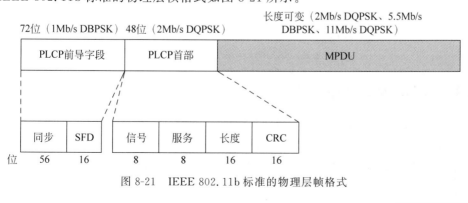

图 8-21 IEEE 802.11b 标准的物理层帧格式

IEEE 802.11b 定义了两种物理层的帧格式,两者仅是在前导字段的长度上略有差异。长的 144 位的前导字段与原来 IEEE 802.11 DSSS 模式中使用的前导字段相同,可以与其他 IEEE 802.11 标准兼容。短的 72 位的前导字段则提供更有效的数据流量。

短的前导字段由两部分组成:56 位的同步单元和 16 位的起始帧分界符(Start of Frame Delimiter,SFD)。前导字段信号使用差分 BPSK 和巴克码扩频以 1Mb/s 的速率发送。

紧跟着前导字段的是 PLCP 首部,它使用差分四相相移键控(Differential Quadrature Phase Shift Keying,DQPSK)调制方式以 2Mb/s 的速率发送,它由以下 4 部分组成。

(1) 信号:说明帧中 MPDU 部分发送时的数据速率。

(2) 服务:在这个 8 位的字段中,只有其中三位有意义,一位指示使用的发送频率和符号时钟是否与本地的振荡器一致,一位指示是否使用了 CCK 或 PBCC 调制模式,还有一位用作长度子字段的扩展。

(3) 长度:通过给出发送 MPDU 所需要的微秒数来指示 MPDU 字段的长度。

(4) 循环冗余校验码(CRC):这是用于保护信号、服务和长度字段的一个 16 位的差错检测码。

MPDU 字段由在信号字段中说明数据速率的可变长度的数据组成。发送前,物理层 PDU 的所有位都要首先进行扰码处理。

IEEE 802.11b 分片的速率为 11MHz,这与初始的 DSSS 模式相同,这样就提供了相同的带宽。为在相同的分片速度、相同带宽下获得更高的数据速率,使用了一种名为补码键控(Complementary Code Keying,CCK)的调制模式。

CCK 调制模式与原有的 IEEE 802.11 DSSS 具有相同的信道方案,在 2.4GHz ISM 频段上有 3 个互不干扰的独立信道,每个信道约占 25MHz。因此,CCK 具有多信道工作特性。

11Mb/s 速率的 CCK 调制模式如图 8-22 所示。输入数据被视为由 8 位组成的块,其中每位的速率为 1.315MHz(8 位/符号×1.375MHz=11Mb/s)。这些位中的每 6 位数据被映射到某个 64 位的码序列,这些码序列基于一个 8×8 矩阵。映射的输出加上两个附加位就组成一个 QPSK 调制器。

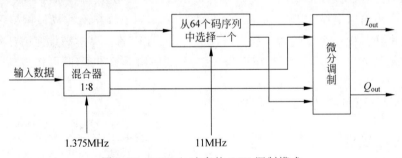

图 8-22　11Mb/s 速率的 CCK 调制模式

8.4.4　IEEE 802.11g 标准

由于 IEEE 802.11b 和 IEEE 802.11a 都不能令人满意,IEEE 制定了新的 IEEE 802.11g 标准。目前,IEEE 802.11g 技术已经投入使用。与 IEEE 802.11a 相比,IEEE 802.11g 在提供了同样 54Mb/s 的高速下,采用了与 IEEE 802.11b 相同的 2.4GHz 频段,因而解决了升

级后的兼容性问题。同时,IEEE 802.11g 也继承了 IEEE 802.11b 覆盖范围广的优点,其价格也相对较低。当用户过渡到"IEEE 802.11g"时,只需购买相应的无线 AP 即可,而原有的 IEEE 802.11b 无线网卡则可继续使用,灵活性比 IEEE 802.11a 要强得多。

与 IEEE 802.11a 相同的是,IEEE 802.11g 也使用了正交频分复用调制(OFDM)的模块设计,这是其能以 54Mb/s 高速传输的秘诀。然而不同的是,IEEE 802.11g 的工作频段并不是 IEEE 802.11a 的 5.2GHz,而是继续使用与 IEEE 802.11b 一致的 2.4GHz 频段,这样,原先 IEEE 802.11b 使用者所担心的兼容性问题得到了很好的解决,IEEE 802.11g 提供了一个平滑过渡的选择。

既然 IEEE 802.11b 有了 IEEE 802.11a 来替代,无线宽带局域网可谓已经"后继有人"了,那 IEEE 802.11g 的推出是否多余了呢? 答案自然是否定的。除了具备高传输速率以及兼容性上的优势外,IEEE 802.11g 所工作的 2.4GHz 频段的信号衰减程度不像 IEEE 802.11a 的 5.2GHz 那么严重,并且 IEEE 802.11g 还具备更优秀的"穿透"能力,能适应更加复杂的使用环境。但是先天性的不足(2.4GHz 工作频段),使得 IEEE 802.11g 和它的前辈 IEEE 802.11b 一样极易受到微波、无线电话等设备的干扰。此外,IEEE 802.11g 的信号比 IEEE 802.11b 的信号能够覆盖的范围要小得多,用户可能需要添置更多的无线接入点才能满足原有使用面积的信号覆盖,这是"高速"的代价!

IEEE 802.11g 的优势可以概括为:拥有 IEEE 802.11a 的速度,同时安全性又优于 IEEE 802.11b,而且还能与后者兼容。但存在的问题是 IEEE 802.11g 与 IEEE 802.11b 一样都使用 3 个频道,通信线路过少,所以安全性比 IEEE 802.11a 还是略逊一筹。

8.4.5　IEEE 802.11n 标准

IEEE 802.11n,是在 2004 年 1 月 IEEE 宣布建立的一个新的研究小组开发的新的 IEEE 802.11 标准,于 2009 年 9 月正式批准。传输速率理论值为 300Mb/s,甚至高达 600Mb/s。此项新标准比 IEEE 802.11b 快 50 倍,而比 IEEE 802.11g 快 10 倍左右。IEEE 802.11n 也可以比以前的 IEEE 802.11b 传送更远的距离。

IEEE 802.11n 增加了多输入多输出(Multiple Input Multiple Output,MIMO)技术,使用多个天线组成的天线阵列来支持更高的数据传输速率,并使用了时空分组码(Alamouti Coding Schemes)来增加传输范围。IEEE 802.11n 支持在多种标准带宽(20MHz)上的速率,包括(单位 Mb/s):7.2,14.4,21.7,28.9,43.3,57.8,65,72.2(单天线)。使用 4×MIMO 时速率最高为 300Mb/s。IEEE 802.11n 也支持双倍带宽(40MHz),当使用 40MHz 带宽和 4×MIMO 时,速率最高可达 600Mb/s。

8.4.6　IEEE 802.11ac 标准

IEEE 802.11ac 是 IEEE 802.11 标准家族中的新成员,由 IEEE 标准协会制定,透过 5GHz 频带提供高通量的无线局域网(WLAN),俗称 5G WiFi(5th Generation of WiFi)。理论上它能够提供最少 1Gb/s 带宽进行多站式无线局域网通信,或是最少 500Mb/s 的单一连线传输带宽。在 2008 年年底,IEEE 802 标准组织成立新的研究小组,目的是建立新标准来改善 IEEE 802.11n 标准的性能。IEEE 802.11ac 标准于 2012 年 2 月正式发布。

IEEE 802.11ac 标准主要基于 IEEE 802.11a 发展而来,并结合了 IEEE 802.11n 的

MIMO技术。工作在5.0GHz频段,可以兼容IEEE 802.11a、IEEE 802.11n标准。

IEEE 802.11ac每个通道的工作频宽将由IEEE 802.11n的40MHz提升到80MHz,甚至是160MHz,再加上大约10%的实际频率调制效率提升,最终理论传输速率将由IEEE 802.11n最高的600Mb/s跃升至1Gb/s。当然,实际传输速率可能为300~400Mb/s,接近目前IEEE 802.11n实际传输速率的3倍(目前IEEE 802.11n无线路由器的实际传输速率为75~150Mb/s),完全足以在一条信道上同时传输多路压缩视频流。

综上所述,IEEE 802.11x系列常用标准的特性归纳如表8-1所示。

表8-1　IEEE 802.11x系列标准的特性对比

协议	发布日期	标准频段	标准速率	实际速率（最大）	范围（室内）	范围（室外）
IEEE 802.11a	1999	5.15~5.35GHz/5.47~5.725GHz/5.725~5.875GHz	25Mb/s	54Mb/s	约30m	约45m
IEEE 802.11b	1999	2.4~2.5GHz	6.5Mb/s	11Mb/s	约30m	约100m
IEEE 802.11g	2003	2.4~2.5GHz	25Mb/s	54Mb/s	约30m	约100m
IEEE 802.11n	2009	2.4GHz/5.0GHz	300Mb/s (20MHz×4MIMO)	75Mb/s~150Mb/s	约70m	约250m
IEEE 802.11ac	2012	5.0GHz	600Mb/s (160MHz×4MIMO)	300Mb/s~400Mb/s	约70m	约250m

8.5　无线局域网安全技术

无线局域网是目前通信技术中快速发展的技术之一,其中的安全性也备受关注。本节将从无线局域网安全技术的发展历程进行分析,对无线局域网中采用的WEP、WPA/WPA2、TKIP、AES、IEEE 802.11i、WAPI等安全技术进行叙述,逐一分析这些安全技术的工作原理和特点。

8.5.1　WEP安全技术的工作原理

IEEE 802.11标准中的WEP是一种在接入点和客户端之间采用RC4密钥算法对分组信息进行加密的技术,采用40位(或104位)的共享密钥,24位的初始向量(IV),并以IV明文的形式传送,各无线局域网终端使用相同的密钥访问无线网络。WEP也提供认证功能,当加密机制功能被启用,客户端尝试连接到接入点时,接入点会发出一个包含挑战值的封装包给客户端,客户端再利用共享密钥将此值传回存取点进行认证,只有正确无误才能获准访问网络的资源。

1. WEP的加密过程

WEP支持64位和128位加密,对于64位加密,加密密钥为10个十六进制字符(0~9和A~F)或5个ASCII字符;对于128位加密,加密密钥为26个十六进制字符或13个ASCII字符。64位加密有时称为40位加密;128位加密有时称为104位加密。此外,152

位加密不是标准 WEP 技术,没有受到客户端设备厂商的广泛支持。WEP 依赖通信双方共享的密钥来保护所传的加密数据帧。WEP 的加密过程如图 8-23 所示。

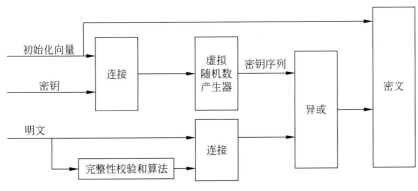

图 8-23　WEP 的加密过程

1）计算校验和

首先对输入数据进行完整性校验和计算,然后把输入数据和计算得到的校验和组合起来得到新的加密数据,也称之为明文,明文作为下一步加密过程的输入。

2）加密

在加密过程中,将第 1）步得到的数据明文采用算法加密。对明文的加密有两层含义:明文数据的加密,保护未经认证的数据;接着将 24 位的初始化向量和 40 位的密钥连接进行校验和计算,得到 64 位的数据;然后将这个 64 位的数据输入到虚拟随机数产生器中,它对初始化向量和密钥的校验和计算值进行加密计算;最后经过校验和计算的明文与虚拟随机数产生器的输出密钥流进行按位异或运算得到加密后的信息,即密文。

3）传输

将初始化向量和密文串接起来,得到要传输的加密数据帧,在无线链路上传输。

2. WEP 的解密过程

在 WEP 安全机制中,加密数据帧的解密过程很简单,只是加密过程的逆过程。WEP 解密过程如图 8-24 所示。

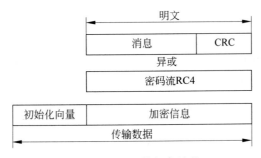

图 8-24　WEP 的解密过程

1）恢复初始明文

重新产生密钥流,将其与接收到的密文信息进行异或运算,以恢复初始明文信息。

2）检验校验和

接收方根据恢复的明文信息来检验校验和,将恢复的明文信息分离,重新计算校验和并检查它是否与接收到的校验和相匹配。这样,可以保证只有正确校验和的数据帧才会被接收方接受。

3. WEP 存在的安全缺陷

WEP 的加密机制在多年来的应用过程中表明:WEP 所采用的 RC4 加密算法使用的密钥更新速度慢,初始化向量 IV 的重复使用,完整性校验和没有加密,都令安全性大大降低。

RC4 算法使用静态 WEP 密钥和 24 位的随机数初始化向量 IV 混合产生的密钥进行加密,安全性不高,容易被暴力破解。

8.5.2 WPA 安全技术的工作原理

相对于有线局域网,无线局域网接入环境对安全性的要求更高,需要更安全的加密解密机制和加密算法。因此,WiFi 联盟成立了 WPA(WiFi Protected Access)工作组来推动 WLAN 安全技术的发展工作。

WPA 首先对 WEP 进行了改进,提出一种新的加密算法,即 WPA-PSK。接着,WPA 又借鉴以太接入网的安全机制,推出了基于 IEEE 802.1x 协议的安全认证机制。

1. WPA 加密算法的两个版本

$$WPA = IEEE\ 802.1x + EAP + TKIP + MIC = Pre\text{-}shared\ Key + TKIP + MIC$$
$$IEEE\ 802.11i(WPA2) = IEEE\ 802.1x + EAP + AES + CCMP$$
$$= Pre\text{-}shared\ Key + AES + CCMP$$

在这里,IEEE 802.1x + EAP、Pre-shared Key 是身份校验算法(WEP 没有设置身份验证机制),TKIP 和 AES 是数据传输加密算法(类似于 WEP 加密的 RC4 算法),MIC 和 CCMP 是数据完整性编码校验算法(类似于 WEP 中的 CRC32 算法)。

2. WPA 的认证方式

IEEE 802.1x + EAP 是工业级的认证方式,在安全要求高的地方使用,需要认证服务器;而 Pre-shared Key 是家庭用的认证方式,用在安全要求低的地方,不需要认证服务器。

EAP 扩展认证协议是一种架构,而不是具体的加密算法。常见的加密算法有 LEAP、MD5、TTLS、TLS、PEAP、SRP、SIM 等,AKA 其中的 TLS 和 TTLS 是双向认证模式,这与网络银行的安全方式差不多,这种认证方式是不畏惧网络劫持和字典攻击的;而 MD5 是单向认证的,不能抵抗网络劫持或中间人攻击。

3. WPA 的 4 次握手过程

WPA-PSK 沿用了 WEP 预分配共享密钥的认证方式,在加密方式和密钥的验证方式上做了改进,使其安全性更高。WPA 技术的关键技术是 4 次握手(4 way-handshake)。WPA 的 4 次握手过程如图 8-25 所示。

1)WPA-PSK 的初始化

使用 SSID 和 passphraes 算法产生 PSK,在 WPA-PSK 中:
$$PMK = PSK$$
$$PSK = PMK = pdkdf2\_SHA1(passphrase, SSID, SSID\ length, 4096)$$

2)第一次握手

在 AP 端,AP 广播 SSID,AP_MAC(AA)→STATION,而在 STATION 端,把接收到的 SSID、AP_MAC(AA)和 passphraes 用同样的算法产生 PSK。

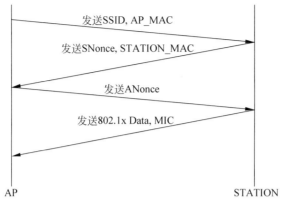

图 8-25　WPA 的 4 次握手过程

3）第二次握手

STATION 端发送一个随机数 SNonce,STATION_MAC(SA)→AP,AP 端接收到
SNonce 和 STATION_MAC(SA)后,产生一个随机数 ANonce,然后用 PMK、AP_MAC
(AA)、STATION_MAC(SA)、SNonce 和 ANonce,根据以下算法产生 PTK:

PTK = SHA1_PRF(PMK,Len(PMK),"Pairwise key expansion",MIN(AA,SA) ∥
Max(AA,SA) ∥ Min(ANonce,SNonce) ∥ Max(ANonce,SNonce))

然后,提取这个 PTK 的前 16 字节组成一个 MIC KEY。

4）第三次握手

AP 发送上面产生的 ANonce→STATION,STATION 端用接收到的 ANonce 和以前
产生的 PMK、SNonce、AP_MAC(AA)和 STATION_MAC(SA),用同样的算法产生 PTK,
并提取这个 PTK 前 16 字节组成一个 MIC KEY,将这个 MIC KEY 和一个 IEEE 802.1x
data 数据帧使用以下算法得到 MIC 值:

$$MIC = HMAC\_MD5(MIC\ Key,16,IEEE\ 802.1x\ data)$$

5）第四次握手

STATION 端发送 IEEE 802.1x data,MIC→AP,STATION 端向以上准备好的 IEEE
802.1x 数据帧的最后填充 MIC 值和 2 字节的 0,然后发送这个数据帧到 AP。

AP 端收到这个数据帧后提取这个 MIC,并把这个数据帧的 MIC 部分都填上 0(十六进
制),这时对这个 IEEE 802.1x data 数据帧使用以上 AP 端产生的 MIC KEY 同样的算法得
出 MIC′值。如果 MIC′值等于 STATION 发送过来的 MIC 值,那么说明 4 次握手成功。否
则,说明 AP 端和 STATION 端的密钥不相同,或者 STATION 端发过来的数据帧受到了
攻击,原始数据已经被篡改,则握手失败,应丢弃数据帧。

8.5.3　基于 IEEE 802.1x 协议的认证安全机制

1. IEEE 802.1x 协议简介

IEEE 802.1x 协议是 WLAN 第二代的认证技术,它是基于客户端-服务器(Client-
Server)结构的访问控制和认证协议。它可以限制未经授权的用户/设备通过接入端口
(Access Port)访问 LAN/WLAN。在获得交换机或 LAN 提供的各种业务之前,IEEE 802.1x

对连接到交换机端口上的用户/设备进行认证。在认证通过之前,IEEE 802.1x 只允许 EAPoL(基于局域网的扩展认证协议)数据通过设备连接的交换机端口;认证通过以后,正常的数据可以顺利地通过以太网端口。

网络访问技术的核心部分是 PAE(端口访问实体)。在访问控制流程中,端口访问实体包含三部分:认证者——对接入的用户/设备进行认证的端口;请求者——被认证的用户/设备;认证服务器——根据认证者的信息,对请求访问网络资源的用户/设备执行实际认证操作的设备。

以太网的每个物理端口被分为受控和不受控两个逻辑端口,物理端口收到的每个帧都被送到受控和不受控端口。其中,不受控端口始终处于双向连通状态,主要用于传输认证信息。而受控端口的连通或断开是由该端口的授权状态决定的。认证者的 PAE 根据认证服务器认证的结果,控制"受控端口"的授权/未授权状态。处在未授权状态的控制端口将拒绝用户/设备的访问。受控端口与不受控端口的划分,分离了认证数据和业务数据,提高了系统的接入管理和接入服务的工作效率。

2. 基于 IEEE 802.1x 协议的特点

IEEE 802.1x 协议是第二层协议,不需要到达第三层,对设备的整体性能要求不高,可以有效降低建网成本;借用了在 RAS 系统中常用的可扩展的身份认证协议(EAP),可以提供良好的扩展性和适应性,实现对传统 PPP 认证架构的兼容;IEEE 802.1x 的认证体系结构中采用了"可控端口"和"不可控端口"的逻辑功能,从而实现业务与认证的分离,由 RADIUS 和交换机利用不可控的逻辑端口共同完成对用户的认证与控制,业务报文直接承载在正常的第二层报文上通过可控端口进行交换,通过认证之后的数据包是无须封装的纯数据包;可以使用现有的后台认证系统降低部署的成本,并有丰富的业务支持;可以映射不同的用户认证等级到不同的 VLAN;可以使交换端口和无线 LAN 具有安全的认证接入功能。

3. 基于 IEEE 802.1x 协议的认证过程

(1) 当用户有上网需求时打开 IEEE 802.1x 客户端程序,输入已经注册过的用户名和口令,发起连接请求。此时,客户端程序将发出请求认证的报文给交换机,开始启动一次认证过程。

(2) 交换机收到请求认证的数据帧后,将发出一个请求帧要求用户的客户端程序将输入的用户名送上来。

(3) 客户端程序响应交换机发出的请求,将用户名信息通过数据帧送给交换机。交换机将客户端送上来的数据帧经过封包处理后送给认证服务器进行处理。

(4) 认证服务器收到交换机转发上来的用户名信息后,将该信息与数据库中的用户名表相比较,找到该用户名对应的口令信息,用随机生成的一个加密字对它进行加密处理,同时也将此加密字传送给交换机,由交换机传给客户端程序。

(5) 客户端程序收到由交换机传来的加密字后,用该加密字对口令部分进行加密处理(此种加密算法通常是不可逆的),并通过交换机传给认证服务器。

(6) 认证服务器将送上来的加密后的口令信息和它自己经过加密运算后得到的口令信息进行对比,如果相同,则认为该用户为合法用户,反馈认证通过的消息,并向交换机发出打开端口的指令,允许用户的业务流通过端口访问网络。否则,反馈认证失败的消息,并保持交换机端口的关闭状态,只允许认证信息数据通过而不允许业务数据通过。

4. TKIP

在 IEEE 802.11i 规范中,临时密钥完整性协议(Temporal Key Integrity Protocol, TKIP)负责处理无线安全问题的加密部分。TKIP 在设计时考虑了当时非常苛刻的限制因素:必须在现有硬件上运行,因此不能使用过于复杂的加密算法。

TKIP 的加密 MAC 帧格式如图 8-26 所示。TKIP 是包裹在已有 WEP 密码外围的一层"外壳"。TKIP 由与 WEP 同样的加密引擎和 RC4 算法组成。不过,TKIP 中密码使用的密钥长度为 128 位。这解决了 WEP 的第一个安全问题:密钥长度过短。

图 8-26 加密的 TKIP MAC 帧格式

TKIP 的一个重要特性是,它动态地变化每个数据包所使用的密钥,这就是它名称中"临时"的出处。密钥通过将多种因素混合在一起生成,包括基本密钥(即 TKIP 中所谓的成对瞬时密钥)、发射站的 MAC 地址以及数据包的序列号。混合操作在设计上将对无线站和接入点的要求减少到最低程度,但仍具有足够的密码强度,使它不能被轻易破译。

利用 TKIP 传送的每个数据包都具有不同的 48 位序列号,这个序列号在每次传送新数据包时递增,并被用作初始化向量和密钥的一部分。将序列号加到密钥中,确保了每个数据包使用不同的密钥。这解决了 WEP 的第二个安全问题,即所谓的"碰撞攻击"。这种攻击发生在两个不同数据包使用同样的密钥时。在使用不同的密钥时,不会出现碰撞。

以数据包序列号作为初始化向量,还解决了 WEP 的第三个安全问题,即所谓的"重放攻击"(Replay Attacks)。由于 48 位序列号需要数千年时间才会出现重复,因此没有人可以重放来自无线连接的老数据包。由于序列号不正确,这些数据包将作为失序包被检测出来。

被混合到 TKIP 密钥中的最重要因素是基本密钥。如果没有一种生成独特的基本密钥的方法,尽管 TKIP 解决了许多 WEP 存在的问题,但最糟糕的问题是:所有人都在无线局域网上不断重复使用一个众所周知的密钥。为了解决这个问题,由 TKIP 生成混合到每个包密钥中的基本密钥。无线站每次与接入点建立联系时,就生成一个新基本密钥。这个基本密钥通过将特定的会话内容与用接入点和无线站生成的一些随机数以及接入点和无线站的 MAC 地址进行散列处理来产生。由于采用 IEEE 802.1x 认证,这个会话内容是特定的,而且由认证服务器安全地传送给无线站。

8.5.4 IEEE 802.11i、WPA2 和 AES 加密标准

1. IEEE 802.11i 加密标准

为了增强 WLAN 的数据加密和认证性能,IEEE 802.11i 工作组致力于制定被称为 IEEE 802.11i 的新一代加密标准,这个标准定义了"健壮的安全网络"(Robust Security Network,RSN)的新概念,并且针对 WEP 加密机制的各种缺陷做了多方面的改进。RSN

无线局域网接入技术

的结构如图 8-27 所示。

| 上层认证协议
PAP/CHAP 等 |
| EAPoW |
| IEEE 802.1x |
| TKIP/CCMP |

图 8-27　RSN 结构

IEEE 802.11i 标准规定使用 IEEE 802.1x 认证和密钥管理方式，在数据加密方面，定义了 TKIP（Temporal Key Integrity Protocol）、CCMP（Counter-Mode/CBC-MAC Protocol）和 WRAP（Wireless Robust Authenticated Protocol）3 种加密机制。

TKIP 采用 WEP 机制里的 RC4 作为核心加密算法，可以通过在现有的设备上升级固件和驱动程序的方法达到提高 WLAN 安全的目的。

CCMP 机制是基于 AES（Advanced Encryption Standard）加密算法和 CCM（Counter-Mode/CBC-MAC）的认证方式，可以使 WLAN 的安全程度大大提高，是实现 RSN 的强制性要求。由于 AES 对硬件要求比较高，因此 CCMP 无法通过在现有设备的基础上进行升级实现。

WRAP 机制基于 AES 加密算法和 OCB（Offset Codebook），是一种可选的加密机制。IEEE 802.11 主要的标准范畴分为媒介层（MAC）与物理层（PHY），与之对应，前者就是 OSI 的数据链路层中的媒体访问控制子层，后者直接对应 OSI 的物理层。人们关注的 IEEE 802.11a、IEEE 802.11b、IEEE 802.11g 和 IEEE 802.11n，主要是以 PHY 层的不同作为区分，所以它们的区别直接表现在工作频段以及数据传输速率、最大传输距离这些指标上。而工作在媒介层的标准——IEEE 802.11e、IEEE 802.11f 及 IEEE 802.11i 是被整个 IEEE 802.11 标准家族所共用的。

2. WPA2 加密标准

在 IEEE 完成并公布 IEEE 802.11i 无线局域网安全标准后，WiFi 联盟也随即公布了 WPA 的第 2 版（即 WPA2）。它支持更高级的使用计数器模式和密码块链消息身份验证代码协议的高级加密标准 AES。研究人员对 WPA 与 WPA2 做出了如下的总结：

WPA = IEEE 802.11i draft 3 = IEEE 802.1x/EAP + WEP（选择性项目）/TKIP

WPA2 = IEEE 802.11i = IEEE 802.1x/EAP + WEP（选择性项目）/TKIP/CCMP

1）WPA2 的特点

在 AES-CCMP 中，IV 被替换为"数据包编号"字段，并且其大小将倍增至 48 位；采用可严格实现数据完整性的 AES-CBC-MAC 算法；与 WPA 的临时密钥完整性协议 TKIP 类似，AES-CCMP 使用一组从主密钥和其他值派生的临时密钥；主密钥是从可扩展身份验证协议-传输层安全性（EAP-TLS）或受保护的 EAP（LEAP）802.1x 身份验证过程派生而来的；AES-CCMP 使用数据包编号字段作为计数器来提供重播保护；AES-CCMP 自动重新生成密钥以派生新的临时密钥组。

在加密方面，WPA2 同时支持动态密钥完整性协议（RC4 加密算法的一个执行版本）和高级加密标准（适合顶级的政府安全策略），而 WPA 只是支持动态密钥完整性协议和可选的高级加密标准。尽管动态密钥完整性协议和高级加密标准目前都没有被破解，但 WPA2 加密标准在安全方面毫无疑问更具有优势。

2）WPA2 的适用范围

由于部分 AP 和移动客户端不支持此协议，因此需对客户端逐一进行部署。该方法适用于企业、政府及一般无线用户。

3. AES 加密标准

密码学中的高级加密标准(Advanced Encryption Standard, AES),又称为高级加密标准 Rijndael 加密法,是美国国家标准技术研究所 NIST 旨在取代 DES 的 21 世纪的加密标准。

AES 的基本要求是,采用对称分组密码体制,密钥长度可以为 128 位、192 位或 256 位,分组长度为 128 位,算法应易在各种硬件和软件上实现。1998 年,NIST 开始 AES 第一轮分析、测试和征集,共产生了 15 个候选算法。1999 年 3 月,完成了第二轮 AES2 的分析、测试。2000 年 10 月 2 日,美国政府正式宣布选中比利时密码学家 Joan Daemen 和 Vincent Rijmen 提出的一种密码算法 Rijndael 作为 AES 的加密算法。

AES 加密数据块和密钥长度可以是 128 位、192 位、256 位中的任意一个。AES 加密有很多轮的重复和变换。大致步骤如下:①密钥扩展(Key Expansion);②初始轮(Initial Round);③重复轮(Rounds),每一重复轮又包括字节间减法运算(SubBytes)、行移位(ShiftRows)、列混合(MixColumns)、轮密钥加法运算(AddRoundKey)等操作;④最终轮(Final Round),最终轮没有列混合操作(MixColumns)。

8.5.5　WAPI 安全协议

无线局域网鉴别和保密基础结构(Wireless LAN Authentication and Privacy Infrastructure, WAPI)是一种安全协议,是中国颁布的无线局域网安全领域的强制性标准。

WAPI 是一种无线局域网传输协议,与现行的 IEEE 802.11b 协议相近。此方案已由 ISO/IEC 授权的机构 IEEE Registration Authority(IEEE 注册权威机构)审查并获得认可,分配了用于 WAPI 协议的以太类型字段,这也是中国目前在该领域唯一获得批准的协议。

1. WAPI 的工作原理

WAPI 的工作原理如图 8-28 所示,整个系统由移动终端(Mobile Terminal, MT)、AP 和认证服务器组成。其中,认证服务器(Authentication Server, AS)的主要功能是负责证书的发放、验证与吊销等;移动终端 MT 与 AP 上都安装有 AS 发放的公钥证书,作为自己的数字身份凭证。当 MT 登录至无线接入点(AP)时,在使用或访问网络之前必须通过 AS 进行双向身份验证。根据验证的结果,只有持有合法证书的移动终端 MT 才能接入持有合法证书的无线接入点(AP)。这样不仅可以防止非法移动终端 MT 接入 AP 而访问网络并占用网络资源,而且还可以防止移动终端 MT 非法登录到 AP 而造成信息泄露。

2. WAPI 的认证过程

(1) 认证激活。当移动终端 MT 登录至 AP 时,由 AP 向 MT 发送认证激活以启动整个认证过程。

(2) 接入认证请求。MT 向 AP 发出接入认证请求,即将 MT 证书与 MT 的当前系统时间发往 AP,其中系统时间称为接入认证请求时间。

(3) 证书认证请求。AP 收到 MT 接入认证请求后,向 AS 发出证书认证请求,即将 MT 证书、接入认证请求时间、AP 证书并利用 AP 的私钥对它们签名构成证书认证请求报文发送给 AS。

248

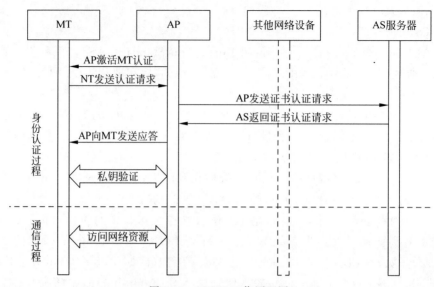

图 8-28　WAPI 工作原理图

（4）证书认证响应。AS 收到 AP 的证书认证请求后,验证 AP 的签名以及 AP 和 MT 证书的合法性。验证完毕后,AS 将 MT 证书认证结果信息(包括 MT 证书、认证结果及 AS 对它们的签名)、AP 证书认证结果信息(包括 AP 证书、认证结果、接入认证请求时间及 AS 对它们的签名)构成证书认证响应报文发回给 AP。

（5）接入认证响应。AP 对 AS 返回的证书认证响应进行签名验证,得到 MT 证书的认证结果。AP 将 MT 证书认证结果信息、AP 证书认证结果信息以及 AP 对它们的签名组成接入认证响应报文回送至 MT。MT 验证 AS 的签名后,得到 AP 证书的认证结果。MT 根据该认证结果决定是否接入该 AP。

（6）私钥验证请求。AP 和 MT 都需要确认对方是否是证书的合法持有者,私钥验证请求包含实时产生的随机数,请求对方对其签名,以验证对方是否拥有该证书的私钥。该请求可由 AP 或 MT 发起。

（7）私钥验证响应。包含对私钥验证请求中随机数据的签名,提供自己是证书合法持有者的证明。

（8）是否接入。是否接入由认证的结果来确定,若认证成功,则 AP 允许 MT 接入；否则,AP 拒绝 MT 接入。

在证书双向认证结束后,若 AP 和 MT 可以利用合法证书的公钥进行会话密钥的协商,上述的私钥验证过程也可省略,实现密钥的集中、安全管理。

8.6　本 章 小 结

无线局域网是为局部区域内固定的或移动的站点提供无线连接和通信服务,这些站点可以是安装了无线网卡的台式计算机、笔记本电脑、智能手机或平板电脑等支持无线局域网的电子设备。

无线网络最大的优点是可以让人们摆脱有线的束缚,更便捷、更自由地沟通。与有线局域网相比,无线局域网具有移动性、经济性、灵活性和可伸缩性等特点。

从第一个无线局域网出现至今,无线局域网的发展已经经历了 4 代。

无线局域网由站点、无线介质、接入点或基站和分布式系统等部分组成。

无线局域网的拓扑结构可以从不同的角度来分类。从物理拓扑来划分,可以分为单区网(Single Cell Network,SCN)和多区网(Multiple Cell Network,MCN);从逻辑结构上来划分,可以分为对等式、基础结构式或总线型、星状、环状等;从控制方式来划分,可以分为无中心分布式和有中心集中控制式两种;从与外网的连接性来划分,可以分为独立性无线局域网和非独立性无线局域网。

与无线局域网的体系结构密切相关的服务主要有分布式系统服务(DSS)和 STA 服务两种类型,这两种服务都属于 MAC 层。

借鉴有线局域网 CSMA/CD 协议在检测到冲突后分散多个参与冲突站点的二进制指数随机回退算法,无线局域网的 CSMA/CA 协议引入了一种传输前分散多个可能冲突站点的时延算法。这个算法也是一种二进制指数随机回退算法,各站点在信道空闲后的竞争窗口里以时间片为单位进行随机回退。

此外,CSMA/CA 协议还采用 RTS/CTS 机制、单帧等待应答、分段重装、信道占用预演等多种技术来保障数据在无线信道中的可靠传输。

IEEE 802.11 标准定义的物理层有 3 种可选的载波频段,即跳频扩频(FHSS)、直接序列扩频(DSSS)和红外线(IR),其中,FHSS 和 DSSS 都工作在 2.4~2.4835GHz 频段。

跳频扩频技术,是指信号载波将在一个宽的频带上不断从一个频率跳变到另一个频率。发射机频率跳跃的次序和相应的频率由一串随机序列决定,接收机必须采用相同的跳频序列,在适当的时候调整到适当的频率,才能正确接收数据。

直接序列扩频技术,是将一位数据编码为多位序列,称为一个"码片"。例如,数据 0 用码片 00100111000 编码,数据 1 用码片 11011000111 编码,数据串 010 则编码为 00100111000、11011000111 和 00100111000。

IEEE 802.11 标准下的红外线传输工作波长为 850~950nm 的波段,使用 16/4 电平的脉冲定位调制(Pulse Position Modulation,PPM)技术,分别支持 1Mb/s 和 2Mb/s 数据传输速率。

IEEE 802.11a 标准工作在 5GHz 波段,速率达到 54Mb/s;IEEE 802.11b 标准工作在 2.4GHz 波段,速率达到 5.5~11Mb/s;IEEE 802.11g 标准也工作在 2.4GHz 波段,速率达到 54Mb/s;IEEE 802.11n 标准工作在 2.4GHz 或 5GHz 波段,最高速率可达 600Mb/s。

IEEE 802.11 标准中的 WEP 是一种在接入点和客户端之间采用 RC4 密钥算法对分组信息进行加密的技术,采用 40 位(或 104 位)的共享密钥,24 位的初始向量(IV),并且以 IV 明文的形式传送,各无线局域网终端使用相同的密钥访问无线网络。

WPA-PSK 沿用了 WEP 预分配共享密钥的认证方式,在加密方式和密钥的试验方式上做了改进,使其安全性更高。WPA 的关键技术是 4 次握手(4 way-handshake)。

IEEE 802.1x 协议是 WLAN 第二代的认证技术,它是基于 Client-Server 的访问控制和认证协议。它可以限制未经授权的用户/设备通过接入端口(Access Port)访问 LAN/WLAN。在获得交换机或 LAN 提供的各种业务之前,802.1x 对连接到交换机端口上的用户/设备进行认证。在认证通过之前,802.1x 只允许 EAPoL(基于局域网的扩展认证协议)

数据通过设备连接的交换机端口;认证通过以后,正常的数据可以顺利地通过以太网端口。

在 IEEE 802.11i 规范中,临时密钥完整性协议(Temporal Key Integrity Protocol, TKIP)负责处理无线安全问题的加密部分。TKIP 在设计时考虑了当时非常苛刻的限制因素:必须在现有硬件上运行,因此不能使用过于复杂的加密算法。

TKIP 是包裹在已有 WEP 密码外围的一层"外壳"。TKIP 由 WEP 使用的同样的加密引擎和 RC4 算法组成。TKIP 中密码使用的密钥长度为 128 位。

IEEE 802.11i 标准规定使用 IEEE 802.1x 认证和密钥管理方式,在数据加密方面,定义了 TKIP(Temporal Key Integrity Protocol)、CCMP(Counter-Mode/CBC-MAC Protocol)和 WRAP(Wireless Robust Authenticated Protocol)3 种加密机制。

无线局域网鉴别和保密基础结构(Wireless LAN Authentication and Privacy Infrastructure,WAPI)是一种安全协议,是中国颁布的无线局域网安全领域的强制性标准。

复习思考题

一、单项选择题

1. 以下(　　)不属于 WLAN 的核心技术。
   A. CSMA/CA　　　　B. CSMA/CD　　　　C. 802.11 标准　　　　D. 以上都不是

2. 无线局域网可以采用(　　)结构。
   A. 微蜂窝(microcell)　　　　　　　　B. 微微蜂窝(picocell)
   C. 非蜂窝(no cell)　　　　　　　　　 D. 以上都是

3. 以下不属于无线局域网的特点的是(　　)。
   A. 移动性　　　　B. 经济性　　　　C. 简易性　　　　D. 灵活性

4. (　　)IEEE 颁布了全球第一个无线局域网标准——IEEE 802.11 协议。
   A. 1995 年 11 月　　B. 1996 年 11 月　　C. 1997 年 11 月　　D. 1998 年 11 月

5. 第四代无线局域网的产品符合(　　)标准。
   A. IEEE 802.11b　　B. IEEE 802.11g　　C. HiperLAN2　　D. 以上都是

6. 在实际应用中,无线局域网的工作方式是(　　)。
   A. 对等方式接入　　　　　　　　　　 B. 基于 AP 的链路级接入
   C. 基于 AP 的网络级接入　　　　　　　D. 以上都是

7. 在基于 AP 的网络级接入方式中,新增了(　　)等功能。
   A. DHCP 动态 IP 地址分配　　　　　　B. 访问控制表
   C. 启动路由和转发　　　　　　　　　　D. 以上都是

8. 无线局域网由站点、(　　)等部分组成。
   A. 无线介质　　　　B. 接入点或基站　　　　C. 分布式系统　　　　D. 以上都是

9. 在无线局域网的分布式系统服务(DSS)中,DSS 包括(　　)种服务。
   A. 3　　　　　　　B. 4　　　　　　　C. 5　　　　　　　D. 6

10. 借鉴 CSMA/CD 协议,无线局域网的 CSMA/CD 协议引入了传输前分散多个可能冲突站点的时延算法,各站点在信道空闲后的竞争窗口以(　　)为单位随机回退。

A. 信息帧长度　　　B. 无编号帧长度　　　C. 时间片　　　　D. 载波侦听时间

11. 在无线环境下,载波侦听(　　)可靠。

A. 非常　　　　　　B. 比较　　　　　　C. 不一定　　　　D. 不

12. 针对即使采用了载波侦听技术,但仍然互相听不到对方,同时发送数据导致冲突的情况,CSMA/CA 协议采用(　　)机制来避免此类冲突的发生。

A. CTS　　　　　　B. RTS　　　　　　C. RTS/CTS　　　D. CTS/TTS

13. 在 CSMA/CA 协议中,采用一种与(　　)协议相似的方式处理差错。

A. ARQ　　　　　　B. RARQ　　　　　C. CSMA/CD　　　D. 以上都不是

14. 在 CSMA/CA 协议中,分布帧间间隔的英文缩写为(　　)。

A. CIFS　　　　　　B. DIFS　　　　　C. SIFS　　　　　D. TIFS

15. 在 CSMA/CA 协议中,采取的侦听手段是(　　)。

A. 物理载波侦听

B. 虚拟载波侦听

C. 物理载波侦听和虚拟载波侦听互相配合使用

D. 以上都不是

16. IEEE 802.11n 标准是(　　)年 9 月发布的。

A. 1999　　　　　　B. 2000　　　　　C. 2003　　　　　D. 2009

17. 在 WEP 安全技术中,支持(　　)位加密。

A. 64　　　　　　　B. 128　　　　　　C. 64 和 128　　　D. 152

18. WPA 安全技术的关键技术是(　　)次握手。

A. 1　　　　　　　B. 2　　　　　　　C. 3　　　　　　　D. 4

19. 在 IEEE 802.11i 标准中,在数据加密方面,定义了(　　)加密机制。

A. TKIP　　　　　　B. CCMP　　　　　C. WRAP　　　　　D. 以上都是

20. 在 AES 加密标准众多的候选加密算法中,2000 年 10 月,美国政府正式宣布选中(　　)密码学家提出的算法。

A. 英国　　　　　　B. 中国　　　　　C. 美国　　　　　D. 比利时

二、填空题

1. 无线局域网(Wireless Local Area Network,WLAN)是一种使用无线传输的局域网技术,工作在_____和_____频段。

2. WLAN 的核心技术是_____、_____和_____技术。

3. 无线网络最大的优点是_____。

4. 与有线局域网相比,无线局域网具有_____、_____、_____和_____等特点。

5. 无线局域网由_____、_____、_____和_____等部分组成。

6. 在局域网中,CSMA/CD 协议以竞争方式共享信道,具有灵活性高、成本低廉的特点,能够很好地适应计算机网络的发展。因此,IEEE 802.11 研究组建议在无线局域网中采用类似的技术——具有冲突避免的载波侦听多路访问协议,即_____协议。

7. 工作在无线环境下的 CSMA/CA 机制,除了使用物理检测方式外,还使用了_____机制,即用逻辑方法对信道的占用情况进行预测。

8. IEEE 802.11n 标准工作在_____或_____波段,最高速率可达_____。

9. IEEE 802.11 标准定义的物理层有 3 种可选的规范,即_____、_____和_____。

10. 为了增强 WLAN 的数据加密和认证性能,IEEE 802.11i 工作组致力于制定被称为 IEEE 802.11i 的新一代加密标准,这个标准定义了_____的新概念,并且针对 WEP 加密机制的各种缺陷做了多方面的改进。

三、简答题

1. 什么是无线局域网?它具有什么特点?

2. 无线局域网的发展经历了哪些阶段?

3. 无线局域网由哪些部分组成?

4. 无线局域网的拓扑结构是如何分类的?

5. 与无线局域网的体系结构密切相关的服务有哪些?

6. CSMA/CA 协议的工作原理什么?

7. 跳频扩频技术的工作原理是什么?

8. 直接序列扩频技术的工作原理是什么?

9. 请分别说明 IEEE 802.11a、IEEE 802.11b、IEEE 802.11g、IEEE 802.11n 和 IEEE 802.11ac 标准的主要特点。

10. 无线局域网的安全协议有哪些?各自有哪些特点?

11. 如何理解以下重要概念:

WPAN、WLAN、WMAN、WWAN、STA、AP、BSS、IBSS、ESS、关联、解除关联、重新关联、隐藏站点、暴露站点

第9章 无线城域网接入技术

长期以来,解决"最后一千米"问题主要依赖于有线接入技术,如电缆(cable)、数字用户线(xDSL)、光纤等。随着无线通信的快速发展,无线宽带接入技术也加入这个行列中。以 IEEE 802.16 标准为基础的无线城域网技术,覆盖范围达到几十千米,传输速率高,提供灵活、经济、高效的组网方式,支持固定(IEEE 802.16d)和移动(IEEE 802.16e)宽带无线接入,解决有线方式无法覆盖地区的宽带接入问题,有较为完备的 QoS 机制,可以根据业务需要提供实时或非实时不同速率要求的数据传输服务,为宽带数据接入提供了新的方案。

9.1 无线城域网概述

城域网(Metropolitan Area Network,MAN)泛指运营商在城市及郊区范围内提供多种业务的所有网络,它的传输媒介主要采用光纤和宽带无线接入,通过各类网关实现语音、数据、图像、多媒体、IP 接入和各种增值业务及智能业务,并与各运营商长途网和 PSTN 网络互通的本地综合业务网络。

无线城域网(Wireless Metropolitan Area Network,WMAN)是指以无线方式构成的城域网,提供面向互联网的高速连接。WMAN 既可以使用无线电波也可以使用红外光波来传送数据,提供给用户以高速访问 Internet 的无线访问网络带宽,其需求正日益增长。

9.1.1 无线城域网的形成

无线城域网的推出是为了满足日益增长的宽带无线接入(Broadband Wireless Access,BWA)市场的需求。WMAN 技术使用户可以在主要城市区域的多个场所之间创建无线连接(例如,在一个城市和大学校园的办公楼之间),而不必花费高昂的费用铺设光缆、电缆和租赁线路。此外,如果有线网络的主要租赁线路不能使用,WMAN 可以用作有线网络的备用网络。

虽然多年来 IEEE 802.11x 技术一直与许多其他专有技术一起被用于 BWA,并获得很大成功,但是 WLAN 的总体设计及其提供的特点并不能很好地适用于室外的 BWA 应用。当其用于室外时,在带宽和用户数方面将受到限制,同时还存在着通信距离等其他一些问题。基于上述情况,IEEE 决定制定一种新的、更复杂的全球标准,这个标准应能同时解决物理层环境(室外射频传输)和 QoS 两方面的问题,以满足 BWA 和"最后一千米"接入市场的需要。有了这样一个全球标准,就能使通信公司和服务提供商通过建设新的无线城域网来为目前仍然缺少宽带服务的企业与住宅提供服务。这个标准化组织就是 IEEE 802.16,同时业界也成立了类似于 WiFi 联盟的 WiMAX 论坛。

9.1.2 WiMAX 论坛

IEEE 802.16 工作组主要针对无线城域网的物理层和 MAC 层指定规范和标准。为了形成一个可运营的网络,IEEE 802.16 技术必然需要其他部分的支撑,所以类似于 WiFi 联盟的 WiMAX(World Interoperability for Microwave Access)论坛应运而生,从此 WiMAX 成为了 IEEE 802.16 的代名词。

WiMAX 论坛(全球微波互联接入论坛)是 2001 年 6 月在美国加州注册的以产业界为主导的非营利经济组织,宗旨在于促进 WiMAX 在全球发展和产业化应用。WiMAX 论坛推动基于 IEEE 802.16/ETSI HiperMan 标准的宽带无线产品的认证、互通性和兼容性,鼓励所有的无线宽带接入相关产业的厂商遵循一个统一的规范,使各个产品具有良好的互操作性。通过 WiMAX 认证的产品都会拥有"WiMAX Certified"标识,这些产品之间是完全互联互通的,支持固定、便携和移动的宽带服务。本着这个宗旨,WiMAX 论坛与服务提供商和政策制定者紧密合作确保 WiMAX 论坛认证的系统满足顾客和政府的需求,从而促进宽带无线网络的应用和产业化推广,推动全球 WiMAX 的部署,使 WiMAX 成为宽带无线网络的首选平台。

WiMAX 论坛的目标如下。

(1) 促进和推动全球 WiMAX 部署。

(2) 使 WiMAX 服务成为宽带无线的选择平台,主导世界市场份额。

(3) 发布一个高性能终端对终端的 IP 网络构架,支持固定、便携和移动用户。

(4) 确保 WiMAX 论坛认证产品能够赢得全球服务提供商的信赖。

(5) 发展基于 IEEE 802.16 和 ETSI 互通的 WiMAX 模式,服务于全球市场。

(6) 通过提供新颖的有竞争力的应用和服务模式来扩大用户需求。

(7) 促进良性的知识产权政策。

WiMAX 论坛现有 7 个工作组,涉及将 WiMAX 论坛所认证的产品推广到市场需要重点关注的多个领域。

1) 认证工作组

认证工作组(CWG)的任务是管理认证过程,包括一致性测试规程、互操作规程以及认证的流程,同时还负责认证试验室的建立以及质量监控。该工作组联合 TWG(技术工作组)与 ETSI 建立了非常密切的联系,定义了协同工作的方式、职责,旨在建立全球统一的 IEEE 802.16—2004/ETSI BRAN HiperMAN 系统的测试规范,同时共享测试环境、测试设备和测试文档,以充分利用资源,互相促进。

2) 技术工作组

技术工作组(TWG)主要的工作目标是建立和维护基于国际标准的一致性和互操作的规范,同时为系统定义技术规范需求。目前,该工作组已经完成针对 IEEE 802.16—2004 的 PICS(Protocol Implementation Conformance Statement)规范,命名为 PICS-r9。RCT(Radio Implementation Test)正在制定当中,主要测试方案已完成。TSS/TP(Test Suit System/Test Purpose)的制定也是该工作组的一项重要工作,目前它正在基于 PICS-r9 进行更新。

3）频谱工作组

频谱工作组（RWG）的主要目标是寻找和确定适用 WiMAX 产品的许可频段,鼓励使用全球统一的频段以最大限度利用频率资源,同时降低产品的制造成本。目前,该工作组主要致力于 2500～2600MHz 频谱的研究,促进该频谱技术中立,使该频谱未来可用于包括 WiMAX 技术在内的超 IMT-2000（B3G）系统。

4）市场工作组

市场工作组（MWG）主要的作用是推动 WiMAX Forum 组织及 WiMAX 品牌的发展,建立世界级的宽带无线接入一致性和互联互通的标准,确定 WiMAX 产品的市场定位,引领和推动宽带无线接入市场的发展。目前,该工作组主要在进行 WiMAX 产品的定位、应用模型和应用场景的建立和分析工作,并在世界范围内积极宣传和推动 WiMAX 认证产品。

5）需求工作组

需求工作组（SPWG）的工作目标是提出宽带无线接入系统网络架构发展的需求,以保证产品满足当前和未来市场发展的需要,制定 WiMAX 实施演进图,为市场验证和长期商业实施提供支持。目前,该工作组主要根据运营商的要求和网络工作组的反馈,确定第一阶段网络架构中主要功能的优先级。

6）应用工作组

应用工作组（AWG）的目标是确定和发展适用 WiMAX 的业务和应用,能够把 WiMAX 技术和其他技术区分开,从而驱动用户对宽带无线业务的需求。该工作组正在策划 WiMAX 产品的概念实验（Proof of Concept,POC）,以验证基于 WiMAX 网络的基本 IP 业务,根据在 Malaga 会议发布的计划,于 2005 年第三季度末开始 WiMAX 业务演示。另外,该工作组将应用分成如下 5 种类别,并提交需求工作组讨论。

类别 1：交互类游戏。

类别 2：VOIP 和电视会议业务。

类别 3：实时流媒体业务。

类别 4：Web 浏览与即时消息业务。

类别 5：下载业务。

7）网络工作组

网络工作组（NWG）是目前最活跃和最受关注的工作组,工作目标如下。

（1）建立满足 WMF-SPWG 需求和 WMF-TWG 技术要求的网络参考模型,以及系统需求说明书。

（2）制定端到端的基于 IEEE 802.16 的无线宽带系统规格说明书,以满足便携和移动应用。

（3）定义在 IEEE 802.16 和核心网范畴以外的接口,网络功能实体以及互联互通规程。

（4）积极推动宽带无线接入市场的发展。

（5）为 WiMAX Forum 和其他的标准组织推进系统的互联互通打下良好基础。

目前,WiMAX 论坛成员主要包括运营商、电信设备制造商及芯片制造商。WiMAX 论坛拥有包括华为、中兴、英特尔、摩托罗拉、诺基亚、西门子、三星、中国电信、中国网通、沃达丰、英国电信等 470 多家全球卓越企业作为成员。WiMAX 论坛对于其成员共分为 3 个级别,分别是 Broad 级别、Principal 级别、Regular 级别。统计截止到 2007 年 8 月,WiMAX 论坛的 Broad 级别成员有 15 位,包括英特尔、英国电信、摩托罗拉、诺基亚、三星、富士通、中兴等。Principal 级别成员有 119 位,包括宏碁、IBM、LG 等。Regular 级别成员有 357 位,包括戴尔、索尼-爱立信等。

WiMAX 论坛与 IEEE 802.16 工作组、ETSI 和 WiFi 联盟之间都有着非常紧密的联系与合作。WiMAX 论坛一方面对基于 IEEE 802.16 标准和 ETSI HiperMAN 标准的宽带无线接入产品进行认证,以保证产品的兼容性和操作性;另一方面,为了使 IEEE 802.16 技术在 IEEE 802.16 标准的基础上成为一个可运营的技术,WiMAX 论坛还致力于宽带无线接入系统的需求分析、应用场景探索和 WiMAX 论坛网络架构研究等工作,进一步促进和推动宽带无线接入技术和市场的发展。WiMAX 论坛和 ETSI 也规定了协同工作方式和职责,旨在指定全球统一的 IEEE 802.16—2004/ETSI HiperMAN 系统的测试规范,同时共享测试环境、测试设备和测试文档等资源,互相促进并提高。

此外,为了使 WiMAX 网络能够与 3GPP、3GPP2、DSL、NGN 等其他系统互联互通,WiMAX 论坛也在积极与 3GPP、3GPP2、DSL、NGN 等标准化组织联系,争取进一步的沟通和合作。

9.2　IEEE 802.16 标准

IEEE 的 802.16 标准是用来标准化空中接口和无线本地环路与耦合的相关功能,它是一种无线城域网的革命性标准,可以为数据、视频和语音业务提供高速的无线接入服务。IEEE 802.16 的主要目的是提供宽带无线接入,因此它被认为是一种取代 xDSL 等有限宽带接入的有力替代者。该标准的主要优势在于可以快速、灵活地进行网络部署,从而降低了网络的建设成本。对于城市等人口密集区域和农村等没有有线网络基础的网络建设,无线宽带接入设备的优势是非常明显的。

IEEE 802.16 有 3 个工作组受特许制定该标准。IEEE 802.16.1 负责制定频率为 10~66GHz 的无线接口标准;IEEE 802.16.2 负责制定宽带无线接入系统共存方面的标准;IEEE 802.16.3 负责制定频率范围在 2~11GHz 间获得频率使用许可的应用的无线接口标准。该标准最初设想是 3 个工作组将各产生 1 个独立的标准,即 IEEE 802.16.1、IEEE 802.16.2 和 IEEE 802.16.3,但在开发过程中由于第 1 个和第 3 个工作组的任务显著相关,于是决定最终发布的是两个标准和一个修正案。

IEEE 802.16(原 IEEE 802.16.1):10~66GHz 的空中接口,也称为本地多点分配服务。它于 2001 年 12 月批准,使用单载波(SC)的物理标准,提供了点对多点在 10~66GHz 频段的宽带无线传输标准。

IEEE 802.16.2:宽带无线接入系统共存标准。

IEEE 802.16a(原 IEEE 802.16.3):是 IEEE 802.16 的修正案,制定了 IEEE 802.16 在 2~11GHz 频段点对多点的能力。IEEE 802.16a 在 2003 年 1 月批准,目的在于提供"最后一千米"固定宽带接入。

9.2.1　IEEE 802.16 标准及其演进

IEEE 802.16 相关技术标准发展的里程碑可以总结为表 9-1 中的几个阶段。

表 9-1　IEEE 802.16 相关标准体系

标　准	描　述	状　态
IEEE 802.16—2001	固定宽带无线接入系统的空中接口	过期
IEEE 802.16.2—2001	固定宽带无线接入系统共存标准	过期
IEEE 802.16c—2002	系统概况（10～66GHz）	过期
IEEE 802.16a—2003	物理层和 MAC 层定义（2～11GHz）	过期
P802.16b	免许可频率（项目已退出）	撤销
P802.16d	为 2～11GHz 的维护和系统配置文件 （项目合并到 IEEE 802.16—2004）	已被合并
IEEE 802.16—2004	空中接口固定宽带无线接入系统 （汇总 IEEE 802.16—2001，IEEE 802.16a，IEEE 802.16c 和 P802.16d）	过期
P802.16.2a	2～11GHz 和 23.5～43.5GHz 共存 （项目合并到 IEEE 802.16.2—2004）	过期
IEEE 802.16.2—2004	固定宽带无线接入系统共存标准 （合并 IEEE 802.16.2—2001 和 P802.16.2a）	当前在用
IEEE 802.16f—2005	IEEE 802.16—2004 的管理信息库（MIB）	过期
IEEE 802.16—2004/Cor 1—2005	更正固定业务 （与 IEEE 802.16e—2005 共同出版）	过期
IEEE 802.16e—2005	综合固定与移动业务在许可频段的物理与 MAC 层	过期
IEEE 802.16k—2007	MAC 桥接，用来弥合 IEEE 802.16 （IEEE 802.1D 项目的修订）	当前在用
IEEE 802.16g—2007	管理平面的程序和服务	已被合并
P802.16i	移动管理信息库 （项目合并到 IEEE 802.16—2009）	已被合并
IEEE 802.16—2009	固定和移动宽带无线接入系统的空中接口 （合并 IEEE 802.16—2004，IEEE 802.16—2004/Cor 1， IEEE 802.16e，IEEE 802.16f，IEEE 802.16g 和 P802.16i）	当前在用
IEEE 802.16j—2009	多跳中继	当前在用
IEEE 802.16h—2010	为免授权经营共存机制的改进	当前在用
P802.16m—2011	数据传输速率为 100Mb/s（移动）及 1Gb/s（固定）的先进空中接口。 也被称为移动 WiMAX 版本 2 或者高级无线城域网 （Wireless MAN-Advanced）。 针对 4G 系统上实现的 ITU-R IMT-Advanced 的要求	当前在用
P802.16n—2010	更高的可用性网络	在修订中
P802.16p—2010	为进一步支持机对机应用	在修订中
P802.16Rev3—2011	修改 IEEE 802.16 标准，包括 P802.16h，P802.16j 和 P802.16m	在修订中

　　IEEE 802.16—2001：2001 年 IEEE 802.16 被 IEEE 正式批准。IEEE 802.16 标准的许多基本思想源于有线传输数据业务接口规范 DOCSIS(Data Over Service Interface Specification)，其主要原因在于光纤同轴电缆混合网络与无线宽带接入网络具有很大的相

似性。由于 IEEE 802.16 使用了 10～66GHz 的无线频段,因此它适合视距(Line-of-Sight,LOS)传输应用。同时因为传输波长短,屋顶和树引起的非视距因素(Non Line of Sight,NLOS)的影响,该标准不能用于地面传输设备。

IEEE 802.16a—2003:该标准是 802.16 标准的扩展标准,主要解决固定的无线宽带接入,工作频率为 2～11GHz 内的标准许可频段和无线免许可频段。整体标准和最新的补充标准在 2003 年 4 月 1 日发布。这个标准主要针对 NLOS 环境下的应用,因此实际上是存在干扰(如建筑物和树木等)的环境下的"最后一千米"接入解决方案。IEEE 802.16a 支持一点控制多点(Point Multi Point,PMP)网络拓扑结构和可选的网状(即 Mesh)拓扑结构的BWA。它规定了 3 种空中接口:单载波调制、256 载波正交频分复用技术(Orthogonal Frequency Division Multiplexing,OFDM)和 2048 载波 OFDMA 技术(Orthogonal Frequency Division Multiple Access,OFDMA)。IEEE 802.16a 规定信道的带宽为 1.75～20MHz。该标准支持对语音和视频等低传输延迟业务需求。

IEEE 802.16c:该标准进一步修订了 802.16,发布了频率为 10～66GHz 的 802.16 标准的系统配置文件。

IEEE 802.16d:2003 年 9 月,一个名为 802.16d 的修订项目开始,旨在配合欧洲电信标准协会(ETSI)HiperMAN 标准以及统一兼容性和测试规范。该项目于 2004 年发布802.16—2004 以取代先前发布的 802.16 文件。

IEEE 802.16—2004:这个标准是对 IEEE 802.16—2001、IEEE 802.16a—2003 和IEEE 802.16c—2002 标准的补充和完善。该标准是相对成熟的一个标准,工作在 10～66GHz 和小于 11GHz 的频率范围,可以支持 2～11GHz 非视距(NLOS)传输和 10～66GHz 视距(LOS)传输,不支持移动环境,又称为固定 WiMAX。采用 IEEE 802.16—2004标准的 WiMAX 很快证明了该标准在固定带宽无线城域网中所起到的重要作用。

IEEE 802.16e:802.16e 是 2～6GHz 支持移动性的宽带无线接入空中接口标准。IEEE 802.16e 的目标是能够向下兼容 IEEE 802.16d,因此 IEEE 802.16e 的标准化工作基本上是在 IEEE 802.16d 的基础上进行的。它支持固定、移动、便携环境,以及 120km/h 的移动环境,包括更好的支持服务质量和可扩展的 OFDMA 使用,在 WiMAX 互操作性论坛上有时也被称为"移动 WiMAX"。为了支持移动性,IEEE 802.16e 在 IEEE 802.16d 的基础上增加了切换支持、节电的睡眠模式、寻呼 (Paging)以及增强的安全能力等。

IEEE 802.16f:该标准定义了 IEEE 802.16 系统 MAC 层和物理层的管理信息库以及相关的管理流程。

IEEE 802.16g:该标准的制定是为了规定标准的 802.16 系统管理流程和接口,从而能够实现 802.16 设备的互操作性和对网络资源、移动性和频谱的有效管理。

IEEE 802.16—2009:该标准是第二次修订的 IEEE 802.16 标准,是对 IEEE 802.16—2004 的巩固和修正。合并了 IEEE 802.16—2004、IEEE 802.16—2004/Cor 1、IEEE 802.16e,IEEE 802.16f,802.16g 和 IEEE 802.16i 等标准。

IEEE 802.16h:该标准考虑将免许可频段的研究从固定系统推进到移动系统。

IEEE 802.16j:该标准在 IEEE 802.16e 的基础上增加了中继站,其目的在于扩大基站覆盖范围和增加数据吞吐量。

IEEE 802.16k:该标准是基于移动多跳(Multi Hop)的 WiMAX 扩展标准。

IEEE 802.16m：该标准也被称作 Wireless MAN-Advanced 或者 WiMax 2，是继 IEEE 802.16e 后的第二代移动 WiMAX 国际标准，2011 年 4 月 1 日，IEEE 正式批准 IEEE 802.16m 成为下一代 WiMAX 标准。IEEE 802.16m 项目的主要目标有两个：一是满足 IMT-Advanced 的技术要求；二是保证与 IEEE 802.16e 兼容。为了满足 IMT-Advanced 所提出的技术要求，IEEE 802.16m 下行峰值速率应该实现低速移动、热点覆盖场景下传输速率达到 1Gb/s 以上，高速移动、广域覆盖场景下传输速率达到 100Mb/s，频谱利用率最高达到 10b/Hz。从其峰值频谱效率来看，IEEE 802.16m 在最高峰值频谱效率（20MHz）的条件下，可达到 300Mb/s 的吞吐量，从这点可以看到，IEEE 802.16m 的基本性能与长期演进（Long Term Evolution，LTE）系统非常接近。在移动性方面，IEEE 802.16m 从低速条件下向高速移动的方向发展，且考虑和其他多种接入技术的切换和互通关系。为了达到 IEEE 802.16m 提出的目标和性能，需要采用一些新型技术，因此在降低信令开销方面，IEEE 802.16m 引入 superframe、miniframe 概念，考虑将控制信息分为广播信令和专用信令，并降低资源分配和 MAC 报头的开销。在消除干扰方面，IEEE 802.16m 则考虑引入软频率复用、小区间干扰协调和宏分集等技术。此外，IEEE 802.16m 不仅通过优化同步、寻呼和切换等过程来提高广播、多媒体以及因特网语音业务（Voice over Internet Protocol，VoIP）业务的性能。

9.2.2　WiMAX/IEEE 802.16 系统结构

WiMAX/IEEE 802.16 网络体系如图 9-1 所示，包括核心网、基站（BS）、用户基站（SS）、中继站（RS）、用户终端设备（TE）和网管。

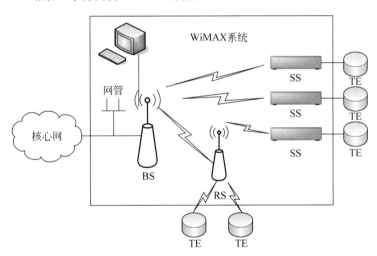

图 9-1　WiMAX/IEEE 802.16 网络体系结构

（1）核心网：WiMAX 连接的核心网通常为传统交换网或 Internet。WiMAX 提供核心网与基站间的连接接口，但 WiMAX 系统并不包括核心网。

（2）基站：基站提供用户基站与核心网间的连接，通常采用扇形/定向天线或全向天线，可提供灵活的子信道部署与配置功能，并根据用户群体状况不断升级扩展网络。

（3）用户基站：用户基站属于基站的一种，提供基站与用户终端设备间的中继连接，通常采用固定天线，并被安装在屋顶上。基站与用户基站间采用动态自适应信号调制模式。

无线城域网接入技术

（4）中继站：在点对点体系结构中，接力站通常用于提高基站的覆盖能力，也就是说充当一个基站和若干用户基站(或用户终端设备)间信息的中继站。中继站面向用户侧的下行频率可以与面向基站的上行频率相同，当然也可以采用不同的频率。

（5）用户终端设备：WiMAX 系统定义用户终端设备与基站间的连接接口，提供用户终端设备的接入。但用户终端设备本身并不属于 WiMAX 系统。

（6）网管：用于监视和控制网络内所有的基站和用户基站，提供查询、状态监控、软件下载、系统参数配置等功能。

9.2.3 WiMAX/IEEE 802.16 端对端的参考模型

WiMAX/IEEE 802.16 网络的参考模型分为非漫游模式和漫游模式，分别如图 9-2 和图 9-3 所示。其功能逻辑组，包括移动用户台(MSS)、接入服务网络(ASN)、连接服务网络(CSN)和应用服务提供商(ASP)网络。与图 9-2 相比，图 9-3 主要增加了 CSN 之间的 R5 参考点。另外，WiMAX NWG 规范不定义 CSN 和 ASP 之间的接口。

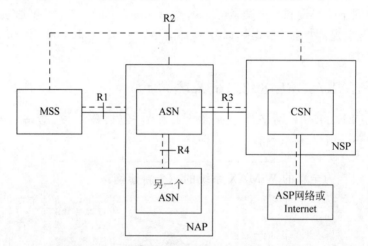

图 9-2　非漫游模式端对端参考模型

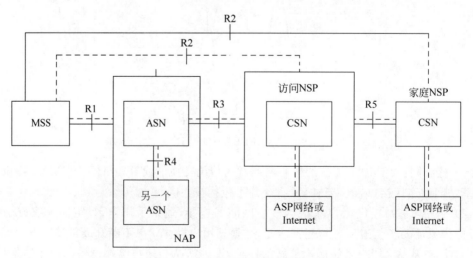

图 9-3　漫游模式端对端参考模型

9.2.4 WiMAX/IEEE 802.16 网络实体

1. 接入服务网络

接入服务网络(Access Sevice Network,ASN)由 BS 和接入网关(ASNGW)组成,如图 9-4 所示,可以连接到多个连接服务网络(Connection Sevice Network,CSN),为不同 NSP 的 CSN 提供无线接入服务。其中,BS 用于处理 IEEE 802.16 空中接口,包括 BS 和 SS 两种;ASNGW 主要处理到 CSN 的接口功能和 ASN 的管理。ASN 管理 IEEE 802.16 空中接口,为 WiMAX 用户提供无线接入,主要功能有:发现网络;在 BS 和 MSS 之间建立两层连接,协助高层与 MSS 建立三层连接;ASN 内寻呼和移动性管理;ASN 和 CSN 之间隧道建立和管理;无线资源管理;存储临时用户信息列表。

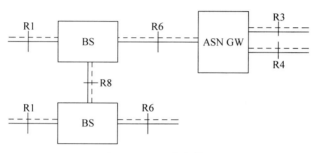

图 9-4   ASN 参考模型

2. 连接服务网络

连接服务网络(CSN)可以由路由器、AAA 代理或服务器、用户数据库、因特网网关设备等组成,CSN 可作为全新的 WiMAX 系统的一个新建网络实体,也可利用部分现有的网络设备实现 CSN 功能。CSN 为 WiMAX 用户提供 IP 连接,主要功能有:因特网接入,为用户会话连接,给终端分配 IP 地址;AAA 代理或者服务器,用户计费以及结算;基于用户系统参数的 QoS 及许可控制;ASN 之间的移动性管理,ASN 和 CSN 之间的隧道建立和管理;WiMAX 服务,如基于位置的服务、组播服务等。

9.2.5 WiMAX/IEEE 802.16 网络接口

WiMAX/IEEE 802.16 网络开放接口如图 9-5 所示。

接口 R1～R5 为网络工作组初步确定了在 Release 1 规范中定义的开放接口,接口 R6～R8 为后续版本中考虑开放的接口。

(1) R1:MSS 与 ASN 之间的接口,可能包含管理平面的功能。

(2) R2:MSS 与 CSN 之间的逻辑接口,提供鉴权、业务授权和 IP 主机配置等服务。此外,可能还包含管理和承载平面的移动性管理。

(3) R3:ASN 和 CSN 之间互操作的接口,包括一系列控制和承载平面的协议。

(4) R4:用于处理 ASNGW 间移动性相关的一系列控制和承载平面协议。

(5) R5:拜访 CSN 与归属 CSN 之间互操作的一系列控制和承载平面协议。

(6) R6:BS 和 ASNGW 间的互操作接口,属于 ASN 内的接口,由一系列控制和承载平面协议构成。

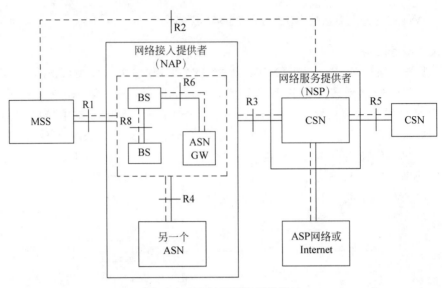

图 9-5　WiMAX 网络开放接口

（7）R7：该接口属于 ASNGW 内部接口，图 9-5 中没有标注，具体定义还在讨论之中。

（8）R8：BS 之间的接口，用于快速无缝切换功能，由一系列控制和承载平面协议组成。

9.2.6　WiMAX/IEEE 802.16 业务及 QoS

WiMAX/IEEE 802.16 能够支持多种业务，采用面向连接机制，根据不同业务需求提供端到端的 QoS。IEEE 802.16 定义了 4 种业务类型，并对每种类型的带宽请求方式做了规定。

1. 主动授权业务

传输固定速率实时数据业务，如 T1/E1 和 VoIP 等。BS 将基于服务流的最大持续速率周期性地提供固定带宽授予，不允许使用任何单播轮询或竞争请求机会，同时禁止捎带请求。

2. 实时轮询业务

支持可变速率实时业务，如 MPEG。BS 提供周期性单播查询请求机会，禁止使用其他竞争请求机会和捎带请求。

3. 非实时轮询业务

支持周期变长分组的非实时数据流，有最小带宽要求的业务，如 ATM、Internet 接入。BS 提供比 rtPS 更长周期或不定期的单播请求机会，可使用竞争请求，可以被设置优先级。

4. 尽力而为业务

支持非实时无任何速率和时延抖动要求的分组数据业务，如短信、E-mail。允许使用任何类型的请求机会和捎带请求。

9.2.7　WiMAX/IEEE 802.16 协议模型

WiMAX/IEEE 802.16 网络的参考模型如图 9-6 所示。

从图 9-6 中可知，WiMAX/IEEE 802.16 系统包括两个平面，数据/控制平面与管理平面。系统在数据/控制平面实现的功能主要是保证数据的正确传输。因此，数据/控制平面

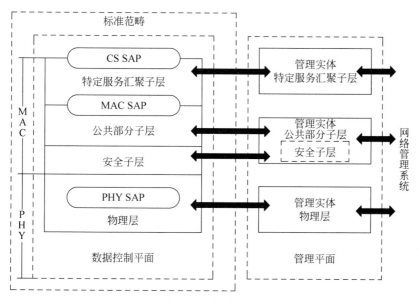

图 9-6　IEEE 802.16 空中接口协议栈模型

在定义了必要的传输功能之外,还需要定义一些控制机制来保障传输的顺利进行。而管理平面中定义的管理实体,分别与数据/控制平面的功能实体相对应,通过与数据/控制平面中实体的交互,管理实体可以协助外部的网络管理系统完成有关的管理功能。下面主要讨论WiMAX/IEEE 802.16 系统的数据/控制平面。

WiMAX/IEEE 802.16 标准为无线空中接口分别定义了介质访问控制(MAC)层和物理层。其中,MAC 层又可以划分为 3 个子层,分别是特定服务汇聚子层(CS)、公共部分子层和安全子层。如图 9-6 所示,特定服务汇聚子层通过特定服务访问点向上面的外部网络提供数据服务。而公共部分子层则通过 MAC 服务访问点为面向业务的汇聚子层提供服务。注意:公共部分子层和安全子层之间并不存在服务访问点,这是因为安全子层只是借助一套完整的加密算法包来对需要发送的数据进行加密,并不存在提供某种服务的概念。

9.3　IEEE 802.16 物理层

IEEE 802.16 物理层的协议主要是关于频率带宽、调制模式、纠错技术以及发射机同接收机之间的同步、数据传输速率和时分复用结构等方面的。

9.3.1　IEEE 802.16 物理层的分类

在 IEEE 802.16 标准中,定义了物理层实现的 5 种方式,即 WMAN-SC、WMAN-SCa、WMAN-OFDM、WMAN-OFDMA 和 Wireless HUMAN。

1. WMAN-SC 物理层

WMAN-SC 主要应用于 10～66GHz 频段的 PMP(点到多点)结构系统,具有 LOS(视距)传输的特点,可采用 FDD 或 TDD 双工方式。下行方向采用 TDM 方式,且调制方式必须支持 QPSK 和 16QAM,可选支持 64QAM。上行方向采用 TDMA 和 DAMA 方式,且调制方式采用 QPSK。

2. WMAN-SCa 物理层

WMAN-SCa 采用单载波自适应调制策略,主要应用于 2～11GHz 频段,具有 NLOS(非视距)传输的特点,可采用 FDD 或 TDD 双工方式。下行方向采用 TDM 或 TDMA 方式,上行方向采用 TDMA 方式。此外,上下行均可采用 FEC 编码技术,当选择不支持 FEC 编码时,差错控制采用 ARQ 技术。可选支持 AAS 和 STC。调制方式必须支持 BPSK、QPSK、16QAM 和 64QAM,可选支持 256QAM。当滚降因子为 0.25、调制方式为256QAM 时,20MHz 信道带宽可提供高达 100Mb/s 的传输速率。

3. WMAN-OFDM 物理层

WMAN-OFDM 采用 256 个子载波的 OFDM 调制技术,下行采用 TDM 方式,上行接入采用 TD-MA＋OFDMA 作为多址方式,该空中接口对于免许可证的频段是必选的。WMAN-OFDM 物理层主要应用于 2～11GHz 频段的 PMP 结构系统,具有 NLOS(非视距)传输的特点。在许可频段,双工方式可采用 FDD 或 TDD,且 BPSK、QPSK、16QAM 和64QAM 是必须支持的调制方式;在免许可频段,只能采用 TDD 双工方式,且除了 BPSKQPSK 和 16QAM 外,可选支持 64QAM 调制方式。在许可频段,信道带宽应是规划频带宽度除以 2 的幂后四舍五入到 250kHz 的倍数,但不小于 1.25MHz。在 64QAM 调制方式下,20MHz 信道可提供高达 73Mb/s 的传输速率。可选支持网状网络结构、AAS和 ARQ。

4. WMAN-OFDMA 物理层

WMAN-OFDMA 采用 2048 个子载波的 OFDMA 技术。通过为每个接收机分配一组载波来实现多址传输,上下行都采用 TDMA＋OFDMA 作为多址方式。WMAN-OFDMA主要应用于 2～11GHz 频段的 PMP 结构,具有 NLOS(非视距)传输的特点。在许可频段,双工方式可采用 FDD 或 TDD,在免许可频段,只能采用 TDD 双工方式。可选支持 AAS、ARQ、STC 和 DFS(动态频率选择)。调制方式采用 QPSK 和 16QAM,可选支持 64QAM。信道带宽应是规划频带宽度除以 2 的幂,但不小于 1.0MHz。在 64QAM 调制方式下,20MHz 信道可提供高达 75Mb/s 的传输速率。

5. Wireless HUMAN 物理层

Wireless HUMAN 物理层主要应用于 5～6GHz 免许可频段,典型信道宽带为 10MHz和 20MHz,可采用 SCa 或 OFDM 或 OFDMA 调制方式,双工方式为 TDD,支持动态频率选择(DFS),可选支持 AAS、ARQ、Mesh 和 STC 等。

9.3.2 IEEE 802.16 物理层的关键技术

IEEE 802.16 物理层的关键技术有双工复用方式、载波带宽、OFDM 和 OFDMA、自适应调制、多天线技术等。

1. 双工复用方式

WiMAX 系统物理层支持时分双工(Time Division Duplex,TDD)方式、频分双工(Frequency Division Duplex,FDD)方式。

TDD 上行和下行的传输使用同一频带的双工方式,需要根据时间进行切换,物理层的时隙被分为发送和接收两部分。其技术特点是：不需要成对的频率，能使用各种频率资源。上下行链路业务可以不平均分配。上下行工作于同一频率，电波传播的对称特性使之便于使用智能天线等新技术，达到提高性能、降低成本的目的。传输不连续，切换传输方向需要时间和控制，为避免传输发生冲突，上下行链路需要一个协商传输与时序的过程，为避免发生传输错误，需要设置一个保护时间来保护传输信号符合传输时延的要求。

FDD 上行和下行的传输使用分离的两个对称的频带的双工方式，系统需根据对称性频带进行划分。其技术特点是：需要成对的频率，在分离的两个对称的频带上进行发送和接收，上下行频带之间需要有 190MHz 的频率间隔。支持对称业务时，能充分利用上下行的频谱，但在非对称的分组交换(互联网)工作时，频谱利用率则大大降低(由于低上行负载，造成频谱利用率降低约 40%)。

此外，在 IEEE 中 802.16 还规定了用户站可以采用半双工 FDD(H-FDD)方式，这样就降低了对终端收发信息的要求从而降低了终端成本。

2. 载波带宽

IEEE 802.16 并未规定具体的载波带宽，系统可以采用 1.25～20MHz 之间的带宽。考虑各个国家已有固定无线接入系统的载波带宽划分，IEEE 802.16 规定了两个系列：1.25MHz 的倍数、1.75MHz 的倍数。1.25MHz 系列包括 1.25/2.5/5/10/20MHz 等；1.75MHz 系列包括 1.75/3.5/7/14MHz 等。对于 10～66GHz 的固定无线接入系统，还可以采用 28MHz 载波带宽，提供更高的接入速率。

3. OFDM 和 OFDMA

根据频段的不同分别有不同的物理层技术与之相对应：单载波(Single Carrier，SC)、正交频分复用(OFDM)和正交频分多址(Orthogonal Frequency Division Multiplex Access，OFDMA)。其中，10～66GHz 固定无线宽带接入系统主要采用单载波调制技术，对于 2～11GHz 频段的系统，主要采用 OFDM 和 OFDMA 技术。

1) 正交频分复用 OFDM

OFDM 是一种多载波数字调制技术。它非常适合在多径传播和多普勒频移的无线移动信道中传输高速数据。它的基本思想是在频域内将给定信道分成许多正交子信道，在每个子信道上使用一个子载波进行调制，并且各个子载波并行传输。这样，尽管总的信道是非平坦的，具有频率选择性，但是每个子信道是相对平坦的，在每个子信道上进行的是窄带传输，信号带宽小于信道的相干带宽，因此可以大大消除信号波形间的干扰。OFDM 技术相对于一般的多载波传输技术的不同之处在于它允许子载波频谱部分重叠，只要满足子载波间相互正交，则可以从混叠的子载波中分离出数据信号。

OFDM 技术之所以越来越受关注，是因为 OFDM 有如下很多独特的优点。

(1) 频谱利用率很高。

(2) 抗多径干扰与频率选择性衰落能力强。

(3) 采用动态子载波分配技术能使系统达到最大比特率。

(4) 通过各子载波的联合编码，可具有很强的抗衰落能力。

(5) 基于离散傅里叶变换(DFT)的 OFDM 有快速算法，OFDM 采用快速傅里叶变换(FFT)和逆快速傅里叶变换(IFFT)来实现调制和解调，易用数字信号处理器(DSP)实现。

除上述优点以外，OFDM 也有 3 个较明显的缺点。

（1）对频偏和相位噪声敏感。

（2）峰均功率比（PAPR）大，导致发送端放大器功率效率较低。

（3）自适应的调制技术使系统复杂度有所增加。

OFDM 作为保证高频谱效率的调制方案已被一些规范及系统采用。OFDM 将成为新一代无线通信系统中下行链路的最优调制方案之一，也会和传统多址技术结合成为新一代无线通信系统多址技术的备选方案。

2）正交频分复用多址 OFDMA

OFDMA 和 OFDM 的本质原理是一致的，不同的是，OFDMA 可以指定每个用户使用 OFDM 所有子载波中的一个（或一组）。OFDMA 将整个频带划分成更小的单位，多个用户可以同时使用整个频带，并且它的分配机制非常灵活，可以根据用户业务量的大小动态分配子载波的数量，不同的子载波上使用的调制方式和发射功率也可以不同。

在 OFDMA 系统中，用户仅使用所有的子载波中的一部分，如果同一个帧内的用户的定时偏差和频率偏差足够小，则系统内就不会存在小区内的干扰，比码分系统更有优势。

由于 OFDMA 可以把跳频技术和 OFDM 技术相结合，因此可以构成一种更为灵活的多址方案，此外由于 OFDMA 可以灵活地适应带宽要求，可以与动态信道分配技术结合使用来支持高速的数据传输。在未来的物理层技术演进中，OFDMA 仍然会作为一种非常重要的关键技术继续保留。

OFDM、OFDMA 具有较高的频谱利用率，而且具有良好的抵抗多径效应、频率选择性衰弱和窄带干扰上的能力，所以 OFDM 和 OFDMA 是 WiMAX 物理层的核心技术。WiMAX 系统利用了 OFDM 技术，使其传输距离达到 30～50km，当在 20MHz 的信道带宽时，能够支持高达 100Mb/s 的共享数据传输速率。

4. 自适应调制

IEEE 802.16 支持 BPSK、QPSK、16QAM 和 64QAM 多种调制方式。对于 10～66GHz 频段的无线接入系统，由于工作波长较短，必须要求视距传输，而多径衰落是可以忽略的，因此 IEEE 802.16 规定在该频段采用单载波调制方式，具体可以采用 QPSK 和 16QAM，可选支持 64QAM。对于 2～11GHz 频段，必须考虑多径衰落，视距传输则不是必需的。OFDM 在频域划分子信道的方式使其在抵抗多径衰落上具有明显的优势。因此，在 2～11GHz 频段，优选 OFDM/OFDMA 调制方式，此时每个子载波的调制方式可以选用 BPSK、QPSK、16QAM 或 64QAM。在信道编码纠错方面，IEEE 802.16 采用了截短的 RS 编码和卷积码级联的纠错编码，并且还支持分组 Turbo 码、卷积 Turbo 码。

IEEE 802.16 可以根据不同的调制方式和纠错编码方法组合成多种发送方案，系统可以根据信道状况的好坏以及传输的需求，选择一个合适的传输方案。例如，当信道状态差时，可以选择如 QPSK 低阶的调制方式，当信道状况好时，可以选择如 64QAM 高阶的调制方式。自适应调制给无线传输系统带来了很好的抗衰落性能。

5. 多天线技术

WiMAX 能够提供 20Mb/s 的数据速率，为了增加覆盖范围和系统的可靠性，IEEE 802.16 标准支持多天线技术，如 Alamouti Space-Time Coding（STC）、自适应天线系统（Adaptive Antenna System，AAS）和 Multiple Input Multiple Output（MIMO）系统。Alamouti STC 和 MIMO 属于同一类技术，在发送端不需要知道信道信息，而 AAS 在发送

端需要知道信道信息。广义地说，Alamuoti STC 使用多根天线发送、单根天线接收（MISO），也属于 MIMO 技术。802.16m 标准之所以在快速移动状态下的传输速率可达100Mb/s，主要归功于 MIMO 技术。

MIMO 技术在基站和移动台两端都使用多元天线阵列，抑制信道衰落，大幅度提高信道容量和覆盖范围。MIMO 技术的核心思想是空时信号处理，处理的方式大致分为发射分集和空间复用两类。其中，发射分集指的是在不同的天线上发射承载相同信息的信号，当然，信号的形式可以不同，这样做的目的是充分利用空间资源，提高信道的可靠性。

使用多天线技术具有以下优势。

1) 阵列增益

使用多天线后增加了信号的相干性，从而获得了阵列增益。

2) 分集增益

这是通过利用多径来获得的，当任何一径性能变坏时，就不会影响系统的性能。在无线衰落信道里，可以增加接收信号强度的稳定性从而提高性能。分集增益可以在空间（天线）、时域（时间）或者频域（频率）各个维度上获得。

3) 共信道干扰消除

通过干扰的不同信道响应，从而消除共信道的干扰信号。

9.4　IEEE 802.16 MAC 层

IEEE 802.16 作为一种宽带无线城域接入技术，其作用是提供电信级的服务和 QoS 保证。为此，IEEE 802.16 的 MAC 层十分庞大，技术也比较复杂，定义了较完备的协议和强大的 MAC 层管理功能。MAC 层采用了面向连接的技术、多种灵活的带宽分配机制、完善的加密与认证机制等，以保证数据的可靠、高效和安全地传输。

MAC 层分成 3 个子层：汇聚子层（Convergence Sublayer，CS）、公共部分子层（Common Part Sublayer，CPS）、安全子层（Privacy Sublayer，PS），如图 9-7 所示。

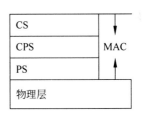

图 9-7　MAC 层结构

CS：该层根据提供服务的不同，提供不同的功能。对于 IEEE 802.16 来说，能提供的服务包括数字音频/视频广播、数字电话、异步传输模式 ATM、因特网接入、电话网络中无线中继和帧中继等。

CPS：CPS 是 MAC 层的核心部分，主要功能包括系统接入、带宽分配、连接建立和连接维护等。

PS：提供基站和用户站之间的保密性。它包括两部分：一是加密封装协议，负责空中传输的分组数据的加密，二是密钥管理协议，负责基站到用户站之间密钥的安全发放。

9.4.1　IEEE 802.16 MAC 层的技术特点

IEEE 802.16 MAC 层具有以下的技术特点。

1. 连接

WiMAX 系统所有数据的调度和操作都是以连接为载体和基础的，连接是 MAC 层管理和调度的基本单元。当高层网络数据包进入 WiMAX 系统后,经过汇聚子层分类操作将包映射到不同的连接上。BS 管理着整个小区内的全部连接,连接的最大限制是 64 000 个。针对不同的 SS 的连接可以由 BS 发起建立,也可以由 SS 发起建立,每个连接代表不同的服务类型、带宽等参数,连接的建立是业务通信实现 QoS 的前提。在 SS 入网初始化时,BS 会给 SS 分配管理连接,这些连接分为应用时间紧迫的 MAC 管理帧的基本管理连接(Basic Connection)、第一管理连接(Primary Management Connection)和第二管理连接(Secondary Management Connection)。每个管理连接的作用和使用范围不同,独立管理连接可以保证 MAC 管理功能的迅速和有效实施,提高网络的稳定性,不会造成因为业务量的增加而影响无线网络的维护和管理。业务连接在网络中是单向的,在连接上承载的业务也是单向的,管理连接是双向的,MAC 管理业务在相同的连接上发送。连接除了区分业务的不同优先级之外,还是 WiMAX 网络中寻址的重要信息。每个 BS/SS 都有一个全球唯一的 48 位 MAC 地址,但该地址仅在 SS 初始测距的过程中使用一次,一旦管理连接建立起来,MAC 地址就没有其他用处。在 WiMAX 网络中通过统一寻址方式,可以减轻很多 MAC 层的管理负担,甚至根据连接标识(Connection ID,CID)可以进行 PHS 操作,减少 VoIP 等业务的传输开销。

2. QoS

WiMAX 系统的 MAC 层最大的特色是定义了比较完整的、基于连接的服务质量机制,这种机制将高层数据映射为单个连接,并用一个 16 位的 CID 唯一标识。除此之外,这种机制针对每个连接分别设置不同的服务质量参数,包括速率、时延和延迟抖动等。用户端在每个连接的基础上,根据服务流的类别,按照对应的服务质量要求向基站请求带宽。在 IEEE 802.16 标准中,基站根据用户端的请求,为每个连接分配带宽,这样,不同的连接能够享受到不同的服务质量。

WiMAX 提供 5 种等级的服务,如表 9-2 所示。

表 9-2　WiMAX 5 种等级服务

服　　　务	缩略语	定　　义	典型应用
非请求的带宽分配业务 Unsolicited Grant Service	UGS	周期性产生固定包长的实时业务	T1/E1 传输
实时轮询业务 Real-time Polling Service	rtPS	周期性产生可变包长的实时业务	MPEG Video
扩展的实时轮询业务 Extended Real-time Polling Service	ertPS	周期性产生可变包长的实时业务,是 rtPS 业务的一种扩展,对实时性要求很高	VoIP
非实时轮询业务 Non-real-time Polling Service	nrtPS	延迟容忍的数据流,包括可变大小的数据包,有最低数据速率要求	FTP
尽力而为 Best Effort	BE	没有最低服务水平需求的非实时数据流,在资源允许的前提下处理	HTTP

3. 安全性

为了保证信息传输的安全性,IEEE 802.16 在 MAC 层中定义了一个安全子层来实现对密钥的分配管理和数据的加密。安全子层位于物理层之上,属于 MAC 层的最低一个子层。它的加密协议主要是以电缆调制传输技术 DOCSIS BPI+ 中的密钥管理协议为基础,加密子层主要可以分为数据包加密封装协议和密钥管理(PKM)协议两部分。

数据包加密封装协议定义了一系列的加密算法,如公钥密码体制的 RSA 算法、数据加密标准 OES 等,这些算法的实现是以具体的 MAC 层的机制为基础的。密钥管理协议 PKM 提供了安全的密钥交换机制,支持周期性的再认证和密钥更新,是加密子层的核心内容。最重要的两个密钥是授权密钥(AK)和传输加密密钥(TEK),都是由 BS 产生的随机数或伪随机数,AK 是认证过程中在 SS 和 BS 之间传输的,TEK 用于认证过后数据的加密。PKM 协议使用 X.509 公钥证书、RSA 公钥算法和三重 DES 数据加密标准来保护 SS 与 BS 之间的密钥交换。

9.4.2　汇聚子层的功能

IEEE 802.16 的汇聚子层(CS)是 MAC 的最高层,主要功能是从上层接收数据包并封装成为特定 MAC 数据包传送到公共部分子层相应的接口点。CS 层主要完成以下功能。

(1) 接收来自上层的协议数据单元 PDU。

(2) 对所接收的上层 PDU 进行分类。

(3) 根据分类对接收的 PDU 进行处理。

(4) 将处理后生成的 CS PDU 送往合适的 MAC SAP。

(5) 接收来自对等实体中特定业务汇聚子层的 CS PDU。

9.4.3　汇聚子层的分类

分类就是在 MAC 对等实体间将一个 MAC 层业务数据单元(MAC Service Data Unit, MAC SDU)映射到一个特定传输连接上的过程。在将一个 MAC SDU 映射到一个传输连接时,同时创建了与该连接的服务流特性的关联。为实现分类操作,汇聚子层定义了分类器的概念,分类器是一系列的匹配标准,将被用于所有进入 WiMAX 系统网络的数据,分类器由一些协议相关的数据匹配标准组成。目前,IEEE 802.16 中的汇聚子层支持两种上层业务:面向异步传输模式 ATM 业务和分组数据业务。在两种 CS 中,异步传输模式 CS 的分类器完成虚通路标识(Virtual Path Identifier, VPI)、虚通道标识(Virtual Channel Identifier, VCI)与 CID 的正确映射,分组 CS 的分类器根据所支持协议完成将上层标识(如 IP 地址)与 CID 的映射。

分类器的分类条件字段并不必须包含在一条分类规则中,当某一字段省略时,在分类时与该字段的比较就可以忽略。如果一个数据包与一个匹配标准相匹配,则将被分发到由 CID 定义的连接用于发送,该连接的服务流特性提供这个包的 QoS。在多个分类器作用于同一个服务流的情况下,分类器的优先级用于将分类器对数据包的作用顺序排序。由于分类器分类方法可能有重叠部分,因此明确排序是必需的,优先级并不一定要求唯一,但是需要避免冲突。分类器可以是预设的,也可以在 SS 进入网络时通过空中接口从 BS 侧获得。通过分类器建立的连接是 IEEE 802.16 传输数据的具体标识。

在下行链路上,BS 端汇聚子层执行分类功能,将进入 WiMAX 系统网络的包或信元映射到不同的传输 CID 上,由于要保证的服务质量相同,因此在 BS 与 SS 进行通信时,属于同一个 SS 的业务类型相同,在请求带宽相同的情况下,传输 CID 是相同的,即在同一个 CID 上进行通信。SS 侧的汇聚子层分类器用于在上行链路上对数据包进行分类,其分类处理与 BS 侧类似。

经过分类后,上层不同的业务包映射到合适的传输连接上,同时业务流和 CID 之间也建立了一种映射,BS 与 SS 之间基于不同的 SDU 进行通信,业务流属性提供了 QoS 保证。

图 9-8 描述了下行链路(BS 到 SS)的分类与映射过程。BS 为发送方,SS 为接收方。在发送方,CS 从 SAP 接收到高层数据 SDU 以后进行分类,并进行匹配映射处理。SDU 与 CID 之间有一一对应关系。不同的高层协议数据将会被对应到不同的 CID 上。映射工作完成后,CS 将 MAC SDU、CID 等信息通过 MAC SAP 递交给 MAC CPS,MAC CPS 形成 PDU,并与对等 MAC CPS 建立连接,在该连接上向通信对方传送 PDU。在接收方,MAC CPS 收到 PDU 后,通过 MAC SAP 向上层 CS 递交 SDU、CID 等信息,CS 重建原始信息,并通过 SAP 向高层递交数据。

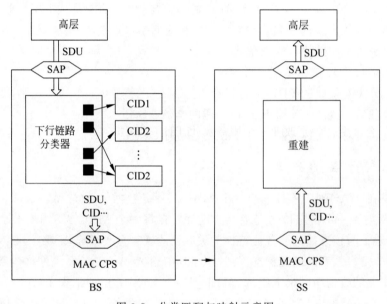

图 9-8　分类匹配与映射示意图

对于上行链路,发送方为 SS 而接收方为 BS,但是两个方向链路的分类映射过程完全一致,这里不再赘述。

9.4.4　汇聚子层报头压缩功能

为了节省无线链路资源,提高带宽利用率,IEEE 802.16 协议定义了净荷报头压缩(Payload Header Suppression,PHS)机制,对净荷报头的重复部分进行压缩,对等实体再将其恢复。ATM CS 和 IP CS 两种模式下都支持报头压缩以提高传输效率,压缩规则在创建业务流时由两个对等 MAC 层协商。

当被分类并且与特定 MAC 层连接相关时,高层的 PDU 封装到 MAC SDU 中,如图 9-9 所示。当定义了净荷报头压缩(PHS)数据单元时,分组 PDU 之前应加上 8 位的净荷报头压缩标识(PHSI)域。

一个 PHS 数据单元包括以下 5 个参数。

图 9-9　MAC SDU 格式

（1）头压缩区域（Payload Header Suppression Field，PHSF），解压缩时根据该字段将数据包首部还原。

（2）头压缩索引（Payload Header Suppression Index，PHSI），用以对应唯一的头压缩规则。

（3）头压缩掩码（Payload Header Suppression Mask，PHSM），用以决定压缩报头中哪些字节。

（4）头压缩区域长度（Payload Header Suppression Size，PHSS），指明报头中压缩字节的长度。

（5）头压缩检验标识（Payload Header Suppression Valid，PHSV），用以确定对数据头进行压缩还是不压缩。

在 PHS 中，高层净荷报头的重复部分在 MAC SDU 中，由发送实体压缩后发送，然后由接收实体解压并恢复。在上行链路中，发送实体是 SS，接收实体是 BS。在下行链路中，发送实体是 BS，接收实体是 SS。在 MAC 层连接 PHS 功能被开启的情况下，每个 MAC SDU 具有一个 PHSI 前缀，该前缀是可选的，用于存放净荷报头的压缩区域（PHSF）。

发送实体利用分类器把分组映射到一个服务流。分类器唯一地把分组映射到与它关联的 PHS 规则。接收实体使用 CID 和 PHSI 来恢复 PHSF。一旦一个 PHSF 被分配给一个 PHSI，它将不会改变。为了改变一个服务流上 PHSF 的值，需要定义一个新的 PHS 规则，同时旧的规则从服务流中删除，并加入新的规则。当一个分类器被删除时，任何相关的 PHS 规则将同时被删除。

PHS 有一个净荷报头压缩检验标识（PHSV）选项，该选项在压缩净荷报头前用来确定是否对它进行验证。PHS 同样有一个净荷报头压缩掩码（PHSM）选项，用来允许所选字节不被压缩。PHSM 用来发送已经改变的字节，但是仍然压缩没有改变的字节，如 IP 序列号。

BS 必须分配所有的 PHSI 值，正如它分配所有 CID 值一样。发送实体或者接收实体必须指定 PHSF 和净荷报头压缩大小（PHSS）。该规定允许预先配置的报头和该规范以外的高层信令协议建立缓冲入口。

高层业务实体负责产生一个 PHS 规则，该规则唯一标识服务流中的压缩报头。高层业务实体也负责确保在活动服务流的持续时间内，被压缩的字节流在分组之间是否是恒定的。

1. PHS 操作

图 9-10 表示了 PHS 的操作过程。一个分组被提交到分组 CS，SS 应用它的分类器规则。匹配的规则将产生一个上行链路服务流、CID 和 PHS 规则。PHS 规则提供 PHSF、PHSI、PHSM、PHSS 和 PHSV。如果 PHSV 被设置或没有出现时，SS 将比较分组报头和 PHSF 中的字节。如果它们匹配，SS 将压缩上行链路 PHSF 中的所有字节，除了被 PHSM 过滤的字节。SS 然后将在 PDU 前面加上 PHSI 前缀，并且为了上行链路的传输，给 MAC SAP 提供整个 MAC SDU。

当 BS 从空中接口收到 MAC PDU 时，BS 的 MAC 层将通过检查普通 MAC 报头来确定关联 CID。BS 的 MAC 层发送 PDU 到相应的 CID 的 MAC SAP。接收的分组 CS 层使

无线城域网接入技术

用 CID 和 PHSI 来查寻 PHSF、PHSM 和 PHSS。BS 重组分组,然后按照正常的分组处理进行,重组的分组包含从 PHSF 来的字节。如果验证被激活,那么 PHSF 字节等于最初的报头字节;反之,不能确保 PHSF 字节与报头字节匹配。在下行链路有类似的操作过程。

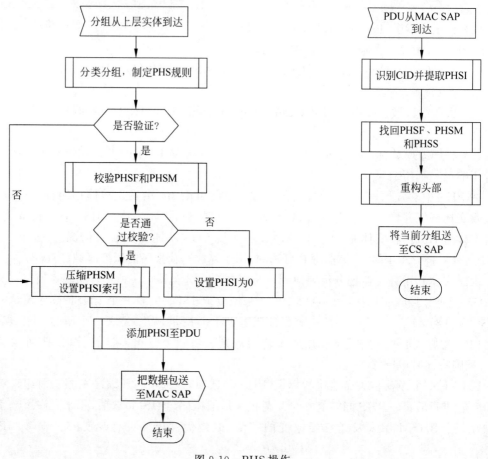

图 9-10 PHS 操作

图 9-11 给出了当使用 PHS 过滤功能时分组的压缩和恢复。过滤功能仅允许对不变化的字节进行压缩。PHSF 和 PHSS 占据整个压缩域,包含压缩和未被压缩的字节。

2. PHS 信令

PHS 需要建立以下 3 个对象。

(1) 服务流。

(2) 分类器。

(3) PHS 规则。

这 3 个对象可能被同时创建,也可能在单独的消息流中被创建。

PHS 规则用动态服务增加(DSA)或动态服务交换(DSC)消息创建。当 PHS 规则被创建时,BS 将定义 PHSI。可以用动态服务交换(DSC)或动态服务删除(DSD)消息来删除 PHS 规则。SS 或 BS 可以定义 PHSS 和 PHSF。如果要改变一个服务流上的 PHSF 的值,那么必须定义一个新的 PHS 规则,并且从服务流中删除旧的规则,将新的规则加入。

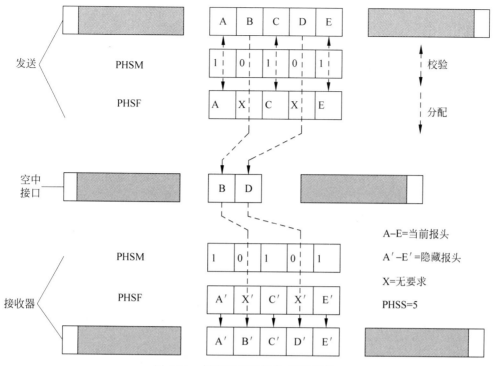

图 9-11　使用过滤功能的 PHS 操作

9.4.5　公共部分子层

公共部分子层(MAC CPS)是整个 MAC 层的核心,也是 WiMAX 系统的核心,MAC CPS 是 WiMAX 提供高速数据传输的关键所在,保证了 WiMAX 可以支持现在和未来高质量的多媒体应用服务。MAC CPS 算法的优越性、操作的合理性关系到 WiMAX 的整体系统。公共部分子层提供的主要功能有:带宽资源的分配;上行业务的分类;系统接入;系统初始测距仪及周期性测距;连接的建立和维护。

9.4.6　MAC CPS 支持的网络结构

以上公共部分子层特征使 WiMAX MAC 层可以支持两种不同的拓扑结构:点到多点(Point to Multi-Point,PMP)模式和网状(Mesh)模式。

1. PMP 模式

PMP 模式是一种集中式的网络结构,一个 BS 对应于多个 SS。BS 负责上行和下行带宽资源分配,每帧的分配结果体现在下行映射(DL-MAP)和上行映射(UL-MAP)结构中。SS 根据 DL-MAP 和 UL-MAP 的规定接收和发送数据/管理信令。在上行方向上,所有的 SS 共享与 BS 之间的链路。所有的 SS 都可以向 BS 进行带宽请求,BS 根据其请求的具体情况授权某 SS 持续进行发送或限制其进行数据的发送。在此过程中,协议定义了 4 种不同的上行链路调度机制以满足不同用户不同的带宽与时延需求:主动带宽保证机制,实时轮询机制(rtPS),非实时轮询机制(nrtPS)和竞争机制,SS 与 BS 之间的数据通信可以采用单播、组播或者广播发送。在下行方向上,BS 作为唯一的信号发送者,可以通过在 DU-MAP

消息中明确指出特定 SS 作为下行子帧某一部分接收方,此时只有该特定 SS 可以侦听下行子帧;如果 BS 没有明确指出特定 SS 作为下行子帧的接收者,则所有可以侦听该部分信息的 SS 都可以侦听,SS 通过检查接收到的 PDU 中的 CID 保留发送给自己的那部分信息。

1) PMP 模式下的帧结构

PMP 模式中,一个帧由下行链路子帧和上行链路子帧组成。一个下行链路子帧只有一个下行物理层 PDU 组成;而一个上行链路子帧则包括分配用于初始测距和带宽申请的竞争区间以及一个或者多个上行链路物理层 PDU(每个 PDU 来自不同的 SS)。一个下行链路上物理层的 PDU 一般由前导(Preamble)、FCH(Frame Control Head)和突发(Burst)组成。其中,前导用于物理层的同步;在 FCH 中包括用于指定紧跟在 FCH 后的一个或多个下行链路突发的突发参数和长度的 DL_Frame_Prefix。如果在当前帧发送 DL_MAP 信息,其应该是在 FCH 之后的第一个 MAC PDU 中,而 UL_MAP 则要紧跟在 DL_MAP 或 DLFP 之后。在当前帧发送 UCD(上行链路信道描述符)和 DCD(下行链路信道描述符)应该紧跟 DL_MAP 和 UL_MAP。FCH 之后是一个或多个下行链路突发,每个突发都由整数个 OFDM 符号组成,在 DLFP 中要指定第一个下行链路突发的位置和参数。同时,DLFP 中同时需要指出最大数目的后续突发的位置和参数,其他突发的位置和参数则在 DL_MAP 中定义。另外,协议定义突发参数由 4 位的 Rate_ID(用于第一个下行链路突发)或者 DCD 中的 DIUC 指定,在 DLFP 中第一个未使用的 IE 必须编码为 0。在 OFDM 物理层,上行链路和下行链路的物理层突发都由整数个 OFDM 符号组成,由 OFDM 符号来传输 MAC PDU。在限定频段内,双工方式可以为 FDD 或者 TDD,FDD 方式的 SS 也可以是 H-FDD;而在免费频段,则要采用 TDD 方式。如图 9-12 所示为 TDD 方式下的 OFDM 帧结构。

图 9-12　TDD 方式下 OFDM 帧结构

在 TDD 方式下,每个 TDD 帧在下行链路和上行链路子帧之间都要插入 TTG 和 RTG,在每个帧结束的时候要允许 BS 返回。

FDD 方式下的 OFDM 帧结构如图 9-13 所示。

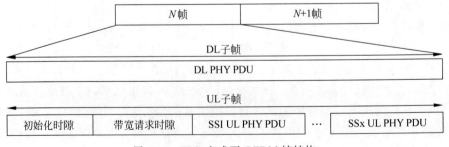

图 9-13　FDD 方式下 OFDM 帧结构

2）PMP 模式下的调度机制

在 PMP 模式下,下行方向只有 BS 发送,上行方向上各个 SS 共享链路,SS 只能与 BS 进行数据发送,BS 与每个 SS 之间通过直接链路建立联系。在整个结构中,BS 处于中心位置,负责带宽的分配以及对 SS 的参数配置。如图 9-14 所示为 PMP 模式下的调度。

2. Mesh 模式

在 IEEE 802.16—2004 定义中,网络拓扑结构一般采用 PMP（点到多点）结构。此时,只能在 BS 与 SS 之间进行数据的通信,如果要达到更远的覆盖距离就必然要牺牲数据传输速率,降低吞吐量,仍然无法解决无线通信中吞吐量与覆盖范围之间的矛盾。为了能够在保证网络吞吐量、提供网络的有效利用率的基础上,最大限度地扩大无线网络的覆盖范围,IEEE 802.16—2004 中也定义了 Mesh 模式的拓扑结构。

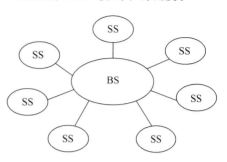

图 9-14　PMP 模式下的调度示意图

Mesh 模式与 PMP 最大的不同在于除了 BS 与 SS 之间能够直接通信外,SS 之间也可以通过多跳的方式实现多点到多点之间的无线连接。此时,由于邻近节点之间距离相对较短,数据的传输速率相对 BS 与较远 SS 之间直接通信会得到很大提高,能够获得较大的吞吐量。同时,更容易扩大无线网络的覆盖范围,也就能缓解传输速率与覆盖范围的矛盾。

Mesh 模式下只支持时分双工（TDD）方式,没有明确独立的上下行链路子帧,从而使得各个站之间可以与网络中其他站建立直接的通信链路;同时,在 Mesh 模式下,数据帧的结构以及调度的机制也有自己独特的特点。

1）Mesh 模式下的帧结构

Mesh 模式下的帧包括控制子帧和数据子帧两部分。控制子帧完成网络控制和调度控制,因此又把控制子帧分为网络控制子帧和调度控制子帧两种。网络控制子帧通过发送 MSH-ENTRY（网络接入）消息和 MSH-NCFG（网络配置）消息来使得不同系统之间能够协调一致工作：在 MSH-ENTRY 消息中提供了新节点接入网络同步和初始化的方法；MSH-NCFG 消息中则提供了不同系统节点之间进行通信的一些参数。

数据子帧被分为 256 个微时隙单位,而控制子帧可分为多个时隙单位,其数量由 MSH-NCFG 消息中的 Network Description IE 中的 MSH-CTRL-LEN 参数来决定,每个控制子帧中包含（时隙×时隙数量×7）个 OFDM 符号,控制子帧中发送信息都采用 QPSK1/2 调制编码。协议中定义了网络控制子帧中第一个时隙单位必须用来发送网络接入消息,剩下 MSH-CTRL-LEN-1 个时隙单位用来发送网络配置消息（调度控制子帧中,Network Description IE 中 MSH-DSCH-NUM 参数定义分配给 MSH-DSCH 消息的时隙单位数量：前 MSH-CTRL-LEN-MSH-DSCH-NUM 个时隙单位用于发送 MSH-CSCH 消息,其余的用于发送 MSH-DSCH 消息）。Mesh 模式下帧结构如图 9-15 所示。

2）Mesh 模式下的调度机制

IEEE 802.16—2004 标准中定义了 Mesh 模式下的两种调度方式：集中式调度和分布式调度。以下将分别分析协议定义的各种调度方式的特点以及各自的优缺点。

对于集中式调度方式来说：一方面,BS 在调度过程中处于中心位置,通过 BS 来协调

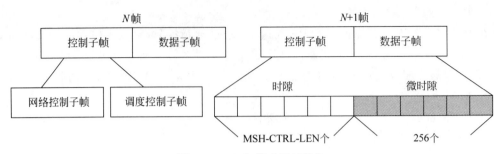

图 9-15　Mesh 模式下帧结构

SS 的接入；另一方面,由于 Mesh 模式下没有独立的上下行子帧的区别,因此 BS 和 SS 之间在通信过程中不必建立直接链路,可以通过中间 SS 中继来建立连接。在该调度模式中,BS 和 SS 可以视为处于一棵调度树中,其中 BS 处于调度树的根部。BS 在确定链路的 burst分配以及相关参数后,根据 SS 的请求统一进行资源的安排。集中式调度如图 9-16 所示。

　　BS 在 MSH-CSCH 消息中广播调度信息,在 MSH-CSCF 消息中广播各条链路的 burst分配以及相关参数,各个节点根据 MSH-CSCF 消息中的调度树来进行链路的更新。由于集中式调度机制中 BS 负责整个网络通信过程中 SS 之间的关系,在一定程度上可以避免碰撞问题,可以有效解决 SS 之间对于资源的竞争。但是,在集中式调度机制下,容易出现以下几方面的问题：由于 SS 之间需要通过 BS 来进行通信,一旦 BS 与某 SS 之间无法建立连接将导致该 SS 无法与网络中其他节点进行通信；BS 需要大量的额外开销维护整个网络中节点的状态信息表；整个网络的通信效率大大降低；由于网络通信对于 BS 的过度依赖,使得 BS 要始终处于较好的工作状态,在实际操作中存在一定的不确定性。为了解决以上问题,分布式调度机制的使用就显得尤为重要。在分布式调度方式中,网络中各个 SS 之间可以直接进行通信,而不必经过 BS,使得整个网络的通信效率大大提高,也有效规避了过度依赖 BS 带来的无法通信风险。分布式调度如图 9-17 所示。

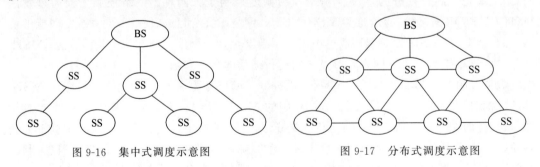

图 9-16　集中式调度示意图　　　　　　　　图 9-17　分布式调度示意图

　　根据在传输调度包过程中是否会发生碰撞,协议进一步将分布式调度划分为协同分布式调度和非协同分布式调度。根据 MSH-DSCH 消息中特定位的比特值来标识调度类型：0 为协调调度,1 为非协调调度。在协同分布式调度中,控制子帧使用无碰撞的方式来传输调度包；而在非协同分布式调度中,传输调度包则部分采用竞争方式,因此也容易发生碰撞。

　　IEEE 802.16—2004 Mesh 模式中的分布式调度采用请求、答复、确认三次握手的方式来建立发送数据前的连接。首先由请求发送节点发送 MSH-DSCH 消息中 Request IE 来指明要发送数据的属性以及可用的时隙；其次目标节点则根据请求寻找合适的时隙并回复请求节点数据微时隙位置；最后，请求节点收到目标节点回复后发送 MSH-DSCH 许可消息来完成连接的建立过程。三次握手的过程如图 9-18 所示。

在该过程中，协议提供了各个节点计算自己发送机会的调度算法，以实现各个节点之间发送机会的公平性。

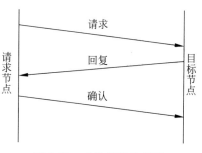

图 9-18　三次握手示意图

9.4.7　MAC CPS 的功能

MAC CPS 完成如下功能。

1. 寻址与连接

WiMAX 系统中每个 BS 和 SS 都拥有一个全局有效的 48 位 MAC 地址，该地址唯一标识了来自所有可能厂商和仪器类型的 BS 和 SS。这个 48 位的地址可以被 SS 用来与 BS 建立连接。此外，由于全局地址的唯一性，WiMAX 系统还可以在鉴权阶段验证 BS 和 SS 的有效身份。MAC 层是基于连接的，每个连接都由一个 16 位的连接标识符 CID 来区分。每个 CID 标识一个具有某种 QoS 的业务流。CID 是 WiMAX 面向连接的核心，其主要功能如下。

（1）标识不同的连接。

（2）连接请求，如带宽请求。

（3）关联相应的业务流。

在 SS 初始化过程中，上行和下行方向都会建立 3 个不同的管理连接，用于发送和接收控制管理消息。这 3 种连接反映了 BS 和 SS 之间不同的管理业务的服务质量，它们分别为基本连接（Basic Connection）、主要管理连接（Primary Management Connection）和次要管理连接（Secondary Management Connection）。

（1）基本连接：用于在 BS 和 SS 之间交换短的、时延敏感的 MAC 管理消息。

（2）主要管理连接：用于在 BS 和 SS 之间传递较长的、可以容忍一定时延的 MAC 管理消息。

（3）次要管理连接：只用于可以被管理的 SS 与 BS 传递基于标准（如 DHCP、TFTP、SNMP）的管理消息，通常这些消息也对时延不敏感。

当系统工作在 SC、OFDM 或 OFDMA 模式时，所有的管理消息必须进行循环冗余校验（CRC）。以上三组管理连接的标识符是由 BS 通过测距响应（RNG-RSP）和注册响应（REG-RSP）消息传送到 SS 侧。WiMAX 系统为每个 SS 分配 3 个 CID，每对连接（上行和下行）共用一个 CID 值。CID 可以看作一个连接的标识，也可以看作指向某一目的地和一系列 QoS 的指针。当 SS 需要传输数据时，对带宽的请求是基于 CID 的，服务类型以及服务当前的参数也包含在 CID 中，系统可以通过检索 CID 来获得。

2. PDU 成帧与传输

如图 9-19 所示为 PDU 报文格式。PDU 报文由 3 部分组成：通用 MAC 报头、负荷（可选）和 CRC（可选）。

通用 MAC 帧头	负荷(可选)	CRC(可选)

图 9-19　PDU 报文格式

　　每个 MAC PDU 都包含一个固定长度的 MAC 报头,后面紧跟的是 MAC PDU 负荷,负荷中可能包含 0 个或多个子头和 0 个或多个 MAC SDU 数据分段,即需要传输的数据或者管理消息的内容。MAC PDU 负荷长度是可变的,所以整个 PDU 的长度也是可变的,这样就使得 WiMAX 系统的 MAC 层可以处理任意的上层业务,而不需要考虑所承载消息的具体格式或者比特编码模式。CRC 信息在 WiMAX 中是可选的,只是对于物理层采用了 SCa、OFDM 和 OFDMA 的时候系统必须实现 CRC。

　　WiMAX 定义了两种类型的报头,并有一个专门的比特位来标示：HT(Header Type)。HT=0 表示通用 MAC 报头,用于传输 MAC 管理消息或者业务数据；HT=1 表示带宽请求报头,专门用来发送带宽请求。在使用带宽请求头时不能包含负荷。

　　通用 MAC 报头格式如图 9-20 所示,各字段含义如表 9-3 所示。

HT=0 (1)	EC (1)	type (6)	Rsv (1)	EKS (2)	CI (1)	Rsv (1)	LEN MSB(3)
LEN LSB(8)				CID MSB(8)			
CID LSB(8)				HCS MSB(8)			

图 9-20　通用 MAC 头部格式

表 9-3　通用 MAC 头部各字段含义

字　段	比　特　数	描　述
HT	1	头部类型,必须设置为 0
EC	1	加密控制,EC=1,加密；EC=0,不加密
type	6	子头部和载荷类型,可包含 mesh 子头部、分片子头部、封包子头部等
Rsv	1	保留字段
EKS	2	密钥序列
CI	1	CRC 指示
LEN	11	包括头部在内的整个 MAC PDU 的长度
CID	16	传送该 MAC PDU 对应的连接标识符
HCS	8	头部校验序列

　　带宽请求 PDU 头部格式如图 9-21 所示,各字段含义如表 9-4 所示。

HT=1 (1)	HC=0 (1)	type(3)	BR MSB(11)
BR LSB(8)			CID MSB(8)
CID LSB(8)			HCS MSB(8)

图 9-21　带宽请求 PDU 头部格式

表 9-4 带宽请求 PDU 头部各字段含义

字 段	比 特 数	描 述
HT	1	头部类型,必须设置为1
HC	1	EC 必须设置为0,不加密
type	3	指示带宽请求类型:"000"表示请求增加带宽,"001"表示请求总带宽
BR	19	指示 SS 向 BS 申请的字节数,该数字中不含任何物理层附加头部
CID	16	表示一个 SS 向 BS 的带宽请求连接
HCS	8	头部校验序列

在 IEEE 802.16—2004 标准中,定义了两类 5 种 MAC 子头部,一类是 Per-PDU 子头部,另一类是 Per-SDU 子头部。Per-PDU 子头部包括 4 种子头部:mesh 子头部、分片子头部、快速响应指派和许可管理子头部。Per-SDU 子头部仅含 1 种子头部,即拼装子头部。子头部的类型和细节由通用 MAC 头部"type"字段中的 6 位代码表示,其结构如表 9-5 所示。

表 9-5 MAC 子头部类型描述

通用 MAC 头部 Type 字段的位	描 述
5	指示 mesh 子头部的有无;1 表示有,0 表示无
4	指示 ARQ 响应载荷的有无;1 表示有,0 表示无
3	指示可扩展类型,即有否拼装或分片子头部的扩展; 1 表示有,0 表示无。用于无 ARQ 的连接
2	指示分片子头部的有无;1 表示有,0 表示无
1	指示拼装子头部的有无;1 表示有,0 表示无
0	下行链路,快速反馈分配子报头; 上行链路,授权管理子报头。 1 表示有,0 表示无

在形成 MAC PDU 的过程中,Per-PDU 子头部紧随通用 MAC 头部之后。在 MAC PDU 中,Per-PDU 的 4 种子头部是按一定的先后顺序排列的,从前向后的顺序为 mesh、许可管理、分片、快速响应指派。而 Per-SDU 子头部即拼装子头部,在 MAC SDU 的起始便被插入。

系统在形成 MAC PDU 之后的操作是将一个或多个 PDU 通过级联、分片、打包等方式组成一个完整的 MAC 帧,并通过服务访问点传递给下层进行传输。

级联:在 WiMAX 系统中,多个 MAC PDU 可以连在一起,一并发往接收端,由于每个 PDU 都是通过其所包含的 CID 来唯一标识的,因此接收端的对应 MAC 实体可以将接收到的多个 MAC PDU 解封并重新组装,得到的 MAC SDU 送到相对应的 MAC SAP。MAC 管理消息、用户数据以及带宽请求的 MAC PDU 都可以被级联在一起进行发送。

分片:分片是将多个 MAC SDU 分成一个或多个 MAC PDU 的过程,这一操作使得 WiMAX 系统可以高效地使用有限的带宽。一个 PDU 在传输过程中是否分片是在连接被创建的时候决定的,每个分片在整个 SDU 中的位置可以通过分片子报头中的分片控制域 (FC)知道。

打包:与分片相反,打包是将多个 SDU 并入一个 PDU 中进行传输。打包通过连接的属性来指出当前连接所承载的是定长分组还是变长分组。另外,是否进行打包操作完全由发送端决定。

3. 对 PHY 的支持

1) 双工方式

MAC 层协议可以支持物理层采用不同的双工模式:时分双工(TDD)方式或频分双工(FDD)方式。

对于 FDD 方式,上行和下行信道被分配不同的频率,同时传送。上行传输和下行传输都是采用固定帧长,这点有利于使用不同的调制类型。它可以同时支持全双工(可以同时发送和接收)SS 和半双工 SS(可选的)。如果使用半双工,当 SS 在下行信道上接收数据时,调度控制器将不会对其进行带宽分配。

对于 TDD 方式,上下行传输发生在不同的时间,通常采用同一频率。TDD 的帧有固定的帧长,它包含一个下行和一个上行的子帧。TDD 帧在对上行子帧和下行子帧的分配上是可以调整的,这是由一个系统参数来控制的。

2) 链路映射管理消息

下行链路映射消息(DL-MAP)定义了突发模式的物理层下行链路间隔的使用情况,SS 根据该消息来接收下行链路上的信息。在 PMP 系统中,DL-MAP 消息只能由 BS 以广播方式发送给各 SS。

上行链路映射消息(UL-MAP)根据突发相对于分配开始时间(Allocation Start Time)的偏移定义了上行传输间隔的使用,通过一系列的信息元素(Information Element,IE)来表示。每个 UL-MAP 消息都必须包含至少一个 IE,IE 有以下几种。

(1) Request IE:通过 Request IE,BS 指定了一个上行间隔用来为上行数据的传输申请带宽,与该 IE 指定的 CID 类型相一致的 SS 可以在这个间隔内发送带宽请求。对于任何一个分配的上行链路发送间隔,SS 可以决定用于发送数据或请求,也可以在数据中捎带请求。此时,PDU 的传输应采用带宽请求头的格式。

(2) Initial Ranging IE:在 UL-MAP 消息中要提供一个发送间隔来允许新 SS 进行初始测距,BS 通过 Initial Ranging IE 来指定一个间隔用于 SS 进入网络。在这个间隔发送的数据包应使用初始测距请求管理消息(RNG-REQ)的格式,间隔的大小应为最大传输时延加上 RNG-REQ 消息的传输时间。

(3) Data Grant Burst Type IE:该 IE 为 SS 提供发送一个或多个上行 PDU 的时间间隔。提供这些 IE 可以是响应 SS 的带宽请求,或者是基于一种管理的策略为一个特定的 SS 提供一定的带宽,如单播轮询机制。

(4) End of map IE:位于 IE 列表的最后,是所有 IE 结束的标志,用于决定最后一个间隔的长度。

(5) Gap IE:表示上行链路传输结束,SS 不应该在该 IE 期间发送数据。

3) 映射相关和同步

DL-MAP 和 UL-MAP 两个管理消息中的定时信息是相对的。DL-MAP 消息以承载该管理消息的帧开始处的第一个符号作为定时信息的参考;而 UL-MAP 消息则以帧第一个符号再加上 Allocation Start Time 为定时参考,其包含的信息表示从 Allocation Start Time 开始到最后一个分配的间隔结束的一段时间。因此,不论是 FDD 还是 TDD 方式,DL-MAP 总是用来指示本帧下行的开始,UL-MAP 最小用于指示本帧上行的开始,最大用于指示下一帧上行的开始。

4. 进入网络和初始化

为了与基站建立连接并获得服务,SS 首先要进行网络接入和初始化过程,SS 的整个初始化过程可分为以下步骤。

(1) SS 首先要搜索可用信道,以获取物理层的同步。一旦物理层达到同步,SS 将搜索广播消息以获得上行信道和下行信道控制参数。

(2) MAC 层搜索 DL-MAP 消息以实现 MAC 层的同步。若 SS 持续收到 BS 周期发送的 UL-MAP 消息和 UCD(上行信道描述)消息,则可获得有效上行信道参数,并等待信道的带宽安排,准备进行初始测距,调整参数。

(3) 初始测距。测距是一个获取时间偏移和功率调整的过程。SS 将搜索 UL-MAP 消息找到一个初始测距 IE,对于 SC、SCa 以及 OFDM 的物理层,SS 将在初始测距这个间隔内发送 RNG-REQ(测距请求)消息,而对于 OFDMA 物理层将发送初始测距的 CDMA 码字。一旦 BS 成功接收到 RNG-REQ 消息,它将返回一个 RNG-RSP(测距响应)消息,这个消息中给出了分配给 SS 的 CID,以及射频功率调整、频率偏移调整和时间偏移调整的信息。如果 RNG-RSP 消息的 Status 显示为继续,则将重新进行一次调整过程。这种测距的请求和响应过程会不断地重复,直到返回的 RNG-RSP 信息中给出测距成功的指示。

(4) 完成测距后,SS 发送 SBC-REQ(SS 基本功能请求)消息告知 BS 其支持的调制级别、编码方案和速率等基本能力,BS 根据自身能力选择支持的部分并返回 SBC-RSP(SS 基本功能响应)消息响应。

(5) BS 和 SS 之间进行鉴权和密钥交换。

(6) 成功鉴权后,将进行注册过程。SS 向 BS 发送 REG-REQ(注册请求)消息,BS 返回 REQ-RSP(注册响应)消息,注册过程中交互的信息包括支持的 IP 版本,支持的 ARQ(自动重复请求)参数等。

(7) 建立 IP 连接。SS 采用 DHCP 机制获取 IP 地址或其他建立 IP 连接所需要的参数,建立时间和日期并下载 SS 的配置文件,这些都是通过 SS 的次要管理连接实现的。

(8) 完成上述操作后,BS 发送 DSA-REQ(动态服务添加请求)消息为 SS 的预留服务流建立连接,SS 则以 DSA-RSP(动态服务添加响应)消息进行响应。

至此,SS 的初始化过程完成。需要注意的是,步骤(7)是可选的,只有 SS 在 REG-REQ 消息中标明它是一个管理 SS 才会进行这一步骤。

9.4.8 MAC 安全子层

安全子层主要提供鉴权、密钥交换以及加密功能。WiMAX 系统通过对 BS 与 SS 之间的连接进行加密来防止数据传输业务未经授权的访问以及为用户提供隐私。此外,BS 通过加密相关的业务流禁止未经授权的访问,还给运营商提供强大的防盗用功能。

安全子层主要包括两个协议:数据加密封装协议(Encapsulation Protocol)和密钥管理协议(Privacy Key Management,PKM)。

数据加密封装协议负责加密接入固定 BWA 网络的分组数据,定义了加密和鉴权算法,以及这些算法在 MAC PDU 分组数据中的应用规则。加密只针对 MAC PDU 中的负荷部分,MAC 头不被加密,MAC 层中的所有管理信息在传输过程中也不被加密。

PKM 负责从 BS 到 SS 之间密钥的安全分发、SS 和 BS 之间密钥数据的同步以及业务接入的鉴权。通过使用基于数字证书的认证方式,进一步加强了 PKM 的安全性能。

PKM 采用客户-服务器模型,SS 作为客户端来请求密钥,BS 作为服务器端响应 SS 的请求并授权给 SS 唯一的密钥。PKM 支持周期性地重新授权及密钥更新机制,PKM 使用 X.509 数字证书(IETF RFC 3280)、RSA(Rivest-Shamir-Adleman public-key system)公钥加密算法和强对称算法进行 BS 与 SS 之间的密钥交换。通过使用基于数字证书的认证方式,进一步加强了 PKM 的安全性能。

在初始鉴权阶段,BS 对 SS 客户进行认证。只有通过认证的 SS,才被允许接入网络。SS 携带一个由 SS 制造商所签发的独一无二的 X.509 证书。该数字证书中包括 SS 的公钥、SS 的 MAC 地址等其他信息,BS 验证 SS 的数字证书之后,使用获得的 SS 公钥加密 AK(Authorization Key,认证密钥)信息,并回传给 SS。事实上,此时 BS 与 SS 之间建立了一个共享的安全(秘密)通道,这个通道随后用作数据加密密钥(TEK)的分发。安全联盟(SA)则定义了一个 BS 与多个 SS 之间共享的安全通道的属性。SA 有 3 种类型:Primary、Static 和 Dynamic。

所有的 SS 都有一个制造商安装的公/私密钥对,或者制造商提供一个内部算法以动态地产生这样的密钥对,在后一种情况下,在 SS 发送 AK 请求信息前,必须先产生 RSA 密钥对。所有密钥请求、响应信息的交换,均使用 MAC 层中的 PKM-REQ、PKM-RSP 管理信令对来实现。

通过该加密子层的保护,可以防止克隆的 SS 伪装成合法的用户入侵网络,X.509 证书的使用则可防止克隆的 SS 提交伪造的证书给 BS。SS 的 X.509 证书通常由 SS 的制造商来签发,制造商的 CA(Certificate Authority)通常又由更高层的 CA 来签发,以在网络运营商与制造商之间建立一个 CA 信任链。

IEEE 802.16 加密协议的制订主要根据 DOCSIS BPI+中的密钥管理协议,但是其功能进一步增强,并且可以与 MAC 层协议"无缝"连接。

9.5 WiMAX 技术与其他技术比较

9.5.1 无线宽带接入背景

目前,接入网技术正在呈现出业务移动化、业务宽带化的发展趋势,无线化和宽带化是电信网络接入层发展的总趋势,在以 ITU 和 3GPP/3GPP2 引领的蜂窝移动通信从 3G 发展到 4G,再快速奔向 5G 的演进道路上,WiMAX、WiFi、5G 等各种无线技术在竞争中互相借鉴和学习,技术不断完善,网络安全性和实用性不断增强。同时支持 WiFi、WiMAX 等技术的无线网络的笔记本电脑、手机终端、移动设备、移动电视等日益流行,政府及大小中企业信息化建设的需求也日益增加,整个市场产业链已逐渐成熟。

9.5.2 无线宽带接入技术

WiMAX(Worldwide Interoperability for Microwave Access)即全球微波互联接入论坛,是以 IEEE 802.16 标准为基础的无线城域网技术。

WiFi(Wireless Fidelity)即无线保真,目前其主流技术可使用 IEEE 802.11a、IEEE 802.11b、IEEE 802.11g、IEEE 802.11n 和 IEEE 802.11ac 等标准。

3G(3rd Generation)即第三代移动通信,目前主要分为 TD-SCDMA、W-CDMA、CDMA 2000 三种。

4G 是第四代的移动通信技术,是 3G 技术的升级,其相较于 3G 移动通信技术来说具有更大的优势,将 WLAN 技术和 3G 通信技术进行了很好的结合,使图像的传输速度更快,传输图像的质量更高。

5G 是第五代移动通信技术,其传输性能比 4G 有约 10 倍的提升,5G 标准由 R14、R15 和 R16 共同完成,在 2020 年开始投入商用。

9.5.3 WiMAX 技术概述

WiMAX 是一项基于 IEEE 802.16 标准的无线宽带接入城域网技术,是针对微波和毫米波频段提出的一种空中接口标准。

WiMAX 系统主要有两个技术标准:一个是指满足固定宽带无线接入的 IEEE 802.16d 标准;另一个是满足固定和移动的宽带无线接入技术 IEEE 802.16e 标准。

作为线缆和 xDSL 的无线扩展技术,802.16a 规范于 2003 年 1 月 29 日被 IEEE 通过。这是一种全新的无线宽带技术,是为解决宽带接入"最后一千米"的问题而设计的。在亚洲,目前 xDSL 是 WiMAX 在最后一千米接入市场主要的竞争对手,因此,通常也将 WiMAX 称为无线 DSL。

1. WiMAX 技术优势

WiMAX 具有以下技术优势。

1) 实现更远的传输距离

WiMAX 所能实现的 50km 的无线信号传输距离是无线局域网所不能比拟的,网络覆盖面积是 3G 发射塔的 10 倍,只要建设少数基站就能实现全城覆盖,使得无线网络应用的范围大大扩展。

2) 提供更高速的宽带接入

据悉,WiMAX 所能提供的最高接入速度是 70Mb/s,这个速度是 3G 所能提供的宽带速度的 30 倍。

3) 提供优良的"最后一千米"网络接入服务

作为一种无线城域网技术,它可以将 WiFi 连接到互联网,也可作为 DSL 等有线接入方式的无线扩展,实现最后一千米的宽带接入。用户无须线缆即可与基站建立宽带连接。

4) 提供多媒体通信服务

由于 WiMAX 较 WiFi 具有更好的可扩展性和安全性,从而能够实现电信级的多媒体通信服务。

2. WiMAX 市场定位和发展瓶颈

IEEE 802.16e 的定位——按照 IEEE 802.16e 设定的目标,它是一种移动的宽带无线接入技术,可以实现用户在车速移动状态下的宽带接入并接入 IP 核心网,主要面向用户提供宽带数据业务,也可以提供语音业务。WiMAX 工作在 2~6GHz,基站覆盖范围一般为几千米,可采用 FDD 或 TDD 工作方式,核心技术为 OFDM 和 OFDMA,用户群主要为个人用户。WiMAX 理想的市场定位应该是高速数据在固定、便携和低速移动中的应用。

从技术的定位上讲,WiMAX 更适合用于城域网建设的"最后一千米"无线接入部分,尤其是对于新兴的运营商更为合适。WiMAX 技术分为固定和移动两部分,因此运营商在市场定位上会面临选择:如果选择提供固定宽带接入,那么市场规模会比较有限;如果立足移动业务,在运营模式、终端支持、组网方式方面都存在很多挑战。

标准制定方面,IEEE 802.16e 标准化工作正在进行,除空中接口标准尚未完成以外,IEEE 802.16 还存在一个问题就是缺乏网络规范、标准体系不完善。IEEE 802.16 仅规范了基站和移动台之间的空中接口,没有规定基站和基站之间、基站和网络侧的协议。在切换、移动性管理(寻呼)和终端状态管理(激活和休眠的转换)等与蜂窝组网有关的方面,还不够成熟,需要进一步完善。

频率方面,目前已经认可的是 3.4~3.8GHz 许可证频率(ETSI,国际 MMDS)和 5.725~5.85GHz 免许可证频率。很多国家允许使用更高的频率,将其当作 5GHz 免许可证频段的一部分,但由于其穿透力差,使用这些频率的 WiMAX 系统不可能和 LTE 竞争。

9.5.4 WiFi 技术概述

WLAN 标准主要包括 IEEE 802.11b、IEEE 802.11a 和 IEEE 802.11g 等。目前,WLAN 的推广和认证工作主要由产业标准组织 WiFi(Wireless Fidelity,无线保真)联盟完成,所以 WLAN 技术常常被称为 WiFi。

IEEE 802.11b 采用 2.4GHz 的频段,可支持 11Mb/s 的共享接入速率;IEEE 802.11a 采用 5GHz 的频段,其速率高达 54Mb/s,采用 OFDM(正交频分复用)技术,覆盖范围 100m,但无障碍的接入距离降到 30~50m。

IEEE 802.11g 其实是一种混合标准,既能适应 IEEE 802.11b 标准,又符合 IEEE 802.11a 标准,其速率高达 54Mb/s,它比 IEEE 802.11b 速率快 5 倍,并和 IEEE 802.11b 兼容。

2004 年 1 月,IEEE 宣布建立一个新的研究小组开发的新的 IEEE 802.11 标准,于 2009 年 9 月正式发布。该标准的传输速率理论值为 300Mb/s,甚至高达 600Mb/s。

而最新的 IEEE 802.11ac 标准,其速率可高达 1Gb/s,于 2012 年 2 月正式发布,目前已经投入市场应用。

1. WiFi 技术优势

WiFi 技术具有以下优势。

(1) WiFi 是由 AP(Access Point)和无线网卡组成的无线局域网络。组网简单,可以不受布线条件的限制,因此非常适合移动办公用户的需要。

(2) 应用灵活,能灵活胜任只有几个用户的小型网络到上千用户的大型网络。

(3) 丰富的终端支持,经济节约,厂商进入该领域的门槛比较低。WiFi 组网的成本低廉。

(4) 提供漫游服务,能提供有线网络无法提供的漫游特性,方便用户使用。

2. WiFi 市场定位和发展瓶颈

WiFi 是一种局域网技术,主要用于解决"最后一百米"的接入问题。从其与有线宽带网络的关系来看,WiFi 利用其技术优势能够作为网络延伸手段进一步扩大有线接入网络的覆盖面积及扩展移动通信网络的应用。

WiFi 是提升有线宽带用户价值、提供差异化服务的有效手段。在 WiFi 网络覆盖范围内,允许用户在任何时间、任何地点访问公司的办公网或国际互联网,随时随地享受网上证券、视频点播(VOD)、远程教育、远程医疗、视频会议、网络游戏等一系列宽带信息增值服务,并实现移动办公。

制约 WiFi 技术发展的因素有以下 6 方面。

(1) 数据传输速率有限。虽然 WiFi 技术最高数据传输速率标称可达 11~54Mb/s,但系统开销会使应用层速率减少 50% 左右。

(2) 无线电波间存在相互影响的现象,特别是同频段、同技术设备之间将存在明显影响。在多运营商环境中,不同接入点(AP)间的频率干扰会使数据传输速率明显降低,在有三个运营商同时运营的环境中不能实现多用户的同时高速数据业务。

(3) 无线电波在传播中根据障碍物不同将发生折射、反射、衍射、信号无法穿透等情况,其质量和信号的稳定性都不如有线接入方式。

(4) WiFi 实现规模覆盖的最大缺陷在于需要密集的有线传输资源。WiMAX 基站的覆盖范围比 WiFi AP 覆盖范围大数十到上百倍。

(5) WiFi 技术本身不支持移动性,即便 IEEE 802.11s 可能会对 WiFi MESH 的移动性进行增强,最多也只能支持步行的移动速度。

(6) WiFi 空中接口没有 QoS 保障机制,只支持 Best Effort 业务,适用于 Web 浏览、FTP 下载以及收发 E-mail 等,语音通信、视频传输等业务的 QoS 很难得到保障。

有关 WiFi 的各种标准和工作原理等详细技术资料请参考本书第 8 章的相关内容。

9.5.5 5G 技术概述

1. 5G 技术简介

5G 是第五代移动通信系统的简称,是 4G 的升级,它是在 2020 年起投入商用的新一代移动通信系统。它既不是一个单一的无线接入技术,也不都是全新的无线接入技术,而是新的无线接入技术和现有无线接入技术的高度融合。

5G 的特点是超高频率、超高频宽,传输速率比 4G 快了一个数量级,对无线接入网做了优化,具有更低的时延,完全可以胜任车联网、智能交通、高清视频和虚拟现实等业务的需求。

2. 5G 技术与 4G 技术比较

(1) 传输速率增大 10 到 100 倍,达到 10Gb/s。

(2) 网络容量增加一千倍,可以连接的设备数比 4G 增加 1000 倍。

(3) 端到端的时延减小 90%,可以达到毫秒级。

(4) 频谱效率增加 5 到 10 倍,比 4G 在同样带宽下传输的数据增加 5 到 10 倍。

(5) 频率更高,工信部初步定下我国的 5G 频率是 3.3~3.6Ghz/4.8~5Ghz。全球最有可能优先部署的 5G 频段为 n77、n78、n79、n257、n258 和 n260,分别是 3.3~4.2GHz、4.4~5.0GHz 和毫米波频段 26GHz/28GHz/39GHz。国际上主要用 28G 做试验。

(6) 微基站广泛使用,室内移动通信,用户间直接通信,而不像传统的 4G 通信必须经过基站转发,5G 终端可以像对讲机的方式工作,数据可以在 5G 终端设备之间直接通信,但信令还要经过基站传送。

(7) 更多的大规模天线(MIMO)。

3. 5G 关键技术

1) 软件定义网络

软件定义网络(Software Defined Network,SDN)是由美国斯坦福大学 clean-slate 课题研究组提出的一种新型网络创新架构,是网络虚拟化的一种实现方式。其核心技术 OpenFlow 将网络设备的控制面与数据面分离开来,从而实现网络流量的灵活控制,使网络作为管道变得更加智能,为核心网络及应用的创新提供了良好的平台。

2) 软件无线电技术

软件无线电技术,顾名思义是用现代化软件来操纵、控制传统的"纯硬件电路"的无线通信。软件无线电技术的重要价值在于:传统的硬件无线电通信设备只是作为无线通信的基本平台,而软件无线电技术的许多通信功能则是由软件来实现,这打破了传统设备通信功能的实现仅依赖硬件发展的格局。软件无线电技术的出现是通信领域继固定通信到移动通信,模拟通信到数字通信之后的第三次技术革命。

3) 超密集组网技术

在无线电通信设备高度密集的场景下,无线环境复杂且干扰多变,基站的超密集组网技术可以在一定程度上提高系统的频谱效率,并通过快速资源调度快速地进行无线资源调配,提高系统的无线资源利用率和频谱效率。5G 超密集组网可以划分为宏基站+微基站和微基站+微基站两种模式,这两种模式可以通过不同的技术实现干扰与资源的调度。

4) 移动自组织网络

移动自组织(Ad Hoc)网络是一种多跳的临时性自治系统,它的原型是美国早在 1968 年建立的 ALOHA 网络和之后于 1973 年提出的 PR(Packet Radio)网络。ALOHA 网络需要固定的基站,网络中的每个节点都必须和其他所有节点直接连接才能互相通信,是一种单跳网络。直到 PR 网络,才出现了真正意义上的多跳网络,网络中的各节点不需要直接连接,而是能够通过中继的方式,在两个距离很远而无法直接通信的节点之间传送信息。

5) D2D 通信技术

D2D 通信(Device to Device Communication)技术是指两个对等的用户节点之间直接进行通信的一种通信方式。在由 D2D 通信用户组成的分布式网络中,每个用户节点都能发送和接收信号,并具有自动路由(转发消息)的功能。网络的参与者共享它们所拥有的一部分硬件资源,包括信息处理、存储以及网络连接能力等。这些共享资源向网络提供服务和资源,能被其他用户直接访问而不需要经过中间实体。在 D2D 通信网络中,用户节点同时扮演服务器和客户端的角色,用户能够意识到彼此的存在,自组织地构成一个虚拟或者实际的群体。

6) 内容分发网络

内容分发网络(Content Delivery Network,CDN)的基本思路是尽可能避开互联网上有可能影响数据传输速度和稳定性的瓶颈和环节,使内容传输得更快、更稳定。通过在网络各处放置节点服务器所构成的在现有的互联网基础上的一层智能虚拟网络,CDN 系统能够实时根据网络流量和各节点的连接、负载状况以及到用户的距离和响应时间等综合信息将用户的请求重新导向离用户最近的服务节点上。其目的是使用户可就近取得所需内容,解决 Internet 网络拥挤的情况,提高用户访问网站的响应速度。

在 5G 中,面向大规模用户的音频、视频、图像等业务急剧增长,网络流量的爆炸式增长会极大地影响用户访问互联网的服务质量,内容分发网络是在传统网络中添加新的层次,即智能虚拟网络。CDN 系统综合考虑各节点的连接状态、负载情况以及用户距离等信息,通过将相关内容分发至靠近用户的 CDN 代理服务器上,实现用户就近获取所需的信息,使得网络拥塞状况得以缓解。

7) M2M 通信

M2M(Machine to Machine/Man)是一种以机器终端智能交互为核心的、网络化的应用与服务。M2M 协议规定了人机和机器之间交互需要遵从的通信协议。随着科学技术的发展,越来越多的设备具有了通信和联网能力,网络中的一切(Network Everything)逐步变为现实。人与人之间的通信需要更加直观、精美的界面和更丰富的多媒体内容,而 M2M 的通信更需要建立一个统一规范的通信接口和标准化的传输内容。

8) 移动云计算

移动云计算是指通过移动网络以按需、易扩展的方式获得所需的基础设施、平台、软件(或应用)等的一种 IT 资源或(信息)服务的交付与使用模式。移动云计算是云计算技术在移动互联网中的应用。云计算技术在电信行业的应用必然会开创移动互联网的新时代,随着移动云计算的进一步发展,移动互联网相关设备的进一步成熟和完善,移动云计算业务必将在世界范围内迅速发展,成为移动互联网服务的新热点。使得移动互联网站在云端之上。

本书的第 12 章将进一步探讨第五代移动通信技术。

9.5.6　WiFi、WiMAX、5G 技术对比

WiFi、WiMAX 和 5G 采用了不同的技术手段来解决不同的应用问题。WiFi、WiMAX 和 5G 的主流是互补的,在局部会有部分融合,但要相互取代不太可能。在应用和需求的细节上它们也有着显著的差距,它们都将在越来越细化的接入网市场中,找到自己的生存空间。它们之间是互补共存的关系。三种技术对比如表 9-7 所示。

表 9-7　WiFi、WiMAX、5G 技术对比

技术类别	WiMAX	WiFi	5G
标准组织	IEEE	IEEE	ITU、3GPP、IEEE、METIS
频带	2~11GHz,部分需许可证	2.4GHz 不需许可证	450MHz~6GHz,24~52GHz 需许可证
多码方式	OFDM/FDD、TDD	CKK、OFDM	SCMA、PDMA、MUSA
速率	70Mb/s	54Mb/s	100Mb/s~1Gb/s
时延	低	低	低
QoS	三种	无	四种
覆盖	宏蜂窝(<50km)	<100m	宏蜂窝(<2.5km)
移动性	120km/h 的移动速率	静止、步行	500km/h 的移动速率
支持切换	强	弱	强
安全性	中	低	高
商业模式	商业	公众、商业	公众、商业
成熟度	差	很好	较好

9.6 本章小结

无线城域网(WMAN)是指以无线方式构成的城域网,提供面向互联网的高速连接。WMAN 既可以使用无线电波也可以使用红外光波来传送数据,提供给用户以高速访问Internet 的无线访问网络带宽,其需求正日益增长。

WiMAX 论坛(微波存取全球互通技术论坛)是 2001 年 6 月在美国加州注册的产业界为主导的非营利经济组织,宗旨在于促进 WiMAX 在全球的发展和产业化应用。WiMAX 论坛推动基于 IEEE 802.16/ETSI HiperMan 标准的宽带无线产品的认证、互通性和兼容性,鼓励所有的无线宽带接入相关产业的厂商遵循一个统一的规范,使各个产品具有良好的互操作性。

IEEE 的 802.16 标准是用来标准化空中接口和无线本地环路与耦合的相关功能,它是一种无线城域网的革命性标准,可以为数据、视频和语音业务提供高速的无线接入服务。IEEE 802.16 的主要目的是提供宽带无线接入,因此它被认为是一种取代 xDSL 等有限宽带接入的有力替代者。该标准的主要优势在于可以快速、灵活地进行网络部署,从而降低了网络的建设成本。对于城市等人口密集区域和农村等没有有线网络基础的网络建设,无线宽带接入设备的优势是非常明显的。

IEEE 802.16 网络体系包括核心网、用户基站(SS)、基站(BS)、中继站(RS)、用户终端设备(TE)和网管。参考模型分为非漫游模式和漫游模式,网络实体包括接入网、连接服务网络;接口 R1~R5 为网络工作组初步确定了在 Release 1 规范中定义的开放接口,接口R6~R8 为后续版本中考虑开放的接口。

IEEE 802.16 能够支持多种业务,采用面向连接机制,根据不同业务需求提供端到端的QoS。IEEE 802.16 定义了 4 种业务类型,并对每种业务类型的带宽请求方式进行了规定(优先级从高到低):①主动授权业务(UGS);②实时轮询业务(rtPS);③非实时轮询业务(nrtPS);④尽力而为(BE)业务。

IEEE 802.16 标准为无线空中接口分别定义了介质访问控制(MAC)层和物理层。

在 IEEE 802.16 标准中,定义了物理层实现的 5 种方式,即 WMAN-SC、WMAN-SCa、WMAN-OFDM、WMAN-OFDMA 和 Wireless HUMAN。物理层的关键技术有双工复用方式、载波带宽、OFDM 和 OFDMA、自适应调制、多天线技术等。

MAC 层分为 3 个子层:汇聚子层(Convergence Sublayer,CS)、公共部分子层(Common Part Sublayer,CPS)、安全子层(Privacy Sublayer,PS)。CS 层根据提供服务的不同,提供不同的功能。对于 IEEE 802.16 来说,能提供的服务包括数字音频/视频广播、数字电话、异步传输模式 ATM、因特网接入、电话网络中无线中继和帧中继等。CPS 是 MAC 层的核心部分,主要功能包括系统接入、带宽分配、连接建立和连接维护等。PS 层提供基站和用户站之间的保密性,它包括两部分:一是加密封装协议,负责空中传输的分组数据的加密;二是密钥管理协议,负责基站到用户站之间密钥的安全发放。

目前,接入网市场正在呈现出业务移动化、业务宽带化的发展趋势,无线化和宽带化是电信网络接入层发展的总趋势,在以 ITU 和 3GPP/3GPP2 引领的蜂窝移动通信从 3G 到4G,再快速迈向 5G 的演进道路上,WiMAX、WIFI、5G 等各种无线接入技术竞争中互相借鉴和学习,技术不断完善,网络安全性和实用性不断增强。

WiMAX系统主要有两个技术标准,一个是指满足固定宽带无线接入的IEEE 802.16d标准,另一个是满足固定和移动的宽带无线接入技术IEEE 802.16e标准。

WiFi(Wireless Fidelity)即无线保真,目前主流可使用的标准有IEEE 802.11a、IEEE 802.11b、IEEE 802.11g、IEEE 802.11n和IEEE 802.11ac。

5G是第五代移动通信系统的简称,是4G的升级,它是从2020年起投入商用的新一代移动通信系统。它既不是一个单一的无线接入技术,也不都是全新的无线接入技术,而是新的无线接入技术和现有无线接入技术的高度融合。

5G的特点是超高频率、超高频宽,传输速率比4G系统快了一个数量级,对无线接入网做了优化,具有更低的时延,可以满足车联网、智能交通、高清视频和虚拟现实等宽带业务的需求。

WiFi、WiMAX和5G采用了不同的技术手段来解决不同的应用问题。WiFi、WiMAX和5G的主流是互补的,在局部会有部分融合,但要相互取代不太可能。在应用和需求上它们也有着显著的差距,它们都将在越来越细化的市场中,找到自己的生存空间。

复习思考题

一、单项选择题

1. 无线城域网的英文缩写是(   )。
   A. WPAN   B. WLAN   C. WMAN   D. WWAN

2. IEEE 802.16的代名词是(   )。
   A. WiFi   B. WiMAX   C. WMAN   D. WLAN

3. WiMAX论坛有(   )个工作组。
   A. 4   B. 5   C. 6   D. 7

4. IEEE 802.16—2009合并了(   )等标准。
   A. IEEE 802.16—2004和IEEE 802.16—2004/Cor 1
   B. IEEE 802.16e、IEEE 802.16f
   C. IEEE 802.16g、IEEE 802.16i
   D. 以上都是

5. (   )标准被称作WiMAX2,是第二代WiMAX国际标准。
   A. IEEE 802.16e   B. IEEE 802.16f
   C. IEEE 802.16g   D. IEEE 802.16m

6. WiMAX/IEEE 802.16系统结构包括核心网、(   )、用户终端设备和网管。
   A. 用户基站   B. 基站   C. 中继站   D. 以上都是

7. 在WiMAX/IEEE 802.16端对端的参考模型中,漫游模式与非漫游模式相比,新增了(   )参考点。
   A. R2   B. R3   C. R4   D. R5

8. 在WiMAX/IEEE 802.16网络接口中,BS之间的接口是(   ),用于快速无缝切换功能。

无线城域网接入技术

  A. R5   B. R6   C. R7   D. R8

9. IEEE 802.16 定义了(　　)种业务类型。

  A. 3   B. 4   C. 5   D. 6

10. 在 WiMAX/IEEE 802.16 标准中,介质访问控制(MAC)层又可以分为(　　)个子层。

  A. 2   B. 3   C. 4   D. 5

11. 在 IEEE 802.16 标准中,物理层实现的方式分为(　　)种。

  A. 2   B. 3   C. 4   D. 5

12. IEEE 802.16 的载波带宽为(　　)。

  A. 1.25MHz 系列 B. 1.75MHz 系列 C. 28MHz   D. 以上均可

13. 在 WiMAX 物理层的关键技术中,多天线技术的优势是(　　)。

  A. 阵列增益   B. 分集增益

  C. 共信道干扰消除   D. 以上都是

14. 在 IEEE 802.16 MAC 层的 3 个子层中,核心部分是(　　)。

  A. CS   B. CPS   C. PS   D. DS

15. 在 IEEE 802.16 MAC 层中,BS 给 SS 分配的管理连接共有(　　)种。

  A. 3   B. 4   C. 5   D. 6

16. 在 IEEE 802.16 协议中,PHS 是(　　)机制。

  A. 净荷报头压缩   B. 净荷报文压缩

  C. 数据报头压缩   D. 数据报文压缩

17. IEEE 802.16 的公共部分子层的特征使 MAC 层可以支持(　　)种拓扑结构。

  A. 2   B. 3   C. 4   D. 5

18. 在用户基站(SS)进行网络接入和初始化过程中,SS 的整个初始化过程分为(　　)个阶段。

  A. 6   B. 7   C. 8   D. 9

19. 在 IEEE 802.16 安全子层中,主要包括(　　)个协议。

  A. 2   B. 3   C. 4   D. 5

20. 以下 4 个 WiFi 技术标准中,最新的标准是(　　)。

  A. IEEE 802.11ac B. IEEE 802.11b C. IEEE 802.11g D. IEEE 802.11n

二、填空题

1. _____工作组主要针对无线城域网的物理层和 MAC 层指定规范和标准。

2. WiMAX 论坛现有 7 个工作组,即 _____、_____、_____、_____、_____、_____、_____。

3. WiMAX/IEEE 802.16 网络体系包括六部分,即 _____、_____、_____、_____、_____ 和 _____。

4. WiMAX/IEEE 802.16 网络的参考模型分为_____模式和_____模式。

5. IEEE 802.16 定义了 4 种业务类型,即 _____、_____、_____、_____。

6. WiMAX/IEEE 802.16 标准为无线空中接口分别定义了介质访问控制(MAC)层和物理层。其中,MAC 层又可以划分为 3 个子层,分别是_____、_____、_____。

7. 在 IEEE 802.16 标准中,定义了物理层实现的 5 种方式,即_____、_____、_____、_____和_____。

8. IEEE 802.16 物理层的关键技术有_____、_____、_____、_____和_____。

9. MAC 安全子层主要提供_____、_____和_____功能。

三、简答题

1. WiMAX 论坛的成立目的是什么,都包括哪些类型的成员?

2. IEEE 802.16 工作组都制定了哪些标准,各标准的主要特点是什么?

3. 简述 WiMAX 网络体系结构及各部分的功能。

4. WiMAX 网络的参考模型分为哪几种模式?

5. WiMAX 协议栈有哪几部分组成?

6. MAC 层包含哪几个子层?

7. MAC 层有哪些技术特点?

8. 通用 MAC 报头的格式是什么?

9. PDU 报文格式是什么?

10. MAC CPS 的功能是什么?

11. WiMAX 网络初始化过程可分为哪几个阶段?

12. WiMAX 技术的优势是什么?

13. 有哪些方面制约了 WiFi 技术发展?

14. 5G 包括哪些关键技术?

第
9
章

无线城域网接入技术

第10章　无线广域网接入技术

无线广域网(Wireless Wide Area Network,WWAN)接入技术可以使笔记本电脑或者其他的移动设备(如智能手机、平板电脑等)在无线广域网的覆盖范围内(数百甚至上千千米)连接到互联网。近年来,无线广域网接入技术有了很大的进步,目前已经形成了多种窄带和宽带的 WWAN 技术,如早期 2.5G 的 GPRS 技术和 CDPD 技术,3G 的 CDMA 2000 技术、W-CDMA 技术和 TD-SCDMA 技术,4G 的 TD-LTE 和 FDD-LTE 技术,5G 技术,卫星通信技术等,其性能可以与有线的 xDSL 技术相媲美。

本章将逐一介绍以上各种无线广域网接入技术,至于最新的 5G 技术涉及的内容比较多,将在本书第 12 章单独进行论述。

10.1　无线广域网概述

WWAN 是采用无线网络把物理距离极为分散的局域网(LAN)连接起来的通信方式。

WWAN 连接地理范围较大,常常是一个国家或是一个洲。其目的是让分布较远的各局域网互联,它的结构分为末端系统(两端的用户集合)和通信系统(中间链路)两部分。

IEEE 802.20 标准是 WWAN 的一个已经夭折的技术标准。IEEE 802.20 是由 IEEE 802.16 工作组于 2002 年 3 月提出的,IEEE 为此成立了专门的工作小组。IEEE 802.20 是为了实现高速移动环境下的高速率数据传输,以弥补 IEEE 802.1x 协议族在移动性上的劣势。IEEE 802.20 技术可以有效解决移动性与传输速率相互矛盾的问题,它是一种适用于高速移动环境下的宽带无线接入系统空中接口规范。

经过几年的研究工作,到 2006 年为止,IEEE 802.20 的需求文件已经基本完成,在需求文件中,达成一致的内容包括工作频段、移动速率、上下行传输速率等指标。然而,正当这个标准的发布在紧锣密鼓地进行时,由于涉嫌垄断,2006 年 6 月 15 日,IEEE 标准协会(IEEE-SA)标准委员会令人遗憾地宣布,暂停 IEEE 802.20 工作组的一切活动。

通用分组无线服务(General Packet Radio Service,GPRS)技术是 GSM 移动电话用户可以使用的一种移动数据业务。GPRS 是 GSM 的延续,它与以往在频道连续传输的方式不同,是以封包(Packet)方式来传输的,因此,使用者所负担的费用是以其传输资料的流量为单位计算的,并非使用其整个频道,理论上较为便宜。GPRS 的传输速率可提升至 56kb/s 甚至 114kb/s。

蜂窝数字分组数据(Cellular Digital Packet Data,CDPD)交换网络是支持移动接入的无线广域网技术之一,CDPD 网络是以数字分组数据技术为基础,以蜂窝移动通信为组网方式的移动无线数据通信网。使用 CDPD 只需在便携机上连接一个专用的无线调制解调器,即使用户坐在时速 100 千米的车厢内，也不影响正常上网。

3G 技术即第三代移动通信技术（3rd-Generation，3G），是指支持高速数据传输的蜂窝移动通信技术。3G 服务能够同时传送声音及数据信息，速率一般在几百 kb/s 以上。目前，3G 存在 3 种标准：CDMA 2000、W-CDMA 和 TD-SCDMA。

CDMA 2000 也称为 CDMA Multi-Carrier，是一个 3G 移动通信标准，是从窄频 CDMA One 数字标准衍生出来的，可以从原有的 CDMA One 结构直接升级到 3G，因此建设成本低廉。CDMA 2000 与另一个 3G 标准 W-CDMA 不兼容。

W-CDMA（Wide band Code Division Multiple Access，宽带码分多址）是一种 3G 蜂窝网络。W-CDMA 使用的部分协议与 2G GSM 标准一致。具体来说，W-CDMA 是一种利用码分多址复用（或者 CDMA 通用复用技术，不是指 CDMA 标准）方法的宽带扩频 3G 移动通信空中接口。

TD-SCDMA（Time-Division Synchronous Code Division Multiple Access）是由我国信息产业部电信科学技术研究院提出，并且与德国西门子公司联合开发的。其主要技术特点包括同步码分多址技术、智能天线技术和软件无线电技术。它采用 TDD 双工模式，载波带宽为 1.6MHz。TDD 是一种优秀的双工模式，因为在第三代移动通信中，需要大约 400MHz 的频谱资源，在 3G 以下频带是很难实现的。而 TDD 则能使用各种频率资源，不需要成对的频率，能节省本来就紧张的频率资源，而且设备成本相对比较低，比 FDD 系统低 20%～50%，特别对上下行不对称、不同传输速率的数据业务来说 TDD 更能显示出其优越性。

10.2　无线广域网接入体系

10.2.1　无线广域网接入的概念

无线广域网是指覆盖全国甚至全球范围内的无线网络，提供更大范围内的无线接入，与无线局域网和无线城域网相比，它更加强调的是快速移动性。目前，它的数据传输速率仍不是很高。

与无线局域网和无线城域网不同，无线广域网的传输距离比较远，可达数百千米甚至上千千米。

无线网络建设可以不受山川、河流、街道等复杂地形限制，并且具有灵活机动、周期短和建设成本低的优势，政府机构、各类大型企业和学校等单位可以通过无线网络将分布于两个或多个地区的建筑物或分支机构连接起来。无线网络特别适用于地形复杂、网络布线成本高、分布较分散、施工困难的分支机构的网络连接，可用较短地施工周期和较少的成本建立起可靠的网络连接。

IEEE 802.20 是 WWAN 的重要标准。IEEE 802.20 是由 IEEE 802.16 工作组于 2002 年 3 月提出的，并为此成立了专门的工作小组，这个小组在 2002 年 9 月独立为 IEEE 802.20 工作组。IEEE 802.20 是为了实现高速移动环境下的高速率数据传输，以弥补 IEEE 802.1x 协议族在移动性上的劣势。IEEE 802.20 技术可以有效解决移动性与传输速率相互矛盾的问题，它是一种适用于高速移动环境下的宽带无线接入系统空中接口规范。

无线广域网接入技术

IEEE 802.20 标准在物理层技术上,以正交频分复用技术(OFDM)和多输入多输出技术(MIMO)为核心,充分挖掘时域、频域和空间域的资源,大大提高了系统的频谱效率。在设计理念上,基于分组数据的纯 IP 架构适应突发性数据业务的性能优于 3G 技术,与 3.5G(HSDPA、EV-DO)性能相当。在实现和部署成本上也具有较大的优势。

IEEE 802.20 能够满足无线通信市场高移动性和高吞吐量的需求,具有性能好、效率高、成本低和部署灵活等特点。

由于涉嫌垄断,IEEE 标准协会(IEEE-SA)标准委员会在 2006 年 6 月宣布,暂停 IEEE 802.20 标准的一切研究和开发活动,因此,IEEE 802.20 的产品市场远远没有形成,将来在无线广域网领域中的地位也难以预料。

10.2.2　无线广域网接入的类型

无线数据通信有不同的分类方式。根据业务实现方式可以划分为电路交换型的无线数据业务和分组交换型的无线数据业务,早期的技术有摩托罗拉公司的 DataTAC、爱立信公司的 Mobitex、北美的 CDPD 等,这些都是电路交换技术。近年来的 GPRS、W-CDMA、CDMA 2000 以及美国爱瑞通信公司(ArrayComm Inc.)的 i-BURST 技术等,则是分组交换技术。根据业务覆盖范围来划分,无线数据通信分为广域网无线数据通信和局域网无线数据通信,例如 W-CDMA、CDMA 2000 和 i-BURST 技术的覆盖范围广,都是无线广域网技术,而 IEEE 802.11、LMDS、MMDS 等技术的覆盖范围小,因此属于无线局域网技术。根据所提供的数据带宽来划分,则可以分为无线宽带数据技术和无线窄带数据技术。其中,无线宽带数据技术基本都是分组型宽带数据技术,例如 3G、i-BURST 和无线局域网等技术,而 CDPD 等业务则是窄带数据技术。

无线广域网的信号传输需要依靠基础公共网络,根据中心转发站的类型划分,可以分为陆地移动通信网络和移动卫星系统两大类,分别简称为"陆基"广域接入和"空基"广域接入。

"陆基"广域接入通常采用正六边形阵列的蜂窝结构,每个蜂窝设置一个基站,基站的位置一般固定不动,用户可以在不同的蜂窝小区之间自由移动,并能保持通信的连续性。蜂窝网络的特点是每个基站覆盖一个小的范围,由网络将这些基站连接起来,只要用户位于无线网络覆盖的范围,就能随时随地接入网络。蜂窝网络适合用户密集的区域,典型的 GPRS 接入技术、CDMA 接入技术都属于"陆基"广域接入技术。

"空基"广域接入是基于移动卫星系统的,通常卫星和地面用户都在移动,相对于快速移动的卫星来说,地面用户的移动可以忽略不计。卫星接入的覆盖范围极广,只要是覆盖范围内的用户都可以通过卫星接入,覆盖范围远大于地面的蜂窝网络。

10.3　陆地无线广域网接入技术

10.3.1　GPRS 接入技术

1. GPRS 技术概述

通用分组无线服务(GPRS)技术是 GSM 移动电话用户可以使用的一种移动数据业务。

GPRS 是 GSM 的延续，与以往在频道上采用电路交换的传输方式不同，GPRS 是以数据包（Packet）的方式来传输的，使用者所负担的费用是以其传输的数据流量计算的，并非使用其整个频道，因此理论上较为便宜。GPRS 的传输速率可提升至 56kb/s 甚至 114kb/s。

由于使用"分组交换"技术，用户上网可以免受断线的痛苦（情形与使用支持断点续传的下载软件迅雷差不多）。另外，使用 GPRS 上网的方法与 WAP 并不同，用 WAP 上网就如在家中上网，先"拨号连接"，而上网后便不能同时使用该电话线，但 GPRS 则较为优越，下载资料和通话是可以同时进行的。从技术上来说，声音的传送（即通话）继续使用 GSM，而数据的传送则使用 GPRS，这样就把移动电话的应用提升到一个更高的层次。而且发展 GPRS 技术也十分"经济"，因为只需沿用现有的 GSM 网络来发展即可。GPRS 的用途十分广泛，包括通过手机发送及接收电子邮件，在互联网上浏览等。

GPRS 的最大优势在于：它的数据传输速度不是 WAP 所能比拟的。目前的 GSM 移动通信网的传输速度为 9.6kb/s，GPRS 手机在推出时已达到 56kb/s 的传输速度，之后更是达到了 114kb/s（此速度是常用 56K Modem 理想速率的两倍）。除了速度上的优势，GPRS 还有"永远在线的特点"，即用户随时与网络保持联系。举个例子，用户访问互联网时，单击一个超级链接，手机就在无线信道上发送和接收数据，主页下载到本地后，没有数据传送，手机就进入一种"准休眠"状态，手机释放所用的无线频道给其他用户使用，这时网络与用户之间还保持一种逻辑上的连接，当用户再次单击时，手机立即向网络请求无线频道用来传送数据，而不像普通拨号上网那样断线后还得重新拨号才能上网冲浪。

GPRS 经常被描述成"2.5G"，也就是说这项技术位于第二代（2G）和第三代（3G）移动通信技术之间。它通过利用 GSM 网络中未使用的 TDMA 信道，提供中速的数据传递。GPRS 突破了 GSM 网只能提供电路交换的思维方式，仅通过增加相应的功能实体和对现有的基站系统进行部分改造来实现分组交换，这种改造的投入相对来说并不大，但得到的用户数据速率却相当可观。而且，因为不再需要现行无线应用所需要的中介转换器，所以连接及传输都会更方便容易。因此，使用者可联机上网，参加视讯会议等互动传播，而且在同一个视讯网络上（VRN）的使用者，甚至可以无须通过拨号上网，而持续与网络连接。在 GPRS 分组交换的通信方式中，数据被分成一定长度的包（分组），每个包的前面有一个分组头（其中的地址标志指明该分组发往何处）。数据传送之前并不需要预先分配信道，建立连接。而是在每个数据包到达时，根据数据包头中的信息（如目的地址），临时寻找一个可用的信道资源将该数据包发送出去。在这种传送方式中，数据的发送方和接收方同信道之间没有固定的占用关系，信道资源可以看作由所有的用户共享使用。

由于数据业务在绝大多数情况下都表现出一种突发性的业务特点，对信道带宽的需求变化较大，因此采用分组方式进行数据传送将能够更好地利用信道资源。例如，一个进行 WWW 浏览的用户，大部分时间处于浏览状态，而真正用于数据传送的时间只占很小比例。这种情况下若采用固定占用信道的方式，将会造成较大的资源浪费。

在 GPRS 系统中采用的就是分组通信技术，用户在数据通信过程中并不固定地占用无线信道，因此对信道资源能够更合理地应用。

在 GSM 移动通信的发展过程中，GPRS 是移动业务和分组业务相结合的第一步，也是采用 GSM 技术体制的第二代移动通信技术向第三代移动通信技术发展的重要里程碑。

无线广域网接入技术

2. GPRS 的网络结构

GPRS 网络引入了分组交换和分组传输的概念,这样使得 GSM 网络对数据业务的支持从网络体系上得到了加强。图 10-1 给出了 GPRS 网络的组成示意图。GPRS 其实是叠加在 GSM 网络的另一个网络,GPRS 网络在原有的 GSM 网络的基础上增加了 SGSN(服务GPRS 支持节点)、GGSN(网关 GPRS 支持节点)等功能实体。GPRS 共用 GSM 网络的BSS 系统,但要对软硬件进行相应的更新;同时 GPRS 和 GSM 网络各实体的接口必须做相应的界定;另外,移动台则要求提供对 GPRS 业务的支持。GPRS 支持通过 GGSN 实现和PSPDN 的互联,接口协议可以是 X.75 或者是 X.25,同时 GPRS 还支持和 IP 网络的直接互联。

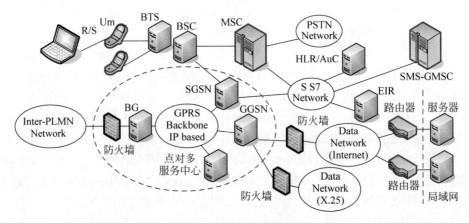

图 10-1　GPRS 网络的组成

GPRS 网络是基于 GSM 网络来实现的。在 GSM 网络中需要增加一些节点,如 GGSN(Gateway GPRS Supporting Node,网关 GPRS 支持节点)和 SGSN(Serving GSN,服务GPRS 支持节点)。

GSN 是 GPRS 网络中最重要的网络节点。GSN 具有移动路由管理功能,它既可以连接各种类型的数据网络,也可以连接 GPRS 寄存器。GSN 可以完成移动台和各种数据网络之间的数据传送和格式转换。GSN 既可以是一种类似于路由器的独立设备,也可以与GSM 中的 MSC 集成在一起。

GSN 有两种类型:一种为服务 GSN(Serving GSN,SGSN);另一种为网关 GSN(GatewayGSN,GGSN)。SGSN 的主要作用是记录移动台的当前位置信息,并且在移动台和 GGSN之间完成移动分组数据的发送和接收。GGSN 主要是起网关作用,它可以和多种不同的数据网络连接,如 ISDN、PSPDN 和 LAN 等。GGSN 也称为 GPRS 路由器。GGSN 可以把GSM 网络中的 GPRS 分组数据包进行协议转换,从而可以把这些分组数据包传送到远端的TCP/IP 或 X.25 网络。另外,有的厂商提出了 GR(GSM Register,GPRS 数据库)的概念。GR 类似于 GSM 中的 HLR,是 GPRS 业务数据库。它可以独立存在,也可以和 HLR 共存,由服务器或程控交换机实现。

1) 服务 GPRS 支持节点

SGSN 为 MS 提供服务,与 MSC/VLR/EIR 配合完成移动性管理功能,包括漫游、登记、切换、鉴权等,以及对逻辑链路进行管理,包括逻辑链路的建立、维护和释放,另外还对无线资源进行管理。SGSN 为 MS 主叫或被叫提供管理功能,完成分组数据的转发、地址翻译、加密及压缩功能。SGSN 能完成 Gb 接口 SNDCP、LLC 和 Gn 接口 IP 协议间的转换。

2）网关 GPRS 支持节点

网关 GPRS 支持节点实际上就是网关或路由器，它支持 GPRS 与公共分组数据网以 X.25 或 X.75 协议互联，也支持 GPRS 和其他 GPRS 的互联。

GGSN 和 SGSN 一样都具有 IP 地址，GGSN 和 SGSN 一起完成了 GPRS 的路由功能。网关 GPRS 支持节点支持 X.121 编址方案和 IP 协议，可以通过 IP 协议接入 Internet，也可以接入 ISDN。

3）BSS 基站系统

BSS 基站系统包括 BSC 和 BTS，除具有完成原话音需求所具备的功能外，还要求具备和 SGSN 间的 Gb 接口，以及对多时隙捆绑分配的信道管理功能和对分组逻辑信道的管理功能。

4）RNS

RNS 类似于 BSS，是 3G 网络中的无线网部分，包括 Node B 和 RNC。

5）Gb 接口

Gb 接口是 SGSN 和 BSS 之间的接口，通过该接口 SGSN 完成移动性管理、无线资源管理、逻辑链路管理及分组数据呼叫转发管理等功能。

6）其他 GPRS 接口

（1）ups 接口：SGSN 和 RNS 间的接口。

（2）ucs 接口：MSC/VLR 和 RNS 间的接口。

（3）Gs 接口：MSC/VLR 和 SGSN 间的接口。Gs 接口采用 7 号信令 MAP 方式。SGSN 通过 Gs 接口和 MSC 配合完成对 MS 的移动性管理功能，SGSN 传送位置信息到 MSC，接收从 MSC 传来的寻呼信息。

（4）Gr 接口：SGSN 和 HLR 间的接口。Gr 接口采用 7 号信令 MAP 方式。SGSN 通过 Gr 接口从 HLR 取得关于 MS 的数据，HLR 保存 GPRS 用户数据和路由信息，当 HLR 中数据有变动时，也将通过 SGSN，SGSN 进行相关的处理。

（5）Gd 接口：SMS_GMSC、SMS_INMSC 和 SGSN 间的接口。通过 Gd 接口，SGSN 能接收短消息，并将它转发给 MS，SGSN 和短消息业务中心——GMSC，通过 Gd 接口配合完成在 GPRS 上的短消息业务。

（6）Gn 接口：GRPS 支持节点间的接口。即两个 SGSN 之间、两个 GGSN 之间、SGSN 和 GGSN 间的接口，该接口采用 TCP/IP 协议。

（7）Gp 接口：GPRS 网间的接口。不同 GPRS 网间采用 Gp 接口互联，由网关和防火墙组成。

（8）Gi 接口：GPRS 网和分组网间的接口。GPRS 通过 Gi 接口以 X.25、X.75 或 IP 协议和各种分组交换网实现互联。

3. GPRS 分层协议模型

GPRS 网络实体互联的分层协议模型如图 10-2 所示。

1）GPRS 接口

（1）Um 接口。

Um 接口是 GSM 的空中接口，Um 接口上的通信协议有 7 个子层，自下而上依次为 GSM RF（Radio Freqency，射频）层、MAC 层（Medium Access Control）、RLC 层（Radio

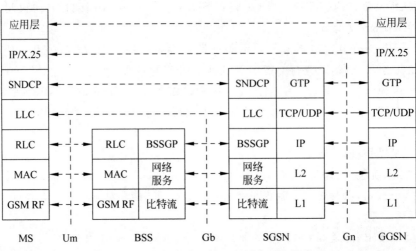

图 10-2　GPRS 网络实体互联的分层协议模型

Link Control)、LLC（Logical Link Control）层、SNDCP 层（Subnet Network Dependant Convergence Protocol)、IP/X.25 层和应用层。

　　Um 接口的物理层为射频接口部分，而物理链路层则负责提供空中接口的各种逻辑信道。GSM 空中接口采用 900MHz 频段，移动站发送、基础接收采用 890～915MHz，基站发送、移动站接收用 935～960MHz，双工间隔为 45MHz，工作带宽为 25MHz，载波带宽为 200kHz，一个载波分为 8 个物理信道。

　　如果 8 个物理信道都分配去传送 GPRS 数据，则原始数据速率可达 200kb/s。考虑前向纠错码的开销，则最终的数据速率可达 164kb/s 左右。

　　(2) Gb 接口。

　　Gb 接口是 SGSN 和 BSS 之间的接口，通过该接口 SGSN 完成移动性管理、无线资源管理、逻辑链路管理及分组数据呼叫转发管理等功能。

　　(3) Gn 接口。

　　Gn 接口是 GRPS 支持节点间的接口，即 SGSN 间、GGSN 间、SGSN 和 GGSN 间接口，该接口采用 TCP/IP 协议。

　　2) GPRS 的层次结构

　　(1) GSM RF 层。

　　GSM RF 子层是空中接口的射频接口部分，负责提供空中接口的各种逻辑信道。GSM 空中接口的载波带宽为 200kHz，一个载波分为 8 个物理信道。

　　(2) MAC 媒体接入控制层。

　　MAC 层的主要作用是定义和分配空中接口的 GPRS 逻辑信道，使得这些信道能被不同的移动站共享。GPRS 的逻辑信道共有三类，分别是公共控制信道、分组业务信道和 GPRS 广播信道。公共控制信道用来传送数据通信的控制信令，具体又分为寻呼和应答等信道。分组业务信道用来传送分组数据。广播信道则是用来给移动站发送网络信息。

　　(3) 无线链路控制层。

　　无线链路控制（Radio Link Control，RLC）层的主要作用是控制无线链路，提供一条独立于无线解决方案的可靠链路。

（4）逻辑链路控制层。

逻辑链路控制（Logical Link Control，LLC）层的主要作用是负责向 SNDC 层提供高可靠的加密逻辑链路，对 SNDC 数据单元进行封装，形成完整的 LLC 帧。

LLC 是一种基于高速数据链路规程 HDLC 的无线链路协议。LLC 层负责在高层 SNDC 层的 SNDC 数据单元上形成 LLC 地址、帧字段，从而生成完整的 LLC 帧。另外，LLC 可以实现一点对多点的寻址和数据帧的重发控制。

（5）子网相关汇聚协议层。

子网相关汇聚协议（Sub Network Dependant Convergence Protocol，SNDCP）层又称为子网依赖结合层。它的主要作用是完成传送数据的分组、打包，确定 TCP/IP 地址和加密方式。在 SNDCP 层，移动台和 SGSN 之间传送的数据被分割为一个或多个 SNDC 数据包单元。SNDC 数据包单元生成后被放置到 LLC 帧内。

（6）基站系统网关协议层。

基站系统网关协议（Base Station System Gateway Protocol，BSSGP）层的主要作用是传输 BSS 和 SGSN 之间与链路服务质量相关的信息。

（7）TCP/UDP 协议层。

TCP/UDP 协议层的作用是对 GPRS 隧道协议层的数据（GTP PDU）进行封装，根据实际需要可以选用 TCP 或 UDP。

（8）GPRS 隧道协议层。

GPRS 隧道协议（GPRS Tunnel Protocol，GTP）是 GPRS 骨干网中 GSN 节点之间的互联协议，用于传送 GPRS 骨干网中 GSN 间用户的用户数据和信令。所有的点对点 PDP 协议数据单元（PDU）都由 GTP 进行封装。

4. GPRS 的技术特点

1）采用分组交换技术

GPRS 系统是在 GSM 网络的基础上增加分组交换技术来实现的，因此，可以将 GPRS 网络看作一个单独的分组交换网，数据的传输都采用分组交换。GPRS 支持各种交换协议，如 IP 和 X.25，可以实现与 IP 网的无缝连接。

2）传输速率较高

相对于 GSM 网络的 9.6kb/s 的访问速度而言，GPRS 拥有 171.2kb/s 的访问速度；在建立连接所用的时间方面，GSM 需要 10～30s，而 GPRS 只需要极短的时间就可以访问到相关请求；而对于费用而言，GSM 是按连接时间计费的，而 GPRS 只需要按数据流量计费；相对而言，GPRS 对于网络资源的利用率远远高于 GSM。

3）连接快捷、永远在线

由于 GPRS 建立新的连接几乎无须任何时间（即无须为每次数据的访问建立呼叫连接），因而随时都可与网络保持联系。例如，如果没有 GPRS 的支持，当用户正在网上漫游时，若此时恰有电话接入，大部分情况下用户将不得不断线后接通来电，通话完毕后重新拨号上网。这对大多数人来说，的确是件非常令人恼火的事。而有了 GPRS，就能轻而易举地解决这个冲突。

4）仅按数据流量计费

即根据上网传输的数据量（如在网上下载文件时）来计费，而不是按上网时间计费。也

无线广域网接入技术

就是说,只要不进行数据传输,哪怕一直"在线",也无须付费。举个"打电话"的例子,在使用GSM手机上网时,就好比电话接通便开始计费;而使用GPRS上网则要合理得多,就像电话接通并不收费,只有对话时才计算费用。总之,GPRS真正体现了少用少付费的原则。

10.3.2 CDPD接入技术

1. CDPD技术概述

蜂窝数字分组数据(Cellular Digital Packet Data,CDPD)交换网络是以数字分组数据技术为基础,以蜂窝移动通信为组网方式的移动无线数据通信网。使用CDPD只需在便携机上连接一个专用的无线调制解调器,即使坐在时速100千米的车厢内,也不影响上网。

CDPD是一个专用无线数据网,信号不易受干扰,可以上任何网站。与其他无线上网方式相比,CDPD网数据传输速率可达19.2kb/s,而普通的GSM移动网络仅为9.6kb/s。在数据通信安全方面,CDPD在授权用户登录上配置了多种功能,如设定用户允许登录范围、统计使用者登录次数;对某个安全区域、某个安全用户特别定义,进一步提高特别用户的安全性;采用40位密钥的加密算法,正反信道各不相同,自动核对旧密钥更换新密钥,数据即使被人窃得,也无法破解。

CDPD使用中具有诸多特点:安装简便,使用者无须申请电话线或其他线路;通信接通反应快捷,如在商业刷卡中,用Modem接通时间要20~45s,而CDPD只要1s;终端系统分为移动、固定两种,能实现本地及异地漫游。

CDPD接入技术最大的特点就是传输速率相较GPRS技术更快,最高数据传输速率达到19.2kb/s。另外,在数据的安全性方面,由于采用了RC4加密技术,因此安全性相对较高;正反向信道密钥不对称,密钥由交换中心掌握,移动终端登录一次,交换中心自动核对旧密钥更换新的密钥一次,实行动态管理。此外,由于CDPD系统是基于TCP/IP的开放系统,因此可以很方便地接入Internet,所有基于TCP/IP的应用软件都可以无须修改直接使用;应用软件开发简便;移动终端通信编号直接使用IP地址。

CDPD系统还支持用户越区切换、全网漫游、广播和群呼,支持移动速度达100km/h的数据用户,可与公用有线数据网络互联互通。CDPD网络在无线数据通信方面具有其他通信方式不具有的特点,如在资源方面,CDPD作为一个专用数据网络,它的用户数可以达到很多个,对于每个CDPD分阻交换网络,可以有15 000个用户登记注册,对于一个群,用户数更是多达十几万个,而且同时可有二十几个用户共享信道,进行数据传输;在移动终端方面,CDPD发展到今天,开发终端产品的厂商已经有很多。随着适合各种应用的终端产品的不断出现,终端的价格已呈现出了快速下降趋势。

与GPRS比较,CDPD的终端有着很大的价格优势;在建设成本方面,一般来说,在CDPD的建网初期,基站数不会很多,加上必需的交换机与网管的投资,平摊到每个用户的成本为2500~3000元。随着网络覆盖规模及网络容量的扩大,用户成本会显著降低。还有一个需要说明的优点是,CDPD通信系统便于操作管理,该系统在用户授权登录上配置了各种功能。系统本身可以设定用户允许登录范围,并对登录进行管理。只有授权使用的用户才能登录系统。系统可以拒绝付费状态不好的用户登录。CDPD系统在用户的通信保密上的功能比较强。

2. CDPD 的网络结构

CDPD 系统的网络结构如图 10-3 所示。

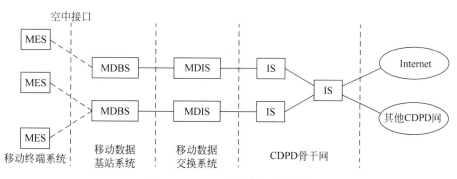

图 10-3　CDPD 系统的网络结构

CDPD 系统由以下 4 部分组成：移动终端系统(MES)、移动数据基站系统(MDBS)、移动数据交换系统(MDIS)和 CDPD 骨干网。

1) 移动终端系统

MES 由移动终端和 CDPD 无线 Modem 组成，CDPD 无线 Modem 负责管理无线链路和协议，通常，移动终端与无线 Modem 之间的通信采用标准的串口协议，如串行网际协议(SLIP)或点对点协议(PPP)，Modem 接口有 RS-232、PCMCIA 和内置 PCI 插槽型。

2) 移动数据基站系统

每个 MDBS 基站最多可安装 6 块信道板，每块信道板为移动终端提供一个 19.2kb/s 的空中接入，使移动终端进行全双工分组数据传输，同时它也负责频谱监测、频率管理。它通过一根 64kb/s 帧中继线与交换机相连。

3) 移动数据交换系统

MDIS 由分组服务器和管理服务器组成。分组服务器负责数据分组交换。管理服务器负责用户账户、计费和移动性管理，移动性管理采用 Internet 标准组织 IETF(Internet Engineering Task Force)制定的移动 IP 模式。

4) CDPD 骨干网

CDPD 骨干网由通用的中间系统(IS)组成，它实际上是 IP 路由器。IS 提供无连接的数据报业务，根据每个分组的目的地址和当前的网络拓扑对分组进行路由选择。CDPD 是基于 TCP/IP 的开放系统，可方便接入 Internet，还支持 OSI 标准协议 CLNP(无连接的网络协议)。

3. CDPD 协议模型

MES 和 MDIS 之间的 CDPD 分层协议模型如图 10-4 所示。Um 接口是 CDPD 的空中接口。Um 接口上的通信协议有 6 层，自下而上依次为 RF 接口层、物理链路层、MAC(媒体接入控制)层、LLC(逻辑链路控制)层、SNDCP(子网相关汇聚协议)层和网络层。

1) RF 接口和物理链路层

Um 接口的物理层为 RF 射频接口部分，而物理链路层则负责提供空中接口的射频信道。MES 与 MDBS 间靠一对 30kHz 的 RF 信道进行通信，从 MDBS 至 MES 的信道称为正向信道，从 MES 至 MDBS 的信道称为反向信道，一对正、反向信道形成了一条 CDPD 信道流。信道流使用的调制方式为 GMSK(相对带宽 BT＝0.5)，调制速率为 19.2kb/s。物理层

302

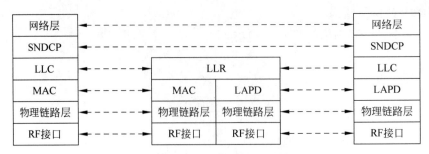

图 10-4　CDPD 的协议模型

还提供与无线资源管理实体(RRME)的接口,通过这个接口,RRME 对 RF 信道对、传输功率电平和物理链路的通断进行控制,并检测 RF 信道信号电平和估算它的通信能力。

2) 媒体接入控制层

MAC 层的主要作用是定义和分配空中接口的 CDPD 逻辑信道,使得这些信道能被不同的移动站共享。CDPD 的逻辑信道分为广播信道和点对点业务信道,其中广播信道又分为控制和管理两类,控制信道用于广播控制信息,管理信道用于广播无线资源管理信息(如信道流识别参数、小区配置参数、信道接入参数和信道质量评估参数)。点对点业务信道用于单个 MES 与其服务 MDIS 间的信息传输。每个逻辑信道都分配了一个叫临时设备识别号(TEI)的信道号,TEI=1 为广播控制信道,TEI=0 为广播管理信道,TEI=16～22 751 分配给点对点业务信道,它在点对点数据链路连接建立之前,分配给与这次连接相对应的 MES,该 MES 就用分配的 TEI 值发送并接收包含指定 TEI 值的帧。MAC 层通过一个相关汇聚协议层接口与 RRME 通信,通过 MAC 层通知 RRME,它是否与当前所选的正向信道同步,并给 RRME 传递所收到比特和块错误数的状态信息,因此,RRME 可评估一条给定 CDPD 信道的接收能力,并提供无线资源管理功能。

3) 逻辑链路控制层

LLC 是一种基于 ITU-T 建议 Q.920 和 Q.921 的无线链路协议,称为移动数据链路协议(Mobile Data Link Protocol,MDLP),在 MES 内实现的 MDLP 与位于它的服务 MDIS 中的对等 MDLP 通信。LLC 层负责在高层 SNDCP(子网相关汇聚协议)层的 SNDC 数据单元上形成 LLC 地址、帧字段,从而生成完整的 LLC 帧。另外,LLC 可以实现一点对多点的寻址和数据的重发控制。

4) MDBS 中的逻辑链路传送层

LLR 层负责传送 MES 和 MDIS 之间的 LLC 帧。LLR 层对于 MDLP 数据单元来说是完全透明的,即不负责处理 MDIP 数据。

5) 子网相关汇聚协议层

SNDCP 层的作用是完成传送数据的分组、打包和数据压缩,确定 TCP/IP 地址和加密方式,实现 SNDCP 顶层多个网络层实体的复接。MES 和 MDIS 间传送的数据被分割为一个或多个 NPDU(网络协议数据单元)数据包单元。NPDU 数据包单元生成后被放置到 LLC 帧内。

6) 网络层

网络层的协议为 TCP/IP 协议和 X.25 协议。

4. CDPD 的信道流

CDPD 的信道流由 MDBS 与 MES 之间的一对正、反向信道构成,信道流传输 LPDU 帧数据流,如图 10-5 所示。

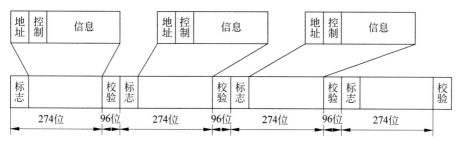

图 10-5　CDPD 的信道流

在正、反向信道上,帧数据流划分为由 274 位连续比特组成的段,每个段前置 8 位色码,形成一系列 282 位(或 47 个 6 位码字)固定长的连续不断的数据块。色码用于同信道干扰检测,其中 3 位用于标识 MDIS,由同一个 MDIS 控制的小区内发送的所有信道流具有相同的值。色码的其他 5 位用于标识与同一个 MDIS 相连的 MDBS 上的小区,在一个小区内,RF 信道具有相同的色码值。

数据块用对称的(63,47)Reed-Solomon 码进行纠错编码,生成 378 位固定长的 RS 编码块序列,其中信息段由 47 个 6 位码字构成,校验段由 16 个 6 位码字构成,这样,每个编码块可纠正 8 位的错码。然后再用生成多项式为 $g(x)=x^9+x^8+x^5+x^4+1$ 的 9 阶扰码器进行扰码,以减小在传输比特流中长 1 或长 0 串的可能性。正向信道在扰码后与特定的 42 位控制标志交织,每 10 个 6 位码字含一个 6 位的控制标志。控制标志包含反向信道的忙/闲状态、正向信道同步字、解码状态和 MAC 电平等信息。反向信道则用 7 位的连续指示标识与每个 RS 块交织,生成 9 个 6 位的码字,用来指示反向传送脉冲是否结束,当为全 1 序列时则表示后续有更多的 RS 块,当为全 0 序列时表明是最后的传输块。在反向信道上还要先发送:①38 位的 0 和 1 交替的前置码,它帮助 MDBS 检测发送的开始和捕捉定时同步;②反向同步字 RSW,它是一个 22 位格式,帮助捕捉块同步。

5. CDPD 的媒体接入规程

MES 用一种时隙非连续的数字监测多址接入/冲突检测(DSMA/CD)算法接入反向信道,此法类似用于以太网的载波监测多址接入/冲突检测,但是在 CDPD 中,因为 MES 不能直接监测反向信道的状态(因为它们使用不同的接收和发射频带),所以要应用不同的冲突检测方法。

DSMA/CD 利用正向信道流中的忙/闲和解码状态标志,忙/闲标志是一个 5 位序列,每 60 位在正向信道发送一次(即每微时隙周期一次),这个标志给周期性的二进制信息提供了表明反向信道忙/闲的微时隙解决途径。解码状态标志是一个 5 位序列,它用来指示 MDBS 是否成功地在反向信道上解码出前面的块,若解码成功,解码状态标志为 00000,若不成功则为 11111。要发送的 MES 首先监测忙/闲标志位(该标志每个微时隙更新一次),如果反向信道忙,MES 延迟一个随机的微时隙后再监测忙/闲标志,这种接入方法是非连续的,一旦监测到反向信道空闲,MES 就开始发送,发送只在一个微时隙边界处开始,所以接入方法使用了"时隙"这一术语。当 MDBS 一检测到反向信道有发送时,它便对忙/闲标志置位,告知其他 MES 该信道忙。在 MES 开始一次发送后,它检查收到的每个前向信道块的解码状态标志,并根据这一标志值恢复和中断(挂起)发送,这一标志提供继续发送过程的"实时"信息。如果解码状态标志显示 MDBS 到目前为止没遇到解码错误,MES 就继续发送;否则,MES 停止发送,待延迟一随机时间后再尝试重新接入反向信道。

10.3.3　CDMA 2000-1x 接入技术

1. CDMA 2000 技术概述

CDMA 2000 是 TIA 标准组织用于指定的第三代 CDMA 技术的名称。适用于 3G CDMA 的 TIA 规范称为 IS-2000,该技术本身被称为 CDMA 2000。

由 QCT 推出的 MSM 5000^{TM} 芯片组 CDMA 2000 解决方案向下兼容 CDMA One (IS-95B)。

CDMA 2000 标准由 3GPP2 组织制定,版本包括 Release 0、Release A、EV-DO 和 EV-DV。Release 0 的主要特点是沿用基于 ANSI-41D 的核心网,在无线接入网和核心网中增加支持分组业务的网络实体,此版本已经稳定。在我国,联通公司开通的 CDMA 二期工程采用的就是这个版本,单载波最高上下行速率可以达到 153.6kb/s。Release A 是 Release 0 的加强版,单载波最高速率可以达到 307.2kb/s,并且支持话音业务和分组业务的并发。EV-DO 采用单独的载波支持数据业务,可以在 1.25MHz 的标准载波中,同时提供话音和高速分组数据业务,最高速率可达 3.1Mb/s。

CDMA 2000 技术作为第三代移动通信技术的一个主要代表技术,是从 CDMA One 技术演进而来的。CDMA 2000 标准是一个体系结构,称为 CDMA 2000 家族,它包含一系列子标准。由 CDMA One 向 3G 演进的过程为 CDMA One(IS-95B)→CDMA 2000-1x→CDMA 2000 3x→CDMA 2000-1xEV。其中,从 CDMA 2000-1x 之后均属于第三代技术。演进过程中各阶段的 CDMA 技术简介如下。

1) IS-95B

IS-95B 通过捆绑 8 个话音业务信道,提供 64kb/s 数据业务。在多数国家,IS-95B 被跨过,直接从 CDMA One 演进为 CDMA 2000-1x。

2) CDMA 2000-1x

CDMA 2000-1x 在 IS-95B 的基础上升级空中接口,可在 1.25MHz 带宽内提供 307.2kb/s 高速分组数据速率。

3) CDMA 2000-3x

CDMA 2000-3x 在 5MHz 带宽内实现 2Mb/s 数据速率,向下兼容 CDMA 2000-1x 及 IS-95B。

4) CDMA 2000-1xEV

CDMA 2000-1xEV 即增强型 1x,包括 EV-DO 和 EV-DV 两个阶段。

2. CDMA 2000-1x 的网络结构

CDMA 2000-1x 网络主要由 BTS、BSC 和 PCF、PDSN 等节点组成。基于 CDMA 2000-1x 核心网的系统结构如图 10-6 所示。

在图 10-6 中,MS 表示无线移动站,例如手机、笔记本电脑等;BTS 表示基站收发信号机;BSC 表示基站控制器;SDU 表示业务数据单元;BSCC 表示基站控制器连接;PCF 表

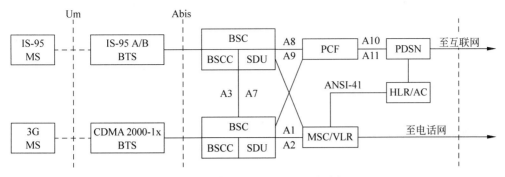

图 10-6　CDMA 2000-1x 的网络结构

示分组控制功能;PDSN 表示分组数据服务器;MSC/VLR 表示移动交换中心/访问寄存器。

由图 10-6 可见,与 IS-95B 相比,核心网中的 PCF 和 PDSN 是两个新增模块,通过支持移动 IP 的 A10、A11 接口互联,可以支持分组数据业务传输。而以 MSC/VLR 为核心的网络部分,支持话音和增强的电路交换型数据业务,与 IS-95B 一样,MSC/VLR 与 HLR/AC 之间的接口基于 ANSI-41 协议。

在图 10-6 中,BTS 在小区建立无线覆盖区用于移动台通信,移动站 MS 可以是 IS-95B 或 CDMA 2000-1x 制式手机;BSC 可对每个 BTS 进行控制;Abis 接口用于 BTS 和 BSC 之间连接;A1 接口用于传输 MSC 与 BSC 之间的信令信息;A2 接口用于传输 MSB 与 BSC 之间的话音信息;A3 接口用于传输 BSC 与 SDU(交换数据单元模块)之间的用户话务(包括语音和数据)和信令;A7 接口用于传输 BSC 之间的信令,支持 BSC 之间的软切换。以上节点和接口与 IS-95B 系统需求相同。

CDMA 2000-1x 新增的接口和节点的功能如下。

(1) A8 接口:传输 BS 和 PCF 之间的用户业务。

(2) A9 接口:传输 BS 和 PCF 之间的信令信息。

(3) A10 接口:传输 PCF 和 PDSN 之间的用户业务。

(4) A11 接口:传输 PCF 和 PDSN 之间的信令信息。

(5) A10/A11 接口:无线接入网和分组核心网之间的开放接口。

(6) PCF 节点:PCF(分组控制单元)节点是新增功能实体,用于转发无线子系统和 PDSN 分组控制单元之间的消息。

(7) PDSN 节点:PDSN 节点是 CDMA 2000-1x 接入 Internet 的接口模块。

3. CDMA 2000-1x 频道设置和信道结构

CDMA 2000-1x 可以工作在 8 个 RF 频道类,包括 IMT-2000 频段、北美 PCS 频段、北美蜂窝频段、TACS 频段等,其中北美蜂窝频段(上行:$824 \sim 849$MHz,下行:$869 \sim 894$MHz)提供了 AMPS/IS-95 CDMA 同频段运营的条件。

CDMA 2000-1x 的正向和反向信道结构主要采用码片速率为 1×1.2288Mb/s,数据调制用 64 阵列正交码调制方式,扩频调制采用平衡四相扩频方式,频率调制采用偏置四相相移键控(Offset Quadrature Phase Shift Keying,OQPSK)方式。

CDMA 2000-1x 正向信道所包括的正向信道的导频方式、同步方式、寻呼信道均兼容 IS-95A/B 系统控制信道特性。

CDMA 2000-1x 反向信道包括接入信道、增强接入信道、公共控制信道、业务信道,其中增强接入信道和公共控制信道除可提高接入效率外,还适应多媒体业务。

CDMA 2000-1x 信令提供对 IS-95A/B 系统业务支持的向下兼容能力,这些能力包括如下 3 方面。

(1) 支持重叠蜂窝网结构。

(2) 在越区切换期间,共享公共控制信道。

(3) 对 IS-95A/B 信令协议标准的沿用及对话音业务的支持。

4. CDMA 2000-1x 的技术特点

CDMA 2000-1x 在无线接口性能上较 IS-95B 系统有了较大的进步,主要表现如下。

1) 高速信道

可支持高速补充业务信道,单个信道的峰值速率可达 307.2kb/s。

2) 增加容量

采用了前向快速功控,增加了前向信道的容量。

3) 抗衰减能力

可采用发射分集方式 OTD 或 STS,提高了信道的抗衰减能力。

4) 提高反向增益

提供反向导频信道,使反向相干解调成为可能,反向增益较 IS95 提高 3dB,反向容量提高一倍。

5) 采用 Turbo 码

业务信道可采用比卷积码更高效的 Turbo 码,使容量进一步提高。

6) 快速地呼信道

引入了快速地呼信道,减少了移动台功耗,提高了移动台的待机时间。此外,新的接入方式减少了移动台接入过程中干扰的影响,提高了接入成功率。

7) 增强话音业务容量

测试结果表明,CDMA 2000-1x 系统的话音业务容量是 IS-95B 系统的两倍,而数据业务容量是 IS-95B 的 3.2 倍。

CDMA 2000-1x 的无线 IP 网络接口采用已应用成熟的、开放的 IETF 协议,支持 Simple IP 和 Mobile IP 的 Internet/Intranet 的接入方式,实现了真正的 Internet 接入的移动性。

从传输速率来看,IS-95B 标准的速率集是 CDMA 2000-1x 速率集的一个子集(RC1,RC2)。同时,CDMA 2000 提供增强速率集:前向 RC3～RC9,反向 RC3～RC6,从而在满足第三代移动通信高速分组数据业务的同时实现了从 IS-95B 的平滑过渡。CDMA 2000-1x 系统与 CDMA(IS-95B)系统完全兼容,技术延续性好,可靠性较高。

5. CDMA 2000 的新技术

CDMA 2000 在探索新技术方面是所有 3G 标准中最活跃的,也是迄今为止应用最广的 3G 无线通信技术之一。在无线接口方面,为进一步加强 CDMA 2000-1x 的竞争力,3GPP2 从 2000 年开始在 CDMA 2000-1x 基础上制定了 1x 的增强技术,即 CDMA 2000-1xEV 标准。CDMA 2000-1xEV 分为两个阶段。

1) 第一阶段

CDMA 2000-1xEV-DO(Data Only)采用与话音分离的信道传输数据。美国高通

(Qualcomm)公司提出的 HDR(High Data Rate)技术已成为该阶段的技术标准,支持平均速率为 650kb/s,峰值速率为 2.4Mb/s 的高速数据业务。

2)第二阶段

CDMA 2000-1xEV-DV(Data and Voice),即数据信道与话音信道合一。目前有多种候选方案,如 1XTREME、LAS-CDMA 等。1xEV-DV 可以提供 4.8Mb/s 甚至更高的吞吐量。目前普遍认为 1xEV-DO 已具备商用化条件,但是 1xEV-DV 还不成熟。

HDR 是一种针对分组数据业务进行优化的、高频谱利用率的 CDMA 无线通信技术。可在 1.25M 带宽内提供峰值速率达 2.4Mb/s 的高速数据传输服务。这一速率甚至高于 W-CDMA 在 5M 带宽内所能提供的数据速率。HDR 已被 3GPP2 正式采纳为 CDMA 2000-1xEV-DO 的唯一标准。

10.3.4 W-CDMA 接入技术

1. W-CDMA 概述

W-CDMA(宽带码分多址)是一个 ITU(国际电信联盟)标准,它是从码分多址(CDMA)演变来的,从官方看被认为是 IMT-2000 的直接扩展,与现在市场上通常提供的技术相比,它能够为移动和手提无线设备提供更高的数据速率。

W-CDMA 采用直接序列扩频码分多址(DS-CDMA)、频分双工(FDD)方式,码片速率为 3.84Mb/s,载波带宽为 5MHz,基于 Release 99/ Release 4 版本,可在 5MHz 的带宽内,提供最高 384kb/s 的用户数据传输速率。W-CDMA 能够支持移动/手提设备之间的语音、图像、数据以及视频通信,速率可达 2Mb/s(对于局域网而言)或者 384kb/s(对于宽带网而言)。输入信号先被数字化,然后在一个较宽的频谱范围内以编码的扩频模式进行传输。窄带 CDMA 使用的是 200kHz 宽度的载频,而 W-CDMA 使用的则是一个 5MHz 宽度的载频。

W-CDMA 最初由日本的 NTT 公司为 3G 网络开发,后来 NTT 公司提交给 ITU 一个详细规范,作为与 IMT-2000 一样的候选的 3G 国际标准。国际电信联盟(ITU)最终接受 W-CDMA 作为 IMT-2000 家族 3G 标准的一部分。后来 W-CDMA 被选作 UMTS 的无线界面,作为继承 GSM 的 3G 技术方案。

尽管名字与 CDMA 很相近,但是 W-CDMA 与 CDMA 关系不大。在移动通信领域,术语 CDMA 可以指码分多址扩频复用技术,也可以指美国高通(Qualcomm)公司开发的包括 IS-95/CDMA 1x 和 CDMA 2000(IS-2000)在内的 CDMA 标准族。

2. W-CDMA 的关键技术

由于移动站一般不适用于多天线接收,在基站采用多个天线进行发射,可以使移动站的接收效果和移动站用多个接收天线时的效果相比拟,所以本书主要围绕基站的空时处理技术展开讨论。

在单用户的情况下,W-CDMA 的空时处理技术的分类如图 10-7 所示。

空时处理技术通过在空间和时间上联合进行信号处理可以非常有效地改善系统特性。随着第三代移动通信系统对空中接口标准的支持以及软件无线电的发展,空时处理技术必将融入自适应调制解调器中,从而达到优化系统设计的目的。

采用空时处理的方法,系统的发送端或接收端使用多个天线,同时在空间和时间上处理信号,它所达到的效果是仅靠单个天线的单时间处理方法所不能实现的:可以在一个给定

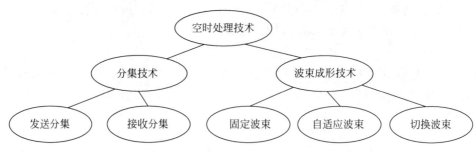

图 10-7　空时处理技术的分类

比特误码率(Bit Error Rate,BER)质量门限下,增加用户数;在小区给定的用户数下,改善误码率特性;可以更有效地利用信号的发射功率。

1) 发送分集技术

当发送方不能获得信道参数时,空时发送分集可改善前向链路性能,这种机制是将发送天线的空间分集转化为接收机可以利用的其他形式的分集,如延迟发送分集和空时编码技术。空时编码技术是同时从空间和时间域考虑设计码字,它的基本原理是在多个天线上同时发送信息比特流所产生的向量,利用发送天线所发送序列的正交性,用两个发送天线、一个接收天线所获得的分集增益与一个发送天线、两个接收天线的 MRC 接收机的一样。

根据是否需要从接收机到发射机的反馈电路,发送分集技术可以分为开环和闭环两种类型,前者发射机不需要任何信道方面的知识。开环发送分集方式有空时发送分集(STTD)、正交发送分集(OTD)、时间切换发送分集(TSTD)、延迟发送分集(DTD)以及分层的空时处理和空时栅格编码;闭环发送分集方式有选择发送分集(STD)。发送分集技术各种方式的具体内容如下。

(1) 正交发送分集。

经过编码和交织后的数据分成两个不同的子流在两个不同的天线上同时发送。为保证正交性,这两个子流所用的 Walsh 码是不同的。

(2) 时间切换发送分集。

在某一时刻每个用户只使用一个天线,使用伪随机码机制在两个天线之间切换。

(3) 选择发送分集。

由于在 TSTD 方式中,瞬时使用的发送天线并不一定能在接收端得到最大的信噪比,因此使用一个反馈电路来使接收端得到最大信噪比。

(4) 空时发送分集。

空时发送分集是将数据编码之后在两个天线上发送出去。

(5) 延迟发送分集。

用多个天线在不同时刻发送同一原始数据信号的多个复本,人为地产生多径。

(6) 分层空时结构。

首先将原始信息比特分解成 n 个并行的数据流(称为层),送入不同的编码器,再将编码器的输出调制后,使用相同的 Walsh 码通过不同的天线发送出去。接收机侧使用一个 BF(迫零或 MMSE 准则)来分离不同的编码数据流,然后将数据送入不同的解码器,解码器的输出再重新组合建立原始的信息比特流。由于在波束成形处理中,MMSE 和迫零方法都没有充分利用接收机天线阵的分集潜力,因此提出了改进方案将接收处理也进行分级。即首先使用 Viterbi MLSE 算法译出最强的信号,然后将该强信号从接收的天线信号中去除后再检测第二强的信号,如此反复直到检测出最弱的信号。

该机制中,层到天线的映射并不是固定的,而是在每个码符号之后周期性地改变。这种映射关系保证了这些数据流最大可能地在不同的天线上被发送出去。

(7) 空时栅格编码。

根据秩准则和行列式准则设计码字,使设计出的码字得到最大分集增益和编码增益。以四进制相移键控(QPSK)四状态空时栅格编码为例,假定使用四根天线发射,则星座图和格形如图 10-8 所示。图 10-8 中,左边的小黑圆点代表一根天线;右边四组数字的含义是:每个两位数中,十位数代表发射天线的编号,个位数代表接收天线的编号。

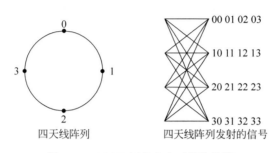

图 10-8 QPSK 四状态空时栅格编码

2) 接收分集技术

由于 CDMA 系统通常有较多的多址干扰分量,而天线阵可以去除 $M-1$ 个(M 为天线数)干扰的特性并不能明显改善接收机的信噪比,因此在一般情况下,更好的方法是利用接收分集的方法,估计接收信号的形式,并确定匹配滤波器的加权系数。接收分集技术中的分集天线其实是空间域内的分集合并器,而不是波束成形技术。对于宽带 CDMA 信号,信号带宽一般大于信道相干带宽,所以在时间域采用 RAKE 接收机,将信号在空间/时间上利用各种合并准则进行合并,这就是所谓的 2D-RAKE 接收机。一般的合并方式有:选择合并(SC)即选择具有最大信号功率的多径;最大比合并(MRC)即每路有一加权,根据各支路信噪比(SNR)来分配加权的权重,SNR 大的支路权重大,SNR 小的支路权重小。当每个分离多径上的干扰不相关时,MRC 方法可使合并信号的信噪比最大;等增益合并(EGC)即选择每路的加权值都相等;Wiener 滤波(OPT)即无论多径之间的干扰是否相关,均可抑制干扰并使合并器输出端的信噪比最大,因此 Wiener 滤波的方法要胜于最大比合并法,又称为优化合并。

在空间和时间上利用不同的合并准则可以对系统起到不同的改善效果,理论证明,在理想功率控制和理想信道估计的条件下,空时联合域优化合并方式对系统性能的改善最好。

3) 波束成形技术

波束成形技术(Beam Forming,BF)可分为自适应波束成形、固定波束和切换波束成形技术。固定波束即天线的方向图是固定的,把 IS-95 中的 3 个 120° 扇区分割为固定波束。切换波束是对固定波束的扩展,将每个 120° 的扇区再分为多个更小的分区,每个分区有一固定波束,当用户在一个扇区内移动时,切换波束机制可自动将波束切换到包含最强信号的分区,但切换波束机制的致命弱点是不能区分理想信号和干扰信号。自适应波束成形器可依据用户信号在空间传播的不同路径,形成最佳的方向图,在不同到达方向上给予不同的天线增益,实时地形成窄波束对准用户信号,而在其他方向尽量压低旁瓣,采用指向性接收,从而提高系统的容量。由于移动站的移动性以及散射环境,基站接收到的信号的到达方向是时变的,使用自适应波束成形器可以将频率相近但空间可分离的信号分离开,并跟踪这些信号,调整天线阵的加权值,使天线阵的波束指向理想信号的方向。

自适应波束成形的关键技术是如何较精确地获得信道参数。对于上行链路,根据形成波束所用的信息可以将波束成形技术分成以下三类。

(1) 基于空间结构的 BF。

基于空间结构的 BF 如基于输入信号到达方向的 BF(DOB),包括三类:基于最大信噪比(SNR)的 BF;基于最大似然(ML)准则的 BF;基于最小均方误差(MMSE)准则的 BF。多址干扰的抑制依赖于信号的到达方向(DOA),所以 DOB 中的一个重要部分是信号的 DOA 估计。DOA 估计方法有离散傅里叶变换、MVDR(Minimum Variance Distortionless Response)估计器、线性预测、最大包络法(MEM)、ML 滤波器以及可变特征结构的方法,其中包括 MUSIC(Multiple Signal Classification)和 ESPRIT 法(Estimation of Signal Parameters via Rotational Invariance Technique)。

(2) 基于训练序列的 BF。

基于训练序列的 BF 即时间参考 BF(TRB),适用于多径丰富且信道特性连续变化的环境,根据算法可以分为块自适应算法(BAA)和采样自适应算法(SAA)两类。BAA 算法包括特征滤波器(EF)法、Stanford 法、最大比合并(MRC)法和第一维纳滤波器解(FWFS)、第二维纳滤波器解(SWFS)。SAA 算法包括最小均方(LMS)算法、归一最小均方(NLMS)算法、递归最小平方(RLS)算法和共轭梯度法(CGM)。TRB 技术要求同步精确,当时延扩展小时,可以得到较好的性能。

(3) 基于信号结构的 BF。

基于信号结构的 BF(SSBF)即利用接收信号的时间或空间结构和特性来构造 BF,可利用 SSBF 需要存储,如恒包络调制信号的恒模(CM)特性、信号的周期平稳性或数字调制信号的 FA(Finite Alphabet)特性等知识,这种 BF 方法可以应用于不同的传播条件,但需要考虑收敛性和捕获问题。

对于下行链路而言,不同的复用方式可采用不同的解决方法:TDD 方式,由于上下行链路采用相同的频率,在保证信道参数在相邻的上下行数据帧中几乎没有变化的情况下可以直接利用上行估计得到的信道参数,但这只适用于慢速移动的系统;FDD 方式,由于上下行链路的频率间隔一般都大于相关带宽,因此上下行的瞬时信道几乎是不相关的,此时采用反馈信道是最好的方法。

需要强调的一点是发送机的波束成形技术和接收机的波束成形技术是截然不同的,接收波束成形可在每个接收机独立实现而不会影响其他链路,而发送波束成形会改变对其他所有接收机的干扰,所以要在整个网络内部联合使用发送波束成形技术。

10.3.5 TD-SCDMA 接入技术

1. TD-SCDMA 技术概述

TD-SCDMA 作为中国提出的第三代移动通信标准,自 1998 年正式向 ITU(国际电信联盟)提交,完成了标准的专家组评估、ITU认可并发布、与第三代合作项目(3rd Generation Partnership Project,3GPP)体系的融合、新技术特性的引入等一系列的国际标准化工作,从而使 TD-SCDMA 标准成为第一个由中国提出的,以中国知识产权为主的,被国际上广泛接受和认可的无线通信国际标准。

时分同步的码分多址(Time Division-Synchronous Code Division Multiple Access,TD-SCDMA)技术是 ITU 正式发布的第三代移动通信空间接口技术规范之一,它得到了 CWTS 及 3GPP 的全面支持。该方案的主要技术集中在中国大唐公司,它的设计参照了 TDD 在不成对的频带上的时域模式。TDD 模式是基于在无线信道时域里的周期地重复 TDMA 帧结构实现的。这个帧结构被再分为几个时隙,在 TDD 模式下,可以方便地实现上下行链路间的灵活切换。集 CDMA、TDMA、FDMA 技术优势于一体、系统容量大、频谱利用率高、抗干扰能力强的移动通信技术。它采用了智能天线、联合检测、接力切换、同步 CDMA、软件无线电、低码片速率、多时隙、可变扩频系统、自适应功率调整等技术。

2. TD-SCDMA 的工作原理

1) 综合的寻址(多址)方式

TD-SCDMA 空中接口采用了 4 种多址技术:TDMA、CDMA、FDMA、SDMA(智能天线)。综合利用这 4 种技术资源在不同角度上分配的自由度,得到可以动态调整的最优资源分配。

2) 灵活的上下行时隙配置

灵活的时隙上下行配置可以随时满足人们打电话、上网浏览、下载文件、视频业务等的需求,保证人们清晰、畅通地享受 3G 业务。

3) TD-SCDMA 克服呼吸效应和远近效应

(1) 克服呼吸效应。

在 CDMA 系统中,当一个小区内的干扰信号很强时,基站的实际有效覆盖面积就会缩小;当一个小区的干扰信号很弱时,基站的实际有效覆盖面积就会增大。简言之,呼吸效应表现为覆盖半径随用户数目的增加而收缩。导致呼吸效应的主要原因是 CDMA 系统是一个自干扰系统,用户增加导致干扰增加而影响覆盖。

对于 TD-SCDMA 而言,通过低带宽 FDMA 和 TDMA 来抑制系统的主要干扰,在单时隙中采用 CDMA 技术提高系统容量,而通过联合检测和智能天线技术(SDMA 技术)克服单时隙中多个用户之间的干扰,因而产生呼吸效应的因素显著降低,所以 TD 系统不再是一个干扰受限系统(自干扰系统),覆盖半径不像 CDMA 那样因用户数的增加而显著缩小,因此可认为 TD 系统没有呼吸效应。

(2) 克服远近效应。

由于手机用户在一个小区内是随机分布的,而且是经常变化的,同一手机用户可能有时处在小区的边缘,有时靠近基站。如果手机的发射功率按照最大通信距离设计,则当手机靠近基站时,功率必定有过剩,而且形成有害的电磁辐射。解决这个问题的方法是根据通信距离的不同,实时调整手机的发射功率,即功率控制。

功率控制的原则是,当信道的传播条件突然变好时,功率控制单元应在几微秒内快速响应,以防止信号突然增强而对其他用户产生附加干扰;相反,当传播条件突然变坏时,功率调整的速度可以相对慢一些。也就是说,宁可让单个用户的信号质量短时间恶化,也要防止对其他众多用户产生较大的背景干扰。

4）智能天线

在 TD-SCDMA 系统中,基站系统通过数字信号处理技术与自适应算法,使智能天线(Smart Antenna)动态地在覆盖空间中形成针对特定用户的定向波束,充分利用下行信号能量并最大限度地抑制干扰信号。基站通过智能天线可在整个小区内跟踪终端的移动,这样终端得到的信噪比就得到了极大的改善,提高了业务质量。

5）动态信道分配

信道就是信号传输时占用的通信链路(线路)资源,如同开车在马路上行驶时,所使用的车道、交通标志、红绿灯信号等,这些资源对于行车是必不可少的;在 TD-SCDMA 通信时,信道使用频率、时隙(时间)、码字等表征即为所使用的无线资源。

动态信道分配(Dynamic Channel Allocation,DCA),就是根据用户的需要进行实时动态的资源(如频率、时隙、码字等)分配。

动态信道分配具有以下优点。

(1) 频带利用率高。

(2) 无须在网络规划中对信道进行预规划。

(3) 可以自动适应网络中负载和干扰的变化。

动态信道分配根据调节速率分为慢速 DCA 和快速 DCA。

慢速 DCA 将无线信道分配至小区范围,而快速 DCA 将信道分配至业务。RNC 负责小区可用资源的管理,并将其动态分配给用户。RNC 分配资源的方式取决于系统负荷、业务QoS 要求等参数。目前,DCA 使用最多的是基于干扰测量的算法,这种算法将根据用户移动终端反馈的干扰实时测量结果分配信道。

3. TD-SCDMA 的技术特点

TD-SCDMA 系统是 TDMA 和 CDMA 两种基本传输模式的灵活结合,它是由中国无线通信标准化组织 CWTS 提出并得到 ITU 通过的 3G 无线通信标准。在 3GPP 内部,它也被称为低码片速率 TDD 工作方式(相较于 3.84MHz 的 UTRA TDD)。TD-SCDMA 系统特别适合在城市人口密集区提供高密度大容量话音、数据和多媒体业务。系统可以单独运营以满足 ETSI/UMTS 和 ITU/IMT-2000 的要求,也可与其他无线接入技术配合使用。例如,在城市人口密集区,使用 TD-SCDMA 技术,而在非人口密集区,则使用GSM、W-CDMA 或卫星通信等来实现大区或全球的覆盖。TD-SCDMA 系统的主要特点如下。

1）TDD 方式便于提供非对称业务

工作在 TDD 模式下的 TD-SCDMA 系统在周期性重复的时间帧里传输基本 TDMA 突发脉冲,通过周期性地转换传输方向,在同一载波上交替进行上下行链路传输。TDD 方案的优势在于系统可根据不同的业务类型来灵活调整链路的上下行转换点。在传输对称业务(如话音、交互式实时数据业务等)时,可选用对称的转换点位置;在传输非对称业务(如互联网)时,可在非对称的转换点位置范围内选择,从而提供最佳频谱利用率和最佳业务容量。TDD 方式的另外一个优势就是系统无须成对频段,从而可以使用 FDD 系统无法使用的任意频段。

2）智能天线

TD-SCDMA 系统的上下行信道使用同一载频，上下行射频信道完全对称，从而有利于智能天线的使用（目前仅用于基站）。智能天线系统由一组天线阵及相连的收发信机和先进的数字信号处理算法构成。在发送端，智能天线根据接收到的终端到达信号在天线阵产生的相位差，利用先进的数字信号处理算法提取出终端的位置信息，根据终端的位置信息，有效产生多波束赋形，每个波束指向一个特定终端并自动跟踪终端移动，从而有效减少同信道干扰，提高下行容量。空间波束赋形的结果使得在保持小区覆盖不变的情况下，可以极大降低总的射频发射功率，一方面改善了空间电磁环境，另一方面也降低了无线基站的成本。在接收端，智能天线通过空间选择性分集，可大大提高接收灵敏度，减少不同位置同信道用户的干扰，有效合并多径分量，抵消多径衰落，提高上行容量。智能天线无法解决的问题是时延超过码片宽度的多径干扰和高速移动的多普勒效应造成的信道恶化。因此，在多径干扰严重的高速移动环境下，智能天线必须和其他抗干扰的数字信号处理技术同时使用，才可能达到最佳效果。这些数字信号处理技术包括联合检测、干扰抵消及 Rake 接收等。

3）联合检测

TD-SCDMA 系统是干扰受限系统。系统干扰包括多径干扰、小区内多用户干扰和小区间干扰。这些干扰破坏各个信道的正交性，降低 CDMA 系统的频谱利用率。传统的 Rake 接收机技术把小区内的多用户干扰当作噪声处理，而没有利用该干扰不同于噪声干扰的独有特性。联合检测技术即"多用户干扰"抑制技术，是消除和减轻多用户干扰的主要技术，它把所有用户的信号都当作有用信号处理，这样可充分利用用户信号的扩频码、幅度、定时、延迟等信息，从而大幅度降低多径多址干扰，但同时也存在多码道处理过于复杂和无法完全解决多址干扰等问题。将智能天线技术和联合检测技术相结合，可获得较为理想的效果。TD-SCDMA 系统采用的低码片速率有利于各种联合检测算法的实现。

4）同步 CDMA

同步 CDMA 指上行链路各终端信号在基站解调器完全同步，它通过软件及物理层设计来实现，这样可使正交扩频码的各个码道在解扩时完全正交，相互间不会产生多址干扰，克服了异步 CDMA 多址技术。由于每个移动终端发射的码道信号到达基站的时间不同，造成码道非正交所带来的干扰。同步 CDMA 不仅提高了 TD-SCDMA 系统的容量和频谱利用率，还可简化硬件电路，降低成本。

5）软件无线电

软件无线电是利用数字信号处理软件实现传统上由硬件电路来完成无线功能的技术，通过加载不同的软件，可实现不同的硬件功能。在 TD-SCDMA 系统中，软件无线电可用来实现智能天线、同步检测、载波恢复和各种基带信号处理等功能模块。其优点主要表现在以下 5 方面。

（1）通过软件方式，灵活完成硬件功能。

（2）良好的灵活性及可编程性。

（3）可代替昂贵的硬件电路，实现复杂的功能。

（4）对环境的适应性好，不会老化。

（5）便于系统升级，降低用户设备费用。

10.3.6 4G 接入技术

1. 第四代移动通信系统概述

第四代移动通信系统(the 4th Generation Mobile Communication System,4G)包括 TD-LTE 和 FDD-LTE 两种制式。严格意义上来讲,LTE 只是 3.9G,尽管被宣传为 4G 无线标准,但它其实并未被 3GPP 认可为国际电信联盟所描述的无线通信标准 IMT-Advanced,因此在严格意义上还未达到 4G 的标准。只有升级版的 LTE Advanced 才满足国际电信联盟对 4G 的要求。

4G 技术集 LTE 技术与 WiMAX 技术于一体,并能够快速传输数据、高质量音频、视频和图像等。4G 能够以 100Mb/s 的峰值速率下载,比 ADSL(4Mb/s)快 25 倍,并能够满足几乎所有用户对于无线服务的要求。此外,4G 可以在 xDSL 和有线电视调制解调器没有覆盖的地方部署,然后再扩展到整个地区。很明显,4G 有着不可比拟的优越性。

长期演进(Long Term Evolution,LTE)项目是 3G 的演进,它改进并增强了 3G 的空中接入技术,采用 OFDM 和 MIMO 作为其无线网络演进的唯一标准。根据 4G 牌照发布的规定,国内三家运营商中国移动、中国电信和中国联通,都拿到了 TD-LTE 制式的 4G 牌照。

LTE 主要特点是在 20MHz 频谱带宽下能够提供下行 100Mb/s 与上行 50Mb/s 的峰值速率,相对于 3G 网络大大提高了小区的容量,同时将网络延迟大大降低:内部单向传输时延低于 5ms,控制平面从睡眠状态到激活状态迁移时间低于 50ms,从驻留状态到激活状态的迁移时间小于 100ms;并且这一标准也是 3GPP 长期演进(LTE)项目,是近年来 3GPP 启动的最大的新技术研发项目。

3GPP 组织于 2004 年 12 月正式成立了长期演进研究项目。LTE 的制定出发点是保证 3GPP 未来十年的竞争力,从性能、功能、成本上得到全面提升。相对于 3GPP R6,其下行频谱效率提高 3～4 倍,上行频谱效率提高 2～3 倍;峰值速率下行达到 100Mb/s,上行达到 50Mb/s;改善小区边缘用户的性能;提高小区容量;降低系统延迟,用户平面内部单向传输时延低于 5ms,控制平面从睡眠状态到激活状态迁移时间低于 50ms,从驻留状态到激活状态的迁移时间小于 100ms;支持 100km 半径的小区覆盖;能够为 350km/h 高速移动用户提供大于 100kb/s 的接入服务;支持成对或非成对频谱,并可灵活配置 1.25MHz 到 20MHz 多种带宽。

LTE 项目是 3G 的演进,它改进并增强了 3G 的空中接入技术,采用 OFDM 和 MIMO 作为其无线网络演进的唯一标准。在 20MHz 频谱带宽下能够提供下行 100Mb/s 与上行 50Mb/s 的峰值速率。改善了小区边缘用户的性能,提高小区容量和降低系统延迟。

LTE 技术具有以下优势。

(1) 通信速率有了提高,下行峰值速率为 100Mb/s、上行峰值速率为 50Mb/s。

(2) 提高了频谱效率,下行链路为 5(b/s)/Hz,是 R6HSDPA 的 3～4 倍;上行链路为 2.5(b/s)/Hz,是 R6HSU-PA 的 2～3 倍。

(3) 以分组域业务为主要目标,系统在整体架构上将基于分组交换。

(4) QoS 保证,通过系统设计和严格的 QoS 机制,保证实时业务(如 VoIP)的服务质量。

(5) 系统部署灵活,能够支持 1.25～20MHz 间的多种系统带宽,并支持 paired 和 unpaired 的频谱分配,保证了将来在系统部署上的灵活性。

（6）降低无线网络时延：子帧长度为 0.5ms 和 0.675ms，解决了向下兼容的问题并降低了网络时延，时延可达 U-plan＜5ms，C-plan＜100ms。

（7）增加了小区边界比特速率，在保持目前基站位置不变的情况下增加小区边界比特速率。例如，MBMS（多媒体广播和组播业务）在小区边界可提供 1b/s/Hz 的数据速率。

（8）强调向下兼容，支持已有的 3G 系统和非 3GPP 规范系统的协同运作。

与 3G 相比，LTE 更具技术优势，具体体现在：高数据速率、分组传送、延迟降低、广域覆盖和向下兼容。

2. 第四代移动通信系统的网络结构

第四代移动通信系统的网络结构如图 10-9 所示。4G 系统包括移动终端、无线接入网、无线核心网和 IP 骨干网等四部分。

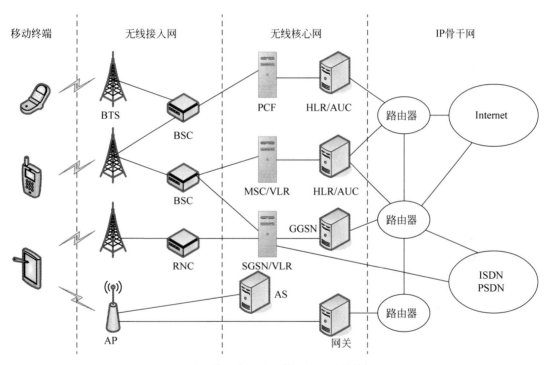

图 10-9 第四代移动通信系统的网络结构

4G 网络实现了无线平台以及跨越不同频带的无线网络的连接，为所连接的无线平台和无线网络提供了无缝的、一致性的移动计算环境，并支持高速移动环境下数据的高速传输功能，能够对语音、数据、图像进行高质量、高速度的传输。4G 网络将固定的有线网络与无线蜂窝网络、卫星网络、广播电视网络、蓝牙等系统集成和融合，这些接入网络都将被无缝地接入基于 IP 的核心网，形成一个公共的平台，这个平台较之于传统的平台将具有更高的公共性、灵活性、可扩展性。

第四代移动通信系统的主要特点如下。

（1）多网络集成：4G 网络集成和融合多种网络与无线通信技术系统。

（2）全 IP 网络：4G 网络是一种基于分组的全 IP 网络。

（3）大容量：4G 网络的容量较 3G 网络要大得多，大约是它的 10 倍。

（4）无缝覆盖：4G 网络实现了无缝覆盖，用户可以在任何时间、任何地点使用无线网络。

（5）带宽更宽：每个 4G 信道将占有较之于 3G 信道约 20 倍宽度的频谱。

（6）高灵活性和扩展性：4G 网络可以通过与其他网络的自由连接来扩展自身的范围，同时网络中的用户和网络设备可以自由增减。

（7）高智能性：4G 网络实现了终端设备设计和操作的智能化，可以自适应地进行资源分配、业务处理和信道环境适应。

（8）高兼容性：4G 网络采用开放性的接口，可以实现多网络互联、多用户融合。

3. 第四代移动通信系统面临的安全问题

4G 在发展的同时，暴露的漏洞也日益增多，引发了一系列的安全问题。其中，主要的安全问题包括在 4G 网络规模的扩大、通信技术以及相关业务的不断发展所带来的安全隐患和来自外部网络的安全威胁。

网络规模的扩大，顾名思义是指网络使用范围的扩展面积较大，网络的管理系统已经跟不上网络拓展的步伐，这样就导致在管理方面存在着较大的问题。

来自外部网络的安全威胁也不容忽视，这些威胁主要包括网络病毒的传播以及 4G 网络存在的相关漏洞导致黑客入侵等方面。其中，仅是手机病毒，就存在很多的安全威胁。手机病毒可以分为短信息类手机病毒、蠕虫类手机病毒以及常见的木马类手机病毒，这些来自外界的网络安全危害，都会对 4G 网络造成威胁，这些问题的存在将严重制约 4G 网络技术安全的拓展，同时也不利于我国通信技术的发展。

目前，我国的 4G 网络技术尚处于起步阶段，尚未建立有效的统一化管理，同时 4G 网络安全技术还难以与其他的移动通信相兼容，难以做到与全球移动通信设备进行安全的、无缝隙的漫游，这样会使得移动用户在使用上产生诸多的不便。

4G 网络技术是 3G 网络的升级版本，但是 4G 网络技术并未达到相关的技术要求，4G 网络技术的覆盖尚未达到全面的覆盖，两个覆盖的区域不能相互兼容，同时难以保证 4G 网络技术的覆盖区域的安全性能。

通信系统容量的限制，也大大制约着手机的下载速度，虽然 4G 网络技术的下载速度要比 3G 的速度快很多，但是受 4G 网络技术系统限制的同时，手机用户不断地增加，网络的下载速度将会逐渐降低，同时下载的文件是否都具备安全性能这些都不能保证，因此如何解决这一问题，已被列为保证 4G 网络安全发展研究的重要课题之一。

10.3.7 i-BURST 接入技术

1. i-BURST 技术概述

i-BURST 系统是美国爱瑞通信公司（Array Comm Inc.）推出的一种分组技术高速无线 IP 解决方案，它为最终用户提供便携式宽带无线接入。它的特点是，高数据速率，"永远在线"连接和用户可自由移动。

i-BURST 是一个完整的解决方案，包括专门针对这个市场优化过的空中接口。在全负载的实际部署中，i-BURST 最多支持 10MHz 的频带每单元 40 Mb/s 的容量（或者 5MHz 的频带每单元 20 Mb/s 的容量），每个用户的数据速率超过 1Mb/s。

除了最充分地使用智能天线来为系统的无线电接入部分提供最好的经济性之外，i-BURST 还针对互联网接入这个目标市场彻底改进了设计。它仅面向分组交换，并且能够透明地传输终端用户的互联网协议（IP）流量。此外，i-BURST 总体网络架构是当前有线宽带集合和接入结构（包括 DSL、电缆和拨号等）的直接扩展。系统采用统一的设置和计费工具，运营商用来支持其有线用户的很多有线网络基础设施都可以用来支持 i-BURST 终端用户。其结果是可以快速地同现有的运营商网络、服务和经营实现集成。

2. i-BURST 系统的主要特点

1）宽带便携无线接入

i-BURST 系统为最终用户提供独有的无线接入方式，用户数据速率为 1～40Mb/s。

2）具有很高的频谱效率

i-BURST 系统每蜂窝可达 4b/s/Hz。

3）智能天线

i-BURST 采用全自适应智能天线 IntelliCell 技术。IntelliCell 技术是爱瑞通信公司的自适应智能天线处理平台，提供更高的容量和更广的覆盖范围。

4）空中接口

i-BURST 系统采用 TDMA/TDD 分组空中接口。

5）3G 授权

i-BURST 系统可以在 3GHz 以下授权频段内使用。

6）体系结构

采用 IP 中心的体系结构，使用标准工具和网络设施（如 IP 路由器），从而充分利用 IP 网络的经济省钱优势。

7）开放的平台

i-BURST 系统提供开放的业务平台，能够把接入提供商和业务提供商分开。

3. i-BURST 系统的技术实现原理

1）网络结构

i-BURST 系统主要由用户设备、i-BURST 基站、隧道交换机等构成。它的网络结构由以下 7 部分构成。

（1）终端用户设备（EUD）：可以通过现有的笔记本电脑、台式电脑、PDA 等接入。用户采用这些设备进行交互。

（2）i-BURST 用户终端（UT）：i-BURST 空中接口和 EUD 之间的接口。在有 PCMCIA 卡之前，早期的 UT 将是一个外置的宽带调制解调器。最终 UT 将嵌入 EUD 中。

（3）i-BURST 用户基站（BS）：是网络的无线和有线部分之间的桥梁。从有线网络的角度来看，基站是一个接入集合设备，扮演同 DSL 网络中 DSLAM 相似的角色。

（4）分组服务交换机（隧道交换机）（PSS）：分组服务交换机可以将用户会话（常常同 PSTN、DSL 以及电缆用户一起）集合并导向相应的服务提供商。

（5）L2TP 网络服务器（LNS）：终端用户 PPP 会话的终点。提供用户鉴别以及诸如 IP 地址等 IP 会话参数。此外，它还收集计费数据和执行服务水平协议。

（6）传输 WAN（TWAN）：在 PSS 和 BS 域内的传送网络。

（7）交互 WAN（IWAN）：在 PSS 和服务提供商 WAN 域内的交互网络。

由以上介绍可以看到：i-BURST 提供的不仅是无线接入解决方案，它是一种完全的端到端服务解决方案，使得多个服务提供商可以在高度细分化的接入机制下向终端用户提供互联网和内容服务。

2）空中接口

空中接口的基本参数指标如下。

（1）时分双工（TDD）＋ TDMA。

- 带宽选择方面具有最大的灵活性。
- 在保证不对称业务方面保证最大的灵活性。
- 最大限度地发挥智能天线的作用。

（2）采用全自适应智能天线 IntelliCell 技术，可以实现空分处理和空分多址技术。

（3）自适应可变 QAM 调制形式，增加了纠错冗余，从而保证了空中接口高质量的传输。

（4）动态资源分配。时间、频率、空间由基站控制，达到最大化利用频谱和 QoS 控制的效果。

（5）初期单用户峰值速率 ＞ 1 Mb/s，每小区总速率可以达到 40 Mb/s。

这里需要特别指出的是，使用了全自适应智能天线 IntelliCell 的基站可以动态引导，并将能量集中于目标用户设备，从而能够极大降低周围环境中的 RF 干扰以及对其他用户的干扰。

通过将 IntelliCell 的接收和发送能力集成到网络中，基站和用户设备之间的信号就可以在空间信道上传输。在 i-BURST 系统中，多个用户就可以在同一时间、同一单元中使用同样的传统无线信道进行通信。从某种意义上说，正是由于智能天线 IntelliCell 的作用，i-BURST 系统能够提供高速率高容量的优质服务。

10.4 卫星接入技术

随着互联网的飞速发展，给宽带卫星接入技术带来了意想不到的发展空间。用户只要通过卫星天线、调制解调器和卫星便可接入 Internet。使用卫星上网比起传统的 xDSL 和 Cable Modem 技术更方便快捷。除了高速上网外，卫星宽带接入的最大优势无处不在，一颗同步卫星就可以覆盖全球三分之一的地区。我国有三分之二的国土面积是山地、丘陵和草原，地面有线网络难以被全部覆盖，启动无线空中宽带，将成为构建无线广域互联网的必然趋势。

对于生活和工作在地面通信网范围之外的人来说，无线技术特别是卫星通信技术或许是最有效的互联网解决方案。卫星通信作为一种重要的通信方式，在 Internet 的发展中发挥着不容忽视的重要作用。

与地面通信系统相比，卫星通信系统虽然有费用昂贵、时延较长等缺点，但也具有地面网络无法企及的一些优点：覆盖面广，具有极佳的广播性能，传输不受地理条件的限制，组网灵活，网络建设速度快，投资少，能够灵活高效地利用和扩展带宽。由于有了这些优势，几乎从 Internet 诞生之日起，卫星通信就成为 Internet 传输领域中一种不可或缺的手段，并且随着 Internet 的成长和壮大，得到了越来越广泛的应用。

10.4.1 卫星接入技术简介

互联网宽带接入除了人们熟悉的 ADSL、光纤和陆基无线技术外,还有空中宽带接入技术——卫星宽带接入技术。卫星上网与人们通常使用的地面方式不同,用户通过计算机的调制解调器和卫星配合接入互联网,从而获得互联网传输、定向发送数据、网站广播等服务。它最大的特点是可以覆盖任何地方,无论是农村还是山区。在卫星通信中,宽带卫星通信是一个新概念,其主要目的是为多媒体和高数据速率的 Internet 应用提供一种无所不在的通信方式。

在卫星通信领域,静止轨道卫星仍扮演着十分重要的角色,但应全球个人通信的要求,宽带移动卫星通信是发展的必然趋势,有关技术也在逐渐成熟。目前,约有 20 个不同波段的宽带卫星通信系统,这些系统主要用于多信道广播、Internet 和 Intranet 的远程传送以及作为地面多媒体通信系统的接入手段,成为实现全球无缝个人通信、Internet 空中高速通道必不可少的手段。

中国幅员辽阔、人口众多,是世界上适合发展卫星通信的国家之一。中国三分之二的国土面积不适宜铺设地面光纤,生活在那里的人们要享受宽带多媒体信息服务,空中宽带可能是合适的途径。而在地面网比较发达或即将发达的地区,虽然卫星通信有可能不是主要传输手段,但依然可能成为地面网很好的补充。

10.4.2 卫星宽带接入技术

1. 卫星通信网络结构

卫星通信系统以网络结构的形式提供服务。现代卫星通信网络基本上可分为两类:一类是单星组成的卫星通信网络;另一类是多星组成的卫星通信网络。各种网络又按业务的不同分为固定通信业务网络、移动通信业务网络和电视直播业务网络。

现以单星固定通信业务 VSAT 卫星通信系统为例来阐述卫星通信网络拓扑结构的发展。最早使用的通信网是星状网,现已发展到多种网络结构。典型的 VSAT 卫星通信网拓扑结构如图 10-10 所示。

多星组成的静止轨道卫星通信网络有提供国际固定通信业务的全球覆盖的国际卫星(Intelsat)系统和提供国际移动通信业务的全球覆盖的国际海事卫星(Inmarsat)系统。这两个系统网络由各自分布于三大洋上空的静止卫星、全球各地的地球站和辅助地面线路组成。多星组成的低轨道卫星通信网络有提供移动通信业务的全球覆盖的铱(Iridium)系统、全球星(Global Star)系统和轨道通信(ORBCOMM)系统。这些系统网络由各自分布于低轨道上的数 10 颗卫星、全球各地的地球站和辅助地面线路组成。其中,铱系统各星之间还建立了星间链路。

2. 卫星通信体制

卫星通信体制是指卫星通信系统的工作方式,即所采用的信号传输方式、信号处理方式和信号交换方式等。它由基带信号形式、信源编码方式、差错控制方式、基带信号传输方式、基带信号多路复用方式、信号调制方式、多址方式和信道分配与交换方式等各部分组成,每部分又有不同方式需选择,是一个较复杂的结构。例如,基带信号传输方式有单路单载波(SCPC)和多路单载波(MCPC);基带信号多路复用方式有频分多路复用(FDM)和时分多

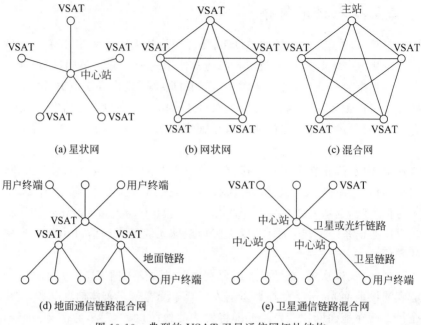

图 10-10　典型的 VSAT 卫星通信网拓扑结构

路复用(TDM);纠错编码方式有卷积编码、Turbo 编码、外码里德-所罗门(RS)码＋内码卷积码的级联编码、外码 BCH 码＋内码低密度奇偶校验码(LDPC)的级联编码等;常用信号调制方式有模拟信号的调频(FM),数字信号的相位偏移调制(如 BPSK、QPSK、8PSK、16APSK、32APSK 等)、正交幅度调制(如 8QAM、16QAM、64QAM)等;多址接入方式有频分多址接入(FDMA)、时分多址接入(TDMA)、码分多址接入(CDMA)、空分多址接入(SDMA)及它们间的组合;信道分配方式有预定分配(PA)、按需分配(DA)、动态分配(DYA)、随机分配(RA)等。

卫星通信体制的先进性主要体现在节省射频信号带宽和功率,提高信号传输质量和可靠性。当今卫星通信体制标准主要是卫星运营商或产品生产商制订的企业标准,另有少量的行业标准和国家标准,国际组织制定的标准为 DVB-S、DVB-RCS、DVB-S2 和 DVB-S2X 标准。因此,采用国际标准的 VSAT 系统也就在一定意义上代表了未来卫星技术发展的方向。基于 DVB 协议的 VSAT 系统国内外产品的基本体制是外向信道传输体制为 DVB-S/S2,载波工作方式为 TDM;内向信道传输体制为 DVB-RCS,载波工作方式为 MF-TDMA。图 10-11 为 DVB-S2 通信体制结构。

在 DVB-S2 标准中采用了先进的编码和调制技术,还提供了可变编码调制(VCM)和自适应编码调制(ACM)工作模式,系统支持高清晰度电视、交互电视、互联网接入、VoIP 等业务。

3. 卫星轨道和星座

最早的商用通信卫星采用静止轨道单星工作。现在已经由静止轨道卫星发展为多种轨道卫星,并由单星工作发展为多星组成星座工作。现有卫星主要工作于 3 种轨道类型:静止轨道、大椭圆轨道和低轨道。静止轨道卫星基本上有 3 类:单星独立组网区域覆盖工作(大多数卫星);多星共位组网区域覆盖工作(如东经 19.2°轨道位置上的 7 星共位);多星

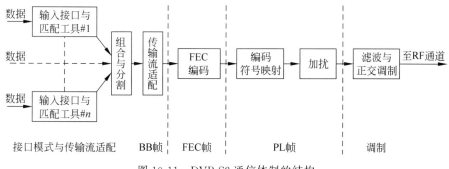

图 10-11 DVB-S2 通信体制的结构

异位组网全球覆盖工作(如国际通信卫星、国际海事卫星等)。大椭圆轨道多星组网全时区域覆盖的卫星系统仅为三颗天狼星组成的美国移动广播系统。低轨道多星组网全球覆盖的卫星系统为 3 个移动通信系统。

4. 卫星天线波束覆盖

最初,商用地球静止轨道通信卫星的天线采用全球波束覆盖;后发展为单重或双重频率复用单椭圆波束覆盖、多椭圆波束覆盖;然后又发展为单重或双重频率复用赋形波束覆盖;现已发展为多重频率复用蜂窝状多点波束覆盖,波束指向、形状、输出功率可变覆盖,以及上述各种波束的混合覆盖。在低地球轨道全球覆盖星座中,各颗卫星采用多重频率复用蜂窝状多点波束覆盖,其优点是:采用点波束可提高天线增益,从而增大等效全向辐射功率(EIRP)和 G/T,使用户终端小型化,实现手机通信;多点波束还可通过空分隔离实现频率多次复用,增大总带宽,从而提高卫星通信容量。

5. 卫星转发器

最初,商用通信卫星使用的转发器为透明转发器,现在大部分通信卫星仍在使用,而少数通信卫星使用了处理转发器。透明转发器对接收信号只进行放大、变频和再放大,按在卫星上的变频次数又可分为一次变频转发器和二次变频转发器。处理转发器则能对接收信号的调制 2 解调式或多址方式进行加工处理,按信号处理功能又可分为信息处理转发器、空间交换转发器,以及由这两种转发器功能集成组成的空间交换和信息处理转发器。信息处理转发器的功能是把接收到的上行频率信号经解调得到基带信号,然后进行再生、编码识别、帧结构重新排列等处理,再下行到地面站;空间交换转发器的功能是把多波束接收的信号进行交换,其中信号处理单元主要是交换矩阵网络,可采用微波交换矩阵网络,也可采用基带交换矩阵网络。

总之,处理转发器具有如下功能和特点:通过对信号的解调和再生可去掉上行链路中叠加在信号上的噪声,提高整个通信链路的传输质量;通过对信号的解调和再调制,进行上下行链路分开设计,可使上下行链路采用不同的调制体制和多址方式,以降低传输要求和地面设备的复杂性;通过星上信号处理可实现用户链路的信道、频率、功率和波束的动态分配,使卫星资源得到最佳利用;利用前向链路与后向链路信号处理器的连接,可实现移动用户之间一跳通信,以避免双跳引起的长时延;通过星上信号处理可建立星间通信链路,以实现星间联网等。

采用处理转发器的典型通信卫星是 2007 年 8 月发射的美国太空之路-3(Spaceway-3)卫星,它采用 Ka 频段再生处理转发器,发射天线为 2m 口径 1500 单元相控阵多点波束天线;

2008 年 3 月发射的日本/超高速互联网卫星(WINDS),其超高速多媒体通信业务使用星上再生交换(ATM 交换、因特网路由转换)Ka 频段转发器。

6. DirecPC 卫星接入技术

在卫星宽带通信领域中,卫星接入技术众多,既有卫星接入技术的先行者——DirecPC 系统,也有目前最为流行的 IP over DVB 系统,还有用于 Internet 干线传输的双向卫星系统——IPsat 和 Comtier。其中,DirecPC 技术是所有卫星 Internet 应用系统中最为成功的,它将高速宽带的传输技术和卫星数据广播技术结合到一起,以不对称传输方式弥补了地面传输带宽不尽如人意的缺陷,同时又可以利用其下行带宽空闲时间进行数据、音频、视频信号的广播传送。

DirecPC 中文翻译为"卫星发送服务",是美国休斯网络系统公司 1996 年推出的高速宽带多媒体接入技术,曾获得美国《数据通信》杂志 1996 年年度最新产品金奖。近年来,DirecPC 风靡全球,不但在美国已拥有大量用户,并且在加拿大、墨西哥、德国、北非、中东、印度、日本、韩国等国家和中国台湾地区得到广泛应用。

DirecPC 技术的主要特点如下。

1) 高速互联网接入

DirecPC 的高速互联网卫星接入服务充分利用了 Internet 信息传输的不对称性,将用户的上行数据和下行数据分离,相对较少的上行数据(如对网站的信息请求)可以通过现有的 Modem 和 ADSL 等任何方式传输,而大量的下行数据(如图片、动态图像)则通过 54M 宽带卫星转发器直接发送到用户端。用户可以享受高达 400kb/s 的浏览和下载速度,这一速度是标准 ISDN 的三倍多。它支持标准的 TCP/IP 网络协议及 WWW、E-mail 和 BBS 等典型应用。同时,它不像小范围内应用的 ADSL 和 Cable Modem 技术,DirecPC 拥有可以立即为全球任何角落用户提供互联网接入服务的技术。

2) 数据包分发

DirecPC 的数据包分发服务可以让卫星宽带服务商能够以高达 3Mb/s 的数据传输速率(相当于普通 Modem 的 100 倍)向任意的远端接收站发送数字、音频、视频及文本文件,如软件、电子文档、远程教学教材等。DirecPC 的条件接入机制确保数据只被授权用户接收。数据包分发服务主要利用卫星信道天然的广播优势,能够以非常低廉的价格实现广大区域内大数据量的分发。信息以组播方式推送给一组 DirecPC 用户。这些用户无须任何操作,只需打开计算机即可接收信息,实现"信息推送"服务。

3) IP 组播

在传统的互联网中,从一台服务器发送出的每个数据包只能传送给一台客户机,如果有其他的用户希望顺便获得这个数据包的副本是做不到的,这个问题的解决办法是构建一种具有单点对多点广播(Multicast)能力的因特网。IP 组播技术是一种充分利用网络带宽的新技术,其目的在于当同时向多个接收点发送信息时,减少网络中的流量,从而减少引起网络拥塞的可能性。

DirecPC 卫星接入系统的最大特点就是利用了卫星广播信道实现 IP 组播,通过 DirecPC 综合业务平台,利用一台服务器能够对无数量限制的卫星单收站(即没有交互功能)同时发送单一的连续数据流而无时延。因此,网络成本会变得相当低廉,并可以达到从未有过的传送能力,而 ISP 也能够乐观地允许用户以数百倍甚至过千倍的数量增长而不必担心信道拥塞。DirecPC 系统最高支持 24Mb/s 的速率进行组播,此种服务适合于类似MPEG-Ⅱ这类高品质、多频道流式视频传送以及音频流式传送。

4) 接入稳定

由于卫星通信是基于无线电波的技术,会受恶劣天气如特大暴雨、大冰雹、暴雪和日凌等恶劣天气的影响。但由于 DirecPC 使用了 Ku 波段和大功率卫星,相对传统的 C 波段卫星对天气的抗干扰能力已经大大加强,因此,DirecPC 的稳定性也相应地大大提高。

10.5 本章小结

无线广域网(WWAN)接入技术可以使笔记本电脑或者其他的移动设备(如手机、平板电脑等)在无线广域网的覆盖范围内(数百甚至上千千米)连接到互联网。

IEEE 802.20 是一个已经夭折的 WWAN 技术标准。IEEE 802.16 工作组于 2002 年 3月提出 IEEE 802.20,并为此成立专门的工作小组。IEEE 802.20 的出现是为了实现高速移动环境下的高速率数据传输,以弥补 IEEE 802.1x 协议族在移动性上的劣势。

无线广域网的信号传输需要依靠基础公共网络,根据中心转发站的类型划分,可以分为陆地移动通信网络和移动卫星系统两大类,分别简称为"陆基"广域接入和"空基"广域接入。

通用分组无线服务(GPRS)技术是 GSM 移动电话用户可以使用的一种移动数据业务。GPRS 是 GSM 的延续,与以往在频道上采用电路交换的传输方式不同,GPRS 是以封包装(Packet)方式来传输的。因此,使用者所负担的费用是以其传输资料大小的单位计算,并非使用其整个频道,资费在理论上较为便宜。GPRS 的传输速率可提升至 56kb/s 甚至 114kb/s。

蜂窝数字式分组数据交换网络(CDPD)是以数字分组数据技术为基础,以蜂窝移动通信为组网方式的移动无线数据通信网。使用 CDPD 只需在便携机上连接一个专用的无线调制解调器。即使坐在时速 100km 的车厢内,也不影响上网。

CDPD 是一个专用无线数据网,信号不易受干扰,可以连接任何网站。与其他无线上网方式相比,CDPD 网可达 19.2kb/s,而普通的 GSM 移动网络仅为 9.6kb/s。在数据通信安全方面,CDPD 在授权用户登录上配置了多种功能,如设定允许用户登录范围,统计使用者登录次数等;对某个安全区域、某个安全用户特别定义,进一步提高特别用户的安全性;采用 40 位密钥的加密算法,正反信道各不相同,自动核对旧密钥更换新密钥,数据即使被人窃得,也无法破解。

CDMA 2000 标准由 3GPP2 组织制订,版本包括 Release 0、Release A、EV-DO 和 EV-DV。Release 0 的主要特点是沿用基于 ANSI-41D 的核心网,在无线接入网和核心网中增加支持分组业务的网络实体,此版本已经稳定。我国的联通公司开通的 CDMA 二期工程采用的就是这个版本,单载波最高上下行速率可以达到 153.6kb/s。Release A 是 Release 0的加强,单载波最高速率可以达到 307.2kb/s,并且支持话音业务和分组业务的并发。EV-DO 采用单独的载波支持数据业务,可以在 1.25MHz 的标准载波中,同时提供话音和高速分组数据业务,最高速率可达 3.1Mb/s。

W-CDMA(宽带码分多址)是一个 ITU(国际电信联盟)标准,它是从码分多址(CDMA)

演变来的,从官方看被认为是 IMT-2000 的直接扩展,与现在市场上通常提供的技术相比,它能够为移动和手提无线设备提供更高的数据速率。

W-CDMA 采用直接序列扩频码分多址(DS-CDMA)、频分双工(FDD)方式,码片速率为 3.84Mcps,载波带宽为 5MHz。基于 Release 99/ Release 4 版本,可在 5MHz 的带宽内,提供最高 384kb/s 的用户数据传输速率。W-CDMA 能够支持移动/手提设备之间的语音、图像、数据以及视频通信,速率可达 2Mb/s(对于局域网而言)或者 384kb/s(对于宽带网而言)。输入信号先被数字化,然后在一个较宽的频谱范围内以编码的扩频模式进行传输。窄带 CDMA 使用的是 200kHz 宽度的载频,而 W-CDMA 使用的则是一个 5MHz 宽度的载频。

TD-SCDMA 系统是 TDMA 和 CDMA 两种基本传输模式的灵活结合,它是由中国无线通信标准化组织 CWTS 提出并得到 ITU 通过的 3G 无线通信标准。在 3GPP 内部,它也被称为低码片速率 TDD 工作方式(相较于 3.84MHz 的 UTRA TDD)。TD-SCDMA 系统特别适合于在城市人口密集区提供高密度大容量话音、数据和多媒体业务。

时分同步的码分多址(Time Division-Synchronous Code Division Multiple Access,TD-SCDMA)技术是 ITU 正式发布的第三代移动通信空间接口技术规范之一,它得到了 CWTS 及 3GPP 的全面支持。该方案的主要技术集中在中国大唐公司,它的设计参照了 TDD 在不成对的频带上的时域模式。TDD 模式是基于在无线信道时域里的周期地重复 TDMA 帧结构实现的。这个帧结构被再分为几个时隙,在 TDD 模式下,可以方便地实现上下行链路间的灵活切换。TD-SCDMA 是集 CDMA、TDMA、FDMA 技术优势于一体、系统容量大、频谱利用率高、抗干扰能力强的移动通信技术。它采用了智能天线、联合检测、接力切换、同步 CDMA、软件无线电、低码片速率、多时隙、可变扩频系统、自适应功率调整等技术。

4G 技术集 LTE 技术与 WiMAX 技术于一体,并能够快速传输数据、高质量音频、视频和图像等。4G 能够以 100Mb/s 的峰值速率下载,比目前的家用宽带 ADSL(4Mb/s)快 25 倍,并能够满足几乎所有用户对于无线服务的要求。此外,4G 可以在 DSL 和有线电视调制解调器没有覆盖的地方部署,然后再扩展到整个地区。很明显,4G 有着不可比拟的优越性。

i-BURST 系统是美国爱瑞通信公司(Array Comm Inc.)推出的一种分组技术高速无线 IP 解决方案,它为最终用户提供便携式宽带无线接入。它的特点是高数据速率、"永远在线"连接和用户可自由移动。

i-BURST 是一个完整的解决方案,包括专门针对这个市场优化过的空气接口。在全负载的实际部署中,i-BURST 最多支持 10MHz 的频带每单元 40Mb/s 的容量(或者 5MHz 的频带每单元 20Mb/s 的容量),每个用户的数据速率超过 1Mb/s。

互联网宽带接入除了人们熟悉的 ADSL、光纤和陆基无线技术外,还有空中宽带接入技术——卫星宽带接入技术。卫星上网与人们通常使用的地面方式不同,用户通过计算机的调制解调器和卫星配合接入互联网,从而获得互联网传输、定向发送数据、网站广播等服务。它最大的特点是可以覆盖任何地方,无论是农村还是山区。在卫星通信中,宽带卫星通信是一个新概念,其主要目标是为多媒体和高数据速率的 Internet 应用提供一种无所不在的通信方式。

在卫星通信领域,静止轨道卫星仍扮演着十分重要的角色,但应全球个人通信的要求,宽带移动卫星通信是发展的必然趋势,有关技术也在逐渐成熟。目前,约分为 20 个不同波段的宽带卫星通信系统,这些系统主要用于多信道广播、Internet 和 Intranet 的远程传送以及作为地面多媒体通信系统的接入手段,成为实现全球无缝个人通信、Internet 空中高速通道必不可少的手段。

复习思考题

一、单项选择题

1. 无线广域网的国际标准是(　　)。

   A. IEEE 802.16　　　　B. IEEE 802.18　　　　C. IEEE 802.20　　　　D. IEEE 802.22

2. 3G 技术的标准包括(　　)。

   A. CDMA 2000　　　　B. W-CDMA　　　　　C. TD-SCDMA　　　　D. 以上都是

3. 根据业务实现方式,无线数据通信可以分为(　　)业务。

   A. 电路交换型和系统交换型　　　　　　B. 电路交换型和矩阵交换型

   C. 电路交换型和分组交换型　　　　　　D. 以上都不是

4. "陆基"广域接入通常采用(　　)阵列的蜂窝结构。

   A. 正三角形　　　　B. 正方形　　　　C. 正五边形　　　　D. 正六边形

5. GPRS 技术经常被描述成(　　)。

   A. 2G　　　　　B. 2.5G　　　　　C. 3G　　　　　D. 3.9G

6. GPRS 网络包括(　　)。

   A. GSM　　　　B. SGSN　　　　C. GGSN　　　　D. 以上都是

7. 在 MAC 媒体接入控制层中,GPRS 的逻辑信道包括(　　)。

   A. 公共控制信道　　　B. 分组业务信道　　　C. 广播信道　　　D. 以上都是

8. GPRS 的技术特点是采用分组交换技术、(　　)。

   A. 传输速率较高　　　　　　　　　　B. 连接快捷、永远在线

   C. 仅按数据流量计费　　　　　　　　D. 以上都是

9. CDPD 系统由(　　)部分组成。

   A. 2　　　　　B. 3　　　　　C. 4　　　　　D. 5

10. 在 CDPD 协议模型中,Um 接口上的通信协议分为(　　)层。

    A. 3　　　　　B. 4　　　　　C. 5　　　　　D. 6

11. 在 CDPD 信息流的正、反向信道上,帧数据流由(　　)连续比特组成。

    A. 271　　　　B. 272　　　　C. 273　　　　D. 274

12. 在 CDMA 2000 网络结构中,基站控制器连接的英文缩写是(　　)。

    A. BTS　　　　B. BSC　　　　C. BSCC　　　　D. 以上都不是

13. 在 CDMA 技术中,用于传输 BS 和 PCF 之间的信令信息的接口是(　　)。

    A. A8　　　　　B. A9　　　　　C. A10　　　　　D. A11

14. W-CDMA 最初是由(　　)的 NTT 公司开发的。

    A. 中国　　　　B. 德国　　　　C. 美国　　　　D. 日本

15. 在 W-CDMA 技术中,波束成形技术可以分为(　　)种。

  A. 3   B. 4   C. 5   D. 6

16. 在 W-CDMA 自适应波束成形的关键技术中,对于上行链路,形成波束所用的信息的技术可以分成(　　)类。

  A. 2   B. 3   C. 4   D. 5

17. TD-SCDMA 技术是由(　　)提出的 3G 标准。

  A. 美国   B. 日本   C. 德国   D. 中国

18. 在 TD-SCDMA 空中接口中,采用了(　　)种多址技术。

  A. 2   B. 3   C. 4   D. 5

19. 在第四代移动通信系统的网络结构中包括(　　)部分。

  A. 2   B. 3   C. 4   D. 5

20. 在卫星通信技术中,卫星轨道分为(　　)种类型。

  A. 2   B. 3   C. 4   D. 5

二、填空题

1. _____是 WWAN 的一个已经夭折的技术标准。

2. 无线广域网的信号传输需要依靠基础公共网络,根据中心转发站的类型划分,可以分为_____和_____两大类,分别简称为_____接入和_____接入。

3. GPRS 经常被描述成_____,也就是说这项技术位于第二代(2G)和第三代(3G)移动通信技术之间。

4. GPRS 的技术特点包括_____、_____、_____和_____。

5. CDPD 系统由以下 4 部分组成:_____、_____、_____和_____。

6. CDMA 2000-1x 在无线接口性能上较 IS-95B 系统有了较大的进步,其技术特点主要表现在:_____、_____、_____、_____、_____、_____。

7. _____是一个 ITU(国际电信联盟)标准,它是从码分多址(CDMA)演变来的,从官方看被认为是 IMT-2000 的直接扩展。

8. TD-SCDMA 系统的技术特点是_____和_____两种基本传输模式的灵活结合,它由中国无线通信标准化组织 CWTS 提出并得到 ITU 通过的 3G 无线通信标准。

9. 第四代移动通信系统(4G)包括_____、_____、_____、_____ 4 部分。

10. DirecPC 技术的主要特点如下:_____、_____、_____、_____。

三、简答题

1. 什么是无线广域网?其主要技术特点是什么?

2. IEEE 802.20 标准的主要内容是什么?这个标准为什么中途夭折?

3. 什么是"陆基"广域接入?什么是"空基"广域接入?

4. GPRS 技术的主要特点是什么?请画图说明 GPRS 分层协议模型。

5. CDPD 技术的主要特点是什么?请画图说明 CDPD 的网络结构。

6. 请画图说明 CDPD 的信道流。

7. 请画图说明 CDMA 2000-1x 的网络结构。

8. W-CDMA 的关键技术是什么?

9. TD-SCDMA 的技术特点是什么?

10. i-BURST 系统的主要特点是什么？

11. 请画图描述卫星通信系统的网络结构。

12. 卫星通信体制的含义是什么？

13. 卫星通信体制的国际标准有哪些？

14. 什么是卫星透明转发器？什么是卫星处理转发器？

15. 什么是 DirecPC 的技术？其主要特点是什么？

16. 4G 接入技术的主要特点是什么？

第11章 电力线接入技术

电力线接入是指利用低压配电线路传输高速数据、语音、图像等多媒体业务信号的一种通信方式,主要应用于家庭 Internet 宽带接入和家电智能化联网控制,即电力线通信(Power Line Communication,PLC)。

11.1 电力线接入概述

11.1.1 电力接入网的基本概念

如本书前面的章节所述,常用的有线接入方式包括利用电话铜线的 xDSL 方式、利用有线电视电缆的 Cable Modem 方式以及利用双绞线的以太网方式等。如今又多了一种更方便、更经济的方式——利用电力线的 PLC 接入方式。通过直接利用传输交流电的电力线作为通信载体,使得 PLC 具有极大的便捷性,只要在房间任何有电源插座的地方,不用拨号,就可以立即享受高速网络接入,来浏览网页、拨打电话和观看在线电影,从而实现集数据、语音、视频,以及电力于一体的“四网合一”。此外,可将房屋内的电话、电视、音响、冰箱等家电利用 PLC 连接起来,进行集中控制,实现“智能家庭”的梦想。目前,PLC 主要是作为一种接入技术,提供宽带网络“最后一千米”的解决方案,适用于居民小区、学校、酒店、写字楼等领域。

广义的电力线通信技术早在 60 多年前就已经应用在输电线路上了,用于发电厂及变电站的远程调度指挥通信。

现在,通常所说的 PLC 是指利用低压配电线路传输高速数据、语音、图像等多媒体业务信号的一种通信方式,主要应用于家庭 Internet“宽带”接入和家电智能化联网控制,即高速数据 PLC。

11.1.2 电力接入网的系统结构

电力接入网的系统结构如图 11-1 所示。一个完整的电力接入网由电力部分和网络部分组成。其中,电力部分包括配电变压器、电度表、电源开关、电源插座和各种用电设备(如电视机、电冰箱等);网络部分包括路由器、交换机、电力调制解调器和计算机等。

电力调制解调器是一种基于电力线传输信号的设备,它使同一电路回路的家庭或小办公室透过既有的电源线路,构建区域网络。对于家庭或小办公室用户而言,电力猫(Homeplug)产品提供了最便捷、最安全的方式,有效延伸区域网络的涵盖范围。电力调制解调器又称为电力线以太网信号传输适配器,简称为电力猫。

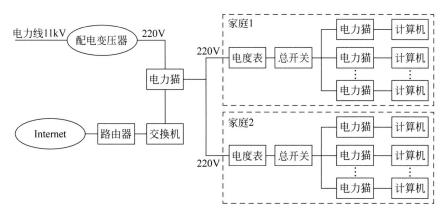

图 11-1　电力接入网的系统结构

在电力线接入技术中,电力猫应用十分广泛,它利用电力线传送高频信号,把载有信息的高频信号加载于 220V 的交流电上,然后用电力线传输,接收信息的调制解调器再把高频信号从交流电中"分解"出来,并传送到计算机或电话上,从而以不需要重新布线的方式实现上网、打电话和收看 IPTV、使用视频监控设备等多种应用。电力猫需配对使用,即将一只电力猫连接到用户的一台计算机上,另一只电力猫连接到另一台计算机或家用路由器上,可以实现高达 85Mb/s 或 200 Mb/s 的传输速率。

目前,市场上的主流电力猫为 85Mb/s 和 200Mb/s 两种速率,但是仍存在着早期的 22Mb/s 和 14Mb/s 等低速率电力猫,在电信宽带快速提速的今天,22Mb/s 和 14Mb/s 电力猫勉强能用于浏览网页,但是无法满足 IPTV 等更高端的网络设备使用需求。因此,85Mb/s 和 200Mb/s 电力猫成为主流。

电力猫其实就是通过电力线进行宽带上网的 Modem 的俗称。它可以将家中的任何一个普通电源插座转换为网络接口,不需要另外布线就可以轻松上网浏览网页、收发电子邮件或是传输大型文件,并且具备 128b DES(Data Encryption Security)数据加密保护功能,同时兼顾了数据传输的安全性。

例如家庭上网,一户家庭一般是一个网络接口。但是随着笔记本电脑等便捷式网络终端的普及,固定的网络接口显然限制了其使用的地域,带来了极大不便。尤其是无线网络无法保证效果的情况下,电力猫就很好地解决了这一问题,它拥有即插即用的特点,用户无须安装任何软件和驱动程序,最大程度上地增加了其适用性。200Mb/s 传输速率的电力猫可以满足普通家庭中的不同房间内通过高速宽带轻松实现上网及收看高清 IPTV 的需求。

由于电力猫不需要敷设信号电缆,节省了布线开支,减少了建设投资,即插即用,集通信线路和电力线路为一体,减少了设备维护量,因此已经成为继 xDSL、Cable Modem、WiMAX、卫星通信等接入技术后的又一新技术,是近年来网络工程技术人员关注的热点。

11.2　电力线接入的工作原理

11.2.1　电力线通信技术

与采用其他介质传输信号一样,在电力线上传输网络信号也采用载波技术。电力线载波通信的原理如图 11-2 所示。

图 11-2　电力线载波通信原理框图

在电力线上传输高速数据信号一般采用两种方案:电力线数字扩频技术(Spread Spectrum Technology,SST)和正交频分复用(Orthogonal Frequency Division Multiplexing, OFDM)技术。

1. 数字扩频技术

扩频通信利用高速率的扩频码对数据进行调制,拓展信号带宽,降低干扰信号的功率谱密度,达到提高信噪比、抗干扰、多用户共享带宽的目的。同时,SST 技术可以充分利用传输频带,实现宽带高速数据传输,得到可靠的数据通信。SST 技术容易实现,自动选择高信噪比频段,抵御瞬间干扰;但码间干扰严重,需要非线性均衡器。相对于窄带通信而言,扩频通信在抗干扰方面具有一定的优势。因为扩频载波信号的带宽通常较大(几十至几百千赫兹),其受干扰的频率范围所占比例相对减小,大多数的信号都能够完整、正确地传输。对于最常见的脉冲噪声而言,尽管窄带通信中的接收器频带较窄,仅有一小部分噪声可以进入接收器,但由于此类接收装置中的滤波器品质因素较高,瞬间的脉冲噪声会使其发生白干扰而引起误操作;若使用低品质因素的滤波器又会加大频带的带宽,令更多的噪声进入接收器,故窄带通信对脉冲噪声的抵抗性较差。然而利用扩频技术,当接收到具有高能量的噪声信号时,接收器便会在噪声的高能部分到达时自动停止工作,接收方只需对一小部分受影响的信号进行纠错解码即可;另外,扩频接收设备使用的滤波器品质因素较低,不会使系统出现白干扰现象。

目前,实现扩频有 3 种途径:直接序列调制、跳频载波和利用扫描频率(Chirps)作为载波。

1) 直接序列调制

直接序列调制(Direct-Sequence Modulation)技术是将信号的能量平均分布于整个频带内,并通过伪随机序列将数据流加倍来使信号得以扩频,此调制技术具有数倍于所传信号二进制数据的传输速率,如图 11-3 所示。

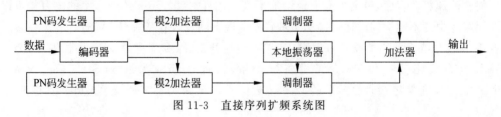

图 11-3　直接序列扩频系统图

2) 跳频载波

跳频载波(Frequency-Hopping)即扩频信号在某一频率通过延续一段时间,来代表数据的一位、几位或是一位的一部分。当信号在某一频率上受到干扰时,信号就可切换到扩频带宽内的其他频率上去,因而大大降低了其受干扰的程度,这种方法对于邻近信道干扰有较强的抵抗性。跳频通信系统的原理如图 11-4 所示。

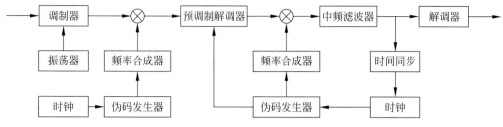

图 11-4　跳频通信系统的原理框图

3）利用扫描频率(Chirps)进行载波

这种方法多用于类似于以太网的 CSMA 网络,它利用一系列短促的、可自同步的扫描频率(Chirps)作为载波,每个 Chirps 一般持续 100s,它代表了最基本的通信符号时间(UST)。这些 Chirps 覆盖了 100～400kHz 的频带,并总是以 200～400kHz 的频率开始,继而以 100～200kHz 的频率结束。由于 Chirps 信号的线性扫描带宽比信号带宽要大得多,其线性加速度是较高的,而邻近信道干扰的频率加速度一般是稳定的,所以只要将滤波器设计成只能通过具有特定角加速度的信号,就可以将邻近信道干扰排除在外。

2. OFDM 技术

1）OFDM 技术的工作原理

电力线不同于普通的数据通信线路,当作为一种数据传输的媒介时,会遇到许多干扰:首先,电力线上有许多不可预料的噪声和干扰源,如吸尘器、开关电源、电冰箱、洗衣机等;其次,电力线通信具有时间上不可控、不恒定的特点。与信号洁净、特性恒定的以太网(Ethernet)电缆相比,电力线上接入了很多家电设备,这些设备任何时候都可以插入或断开、开机或关闭电源,因而导致电力线的特性不断地变化。为了克服各种干扰,电力线通信系统采用的调制技术主要是 OFDM(正交频分复用)、DMT(多载波调制)、扩频及常规的QPSK、FSK 等。为适应高速率的传输要求,多载波正交频分复用是解决电力线传输频带利用的有效方法。OFDM 技术的主要思想就是在频域内将给定信道分成许多正交子信道,在每个子信道上使用一个子载波进行调制,并且各子载波并行传输。这样,尽管总的信道是非平坦的,也就是具有频率选择性。但是,每个子信道是相对平坦的,并且在每个子信道上进行的是窄带传输,信号带宽小于信道的相应带宽,因此就可以大大消除信号波形间的干扰。

OFDM 系统的工作原理如图 11-5 所示。OFDM 技术采用多路窄带正交子载波,同时传输多路数据,每路信号的码元周期较长,可以避免码间干扰。通过动态选择子载波,可以减少窄带干扰和频率谷点的影响。在 OFDM 系统中各个子信道的载波相互正交,其频谱相互重叠,这样不但减小了子载波间的相互干扰,而且又提高了频谱利用率,还可以抑制等幅波干扰。在高速 PLC 系统中,OFDM 技术可以提高电力线网络传输质量,即便是在配电网受到严重干扰的情况下,OFDM 也可提供高带宽并且保证带宽传输效率,而且适当的纠错技术可以确保可靠的数据传输。但 OFDM 收信机结构复杂,成本较高,且要求宽动态范围的线性放大,对瞬间干扰敏感。

早在 20 世纪 60 年代,OFDM 技术便在军用高频通信系统中得到了应用,但由于OFDM 系统的结构非常复杂,而使其进一步推广受到限制。直到 20 世纪 70 年代,人们提

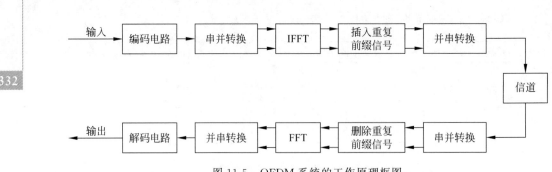

图 11-5　OFDM 系统的工作原理框图

出了采用离散傅里叶变换来实现多个载波的调制,以软件方法实现复杂的 OFDM 处理,简化了系统结构,使得 OFDM 技术更趋于实用化。近年来,由于数字信号处理(Digital Signal Process,DSP)技术的飞速发展,OFDM 作为一种可以有效对抗信号波形间干扰的高速传输技术已经被广泛应用于民用通信系统中。如今,OFDM 技术已应用于高速 Modem 和无线调频信道上的宽带数据传输。第四代移动通信(4G)中将采用 OFDM 技术,这使数据传输速率可以达到 10Mb/s,目前在无线局域网中也已采用了该技术。数码地面波电视播放以及高速无线 LAN 都采用这项新技术。

2) OFDM 技术的优点

(1) 对抗频率选择性衰落。

对抗频率选择性衰落通过分配 OFDM 的子信道实现。如果信号在某些子信道衰落严重,低于信噪比门限,只需关闭这些子信道,由其他子信道完成传输任务。这样可减小传输中的误码率,保证数据的完整性。

(2) OFDM 技术容易实现。

OFDM 技术子信道采用 M-PSK 或 M-QAM 调制方式,调制使用 IFFT,而解调使用 FFT,硬件直接使用 DSP 或 FPGA 实现,系统复杂度大大降低。

(3) 更高的频谱利用率。

在相同带宽的情况下,当子载波数目增加时,由于 OFDM 子载波之间不像 FDM 的保护频带,而采用正交函数序列作为副载波,相邻子载波的频谱主瓣互相正交并重叠,载波间隔达到最小,这使得 OFDM 技术在使用相同带宽时具有更高的频谱利用率。

(4) 抗码间干扰能力强。

在电力线信道中,由于存在多径效应,多个信号在不同的路径传输,因此到达接收机时会有一定时延,这就造成了码间干扰(Inter Symbol Interference,ISI)。OFDM 将高速的串行数据分割为 N 个子信号,这样分割后码元的速率降低了 N 倍,周期延长 N 倍。同时,再在码元间加入保护间隙和循环前缀,这样只要数字码元周期大于最大时延就可以有效抑制 ISI 干扰。

3) OFDM 技术的缺点

(1) 对频率与定时的要求特别高,同步误差不仅造成输出信噪比下降,还会破坏子载波间的正交性,造成载波间干扰,从而大大影响系统性能。

(2) OFDM 信号的峰值平均功率比往往很大,使其对放大器的线性范围要求高,同时也降低了放大器的效率。

11.2.2 电力线接入技术与其他接入技术对比

电力线接入技术与其他常用接入网技术的性能对比如表11-1所示。

表 11-1 常用接入网技术的性能对比

接入方式	电力线网	以太网	802.11b无线网	VDSL有线电话网
网络带宽	200M	100M	54M	12M
网络传输介质	电力线	双绞线	无线传输	电话线
室内布线	无须布线	需进行布线	无须布线	需要在室内电话端加装分频器,如不安装,上网同时不能打电话
通信可靠性	好	好	不好,通信稳定性较差,设备距离不好控制,不能穿透钢筋混凝土墙体	好
设备	电力猫	普通网卡	无线网卡	VDSL Modem
客户端移动	可移动到任何有电源的地方	不可随意移动	可随意移动	不可随意移动
系统投资	低	高	高	高

电力线接入技术的优势如下。

1. 操作简单

直接插上连接好硬件设备便可以使用,不需要安装任何软件与驱动程序。

2. 通用性强

电力线接入可以为家庭、中小型办公室提供局域网组建服务,可支持同时连接数10台网络设备。

3. 可跨机拨号

一些局域网中,只能由一台特定的机器拨号上网,也被称为专机拨号,而电力线接入可以轻易解决此类问题,实现跨机拨号。

4. 信号强

电力线接入对于网速的保持极佳,数据包的丢失与延迟误差都极小;不存在盲点和死角。

5. 传输距离远

电力线接入在一个电表下信号的传输几乎不受距离的限制,可以超过50m,效果比无线局域网还好。

6. 健康环保

电力线接入没有无线电磁波的影响,让客户打消健康方面的疑虑,特别适用于医院或有无线干扰的单位。

7. 应用范围广

电力网是覆盖范围最广的网络,它的规模是其他任何网络都无法比拟的,电力线接入可以轻松地渗透到家庭或企业,为互联网的发展创造极大的空间。

8. 高速率

电力线接入能够提供 85Mb/s 或 200Mb/s 高速的传输速率,远远高于拨号上网、ISDN 和 ADSL,足以支持现有网络上的各种应用。

9. 永远在线

电力猫属于即插即用设备,不需要烦琐的拨号,接入电源插座就等于接入网络。在室内组网方面,电力猫、计算机、网络打印机、VoIP 电话、Xbox 和其他各种智慧控制设备（如智能家电）都可通过普通电源插座,由电源线连接起来,高速共享 Internet 资源。

10. 便捷安全

电力猫只需插入电源插头即可,方便连接到 Internet,不管在家里的哪个角落,只要把电力猫连接到房间内的任何电源插座上,就可立即实现高速网络连接。

11. 支持加密技术

电力猫具备 56b DES(Data Encryption Security)资料加密保护功能,可以保障使用者的文件和相关设备的安全。

12. 不需要布线

电力猫免除重新组建局域网的困扰,也不用再担心无线网络电磁波的干扰,只需使用电力猫就能把家用的供电线路及电源插座升级为局域网。

11.3　本章小结

电力线接入是指利用低压配电线路传输高速数据、语音、图像等多媒体业务信号的一种通信方式,主要应用于家庭 Internet 宽带接入和家电智能化联网控制,即电力线通信(Power Line Communication,PLC)。

在电力线接入技术中,电力猫应用十分广泛,它利用电力线传送高频信号,把载有信息的高频信号加载于电流上,然后用电力线传输,接收信息的调制解调器再把高频信号从交流电中"分解"出来,并传送到计算机或电话上,从而以不需要重新布线的方式实现上网、打电话和收看 IPTV、使用视频监控设备等多种应用。电力猫需配对使用,即将一只电力猫连接到用户的计算机上,另一只电力猫连接到另一台计算机或家用路由器上,可以实现高达 85Mb/s 或 200 Mb/s 的传输速率。

在电力线上传输高速数据信号一般采用两种方案:电力线数字扩频技术(SST)和正交频分多路复用技术(OFDM)。

数字扩频技术利用高速率的扩频码对数据进行调制,拓展信号带宽,降低干扰信号的功率谱密度,达到提高信噪比、抗干扰、多用户共享带宽的目的。

OFDM 技术采用多路窄带正交子载波,同时传输多路数据,每路信号的码元周期较长,可以避免码间干扰。通过动态选择子载波,可以减少窄带干扰和频率谷点的影响。在 OFDM 系统中各个子信道的载波相互正交,其频谱相互重叠,这样不但减小了子载波间的相互干扰,而且又提高了频谱利用率,还可以抑制等幅波干扰。

与其他常用的接入技术比较,电力线接入技术具有操作简单、通用性强、可跨机拨号、信号强、传输距离远、健康环保、应用范围广、高速率、永远在线、便捷安全、支持加密技术和不需要布线等优势。

复习思考题

一、单项选择题

1. 电力线接入是指利用( )配电线路传输高速数据、语音、图像等多媒体业务信号的一种通信方式。
    A. 超高压   B. 高压   C. 中压   D. 低压

2. 电力调制解调器又称为电力线以太网信号传输适配器,简称为电力猫,英文为( )。
    A. Cable-Modem   B. Power-Modem   C. Power-Cat   D. Homeplug

3. 电力猫具备( )数据加密保护功能。
    A. 64b DES   B. 128b DES   C. 256b DES   D. 以上都不是

4. 电力猫的传输速率包括( )。
    A. 22Mb/s   B. 85Mb/s   C. 200Mb/s   D. 以上都是

5. 电力线数字扩频技术包括( )。
    A. 直接序列调制   B. 跳频载波
    C. 利用扫频率作为载波   D. 以上都是

6. 扩频通信利用高速率的扩频码对数据进行调制,拓展信号带宽,降低干扰信号的功率谱密度,达到( )的目的。
    A. 提高信噪比   B. 抗干扰   C. 多用户共享带宽 D. 以上都是

7. OFDM 是指( )技术。
    A. 正交空分复用   B. 正交频分复用   C. 正交时分复用   D. 正交码分复用

8. OFDM 技术采用( )。
    A. 单路宽带正交子载波   B. 多路宽带正交子载波
    C. 单路窄带正交子载波   D. 多路窄带正交子载波

9. OFDM 技术的优点是对抗频率选择性衰落、( )。
    A. 容易实现   B. 更高的频谱利用率
    C. 抗码间干扰能力强   D. 以上都是

10. 与常用接入网技术的性能对比,电力线接入网的特点是( )。
    A. 网络带宽高达 300M   B. 需要室内布线
    C. 投资低   D. 使用普通网卡

二、填空题

1. 电力线接入是指利用_____传输高速数据、语音、图像等多媒体业务信号的一种通信方式。

2. 一个完整的电力接入网由电力部分和网络部分组成。其中,电力部分包括_____、_____、_____、_____和各种用电设备(如电视机、电冰箱等);网络部分包括_____、_____、_____、_____和_____等。

3. 目前,市场上的主流电力猫为_____和_____两种速率。

4. 在电力线上传输高速数据信号一般采用两种方案:_____和_____。

5. 目前,实现扩频有 3 种途径:_____、_____和_____。

6. 扩频通信利用高速率的扩频码对数据进行调制,拓展信号带宽,降低干扰信号的功率谱密度,达到提高_____、_____和_____的目的。

7. OFDM 技术采用_____,同时传输多路数据,每路信号的码元周期较长,可以避免码间干扰。

8. OFDM 技术的优点包括_____、_____、_____和_____。

9. OFDM 技术的缺点是_____和_____。

10. 与其他接入技术相比,电力线接入技术的优势包括_____、_____、_____、_____、_____、_____、_____、_____、_____、_____和_____。

三、简答题

1. 什么是电力线接入技术?

2. 请画图说明电力线接入网的系统结构。

3. 请画图说明直接序列调制技术。

4. 请画图说明跳频载波技术。

5. 请画图说明 Chirps 载波技术。

6. 请画图说明 OFDM 技术的工作原理。

7. OFDM 技术的优缺点分别是什么?

8. 与其他常用的接入技术比较,电力线接入技术具有哪些优势?

<table>
<tr><td>

第 12 章

</td><td>

第五代移动通信技术

</td></tr>
</table>

第五代移动通信技术(5th Generation Mobile Networks 或 5th Generation Wireless Systems,5G)是新一代移动通信接入技术,也是继 2G(GSM)系统、3G(UMTS、LTE)和 4G(LTE-A、WiMAX)之后移动通信系统的延伸。5G 的性能目标是高数据速率、减少延迟、节省能源、降低成本、提高系统容量和大规模设备连接。

本章主要介绍 5G 接入的各种关键技术,包括 5G 标准、5G 架构、5G 关键性能指标、5G 频谱、大规模天线技术、新型多址接入技术、同频同时全双工技术、D2D 通信技术、信道编码技术、超密集组网技术和软件定义网络等。

12.1　5G 技术的研究项目

目前,许多国际组织、国家和企业都在积极进行 5G 技术的研究,如 ITU、3GPP、美国的 IEEE、欧盟的 METIS 和 5G-PPP、中国的 IMT-2020、日本的 ARIB 等研究项目。

12.1.1　ITU

一直以来,国际电信联盟(International Telecommunication Union,ITU)都是 5G 技术的领航者。从 2012 年开始,ITU 就启动了 5G 愿景、未来技术趋势和频谱等标准化前期研究工作。国际电信联盟的标志如图 12-1 所示。

在 2015 年 6 月,国际电信联盟无线电通信组(International Telecommunication Union-Radio Communications Sector,ITU-R)完成了 5G 愿景建议书,明确了 5G 业务趋势、应用场景和流量趋势,提出 5G 系统的 8 个关键性能指标,并制订了 5G 总体规划;2016 年年初启动了 5G 技术性能需求和评估方法研究;2017 年年底启动了 5G 候选提案征集;2018 年年底启动了 5G 技术评估和标准化,并于 2020 年完成标准制定。

图 12-1　国际电信联盟的标志

12.1.2　3GPP

第三代合作项目(3rd Generation Partnership Project,3GPP)也称为 3GPP 联盟,成立于 1998 年 12 月。3GPP 联盟的示意图如图 12-2 所示。

3GPP 联盟最初的工作范围是为第三代移动通信系统制定全球适用的技术规范和技术报告。第三代移动通信系统基于发展的 GSM 核心网络和它们所支持的无线接入技术,主

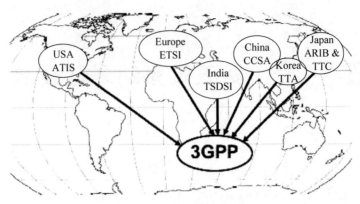

图 12-2 3GPP 联盟的示意图

要是 UMTS。随后,3GPP 的工作范围得到了改进,增加了对 UTRA 长期演进系统的研究和标准制定。目前,3GPP 联盟包括欧洲的 ETSI、美国的 ATIS、日本的 ARIB 和 TTC、韩国的 TTA、印度的 TSDSI 以及中国通信标准化协会(CCSA),共有 7 个合作伙伴。

3GPP 制定的标准规范以 Release 作为版本进行管理,平均一到两年就会完成一个新版本的制定,目前已经发展到 Release 16。

3GPP 是 5G 标准化工作的主要制定者。5G 标准化的完成凝聚了各个标准化组织的贡献。目前,5G 技术已经进入互联网领域,而且越来越多的接入方式都基于无线通信和移动通信方式。

按照 3GPP 的规划,5G 的部署分为两个阶段。

第一阶段是在 2018 年 6 月完成 Release 15 版本的规范制定,并于 2020 年完成前期的部署。Release 15 版本支持 5G 独立组网和非独立组网两种工作模式。

第二阶段是在 2019 年年底前完成 Release 16 版本的规范制定,并作为正式的 5G 标准提交到 ITU-R。Release 16 版本将于 2021 年完成部署。

3GPP 的 SA1 工作组着重对 5G 业务需求开展研究,成立了新业务和市场技术实现方法(Study on New Services and Markets Technology Enablers,SMARTER)研究项目,并分为 4 个子课题组,包括增强型移动宽带(eMBB)、紧急通信(Cric)、大规模机器通信(MIoT)、网络运维(NEO)。

3GPP 的 SA2 工作组对 5G 的网络架构开展研究,其研究成果是《下一代系统的网络架构研究》(Study on Architecture for Next Generation System)。该项目负责 Release 14 阶段和 Release 15 阶段的 5G 网络架构研究。Release 14 研究阶段聚集 5G 网络架构的功能特性,优先推进网络切片、功能重构、边缘计算技术(Mobile Edge Computing,MEC)、能力开放、新型接口和协议,以及控制和转发分离等技术的标准化研究。

Release 15 阶段的研究重点是完成基础架构和关键技术特性方面的内容,面向增强场景的关键技术,如增强的策略控制、关键通信场景和 UE relay 等,并于 2017 年年底完成了 5G 网络架构标准的第一版。

3GPP 的 SA3 工作组研究安全技术,主要负责安全和实现隐私需求,并确定 5G 系统的安全架构和协议。

3GPP 的 SA5 工作组研究网络和业务(包括 RAN、CN、IMS)的需求、架构和资源调配、管理。

12.1.3 IEEE

电气与电子工程师协会(Institute of Electrical and Electronics Engineers,IEEE)是起源于美国的一个电子技术与信息科学工程师的协会。IEEE 的标志如图 12-3 所示。

图 12-3　IEEE 的标志

IEEE 是世界上最大的非营利性专业技术学会,其会员人数超过 40 万人,遍布 160 多个国家。IEEE 致力于电气、电子、计算机工程和与科学有关领域的开发和研究。在航空航天、信息技术、电力及消费性电子产品等领域制定了 900 多个行业标准,现已发展为具有较大影响力的国际学术组织。

作为全球最大的专业学术组织,IEEE 在学术研究领域发挥重要作用的同时也非常重视标准的制定工作。IEEE 专门设有 IEEE 标准协会(IEEE Standard Association,IEEE-SA),负责标准化工作。IEEE-SA 下设标准局,标准局下又设置两个分委员会,即新标准制定委员会(New Standards Committees)和标准审查委员会(Standards Review Committees)。IEEE 的标准制定内容包括电气与电子设备、试验方法、元器件、符号、定义以及测试方法等多个领域。

IEEE 对于 5G 的主要贡献是对 WLAN 技术的发展,即 IEEE 802.11 系列进行增强演进,称为高效无线局域网(High Efficiency WLAN,HEW)。参与的厂商包括英特尔、苹果、LG、三星等。高效无线局域网致力于改善 WLAN 的效率和可靠性,主要研究物理层和MAC 层技术。

IEEE 802.11ac 标准可以部署在 5GHz 频段,而 IEEE 802.11ad 标准则可以部署在60GHz 频段,使得 5G 的传输速率高达若干 Gb/s。IEEE 802.11ah 标准支持在 1GHz 以下频段部署覆盖增强的无线局域网。IEEE 802.11p 标准则是针对车辆应用的新技术,将会在车联网通信领域得到广泛应用。

12.1.4 5G-PPP 和 METIS 项目

5G-PPP(The 5G Infrastructure Public Private Partnership,5G 公私合作联盟)是欧洲的 5G 合作研究项目,它旨在促进以行业为导向的研究,并通过业务相关的技术绩效和社会KPI 进行监控。5G-PPP 计划在 2020 年之前实现为 5G 技术提供解决方案、架构、技术和标准的目标。5G-PPP 项目投资超过 42 亿欧元,其中包括欧盟提供的高达 7 亿欧元的公共投资和至少 35 亿欧元的私营机构资金。

5G-PPP 研究计划分为 3 个阶段。第 1 阶段对第五代网络通信进行了基础研究;第 2阶段将这些技术用于欧洲垂直行业的数字化和集成;第 3 阶段分为 3 部分,分别是"基础设施""汽车项目""跨多个垂直行业的高级 5G 验证试验"。

5G-PPP 项目注重 5G 系统的标准化和产业发展的进程,其总体目标是确保欧洲在 5G研究领域领先,并在这些领域开发潜在的市场,包括智慧城市、智能医疗、智能交通、在线教育、娱乐和媒体等。

METIS 项目是欧洲另一个 5G 的研究项目,由欧洲 29 个机构组成,其成员包括电信设备商、电信运营商、汽车生产商和学术研究机构等。该项目于 2012 年 11 月正式启动,其目标是为研究 5G 移动和无线通信系统奠定基础,使欧洲各国的移动通信系统在需求、特性和技术指标上达成共识,争取在概念、雏形、关键技术等方面形成统一的意见。

METIS 项目最初的研究是为欧洲甚至全球建立 5G 的参照体系,包括确定 5G 的应用场景、测试用例和重要性能指标。在 5G 研究和商业开发方面,该项目处于全球领先地位,其主要研究成果是筛选 5G 的关键技术,目前这些成果已经被学术界和商用机构广泛引用。

METIS-Ⅱ项目于 2015 年 7 月启动。METIS-Ⅱ致力于开发设计 5G 无线接入网络,其目标是进行深入细节的研究,支撑 3GPP R14 版本的标准化工作。METIS-Ⅱ向 5G 服务商提供技术建议,并有效地集成当前开发的 5G 技术元素以及实现原有 LTE-A 技术的演进和集成。为了实现这一目标,METIS-Ⅱ项目非常重视与 5G-PPP 项目以及全球其他 5G 项目的合作。其研究范围包括 5G 应用场景和需求、重要 5G 技术元素、频谱规划和无线网络性能等。

12.1.5　中国的 IMT-2020 工作组

为推进 5G 的研发,中国也专门成立了 5G 推进工作组。在 2013 年 2 月,由中国工业和信息化部联合国家发展和改革委员会以及科学技术部,共同成立了 IMT-2020(5G)推进工作组。IMT-2020(5G)推进工作组的组织结构如图 12-4 所示。

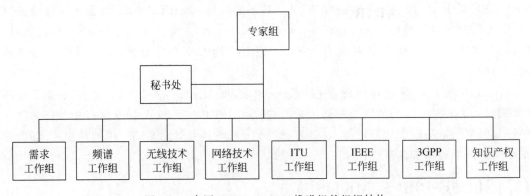

图 12-4　中国 IMT-2020(5G)推进组的组织结构

作为 5G 推进工作的平台,IMT-2020(5G)推进工作组旨在推动国内自主研发的 5G 技术成为国际标准,并首次提出中国要在 5G 标准制定中起到引领作用的宏伟目标。

目前,ITM-2020(5G)推进工作组已经完成 5G 愿景与需求研究并发布了白皮书,初步完成 5G 潜在关键技术研究分析,提出了 5G 的概念和技术路线,并完成了中国移动通信频谱需求预测和 6GHz 以下候选频段的研究。

综合 5G 的需求与技术趋势,推进工作组提出 5G 的概念可由"标志性能力指标"和"一组关键技术"来定义。其中,标志性能力指标为 Gb/s 用户体验速率,关键技术则包括大规模天线阵列、超密集组网、新型多址、高频段通信和新型网络架构等。

IMT-2020(5G)推进工作组指出:5G 无线技术存在新型空中接口技术、4G 演进技术和下一代无线局域网三条技术路线。新型空中接口技术重点适应 5G 新场景及新频段需求进行全新设计,不考虑与 4G 的兼容性。4G 演进技术主要面向宏覆盖和热点覆盖等传统蜂窝移动通信场景,将基于 4G 技术框架和传统蜂窝频段。下一代无线局域网是 5G 的重要补充,主要面向热点分流场景,将向更高传输速率、更高组网性能和可运营维护方向发展。这三条技术路线将融合发展,关键技术可以相互借鉴。

12.1.6　英国的5G创新中心

2014年11月,英国5G创新中心宣布启动全球首个5G测试项目。2015年9月15日,英国萨里大学宣布成立5G创新中心(5G Innovation Center,5GIC)正式成立,以确保英国在下一代通信技术领域的领导地位。

萨里大学的5G创新中心汇集了5G专家及主要的行业合作伙伴,共同对全球5G网络进行定义和开发,已研发出传输速度达到1Tb/s的技术,最快能达到4G速度的1000多倍,同时也获得了15项专利。

英国5G创新中心的宗旨是建立合作而非竞争关系。5G将通过全球合作来实现,因此每个5G研究的参与者都将通过遵循统一的标准而受益。5G技术已于2020年实现商业化,这将推动英国经济和研究的发展,同时也会给全世界带来影响。5G的意义不仅是提供快速的移动互联网。它所带来的技术变革将衍生出很多应用及服务,并从根本上改变我们的生活及工作,其中就包括远程医疗、无线机器人、自主驾驶汽车以及互联家庭及城市,从而消除现实世界与网络世界的界限。

12.1.7　日本的ARIB项目

日本无线工业及商贸联合会(Association of Radio Industries and Businesses,ARIB)是由日本邮政省在1995年5月成立的,它的活动包括在无线系统研发中心(RCR)和广播技术协会(BTA)中进行的活动。

成立ARIB的主要目的是加快无线电技术的应用,通过无线电技术的标准化组织这样一种形式,来集中各个无线电相关领域的知识和经验,对无线电技术进行研究和开发。具体的目标是从发展无线电产业的角度去调查、研究、开发无线电技术,并对无线电频率的使用提出建议,在电信和广播领域推动新的无线电系统的实现和广泛应用。

ARIB 2020和未来项目成立于2013年9月,目的是研究面向2020和未来的陆地移动通信技术。ARIB 2020和未来项目是高级无线通信研究委员会(ADWICS)属下的一个子委员会。成立这个组织的目标是研究5G系统概念、基本功能和移动通信的分布式架构。其研究任务包括撰写5G技术白皮书,并向ITU和其他5G研究机构提交有关文件。

2014年,该项目发布了第一个白皮书《面向2020和未来的移动通信系统》,描述了5G的愿景。

12.1.8　韩国的5G论坛

韩国的5G论坛也是一个公私合作的项目,成立于2013年5月,其成员包括ETRI、SK Telecom、KT、LG、三星和爱立信等。

目前,韩国的5G论坛已经完成对不同类型的5G移动服务的重新定义。例如,面向数据量的爆炸性增加、终端数量的增长以及类型的多样化,同时结合云计算、大数据相关技术,定义全新的移动融合业务。通过对于这些业务的定义和研究,5G论坛认为5G移动服务最关键的技术要求在于:更智慧、更浸入式、更加无处不在、更自动化以及更多的公共性。与之呼应,5G 论坛所规划的技术愿景方面包括一系列的关键指标,涉及用户、定位、切换、中断时间,以及本地化、位置服务、连接性等多方面。

韩国的 5G 论坛的无线技术委员会和网络技术委员会专门致力于 5G 架构框架和关键技术,而频谱委员会则侧重研究 5G 通信所需的频谱资源,结合不同场景以及多样化的应用对合适的带宽给出建议。

12.2 5G 的网络架构

12.2.1 5G 的网络架构

5G 的网络架构是按照控制转发分离的基本原则设计的,按照网元的基础功能可以分为用户面(或数据面)和控制面两部分。其中,用户面负责对用户报文进行转发和处理,主要包含基站的转发功能和一个或多个用户平面功能(User Plane Function,UPF);控制面网元则负责对用户设备(User Equipment,UE)执行接入鉴权、移动性管理、会话管理、策略控制等各类控制功能。

5G 网络架构的控制面功能是基于服务化原则进行设计的。每个核心网控制面网元对外提供基于 HTTP 的服务化接口,控制面网元之间通过互相调用对方的服务化接口进行通信。这些服务化调用关系通过标准化的顺序和参数组合在一起,最终形成 5G 网络的各种业务控制流程。

以服务化形式表示的 5G 网络架构如图 12-5 所示。

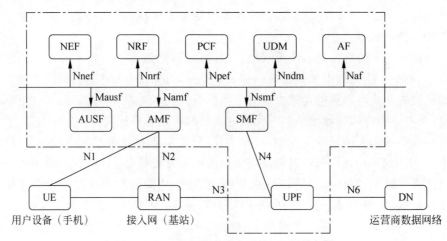

图 12-5 以服务化形式表示的 5G 网络架构

5G 网络的主要网元及功能如下。

(1) 网络开放功能(Network Exposure Function,NEF),对外提供 5G 网络的能力和事件的开放,以及接收相关的外部信息。

(2) 网络存储功能(Network Repository Function,NRF),提供 5G 网络中网元的注册和发现能力。

(3) 策略控制功能(Policy Control Function,PCF),负责 UE 接入策略和 QoS 流控制策略的生成。

(4) 统一数据管理(Unified Data Management,UDM),对用户进行签约管理、接入授权、鉴权信息生成等。

（5）应用功能（Application Function，AF），代表应用与 5G 网络其他控制网元进行交互，包括提供业务 QoS 策略需求、路由策略需求等。

（6）鉴权服务器功能（Authentication Server Function，AUSF），负责用户对接入 5G 网络的鉴权。

（7）接入与移动性管理功能（Access and Mobility management Function，AMF），负责用户的接入和移动性等管理。AMF 的功能较为复杂，主要包括非接入层（Non-Access-Stratum，NAS）信令安全的终结，对用户的注册、可达性、移动性管理、N1/N2 接口信令传输、接入鉴权和授权等。

（8）会话管理功能（Session Management Function，SMF），提供对用户设备（UE）会话的会话管理（包括会话建立、修改、释放），IP 地址分配和管理，UPF 的选择和控制等。

（9）用户平面功能（UPF），提供用户报文的转发、处理、与 DN 的连接、会话锚点、QoS 策略执行等用户面功能。

除了以上 9 种主要网元以外，5G 网络还包括以下设备。

（1）用户设备（User Equipment，UE），用户所使用的终端设备，如手机、笔记本电脑等。

（2）无线接入网（Radio Access Network，RAN），5G 接入网包括 5G 基站等下一代无线接入网（Next Generation Radio Access Network，NG-RAN）设备。

（3）数据网络（Data Network，DN），指用户设备接入的某个特定的数据服务网络。典型的 DN 包括 Internet、IMS 网络等。

12.2.2　5G 的核心网

5G 核心网（5th Generation Core，5GC）采用了 SBA（Service Based Architecture），即基于服务的设计理念，将 4G 原有网元功能拆分，形成网络上的各个服务提供者。

5G 核心网的功能结构如图 12-6 所示。

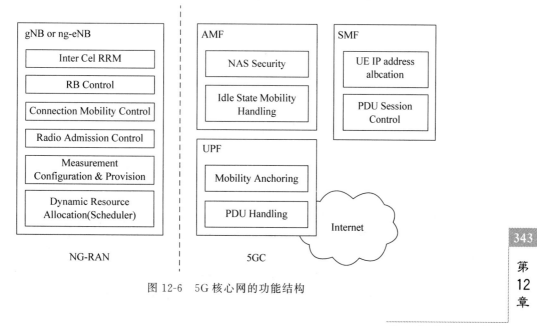

图 12-6　5G 核心网的功能结构

第五代移动通信技术

5G 核心网主要包含三大功能如下。

AMF：主要负责访问和移动管理功能(控制面)。

UPF：用于支持用户平面功能。

SMF：用于负责会话管理功能。

1. AMF 的主要功能

(1) NAS 信令终止。

(2) NAS 信令安全性。

(3) AS 安全控制。

(4) 用于 3GPP 接入网络之间的移动性的 CN 间节点信令。

(5) 空闲模式下 UE 可达性(包括控制和执行寻呼重传)。

(6) 注册区管理。

(7) 支持系统内和系统间的移动性。

(8) 访问认证、授权,包括检查漫游权。

(9) 移动管理控制。

(10) SMF(会话管理功能)选择。

2. UPF 的主要功能

(1) 系统内外移动性锚点。

(2) 与数据网络互连的外部 PDU 会话点。

(3) 分组路由和转发。

(4) 数据包检查和用户平面部分的策略规则实施。

(5) 上行链路分类器,支持将流量路由到数据网络。

(6) 分支点支持多宿主 PDU 会话。

(7) 用户面的 QoS 处理,如包过滤、门控、UL/DL 速率执行。

(8) 上行链路流量验证(SDF 到 QoS 流量映射)。

(9) 下行链路分组缓冲和下行链路数据通知触发。

3. SMF 的主要功能

(1) 会话管理。

(2) UE IP 地址分配和管理 。

(3) 选择和控制 UPF 功能。

(4) 配置 UPF 的传输方向,将传输路由到正确的目的地。

(5) 控制政策执行和 QoS 的一部分。

(6) 下行链路数据通知。

12.2.3 5G 的接入网

5G 接入网(NG-RAN)的结构如图 12-7 所示。

为了支持增强型移动宽带(enhanced Mobile Broad Band,eMBB)、超高可靠与低延迟(ultra-Relaible and Low Latency Communication,uRLLC)、大规模机器类通信(massive Machine Type of Communication,mMTC)等多种业务应用,5G 网络将引入 NR 新空口和新的网络架构,以提升峰值速率、时延、容量等网络性能指标,并具备更大的组网灵活性和可

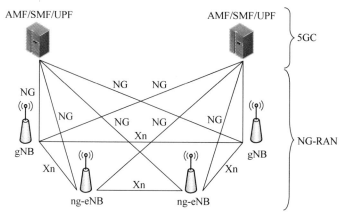

图 12-7　5G 接入网的结构

扩展性,以满足多样化的业务需求。

在 3GPP R15 标准定义的 5G 无线网络的整体架构中,5G 无线接入网(NG-RAN)由多个 5G 接入点(gNB 或 ng-eNB)组成。gNB 向 UE 提供 NR 空口协议的终结,并通过 NG 接口连接到 AMF/UPF/SMF 等 5G 核心网(5GC)网元,gNB 之间通过 Xn 接口实现相互连接。

5G 无线接入网主要包括 gNB 和 ng-eNB 两种接入点。

gNB:向 UE 提供 NR 用户面和控制面协议终端的接入点,并且经由 NG 接口连接到 5GC。

ng-eNB:向 UE 提供 E-UTRA 用户面和控制面协议终端的接入点,并且经由 NG 接口连接到 5GC。

其中,gNB 和 gNB 之间,gNB 和 ng-eNB 之间,ng-eNB 和 gNB 之间的接口都为 Xn 接口。

gNB 和 ng-eNB 的主要功能如下。

(1) 无线资源管理相关功能:无线承载控制,无线接入控制,连接移动性控制,上行链路和下行链路中 UE 的动态资源分配(调度)。

(2) 数据的 IP 头压缩,加密和完整性保护。

(3) 当不能从 UE 提供的信息确定到 AMF 路由时,在 UE 附着处选择 AMF 路由。

(4) 将用户平面数据路由到 UPF。

(5) 提供控制平面信息向 AMF 的路由。

(6) 连接设置和释放。

(7) 寻呼消息的调度和传输。

(8) 广播消息的调度和传输。

(9) 移动性和调度的测量和测量报告配置。

(10) 上行链路中的传输级别数据包标记。

(11) 会话管理。

(12) QoS 流量管理和无线数据承载的映射。

(13) 支持处于 RRC_INACTIVE 状态的 UE。

(14) NAS 消息的分发功能。

(15) 无线接入网络共享。

第五代移动通信技术

（16）双连接。

（17）支持 NR 和 E-UTRA 之间的连接。

12.3 5G 的关键性能指标与频谱

12.3.1 5G 的关键性能指标

5G 移动网络与早期的 2G、3G 和 4G 移动网络一样，也是数字蜂窝网络，在这种网络中，供应商覆盖的服务区域被划分为许多被称为蜂窝的小地理区域。表示声音和图像的模拟信号在手机中被数字化，由模数转换器转换并作为比特流传输。蜂窝中的所有 5G 无线设备通过无线电波与蜂窝中的本地天线阵和低功率自动收发器（发射机和接收机）进行通信。收发器从公共频率池分配频道，这些频道在地理上分离的蜂窝中可以被重复使用。本地天线通过高带宽光纤或无线回程连接与电话网络和互联网连接。与现有的手机一样，当用户从一个蜂窝穿越到另一个蜂窝时，他们的移动设备将自动"切换"到新蜂窝中的天线。

5G 移动网络的主要优势在于，一个数据传输速率远远高于以前的蜂窝网络，最高可达 10Gb/s，比当前的有线互联网要快，比先前的 4G LTE 蜂窝网络快 100 倍；另一个是较低的网络延迟（更快的响应时间），低于 1ms，而 4G 为 30~70ms。由于数据传输更快，5G 网络将不仅为手机提供服务，还将成为家庭和办公网络服务商，与有线网络服务商竞争。

5G 接入技术的关键性能指标如图 12-8 所示，就像一朵美丽的八瓣向日葵花。5G 接入技术的关键性能指标共有 8 项，分别是用户体验速率、用户峰值速率、移动性、端到端时延、连接密度、能源效率、频谱效率和流量密度等。

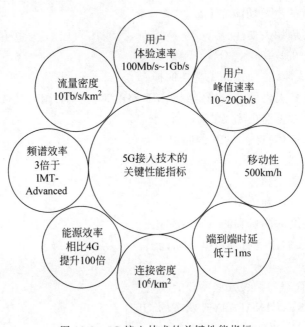

图 12-8 5G 接入技术的关键性能指标

5G 的应用场景要求具备远高于 4G 的性能。具体地说,5G 的关键性能指标应达到以下具体数据。

(1)支持 100Mb/s～1Gb/s 的用户体验速率。

(2)10～20Gb/s 的峰值速率。

(3)每小时 500km 以上的移动性。

(4)低于 1ms 的端到端时延。

(5)每平方千米一百万的连接密度。

(6)相比 4G,5G 的能源效率提升 100 倍。

(7)频谱效率是 IMT-Advanced 的 3 倍。

(8)每平方千米 10Tb/s 的流量密度。

12.3.2　5G 的频谱

1. 5G 的频谱需求

如果把移动通信系统的建设看作是房地产开发商盖的楼房,那么频谱就可以看作是土地,只有了有了土地,开发商才能修建楼房。随着移动通信行业的高速发展,特别是移动互联网的迅猛增长,日益增长的频谱需求和有限的频谱资源之间的矛盾正成为制约通信运营商发展的主要因素之一。

负责分配和管理全球无线电频谱资源的国际机构是国际电信联盟(ITU),它是联合机构中历史最长的一个国际组织。国际电信联盟主管信息通信技术事务,负责制定全球电信标准,向发展中国家提供电信援助,促进全球电信发展。国际电信联盟的无线电通信组(ITU-R)具体负责分配和管理全球无线电频谱与卫星轨道资源。在中国,负责频谱规划与管理的是工业和信息化部无线电管理局,它负责编制无线电频谱规划,无线电频率的划分、分配和指配。

ITU-R 在《为 IMT-2000 和 IMT-Advanced 的未来发展估计的频谱带宽需求》(Estimated Spectrum Bandwidth Requirements for the Future Development of IMT-2000 and IMT-Advanced)建议书中指出:多媒体业务量的增长远比传统的话音业务迅速,并且将日益占据主导地位,这将导致电信业务发生从以电路交换为主向以分组传输为主的根本性转变。这种转变的好处是为用户提供更高效的收发多媒体业务数据(包括电子邮件、文件传输、消息和分配业务)的能力。多媒体业务可以是对称的也可以是不对称的,可以是实时的也可以是非实时的,会占用很高的带宽。因此,5G 业务的发展将会导致未来更高的数据速率需求,也必然会带来更高的频谱需求。

2. 5G 的频谱划分

5G 频谱分为 FR1 和 FR2 两个区域,FR 就是 Frequency Range 的意思,即频率范围。其中,FR1 的频率范围是 450MHz～6GHz,也叫 Sub6G(低于 6 GHz);FR2 的频率范围是 24～52GHz,这段频谱的电磁波波长大部分都是毫米级别的,因此也叫毫米波 mmWave(严格来说,大于 30GHz 才叫毫米波)。

FR1 的优点是频率较低,绕射能力强,覆盖效果广,是当前 5G 的主用频谱。FR1 主要作为基础覆盖频段,最大支持 100Mb/s 的带宽。其中,低于 3GHz 的部分,包括了原来使用的 2G、3G、4G 的频谱,在建网初期可以利用旧站址的部分资源实现 5G 网络的快速部署。

而 FR2 的优点是超大带宽,频谱干净,干扰较小,作为 5G 后续的扩展频率。FR2 主要作为容量补充频段,最大支持 400Mb/s 的带宽,未来很多高速应用都会基于此段频谱实现,5G 高达 20Gb/s 的峰值速率也是基于 FR2 的超大带宽。

3. 中国三大运营商 5G 频谱划分

目前,中国仅对 FR1 中的频段进行了分配。其中,三大运营商的频段划分如下。

(1) 中国移动:2515~2675MHz 共 160MHz,频段号为 n41,以及 4800~4900MHz 共 100MHz,频段号为 n79。

(2) 中国电信:3400~3500MHz 共 100MHz,频段号为 n78。

(3) 中国联通:3500~3600MHz 共 100MHz,频段号为 n78。

12.4　大规模天线技术

12.4.1　大规模天线技术的工作原理

大规模天线技术是指在相同的无线信道上同时使用多根天线发送和接收多个信号的无线网络,从而大大提高信号的传输速率。

标准的 MIMO(Multiple Input Multiple Output,多输入多输出)网络通常会使用 2 根或 4 根天线,而大规模天线技术是指使用大量天线的 MIMO 系统。至于天线的具体数量,至今尚无定论,一般来说,具备数十根甚至数百根天线的系统均可被称为大规模天线系统。

大规模天线系统的结构如图 12-9 所示。

图 12-9　大规模天线系统的结构

大规模天线系统以 MIMO 技术为基础,在发射端和接收端分别使用多根发射天线和接收天线,使信号通过发射端与接收端的多根天线传送和接收,从而改善通信质量。

从理论上说,更多的天线可以带来更多的增益。因此,相对于以往系统的 2 根、4 根、8 根天线,大规模天线技术采用多达数十根甚至数百根天线组成天线阵列,在相同频谱资源的条件下,能同时为数十个用户提供服务,并大大提高网络性能。

大规模天线技术能充分利用空间资源,通过多根天线实现多发多收,在不增加频谱资源和天线发射功率的情况下,可以成倍地提高系统信道容量,具有明显的优势。利用大规模天线技术的空间特性可采用发送分集技术、空分复用技术和波束赋形技术等 3 种传输技术。

1. 发送分集技术

发送分集技术是在发送端多根天线发送相同内容的信号,可以提高链路的可靠性,但不能提高传输速率。LTE 的多天线发送分集技术选用空时编码作为基本发送技术,在发射端对数据流进行联合编码,以减少由于信道衰落和噪声所导致的符号错误率。通过在发射端增加信号的冗余度,使信号在接收端获得分集增益。

2. 空分复用技术

空分复用技术是在发射端发射相互独立的信号,接收端采用干扰抑制的方法进行解码,此时的理论空口信道容量随着收发端天线对数量的增加而线性增大,从而能够显著提高信号的传输速率。空分复用技术允许在同一个下行资源块上传输不同的数据流,这些数据流可以来自同一个用户,也可以来自多个不同的用户。

3. 波束赋形技术

波束赋形(Beam Forming)又叫波束成型、空域滤波,是一种使用天线阵列定向发送和接收信号的信号处理技术。波束赋形技术通过调整相位阵列的基本单元参数,使得某些角度的信号获得相长干涉,而另一些角度的信号获得相消干涉。波束赋形既可以用于信号发射端,又可以用于信号接收端。

在发射端,波束赋形器控制每个发射装置的相位和信号幅度,从而在发射出的信号波阵中获得需要的相长干涉模式和相消干涉模式。在接收端,不同接收器接收到的信号被以一种恰当的方式组合起来,从而获得期盼中的信号辐射模式。

12.4.2 大规模天线系统的空间预编码

通常 MIMO 采用空间预编码(Precoding)的方式来补偿物理信道。

自从 20 世纪 80 年代以来,MIMO 技术在 IEEE 802.11、3GPP 4G LTE 和 5G NR 系统中得到了广泛应用。IEEE 802.11ac 协议中的 MIMO 系统最多可以支持 8 根发送天线和 8 根接收天线(8×8 MIMO),而 LTE R10/R13/R14 则分别支持 8/16/32 基站侧发送天线来构建 MIMO 系统。虽然根据信道互易性(Channel Reciprocity),不论发送端和接收端是否都有能力采用预编码来获得 MIMO 增益,但是一个非常现实的问题是,用户侧计算能力是有限的,所以在比较偏工程的研究里,通常不会同时考虑接收方和发射方的空间预编码(Precoding)问题。

大规模天线的空间预编码函数关系如图 12-10 所示。其中,Q 为接收预编码矩阵;H 为信道矩阵;P 为发送预编码矩阵;N 为噪声。

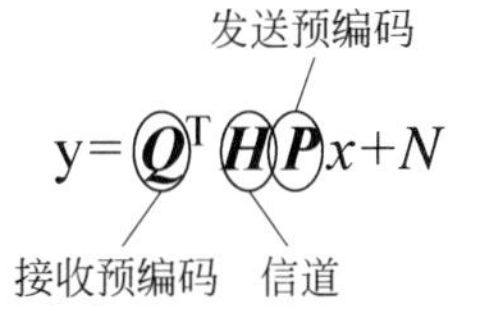

$$y = Q^T H P x + N$$

发送预编码 · 接收预编码 · 信道

图 12-10 大规模天线的空间预编码

大规模多输入多输出(massive MIMO)天线阵列是 MIMO 技术的延伸,通过把原有发送侧天线数提高一个数量级(64 或者 128),进一步提升上述提到的增益;基本上现在实用的大规模天线阵列都是在基站侧部署 M 根发射天线对 K 根单天线/双天线用户进行空分多址(发射天线数 M 要远远大于用户数 K)。通过多对一的冗余天线来提升单用户的分集增益,并通过多个弱相关的空间信道来提升复用增益。

要实现这一目标,可通过设计预编码矩阵 P 来获得,基本上是一个凸优化问题,在这种凸优化问题中,需要确保信道已知,才能保证这个凸优化问题是确定的而不是随机优化。

理论上,大规模天线阵列除了可以提供比 MIMO 更多的空间自由度,也会随着天线数的增加带来其他优势。

1. 空间分辨率提升

根据阵列信号处理,大规模天线阵列在接收信号过程中可以被当作集中式 MIMO 雷达,可以通过合成虚拟孔径的方式获得更多的角度分辨率。同时,发送侧的大规模天线阵列也可以使信号在复杂散射环境中把波束能量汇聚到非常小的一片区域内,从而降低对其他扇区的用户干扰。更重要的是,因为一维天线部署方式会给电路板设计带来类似风载、长度等挑战。

如图 12-11 所示,目前大规模天线系统均采用 3D 阵列部署天线,这不仅给了波束朝向更多的调整空间,波束的发射方向也可以在水平和垂直维度上调整。

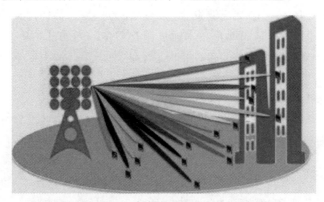

图 12-11 3D 大规模天线阵列

3D 阵列部署天线加入了垂直维度,从而可以进一步增强空间复用,提升小区容量,这与传统的 MIMO 技术只能进行平面信号传播有很大区别。

此外,这种 3D 结构也给现存的信道建模带来了挑战,当然也是信号处理新场景下的新机会,特别是有关俯仰角、运动估计等波束对齐问题。

2. 信道硬化

理论上讲,当大规模天线阵列的发射天线足够多(趋于无穷)时,随机矩阵理论的一些特性可以得到应用。例如,如果天线数目足够(趋于无穷),信道参数将会从原来的随机性逐渐变为确定性,信道的相干时间也可能会随之延长,快衰落(快时间)的影响会逐渐变小,这里称之为信道硬化。这种特性可以保证基站侧使用简单的线性预编码来替代复杂的非线性预编码和实时预编码。但是,目前信道硬化理论受限于实际中的大规模天线阵列的天线数量不够多和模拟器件的非理想性问题,无法得到广泛应用。

3. 单天线低发射功率

当发送侧的天线数目从 1 增加到 M 时,如果发送总功率不变,那么每根天线的实际发送功率可以变为 $1/M^2$。实际上讲,这么低的发送功率是不可能的,而且为了保证高频谱的覆盖范围和多天线权重分配所带来的计算复杂度,即使是较远的分布式射频单元的发射功率也要高于原基站。

12.4.3　大规模天线设计的关键技术

massive MIMO 的设计能否成功,取决于几个非常重要的因素,包括下行信道状态信息(Channel State Information,CSI)是否能在信道相干时间内及时获得,massive MIMO 所带来的计算复杂度提升，下行链路信道参数是否估计准确，发送接收端的器件是否能够校准，TDD、OFDM 所带来的时间同步问题等。

1. massive MIMO 的下行信道状态信息获取

由于信道状态通常在接收方估计，而在预编码矩阵设计时需要在发送方用到，因此目前有如下两种解决方案。

第一种解决方案是通过反馈把接收端估计的 CSI 矩阵传输给发送端（也就是基站），但是这种方案的问题是当基站获得 CSI 时会经过一段电磁波传输延迟，也就是通常获得的会是 delayed CSI，不可避免地会带有误差，甚至当信道相干时间很短时，如终端存在移动性时，可能完全不可用。

第二种方案是目前 NR 中所采用的 TDD 传输，利用时分双工和信道互易性所带来的等效假设，在 TDD 传输过程中，基站所接收到的手机导频可以被当作下行链路的等效 CSI，从而减轻了上行链路 CSI 反馈。

目前，在实际过程中这两种方案都有使用。

2. massive MIMO 所带来的计算复杂度

在 LTE 系统中，通常采用基于码本的预编码矩阵计算，即接收端根据估计所得的 CSI 进行量化后，发送对应的码本信息，帮助基站选择场景。如果直接反馈未量化过的 CSI 或基于 TDD 的 CSI 估计，这样获得的预编码矩阵会更加精确，但是也面临更多计算复杂度问题。例如，假设有 N 路并行数据流的 OFDM 系统，即存在 N 个子载波，M 个独立的空间信道，准备服务 K 个用户，那么总的信道参数是 $N \times M \times K$。实际中，假设高阶 mMIMO 天线数 $M=128$，采用 $N=1024$ 的 OFDM 子载波，单扇区服务 $K=40$ 个用户，那么总的信道参数是 5 242 880，估计是 524 万个。

同时，考虑因为移动性所带来的信道变化，在 3.5GHz 频段工作时，可以采用 Takes 衰落环境信道相关性下降到 90% 时更新 CSI。CSI 的更新频率也需要每秒 100 次左右，那么结果就是，如果不考虑计算复杂度问题，massive MIMO 所带来的计算可能是每秒 5.2 亿个信道参数。

其中存在大规模的因为迫零算法所带来的矩阵求逆和矩阵乘法运算。

当然，针对这种情况有算法侧和计算侧、硬件侧等简化计算方式可以使用，比如采用 gradient decent 算法或者采用遗传算法来获得快速但非全局最优解，或者采用机器学习算法来训练深度神经网络，直接对 CSI 做出输出等。目前，华为采用随机森林算法来简化计算。

目前，采用的基站虚拟分区 CSI-RS 测量也是一种简化的基于虚拟扇区波束的 CSI 测量方案，根据 CSI 选择最优波束。另外，在采用码本的 massive MIMO 方案中，如何在尽量降低上行反馈开销的同时设计码本也是一个比较困难的问题。目前的一种思路是分别设计水平和垂直码本，然后通过 kronecker 乘积来形成大规模预编码结构；另外一种思路是通过信道稀疏性假设来完成对大尺度 precoder 的构建，不过这种场景要求比较高。

3. 下行链路的信道估计准确度问题

目前，普遍认为混合波束赋形可以减少硬件成本，因此 massive MIMO 的硬件中存在大量的模拟元器件。但是，大量使用模拟元器件必然会带来非理想失真，包括频偏、ADC/DAC 的量化噪声等。这些非理想失真在发送侧和接收侧是不均衡的，所以会对信道互易性假设带来严重的挑战，尤其是当基站天线数目大于 100 时，模拟器件的非理想性会严重影响

massive MIMO 所带来的自由度提升,甚至可以说此时继续增加天线所带来的增益微乎其微。模拟元器件的使用带来了 massive MIMO 的增益上限。即使是在天线数小于 100 时,我们依然需要考虑对模拟元器件进行非理想性建模,称为 TDD 的非理想性校准。

4. 导频污染

另外一个需要注意的问题是 MIMO 一直以来都存在的导频污染。虽然说 massive MIMO 所带来的波束高方向性可以降低部分来自其他小区的导频污染问题,但是因为信道估计在 massive MIMO 中的重要性,所以对导频污染的重视程度可能需要提升。

5. massive MIMO 系统的时间同步

因为 massive MIMO 采用 TDD 系统来降低 CSI 估计难度,在 TDD OFDM 系统中,所有无线电设备必须保证频率和相位的时间同步,这个同步精度要达到 ADC/DAC 的一个样本周期之内,大约是微秒级;采用现成的 GPS 定时器来同步多个设备,不过在初始同步时需要经历校准;也可以设定现成的共享事件触发器作为触发,在出厂时校准。

6. massive MIMO 系统的最优化预编码设计

目前,部分 massive MIMO 的 RF 处理链路的基带部分一般包括信号同步、非理想性补偿和 ADC、增加循环前缀、FFT 串并处理、增加保护子载波、添加导频、资源块映射、混合预编码(可以拆分为数字预编码和模拟预编码)。通常情况下,混合预编码部分需要 CSI 输入,而考虑到 massive MIMO 的高速数据输出,通常会采用 12bit 的 ADC/DAC 进行量化。

另外,值得注意的一点同样是毫米波频段的 massive MIMO,研究者通常更多地考虑波束设计所带来的增益,而不是全数字 beam forming 所带来的复用增益。

12.5 5G 新型多址接入技术

为了支持海量终端的并发接入、提高频谱的利用效率,同时最大限度地减少系统的信令等开销,5G 网络引入新型多址接入技术,类似于 3G 时代的 CDMA(码分多址)技术,在相同的时域、频域并行发送多个用户的经调制后的数据,接收侧对用户数据进行解调。目前的 5G 新型多址接入技术主要包括功率域非正交多址(Non-Orthogonal Multiple Access,NOMA)、图样分割多址(Pattern Division Multiple Access,PDMA)、稀疏码分多址(Sparse Code Multiple Access,SCMA)、多用户共享(Multi-User Shared Access,MUSA)和交织网格多址(Interleave-Grid Multiple Access,IGMA)等。

多址接入技术是多个用户共享一个公共信道来实现多用户间通信的技术。以 SCMA、PDMA 和 MUSA 为代表的 5G 新型多址接入技术,通过多用户信息在相同资源上的叠加传输,在接收侧利用先进的接收算法分离多用户信息。这样,不仅可以有效提升系统频谱效率,还可以成倍增加系统的接入容量。此外,通过免调度传输,也可以有效简化信令流程,并降低空口传输时延。

12.5.1 SCMA

稀疏码分多址(Sparse Code Multiple Access,SCMA)是由华为公司提出的 5G 技术,其工作原理如图 12-12 所示。通过一个 SCMA 编码器直接得到了稀疏的 SCMA 码字,同时实现了传统的低密度扩频 CDMA 的 QAM 调制和扩频处理功能。

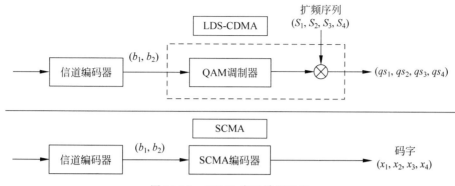

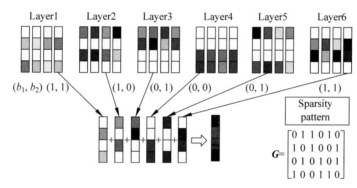

图 12-12　SCMA 发送端原理图

图 12-13 所示为比特到码字的映射过程,共有 6 个数据层,每一数据层对应一个码本。每个码本包含 4 个码字,码字长度为 4,每个码字包含两个非零元素和两个零元素。在映射时,根据比特对应的编号从码本中选择码字,不同数据层的码字直接叠加。例如,对于用户 1 的编码数据 11,选择用户 1 对应的码本 1 中的第 4 个码字;而对于用户 2 的编码数据 10,则选择其对应码本 2 中的第 3 个码字;其他用户依次类推。

图 12-13　SCMA 的比特到码字映射过程

SCMA 是一种基于码域叠加的新型多址技术,它将低密度码和调制技术相结合,通过共轭、置换以及相位旋转等方式选择最优的码本集合,不同用户基于分配的码本进行信息传输。在接收端,通过消息传递算法(Message Passing Algorithm,MPA)进行解码。由于采用非正交稀疏编码叠加技术,在同样资源条件下,SCMA 技术可以支持更多用户的连接,同时,利用多维调制和扩频技术,单用户链路质量将大幅度提升。此外,还可以利用盲检测技术以及 SCMA 对码字碰撞不敏感的特性,实现免调度随机竞争接入,有效降低实现复杂度和时延,更适合用于小数据包、低功耗、低成本的物联网业务应用。

12.5.2　PDMA

图样分割多址(Pattern Division Multiple Access,PDMA)技术的工作原理如图 12-14 所示。

第五代移动通信技术

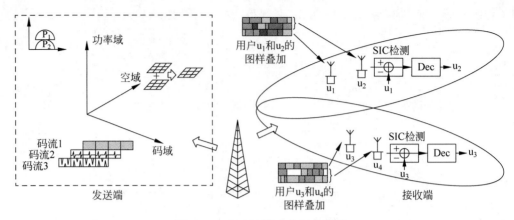

图 12-14　PDMA 技术的工作原理

在图 12-14 所示的系统中,用户 u_1 和 u_2 处在一个多天线波束传输方向,而用户 u_3 和 u_4 在另一个波束传输方向,因此可以通过多用户 MIMO 方式,将处于不同波束方向的用户区分开来;但对于同一方向的用户(如用户 u_1 和 u_2),采用空分复用方式则无法实现区分。这时,可以对同一方向的用户采用时频域的 PDMA 编码图样区分来实现非正交传输。时频域 PDMA 编码图样结合空域资源复用,可以同时为 4 个用户传输下行数据。

PDMA 以用户信息理论为基础,在发送端利用图样分割技术对用户信号进行合理分割,在接收端进行相应的串行干扰删除(SIC),可以逼近多址接入信道的容量界。用户图样的设计可以在空域、码域和功率域独立进行,也可以在多个信号域联合进行。图样分割技术通过在发送端利用用户特征图样进行相应的优化,加大不同用户间的区分度,从而有利于改善接收端串行干扰删除的检测性能。

12.5.3　MUSA

多用户共享(Multi-User Shared Access,MUSA)技术的工作原理如图 12-15 所示。

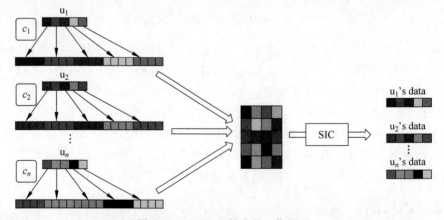

图 12-15　MUSA 技术的工作原理

MUSA 是一种基于码域叠加的多址接入方案,对于上行链路,将不同用户的已调符号经过特定的扩展序列扩展后在相同资源上发送,接收端采用 SIC 接收机对用户数据进行译码。扩展序列的设计是影响 MUSA 方案性能的关键,要求在码长很短的条件下(4 个或 8 个)具有较好的互相关特性。对于下行链路,基于传统的功率叠加方案,利用镜像星座图对配对用户的符号映射进行优化,提升下行链路性能。

相对于 LTE 系统,采用上述新型多址技术不但可以获得 30%左右的下行频谱效率提升,还可以将系统的上行用户连接能力提升 3 倍以上。同时,通过免调度传输方式,可以简化信令流程,大幅度降低数据传输时延。

用户体验速率、连接数密度以及时延是 5G 的 3 个最关键的性能指标,上述新型多址技术相比于 OFDM,不但可以提供更高的频谱效率,支持更多的用户连接数,还可以有效降低时延,作为 5G 系统的关键技术。

12.6　同频同时全双工技术

12.6.1　同频同时全双工的研究

同频同时全双工(Co-frequency Co-time Full Duplex,CCFD)技术被认为一项有效提高频谱效率的技术,该技术是在同一个物理信道上实现两个方向信号的传输,即通过在通信双工节点的接收机处消除自身发射机信号的干扰,在发射信号的同时,接收来自另一节点的同频信号。对比传统的时分双工(Time Division Duplex,TDD)和频分双工(Frequency Division Duplex,FDD)而言,同频同时全双工可以将频谱效率提高一倍。

早在 1997 年,美国的 G. R. Kenworthy 申请了专利"自干扰消除全双工射频通信系统"(Self-Cancelling Full-Duplex RF Communication System)。在这个专利中明确描述了一种全双工通信系统,该系统采用射频干扰抑制、数字干扰抑制两级进行自干扰消除,达到同时同频收发信号的效果。

紧接着,美国的斯坦福大学、莱斯大学、加州大学等国际知名院校均开展了同频同时全双工的理论探索以及工程实现,并发表了多篇论文,建立了相关的同频同时全双工实验平台。

近年来,我国的研究团队,如电子科技大学唐友喜团队、北京大学焦秉立团队和西安电子科技大学张海林团队等,也在同频同时全双工技术方面开展了深入的研究,并且取得了许多可喜的研究成果。

12.6.2　同频同时全双工的工作原理

1. 同频同时全双工概述

同频同时全双工的工作原理如图 12-16 所示。近端设备与远端设备的无线业务相互传输发生在相同的时间、相同的频率带宽上,这与现有的时分双工(TDD)和频分双工(FDD)体制相比,理论频率效率可以提升 1 倍。

由于收发同频同时,CCFD 发射机的发射信号会对本地接收机产生干扰,使用 CCFD 的首要工作是抑制和消除自干扰。自干扰消除能力将直接影响 CCFD 系统的通信质量。

自干扰消除技术最初应用在电话系统、多普勒雷达中。通信系统的信号带宽、频率、自干扰信号消除量等指标与上述两个系统存在差别。例如,电话系统中声音接收信号支路对

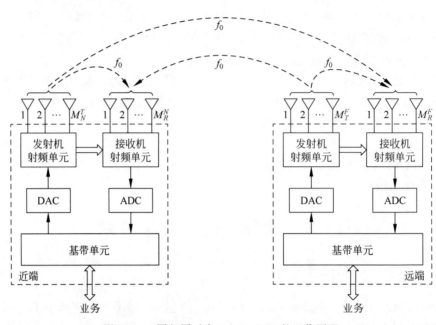

图 12-16 同频同时全双工(CCFD)的工作原理

发射支路过来的干扰的抑制量,ITU 要求的是不到 30dB,而无线通信宏基站要求的自干扰抑制量,某些场景中会达到 130dB,两者相差 100dB。一般来说,已有的自干扰消除技术不能直接应用在 CCFD 系统中。

2. 同频同时全双工节点

同频同时全双工节点的结构如图 12-17 所示。节点基带信号经射频调制,从发射天线发出,而接收天线正在接收来自期望信源的通信信号。由于节点的发射信号和接收信号处在同一频率和同一时隙上,接收机天线的输入为本节点发射信号和来自期望信源的通信信号之和,而前者对后者有极强的干扰。这个干扰信号称为双工干扰(Duplex Interference,DI)。

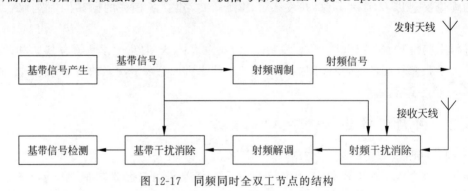

图 12-17 同频同时全双工节点的结构

12.7 D2D 通信技术

设备到设备(Device to Device,D2D)(终端直通)通信技术是指无线电信号不用经过处于网络中心的服务器,直接在两个对等的用户节点之间进行通信。在由 D2D 通信用户组成的分布式网络中,每个用户节点都能发送和接收信号,并具有自动路由(转发消息)的功能。网络的参与者共享它们所拥有的一部分硬件资源,包括信息处理、存储以及网络连接能力等。这些共享资源向网络提供服务和资源,能被其他用户直接访问而不需要经过中间实体。

在 D2D 通信网络中,用户节点同时扮演服务器端和客户端的角色,用户能够意识到彼此的存在,自组织地构成一个虚拟或者实际的群体。

D2D 通信技术的工作原理如图 12-18 所示。D2D 通信技术是指两个对等的用户节点之间直接进行通信的一种通信方式。因此,避开了中间实体,不使用频带资源,提高了资源利用率。

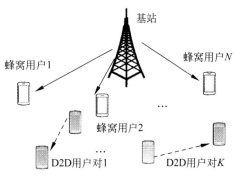

图 12-18　D2D 通信技术的工作原理

12.7.1　D2D 通信系统的结构

按照蜂窝网络覆盖范围区分,可以把 D2D 通信系统分成以下 3 种结构。

1. 蜂窝网络覆盖下的 D2D 通信

基站首先需要发现 D2D 通信设备,建立逻辑连接,然后控制 D2D 设备的资源分配,进行资源调度和管理,用户可以获得高质量的通信。

2. 部分蜂窝网络覆盖下的 D2D 通信

基站只需引导设备双方建立连接,而不再进行资源调度,其网络复杂度比第一类 D2D 通信有大幅降低。

3. 完全没有蜂窝网络覆盖下的 D2D 通信

用户设备直接进行 D2D 通信,该场景对应蜂窝网络瘫痪的时候,用户可以经过多跳,相互通信或者接入网络。

12.7.2　D2D 通信技术的优势

1. 大幅度提供频谱利用率

在该技术的应用下,用户通过 D2D 进行通信连接,避开了使用蜂窝无线通信,因此不使用频带资源。而且,D2D 所连接的用户设备可以共享蜂窝网络的资源,提高资源利用率。

2. 改善用户体验

随着移动互联网的发展,相邻用户进行资源共享,小范围社交以及本地特色业务等,逐渐成为一个重要的业务增长点。D2D 在该场景的应用是可以提高用户体验的。

3. 拓展应用

传统的通信网需要进行基础设施建设等,要求较高,设备损耗或影响整个通信系统。而 D2D 的引入使得网络的稳定性增强,并具有一定灵活性,传统网络可借助 D2D 进行业务拓展。

357

12.7.3 5G通信网中应用D2D技术存在的问题

1. 传统蜂窝网络需要全面升级

要想在5G通信网中应用D2D技术,首先要确保其不会与D2D通信技术发生冲突。然而,传统蜂窝网络比较封闭,无法支持D2D通信的有效应用。因此,对传统蜂窝网络进行全面的升级与改造非常有必要,其中包括元件升级、控制平面改造、数据平面改造等,这是一个极大的工程,必须要有足够先进的技术支持和大量的资金投入。

2. 频谱资源共享造成的干扰

近年来频谱资源大量减少,并且已经非常匮乏。因此,D2D技术在5G通信网中的应用可以有效解决频谱资源不足的问题,依靠设备之间的直接连接进行通信,可以大幅提高频谱资源的利用率。但频谱资源的共享,会对用户的通信造成干扰,从而影响用户通信体验。

3. 通信高峰造成的通信问题

与当前广泛应用的4G网络相比,5G网络的性能在传输速度、效率等方面都有所提升,尤其是对延迟、资源使用率和可扩展性等提出了较高要求。为了保证5G通信网的通信质量,需采取建设超密集异构网络来提升网络的覆盖密度,增加重覆盖区域。这种方案虽然在一定程度上扩宽了5G通信网的覆盖范围,也对通信质量的提高有一定的作用。但是,当大量用户同时通过D2D设备连接入网时,很可能造成5G网络通信延迟大幅提升,对用户的实际使用造成影响。

12.8 5G信道编码技术

5G的信道编码技术分为3种:LDPC码、Polar码和Turbo码。

LDPC码由美国麻省理工学院教授Robert Gallager在1963年提出,是一种具有稀疏校验矩阵的线性分组码,它的特征完全由其奇偶校验矩阵决定。相对于行、列的长度,校验矩阵每行、每列中非零元素的数目(又称行重、列重)非常小。若校验矩阵 H 的行重、列重保持不变(或保持均匀),则称该LDPC码为规则LDPC码,反之若行重、列重变化较大,则称其为非规则LDPC码。

Polar码是由土耳其比尔肯大学教授E. Arikan在2007年提出,信道极化理论是Polar编码理论的核心,包括信道组合和信道分解部分。信道极化过程本质上是一种信道等效变换的过程。当组合信道的数目趋于无穷大时,则会出现极化现象。

Turbo码由法国科学家C.Berrou和A.Glavieux发明。Turbo码由两个二元卷积码并行级联而成。Turbo编译码器采用流水线结构,其编译码基本思想是采用软输入/软输出的迭代译码算法,编码时将短码构成长码,译码时再将长码转为短码。

12.8.1 低密度奇偶校验码

理论研究表明:1/2码率的低密度奇偶校验码(Low Density Parity Check Code, LDPC)在BPSK调制下的性能距香农极限仅差0.0045dB,是目前距香农极限最近的纠错码,也是最早提出的逼近香农极限的信道编码。

LDPC码是一种具有稀疏校验矩阵的线性分组码,它的特征完全由其奇偶校验矩阵决定。相对于行、列的长度,校验矩阵每行、每列中非零元素的数目(又称行重、列重)非常小。若校验矩阵 **H** 的行重、列重保持不变(或保持均匀),则称该 LDPC 码为规则 LDPC 码,反之若行重、列重变化较大,则称其为非规则 LDPC 码。研究表明:正确设计的非规则 LDPC 码性能要优于规则 LDPC 码性能。

LDPC 码除了用稀疏校验矩阵表示外,另一重要表示就是 Tanner 图,如图 12-19 所示。

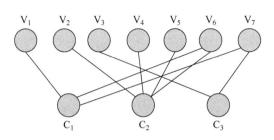

图 12-19 (7,4)线性分组码的 Tanner 图

Tanner 图中,当一条路径的起始节点和终止节点重合时形成的路径是一条回路,称之为环,环所对应的路径长度称为环长,图中所有环中路径长度最短的环长为 Tanner 图的周长。当采用迭代置信传播译码时,短环的存在会限制 LDPC 码的译码性能,阻止译码收敛到最大似然译码(Maximum Likelihood Decode, MLD)。因此, LDPC 码的 Tanner 图上不能包含短环,尤其是长为 4 的环。

通常有两类 LDPC 码。一类是随机码,它由计算机搜索得到,优点是具有灵活的结构和良好的性能。但是,长的随机码通常由于生成矩阵没有明显的特征,因而编码复杂度高。另一类是结构码,它由几何、代数和组合设计等方法构造。随机方法构造 LDPC 码的典型代表有 Gallager 和 Mackay,用随机方法构造的 LDPC 码的码字参数灵活,具有良好性能,但编码复杂度与码长的平方成正比。

12.8.2 极化码

极化(Polar)码是一种新的信道编码方案,它是基于信道极化理论提出的一种线性分组码。理论上,它在低译码复杂度下能够达到信道容量且无错误平层,而且当码长 N 增大时,其优势会更加明显。

信道极化理论是 Polar 编码理论的核心,包括信道组合和信道分解两部分。信道极化过程本质上是一种信道等效变换的过程。信道的极化过程如图 12-20 所示,当组合信道的数目趋于无穷大时,则会出现极化现象:一部分信道将趋于无噪信道,另外一部分则趋于全噪信道,这种现象就是信道极化现象。无噪信道的传输速率将会达到信道容量 $I(W)$,而全噪信道的传输速率趋于零。Polar 码的编码策略正是应用了这种现象的特性,利用无噪信道传输用户有用的信息,全噪信道传输约定的信息或者不传信息。

根据上述信道极化理论,Polar 码选择 $I(W)$ 接近于 1 的完全无噪声比特信道发送信源输出的 K 位信息比特,而在 $I(W)$ 接近于 0 的全噪声比特信息上发送 $(N-K)$ 位冻结比特。通过这种编码构造方式,保证了信息集中在较好的比特信道中传输,从而降低了信息在信道传输过程中出现错误的可能性,保证了信息传输的正确性。

第五代移动通信技术

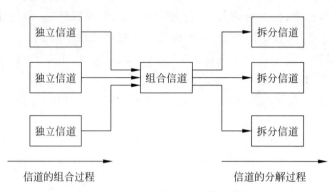

图 12-20　信道的极化过程示意图

12.8.3　Turbo 码

早在 1993 年开始，通信领域就开始对 Turbo 码技术开展研究。随后，Turbo 码被 3G 和 4G 标准采纳，实际应用了长达十几年。

Turbo 码的编码结构如图 12-21 所示。Turbo 码由两个二元卷积码并行级联而成。Turbo 编译码器采用流水线结构，其编译码基本思想是采用软输入/软输出的迭代译码算法，编码时将短码构成长码，译码时再将长码转为短码。

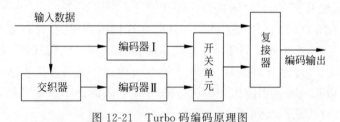

图 12-21　Turbo 码编码原理图

Turbo 编码器的结构包括两个并联的相同递归系统卷积码编码器，二者之间用一个交织器分隔。编码器 Ⅰ 直接对信源的信息序列分组进行编码，编码器 Ⅱ 为经过交织器交织后的信息序列分组进行编码。编码的全过程是：信息位一路直接进入复接器，另一路经两个编码器后得到两个信息冗余序列，再经恰当组合，在信息位后通过信道。为了使编码器初始状态置于全零状态，需在信息序列后添加 Mbit 尾信息(未必全是 0)；但由于交织器的存在，编码器 Ⅱ 在数据块结束时不能回到零状态(要使两个编码器同步置零，必须设计合适的交织器)。

12.9　超密集组网技术

12.9.1　超密集组网技术的工作原理

无线物理层技术，如编码技术、MAC、调制技术和多址技术等，只能提升约 10 倍的频谱效率，即便采用更宽的带宽也只能提升几十倍的传输速率，远远不能满足 5G 的需求。

采用超密集网络(Ultra-Dense Networks，UDN)部署，即增加单位面积内小基站的密度，通过在异构网络中引入超大规模低功率节点，可以实现热点增强、消除盲点、改善网络覆盖、提高系统容量，打破了传统的扁平单层宏网络覆盖，使得多层立体异构网络（Heterogeneous

Networks，HetNet)应运而生，可显著提高频谱效率，改善网络覆盖，大幅度地提升系统容量。

超密集网络通过增加小区数和信道数，可以使系统的信道容量成倍提升，同时超密集网络具有更灵活的网络部署和更高效的频率复用。

超密集组网技术的工作原理如图 12-22 所示。

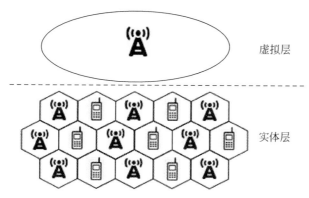

图 12-22　超密集组网技术的工作原理

超密集网络采用虚拟层技术，即单层实体网络构建虚拟多层网络，单层实体微基站小区搭建两层网络(虚拟层和实体层)，宏基站小区作为虚拟层，虚拟宏小区承载控制信令，负责移动性管理；实体微基站小区作为实体层，微小区承载数据传输。

该技术可通过单载波或者多载波实现；单载波方案通过不同的信号或者信道构建虚拟多层网络；多载波方案通过不同的载波构建虚拟多层网络，将多个物理小区(或多个物理小区上的一部分资源)虚拟成一个逻辑小区。虚拟小区的资源构成和设置可以根据用户的移动、业务需求等动态配置和更改。虚拟层和以用户为中心的虚拟小区可以解决超密集组网中的移动性问题。

5G 超密集组网技术可以划分为宏基站＋微基站组网和微基站＋微基站组网两种模式。

在宏基站＋微基站组网模式下，在业务层面，由宏基站负责低速率、高移动性类业务的传输，微基站主要承载高带宽业务。以上功能实现由宏基站负责覆盖以及微基站间资源协同管理，微基站负责容量的方式，实现接入网根据业务发展需求以及分布特性灵活部署微基站，从而实现宏基站＋微基站模式下控制与承载的分离。

微基站＋微基站组网模式并没有引入宏基站这一网络单元，为了能够在微基站＋微基站覆盖模式下，实现类似于宏基站＋微基站模式下宏基站的资源协调功能，需要由微基站组成的密集网络构建一个虚拟宏小区。虚拟宏小区的构建，需要簇内多个微基站共享部分资源(包括信号、信道、载波等)，此时同一簇内的微基站通过在此相同的资源上进行控制面承载的传输，以达到虚拟宏小区的目的。同时，各个微基站在其剩余资源上单独进行用户面数据的传输，从而实现 5G 超密集组网场景下控制面与数据面的分离。

12.9.2　超密集组网规划

5G 中的网络规划主要针对广覆盖、热点高容量、低时延高可靠和大规模 MTC 等业务网络形态，各形态的特点如下。

第五代移动通信技术

对于移动广覆盖业务场景的网络形态,以宏蜂窝基站簇覆盖为主,支持高移动性,核心网控制功能集中部署,无线资源管理功能下沉到宏蜂窝和基站簇,基站簇场景下,结合干扰协调需求,实现基于独立模块的集中式增强资源协同管理。

对于热点高容量业务场景的网络形态,微蜂窝进行热点容量补充,同时结合大规模天线、高频通信等无线技术。

核心网控制面集中部署,在干扰严重受限的宏微和微蜂窝簇场景下,资源协同管理和小范围移动性管理下沉至无线侧,用户面网关、业务使能和边缘计算下沉到接入网侧,实现本地业务分流和内容快速分发。

对于低时延高可靠业务场景的网络形态,通用控制功能和大范围移动性相关功能集中,小范围移动性管理功能、特定业务特定控制功能下沉至无线侧,用户面网关、内容缓存、边缘计算下沉至无线侧,实现快速业务终结和分发,支持网络控制的设备间直接通信。

对于大规模 MTC 业务场景的网络形态,网络控制功能依据 MTC 业务进行定制和裁剪,增加 MTC 信息管理、策略控制、MTC 安全等,简化移动性管理等通用控制模块,用户面网关下沉,增加汇聚网关,实现海量终端的网络接入和数据汇聚服务,在覆盖弱区和盲区,基于覆盖增强技术,提供网络连接服务。

12.10　软件定义网络

12.10.1　网络功能虚拟化的概念

软件定义网络的概念涉及网络功能虚拟化。网络功能虚拟化(Network Functions Virtualization,NFV)是一个网络架构概念,利用虚拟化技术,将网络节点阶层的功能,分割成几个功能区块,分别以软件方式实现,而不再局限于硬件架构。

网络功能虚拟化的核心是虚拟网络功能。它提供只能在硬件中找到的网络功能,包括很多应用,如路由、CPE、移动核心、IMS、CDN、安全性、策略等。

但是,虚拟化网络功能需要把应用程序、业务流程和可以进行整合和调整的基础设施软件结合起来。

12.10.2　软件定义网络的概念

软件定义网络(Software Defined Network,SDN)是由美国斯坦福大学 Clean Slate 课题研究组提出的一种新型网络架构,是网络功能虚拟化的一种实现方式。其核心技术 Open Flow 通过将网络设备的控制面与数据面分离开来,从而实现了网络流量的灵活控制,使网络作为管道变得更加智能,为核心网络及应用的创新提供了良好的平台。

利用分层的思想,SDN 将数据与控制相分离。在控制层,包括具有逻辑中心化和可编程的控制器,可掌握全局网络信息,方便运营商和科研人员管理配置网络和部署新协议等。在数据层,包括哑的交换机(与传统的二层交换机不同,专指用于转发数据的设备),仅提供简单的数据转发功能,可以快速处理匹配的数据包,适应流量日益增长的需求。两层之间采用开放的统一接口(如 Open Flow 等)进行交互。控制器通过标准接口向交换机下发统一标准规则,交换机仅需按照这些规则执行相应的动作即可。

软件定义网络的思想通过控制与转发分离,将网络中交换设备的控制逻辑集中到一个计算设备上,为提升网络管理配置能力带来新的思路。SDN 的本质特点是控制平面和数据平面的分离以及开放可编程性。通过分离控制平面和数据平面以及开放的通信协议,SDN打破了传统网络设备的封闭性。此外,南北向和东西向的开放接口及可编程性,也使得网络管理变得更加简单、动态和灵活。

12.10.3　软件定义网络的体系结构

软件定义网络的体系结构如图 12-23 所示。

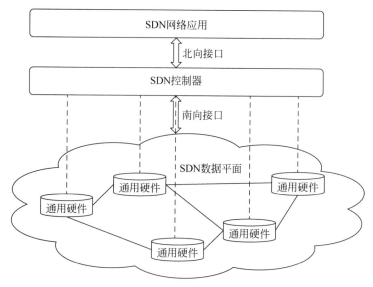

图 12-23　软件定义网络的体系结构

软件定义网络的整体架构由下到上(由南到北)分为数据平面、控制平面和应用平面。其中,数据平面由交换机等网络通用硬件组成,各个网络设备之间通过不同规则形成 SDN数据通路连接;控制平面包含了逻辑上为中心的 SDN 控制器,它掌握着全局网络信息,负责各种转发规则的控制;应用平面包含各种基于 SDN 的网络应用,用户无须关心底层细节就可以编程、部署新应用。

控制平面与数据平面之间通过 SDN 控制数据平面接口(Control Data Plane Interface,CDPI)进行通信,它具有统一的通信标准,主要负责将控制器中的转发规则下发至转发设备,最主要应用的是 Open Flow 协议。控制平面与应用平面之间通过 SDN 北向接口(North Bound Interface,NBI)进行通信,而 NBI 并非统一标准,它允许用户根据自身需求定制开发各种网络管理应用。

SDN 中的接口具有开放性,以控制器为逻辑中心,南向接口负责与数据平面进行通信,北向接口负责与应用平面进行通信,东西向接口负责多控制器之间的通信。最主流的南向接口 CDPI 采用的是 Open Flow 协议。Open Flow 最基本的特点是基于流(Flow)的概念来匹配转发规则,每个交换机都维护一个流表(Flow Table),依据流表中的转发规则进行转发,而流表的建立、维护和下发都是由控制器完成的。针对北向接口,应用程序通过北向接口编程来调用所需的各种网络资源,实现对网络的快速配置和部署。东西向接口使控制器具有可扩展性,为负载均衡和性能提升提供了技术保障。

12.10.4 数据平面的关键技术

在 SDN 中,数据转发与规则控制相分离,交换机将转发规则的控制权交由控制器负责,而它仅根据控制器下发的规则对数据包进行转发。为了避免交换机与控制器频繁交互,双方约定的规则是基于流而并非基于每个数据包。SDN 数据平面的关键技术主要体现在交换机和转发规则上。

SDN 交换机的数据转发方式大体分为硬件数据转发和软件数据转发两种。

1. 硬件数据转发方式

硬件数据转发方式相比软件方式具有更快的速度,但灵活性会有所降低。为了使硬件能够更加灵活地进行数据转发操作,Bosshart 等研究者提出了 RMT 模型,该模型实现了一个可重新配置的匹配表,它允许在流水线阶段支持任意宽度和深度的流表。从结构上看,理想的 RMT 模型是由解析器、多个逻辑匹配部件以及可配置输出队列组成。具体的可配置性体现在:通过修改解析器来增加域定义,通过修改逻辑匹配部件的匹配表来完成新域的匹配,通过修改逻辑匹配部件的动作集来实现新的动作,通过修改队列规则来产生新的队列。所有更新操作都通过解析器完成,无须修改硬件,只需在芯片设计时留出可配置接口即可,实现了硬件对数据的灵活处理。

另一种硬件灵活处理技术 Flow Adapter 采用交换机分层的方式来实现多表流水线业务。Flow Adapter 交换机分为三层,顶层是软件数据平面,它可以通过更新来支持任何新的协议;底层是硬件数据平面,它相对固定但转发效率较高;中层是 Flow Adapter 平面,它负责软件数据平面和硬件数据平面间的通信。当控制器下发规则时,软件数据平面将其存储并形成 M 段流表,由于这些规则相对灵活,不能全部由交换机直接转化成相应转发动作,因此可利用 Flow Adapter 将规则进行转换,即将相对灵活的 M 段流表转换成能够被硬件所识别的 N 段流表。这就解决了传统交换机与控制器之间多表流水线技术不兼容的问题。

2. 软件数据转发方式

与硬件方式不同,软件的处理速度低于硬件,但软件方式可以提升转发规则处理的灵活性。利用交换机 CPU 或 NP 处理转发规则可以避免硬件灵活性差的问题。由于 NP 专门用于处理网络任务,因此在网络处理方面,NP 略强于 CPU。

在传统网络中,转发规则的更新可能会出现不一致现象,SDN 也如此。针对这种问题的一种解决方案是将配置细节抽象至较高层次以便统一更新。一般采用两段提交的方式来更新规则。首先,当规则需要更新时,控制器询问每个交换机是否处理完对应旧规则的流,确认后对处理完毕的所有交换机进行规则更新;之后当所有交换机都更新完毕时才真正完成更新,否则撤销之前所有的更新操作。然而,这种方式需要等待旧规则的流全部处理完毕后才能进行规则更新,会造成规则空间被占用的情况。增量式一致性更新算法可以解决上述问题,该算法将规则更新分多轮进行,每轮都采用二段提交方式更新一个子集,这样可以节省规则空间,达到更新时间与规则空间的折中。

12.10.5 控制平面的关键技术

控制器是控制平面的核心部件,也是整个 SDN 体系结构的逻辑中心。随着 SDN 网络规模的扩展,单一控制器结构的 SDN 网络处理能力受限,遇到了性能瓶颈,因此需要对控制器进行扩展。目前存在两种控制器扩展方式:一种是提高自身控制器处理能力,另一种是采用多控制器方式。

最早且广泛使用的控制器平台是 NOX,这是一种单一集中式结构的控制器。针对控制器扩展的需求,NOX-MT 提升了 NOX 的性能,具有多线程处理能力。NOX-MT 并未改变 NOX 的基本结构,而是利用了传统的并行处理技术来提升性能。另一种并行控制器是 Maestro,它通过良好的并行处理架构,充分发挥了高性能服务器的多核并行处理能力,使其在大规模网络情况下的性能明显优于 NOX。

但在多数情况下,大规模网络仅依靠单控制器并行处理的方式来解决性能问题是远远不够的,更多的是采用多控制器扩展的方式来优化 SDN 网络。控制器一般可采用两种方式进行扩展:一种是扁平控制方式,另一种是层次控制方式。

在扁平控制方式中,各控制器放置于不同的区域,分管不同的网络设备,各控制器地位平等,逻辑上都掌握着全网信息,依靠东西向接口进行通信,当网络拓扑发生变化时,所有控制器将同步更新,而交换机仅需调整与控制器间的地址映射即可,因此扁平控制方式对数据平面的影响很小。在层次控制方式中,控制器分为局部控制器和全局控制器,局部控制器管理各自区域的网络设备,仅掌握本区域的网络状态,而全局控制器管理各局部控制器,掌握着全网状态,局部控制器间的交互也通过全局控制器来完成。

12.11　本 章 小 结

第五代移动通信技术(5G)是新一代的移动通信接入技术,也是继 2G(GSM)系统、3G(UMTS,LTE)和 4G(LTE-A、WiMAX)之后移动通信系统的延伸。5G 的性能目标是高数据速率、减少延迟、节省能源、降低成本、提高系统容量和大规模设备连接。

近年来,世界各国都非常重视 5G 技术的研究,在全球范围内建立了许多 5G 研究项目组。早在 2011 年,欧盟就首先开展了 5G 技术的研究,不久之后,美国、中国、日本、韩国等国家也针对 5G 技术相继开始了研究活动。

5G 核心网(5GC)采用了 SBA(Service Based Architecture),基于服务的设计理念,将 4G 原有网元功能拆分,形成网络上的各个服务提供者。使用这些服务的功能体称为消费者。

5G 核心功能块共有 3 个,即 AMF、SMF 和 UPF。

3GPP R15 标准定义了 5G 无线网络的整体架构,5G 无线接入网(NG-RAN)由多个 5G 基站(gNB)组成。gNB 向 UE 提供 NR 空口协议的终结,并通过 NG 接口连接到 AMF/UPF/SMF 等 5G 核心网(5GC)网元,gNB 之间通过 Xn 接口实现相互连接。

5G 无线接入网主要包括两种节点:gNB 和 ng-eNB。

5G 接入技术的关键性能指标共有 8 项,分别是用户体验速率、用户峰值速率、移动性、端到端时延、连接密度、能源效率、频谱效率和流量密度等。

5G 频谱分为两个区域 FR1 和 FR2。其中,FR1 的频率范围是 450～6GHz,FR2 的频率范围是 24～52GHz。

FR1 的优点是频率较低,绕射能力强,覆盖效果广,是当前 5G 的主用频谱。而 FR2 的优点是超大带宽,频谱干净,干扰较小,作为5G后续的扩展频率。

最关键的5G新技术包括大规模天线技术、新型多址技术、同频同时全双工技术、D2D通信技术、信道编码技术、超密集组网技术、软件定义网络和网络功能虚拟化等。

大规模天线系统以多天线技术(MIMO)为基础,在发射端和接收端分别使用多个发射天线和接收天线,使信号通过发射端与接收端的多个天线传送和接收,从而改善通信质量。

以SCMA、PDMA和MUSA为代表的5G新型多址技术通过多用户信息在相同资源上的叠加传输,在接收侧利用先进的接收算法分离多用户信息,不仅可以有效提升系统频谱效率,还可成倍增加系统的接入容量。

同频同时全双工技术,是指无线通信设备使用相同的时间、相同的频率,同时发射和接收无线信号,从而使得无线通信链路的频谱效率提高了一倍。

D2D即设备到设备,也称之为终端直通。D2D通信技术是指两个对等的用户节点之间直接进行通信的一种通信方式。在由D2D通信用户组成的分散式网络中,每个用户节点都能发送和接收信号,并具有自动路由(转发消息)的功能。

LDPC码是一种具有稀疏校验矩阵的线性分组码,它的特征完全由其奇偶校验矩阵决定。相对于行、列的长度,校验矩阵每行、每列中非零元素的数目(又称行重、列重)非常小。

Polar码是一种新的信道编码方案,它是基于信道极化理论提出的一种线性分组码。理论上,它在低译码复杂度下能够达到信道容量且无错误平层,而且当码长 N 增大时,其优势会更加明显。

Turbo码由两个二元卷积码并行级联而成。Turbo编译码器采用流水线结构,其编译码基本思想是,采用软输入/软输出的迭代译码算法,编码时将短码构成长码,译码时再将长码转为短码。

超密集网络通过增加小区数和信道数,可以使系统的信道容量成倍提升,同时超密集网络具有更灵活的网络部署和更高效的频率复用。

网络功能虚拟化(Network Functions Virtualization,NFV)是一个网络架构概念,利用虚拟化技术,将网络节点阶层的功能,分割成几个功能区块,分别以软件方式实现,而不再局限于硬件架构。

软件定义网络的核心技术Open Flow通过将网络设备的控制面与数据面分离开来,从而实现了网络流量的灵活控制,使网络作为管道变得更加智能,为核心网络及应用的创新提供了良好的平台。

复习思考题

一、单项选择题

1. 5G接入的关键技术包括(　　)。
　　A. 大规模天线　　　B. 多址技术　　　C. 超密集组网　　　D. 以上都是
2. 在国际上,5G研究项目包括(　　)。
　　A. 3GPP　　　B. METIS　　　C. IMT-2020　　　D. 以上都是
3. 3GPP联盟的研究项目不包括(　　)。
　　A. ETSI　　　B. ATIS　　　C. TTA　　　D. TRIB

4. 从总体上说,5G 的网络架构分为(　　　)大部分。
   A. 2　　　　　　　B. 3　　　　　　　C. 4　　　　　　　D. 5

5. 在 5G 核心网中,接入和移动管理功能块的英文缩写是(　　　)。
   A. AMF　　　　　B. BMF　　　　　C. SMF　　　　　D. UPF

6. 5G 无线接入网主要包括两种接入点,即 gNB 和(　　　)。
   A. n-eNB　　　　B. g-eNB　　　　C. e-gNB　　　　D. ng-eNB

7. 5G 接入技术的关键性能指标共有(　　　)项。
   A. 5　　　　　　　B. 6　　　　　　　C. 7　　　　　　　D. 8

8. D2D 通信技术即(　　　)。
   A. 数据到数据　　B. 设备到设备　　C. 设备到数据　　D. 以上都不是

9. 在 5G 信道编码技术中,LDPC 码是由(　　　)的学者提出的。
   A. 英国　　　　　B. 美国　　　　　C. 德国　　　　　D. 中国

10. 5G 的信道编码技术分为(　　　)种。
    A. 3　　　　　　　B. 4　　　　　　　C. 5　　　　　　　D. 6

11. 软件定义网络是由(　　　)的研究组提出的。
    A. 英国　　　　　B. 美国　　　　　C. 德国　　　　　D. 中国

12. 大规模天线技术采用多达(　　　)个天线组成天线阵列技术。
    A. 4　　　　　　　B. 8
    C. 数十　　　　　　　　　　　　　D. 数十个甚至数百

13. 大规模天线技术中,随着天线数量的增加带来的优势包括(　　　)。
    A. 空间分辨率的提升　　　　　　B. 信道硬化
    C. 单天线低发送功率　　　　　　D. 以上都是

14. SCMA 是由(　　　)公司提出的一种 5G 新型多址接入技术。
    A. 苹果　　　　　B. 华为　　　　　C. 中兴　　　　　D. 三星

15. 多用户共享接入的英文缩写是(　　　)。
    A. SCMA　　　　B. PDMA　　　　C. MUSA　　　　D. NOMA

16. 同频同时全双工技术的首要工作是抑制和消除(　　　)。
    A. 自干扰　　　　B. 接收方干扰　　C. 噪声　　　　　D. 以上都是

17. 按照蜂窝网络覆盖范围区分,D2D 通信系统的结构分成(　　　)种。
    A. 3　　　　　　　B. 4　　　　　　　C. 5　　　　　　　D. 6

18. 软件定义网络的整体架构由下到上(由南到北)分为(　　　)个平面。
    A. 3　　　　　　　B. 4　　　　　　　C. 5　　　　　　　D. 6

19. 软件定义网络的英文缩写是(　　　)。
    A. SMF　　　　　B. SNF　　　　　C. SDF　　　　　D. SEF

20. 在软件定义网络数据平面关键技术中,交换机的数据转发方式分为(　　　)种。
    A. 2　　　　　　　B. 3　　　　　　　C. 4　　　　　　　D. 5

二、填空题

1. 一直以来,_____都是 5G 技术的领航者。

2. 作为 5G 推进工作的平台,IMT-2020(5G)推进工作组旨在推动_____成为国际标准,并首次提出了中国要在 5G 标准制定中起到引领作用的宏伟目标。

3. 5G 核心功能块共有 3 个,即_____、_____和_____。

4. 5G 移动网络的主要优势在于,数据传输速率远远高于以前的蜂窝网络,峰值速率可达_____。

5. 目前,新型多址接入技术主要包括_____、_____、_____和_____。

6. 5G 超密集组网技术可以划分为_____和_____两种模式。

7. 非正交多址接入的英文及缩写是_____。

8. 近年来,我国的研究团队如_____、_____和_____等,也在同频同时全双工技术方面开展了深入的研究,并且取得了许多可喜的研究成果。

9. 5G 通信网中应用 D2D 技术存在的问题包括_____、_____和_____。

10. 软件控制网络的核心技术 Open Flow 通过_____,从而实现了网络流量的灵活控制,使网络作为管道变得更加智能,为核心网络及应用的创新提供了良好的平台。

三、简答题

1. 5G 移动网络的主要优势是什么?

2. 参与 5G 研究的国际组织有哪些?

3. 中国的 5G 推进工作组主要开展了哪些工作?

4. 请画图说明 5G 核心网的功能结构。

5. 请画图说明 5G 接入技术的 8 个关键性能指标。

6. 中国对三大运营商分配的 5G 频谱范围是什么?

7. 请简要说明大规模天线技术的工作原理。

8. 请简要说明 5G 新型多址技术的工作原理。

9. 请简要说明同频同时全双工技术的工作原理。

10. 请简要说明 D2D 技术的工作原理。

11. 请简要说明 5G 信道编码技术的工作原理。

12. 请简要说明超密集组网技术的工作原理。

13. 请简要说明软件定义网络的工作原理。

参 考 文 献

[1] ITU-T Recommendation G.902(11/1995).

[2] ITU-T Recommendation Y.1231(11/2000).

[3] ITU-T G.992.1 ADSL transceivers,1999.6.

[4] ITU-T G.992.2 Splitterless ADSL transceivers,1999.6.

[5] ITU-T G.992.3 ADSL transceivers2,2002.7.

[6] ITU-T G.992.4 Splitterless ADSL transceivers2,2002.7.

[7] ITU-T G.992.5 ADSL transceivers2+,2003.5.

[8] ITU-T G.993.1 VDSL foundation,2001.11.

[9] RFC 1661：PPP Protocol,1994.7.

[10] RFC 2516：PPPoE Protocol,1999.2.

[11] RFC 2865：RADIUS,2000.6.

[12] IEEE Std 802.1x-2004：Port-Based Network Access Control,2004.12.

[13] WILLIAM S. 局域网与城域网[M]. 高传善,高永勤,王宗宁,等译. 5 版. 北京：电子工业出版社,1998.

[14] KRAMER G,MUKHERJEE B,PESAVENTO G. Ethernet PON (EPON)：Design and Analysis of an Optical Access Network[J]. Photonic Network Communications,2001,3(3)：307-319.

[15] KRAMER G,PESAVENTO G. Ethernet Passive Optical Network (EPON)：Building a Next-Generation Optical Access Network[J]. IEEE Communications,2002,40(2)：66-73.

[16] IEEE 802.3-2002 系列标准文档.

[17] GORALSKI W. ADSL 和 DSL 技术[M]. 刘勇,译. 北京：人民邮电出版社,2002.

[18] AZZAM A,RANSOM N. 宽带接入技术[M]. 文爱军,译. 北京：电子工业出版社,2001.

[19] WARRIER P,KUMAR B. xDSL 技术与体系结构[M]. 任天恩,译. 北京：清华大学出版社,2001.

[20] OVADIA S. 宽带有线电视接入网：从技术到应用[M]. 韩煜国,译. 北京：人民邮电出版社,2002.

[21] 冯建,王岚. ADSL 宽带接入技术及应用[M]. 北京：人民邮电出版社,2002.

[22] 张翰峰. xDSL 与宽带网络技术[M]. 北京：北京航空航天大学出版社,2002.

[23] 韩玲,曾志民. xDSL 宽带网络技术[M]. 北京：北京邮电大学出版社,2002.

[24] TANENBAUM A S. 计算机网络[M]. 熊桂喜,王小虎,译. 3 版. 北京：清华大学出版社,2001.

[25] 杨大成. CDMA 2000-1x 移动通信系统[M]. 北京：机械工业出版社,2003.

[26] 吕捷. GPRS 技术[M]. 北京：北京邮电大学出版社,2001.

[27] 郭士秋. ADSL 宽带网技术[M]. 北京：清华大学出版社,2001.

[28] 曲桦,李转年,韩俊刚. 接入网及其 V5 接口[M]. 北京：人民邮电出版社,1999.

[29] 刘元安,翟明岳,吴惠兰,等. 宽带无线接入和无线局域网[M]. 北京：北京邮电大学出版社,2000.

[30] 朱洪波,傅海阳. 无线接入网[M]. 北京：人民邮电大学出版社,2000.

[31] 尤克,胡智娟,陈曦. 现代数字移动通信原理及实用技术[M]. 北京：北京航空航天大学出版社,2001.

[32] 钱宗钰,区惟煦. 光接入网技术及其应用[M]. 北京：人民邮电出版社,1998.

[33] 邱玲,朱近康. 第三代移动通信技术[M]. 北京：人民邮电出版社,2001.

[34] 孟洛明,亓峰. 现代网络管理技术[M]. 北京：北京邮电大学出版社,1999.

[35] 陈建亚. 现代通信网监控与管理[M]. 北京：北京邮电大学出版社,2000.

[36] 王学龙. WCDMA 移动通信技术[M]. 北京：清华大学出版社,2004.

[37] 周武旸,姚顺铨,文莉. 无线 Internet 技术[M]. 北京：人民邮电大学出版社,2006.

[38] 方旭明. 下一代无线因特网技术：无线 Mesh 网络[M]. 北京：人民邮电大学出版社,2006.

[39] 彭木根,王文博. TD-SCDMA 移动通信系统[M]. 2 版. 北京：机械工业出版社,2007.

[40] 雷维礼,马立香. 接入网技术[M]. 北京：清华大学出版社,2006.

[41] 汪涛. 无线网络技术导论[M]. 北京：清华大学出版社,2008.

[42] 张中荃. 接入网技术[M]. 2 版. 北京：人民邮电出版社,2009.

[43] 李雪松,傅珂,柳海. 接入网技术与设计应用[M]. 北京：北京邮电大学出版社,2009.

[44] 柴远波,郭云飞. 3G 高速数据无线传输技术[M]. 北京：电子工业出版社,2009.

[45] 柯赓. 接入网技术与应用[M]. 西安：西安电子科技大学出版社,2009.

[46] 中兴通讯学院. 对话宽带接入[M]. 北京：人民邮电出版社,2010.

[47] 李学祥. 网络管理技术[M]. 北京：清华大学出版社,2010.

[48] 冯建和,王卫东,房杰,等. CDMA 2000 网络技术与应用[M]. 北京：人民邮电出版社,2010.

[49] 杨刚. 电力线通信技术[M]. 电子工业出版社, 2011.

[50] 余智豪,胡春萍,李娅. 接入网技术[M]. 北京：清华大学出版社,2012.

[51] 张中荃. 接入网技术[M]. 2 版. 北京：人民邮电出版社,2013.

[52] 李元元,张婷. 接入网技术[M]. 北京：清华大学出版社,2014.

[53] 余智豪,马莉,胡春萍. 物联网安全技术[M]. 北京：清华大学出版社,2016.

[54] 朱晨鸣,王强,李新,等. 5G：2020 后的移动通信[M]. 北京：人民邮电出版社,2016.

[55] 余智豪,顾艳春,范灵. 接入网技术[M]. 2 版. 北京：清华大学出版社,2017.

[56] 王映民,孙韶辉,高秋彬. 5G 传输关键技术[M]. 北京：电子工业出版社,2017.

[57] 曾捷,栗欣,容丽萍,等. 5G 新型多址技术[M]. 北京：人民邮电出版社,2017.

[58] 朱剑驰,刘佳敏,曾捷,等. 5G 超密集组网技术[M]. 北京：人民邮电出版社,2017.

[59] 苏昕,曾捷,栗欣,等. 5G 大规模天线技术[M]. 北京：人民邮电出版社,2017.

[60] 史治平. 5G 先进信道编码技术[M]. 北京：人民邮电出版社,2017.

[61] OSSEIRAN A,MONSERRAT J F,MARSCH P. 5G 移动无线通信技术[M]. 陈明,缪庆育,译. 北京：人民邮电出版社,2017.

[62] 张中荃. 接入网技术[M]. 4 版. 北京：人民邮电出版社,2017.

[63] 李兴旺,张辉. 5G 大规模 MIMO 理论、算法与关键技术[M]. 北京：机械工业出版社,2018.

[64] 张传福,赵立英,张宇. 5G 移动通信系统及关键技术[M]. 北京：电子工业出版社,2018.

[65] 雷维礼,马立香,彭美娥,等. IP 接入网[M]. 北京：清华大学出版社,2019.

[66] 陈鹏,刘洋,赵嵩,等. 5G 关键技术与系统演进[M]. 北京：机械工业出版社,2019.

[67] 谭仕勇,倪慧. 5G 标准之网络架构-构建万物互联的智能世界[M]. 北京：电子工业出版社,2020.

[68] 朱晨鸣,王强,李新,等. 5G 关键技术与工程建设[M]. 北京：人民邮电出版社,2020.

[69] 张晨璐. 从局部到整体：5G 系统观[M]. 北京：人民邮电出版社,2020.

[70] ANDREWS J G,BUZZI S,CHOI W,et al. What will 5G be? [J]. IEEE Journal on Selected Areas in Communications,2014,32(6)：1065-1082.

[71] GUPTA A,JHA R K. A Survey of 5G Network：Architecture and Emerging Technologies[J]. IEEE Access,2015,3(5)：1206-1232.

[72] SHAFI M,MOLISCH A F,SMITH P J,et al. 5G：A Tutorial Overview of Standards，Trials，Challenges，Deployment，and Practice[J]. IEEE Journal on Selected Areas in Communications，2017,35(6)：1201-1221.

[73] DAI L,WANG B,YUAN Y,et al. Non-orthogonal Multiple Access for 5G:Solutions,Challenges, Opportunities, and Future Research Trends[J]. IEEE Communications Magazine, 2015,53(9): 74-81.

[74] AGIWAL M,ROY A,SAXENA N. Next Generation 5G Wireless Networks:A Comprehensive Survey[J]. IEEE Communications Surveys & Tutorials, 2016,18(3):1617-1655.

[75] RAPPAPORT T S,SUN S,MAYZUS R,et al. Millimeter Wave Mobile Communications for 5G Cellular:It will Work! [J]. IEEE Access,2013,1(4):335-349.

参考文献

附录 A 各章复习思考题答案

第1章 接入网技术概述

一、单项选择题答案

1. B	2. D	3. C	4. C	5. D
6. A	7. B	8. D	9. C	10. D
11. D	12. C	13. C	14. B	15. C
16. C	17. A	18. B	19. A	20. B

二、填空题答案

1. 用户驻地网、接入网、核心网

2. 业务节点接口、用户网络

3. 用户端口功能、业务端口功能、核心功能、传送功能、系统管理功能

4. ADSL、RADSL、VDSL、SDSL、IDSL、HDSL

5. 通信容量大、传输距离长、性能稳定、抗电磁干扰、保密性强

6. 无线城域网技术、无线广域网技术

7. 局域的光线路终端、用户端的光网络终端、光网络单元、单模光纤、无源分光器、光分配网络、网管系统

8. 混合同轴光纤、交换型数字视频、综合数字通信和视频

9. 网络管理系统、基站控制器、基站、用户站

10. CDMA 2000、W-CDMA、TD-SCDMA

三、简答题答案

略

第2章 接入网的体系结构

一、单项选择题答案

1. B	2. D	3. D	4. C	5. B
6. B	7. A	8. A	9. C	10. D
11. A	12. A	13. D	14. B	15. A
16. D	17. D	18. D	19. D	20. B

二、填空题答案

1. 1995、11、ITU-T G.902

2. 2000、11、ITU Y.1231

3. 业务节点接口、用户网络接口、Q3 管理接口

4. 信息传送、管理、控制

5. 配置、故障、性能、安全

6. 功能要求、功能模型、承载能力

7. 参考点

8. 接入网传送、IP 接入、IP 接入网系统管理

9. IP over Ethernet Ⅱ、IPoE 协议模型、PPPoE 协议模型

10. 用户终端、用户网络接口

三、简答题答案

略

第 3 章　接入网的接口

一、单项选择题答案

1．A	2．B	3．D	4．D	5．B
6．D	7．B	8．A	9．B	10．A
11．A	12．D	13．D	14．D	15．A
16．D	17．D	18．D	19．D	20．C

二、填空题答案

1. 2.048Mb/s、1～16 个 2.048Mb/s

2. 模拟话机、ISDN-BA 的 U、ISDN-PRA 的基群、各种租用线

3. 话音、话带数据、多频

4. 接入网与网络终端 NT1

5. 64kb/s 数据、话带数据接口 V.24、V.35

6. 操作系统、协调、适配器、各网络单元、各工作站

7. q、f、x、g、m

8. Qx、Q3、X、F

9. 标志序列、封装功能地址字段、信息字段、帧校验序列

10. 虚通路链路和虚信道链路、实时管理平面协调、宽带承载通路连接控制、OAM 信息流、定时

三、简答题答案

略

第 4 章　电话铜线接入技术

一、单项选择题答案

1．D	2．D	3．D	4．D	5．B
6．A	7．A	8．C	9．C	10．D
11．A	12．B	13．C	14．C	15．D
16．C	17．A	18．D	19．D	20．A

二、填空题答案

1. 馈线电缆、配线电缆、用户引入线、分线盒、交接箱

2. 直接、复接、交接、自由

3. 频分复用技术、时分复用技术

4. 创建 PPP 链路、用户认证、网络协商

5. 数据整理芯片、数据泵芯片、控制器芯片

6. 用户-网络接口、用户-用户、网络内部

7. 回波抵消、自适应均衡、高速数字处理

8. QAM、CAP、DMT、DMT

9. Plan997、Plan998

10. 混合光纤到户(FTTH)

三、简答题答案

略

第5章 电缆调制解调器接入技术

一、单项选择题答案

1. C	2. A	3. D	4. B	5. D
6. D	7. B	8. D	9. D	10. D
11. C	12. D	13. D	14. C	15. C
16. D	17. D	18. C	19. D	20. B

二、填空题答案

1. 前端、干线、分配网络及用户端设备

2. 64QAM、256QAM

3. FDMA、TDMA

4. 封装、BPKM

5. 授权密钥 AK、会话密钥 TEK 和密钥加密、密钥 KEK

6. 160Mb/s、120Mb/s

7. 6MHz 物理通道

8. Cable Modem 终端系统、用户端的 Cable Modem、HFC 网络以及网络管理。

9. IP 地址、子网掩码、网关、TFTP 主机地址、配置文件名称、DNS 地址、TOD 地址

10. 下行频率、下行频率、上行通道

三、简答题答案

略

第6章 以太网接入技术

一、单项选择题答案

1. D	2. D	3. B	4. D	5. C
6. D	7. A	8. D	9. B	10. C
11. C	12. D	13. D	14. D	15. D
16. D	17. C	18. D	19. C	20. C

二、填空题答案

1. 协议简单且成熟、设备的兼容性好、设备廉价、以太网技术与 IP 技术无缝融合

2. 认证计费问题、用户信息的隔离、服务质量(QoS)保证

3. PPPoE、IEEE 802.1x

4. 0x8863、0x8864

5. 端口的访问控制和认证(Port-based Network Access Control Protocol)

6. 请求者系统、认证系统、认证服务器系统

7. 成熟、计费准确、能够较好地控制用户属性

8. 提高网络安全性、隔离广播信息

9. 最先一英里、最后一英里

10. 长距离、短距离

三、简答题答案

略

第7章 光纤接入技术

一、单项选择题答案

1. C	2. D	3. D	4. B	5. B
6. D	7. D	8. D	9. C	10. A
11. B	12. B	13. D	14. C	15. C
16. D	17. A	18. D	19. C	20. B

二、填空题答案

1. 通信容量大、传输距离长、性能稳定、抗电磁干扰、保密性强

2. 交换机到用户之间的馈线段、配线段及引入线段

3. 与本地交换机之间的接口

4. 为接入网提供用户侧的接口

5. 光纤到路边(FTTC)、光纤到大楼(FTTB)、光纤到家(FTTH)

6. 总线型、环状、星状

7. 在 OLT 和 ONU 之间的光分配网络(ODN)

8. APON(基于 ATM 的 PON)、EPON(基于 Ethernet 的 PON)、GPON(Gigabit-capable PON)

9. 单模、多模、单模、单模

10. 850nm、1310nm、1550nm

三、简答题答案

略

第8章 无线局域网接入技术

一、单项选择题答案

1. B	2. D	3. C	4. C	5. D
6. D	7. D	8. D	9. C	10. C
11. C	12. C	13. A	14. B	15. C

16. D   17. C   18. D   19. D   20. D

二、填空题答案

1. 2.4GHz、5GHz

2. CSMA/CA 协议、IEEE 802.11 标准、WLAN 接入

3. 可以帮助人们摆脱有线的束缚,更便捷、更自由地沟通

4. 移动性、经济性、灵活性、可伸缩性

5. 站点、无线介质、接入点或基站、分布式系统

6. CSMA/CA

7. 虚拟载波侦听

8. 2.4GHz、5GHz、600Mb/s

9. 跳频扩频(FHSS)、直接序列扩频(DSSS)、红外线(IR)

10. 健壮的安全网络

三、简答题答案

略

第9章　无线城域网接入技术

一、单项选择题答案

1. C   2. B   3. D   4. D   5. D
6. D   7. D   8. D   9. B   10. B
11. D   12. D   13. D   14. B   15. A
16. A   17. A   18. C   19. A   20. B

二、填空题答案

1. IEEE 802.16

2. 认证工作组、技术工作组、频谱工作组、市场工作组、需求工作组、应用工作组、网络工作组

3. 核心网、基站、用户基站、中继站、用户终端设备、网管

4. 非漫游、漫游

5. 主动授权业务、实时轮询业务、非实时轮询业务、尽力而为业务

6. 面向业务的汇聚子层(CS)、公共部分子层、安全子层

7. WMAN-SC、WMAN-SCa、WMAN-OFDM、WMAN-OFDMA、Wireless HUMAN

8. 双工复用方式、载波带宽、OFDM 和 OFDMA、自适应调制、多天线技术

9. 鉴权、密钥交换、加密

三、简答题答案

略

第10章　无线广域网接入技术

一、单项选择题答案

1. C   2. D   3. C   4. D   5. B

6. D	7. D	8. D	9. C	10. D
11. D	12. C	13. B	14. D	15. A
16. B	17. D	18. C	19. C	20. B

二、填空题答案

1. IEEE 802.20

2. 陆地移动通信网络、移动卫星系统、"陆基"广域、"空基"广域

3. 2.5G

4. 采用分组交换技术、传输速率较高、连接快捷永远在线、仅按数据流量计费

5. 移动终端系统、移动数据基站、移动数据交换系统、CDPD 骨干网

6. 高速信道、增加容量、抗衰减能力、提高反向增益、采用 Turbo 码、快速地呼信道、增强话音业务容量

7. W-CDMA

8. TDMA、CDMA

9. 移动终端、无线接入网、无线核心网、IP 骨干网

10. 高速互联网接入、数据包分发、IP 组播、接入稳定

三、简答题答案

略

第11章 电力线接入技术

一、单项选择题答案

1. D	2. D	3. B	4. D	5. D
6. D	7. B	8. D	9. D	10. C

二、填空题答案

1. 低压配电线路

2. 配电变压器、电度表、电源开关、电源插座、路由器、交换机、电力调制解调器、计算机

3. 85Mb/s、200Mb/s

4. 电力线数字扩频技术、正交频分多路复用技术

5. 直接序列调制、跳频载波、利用扫描频率作为载波

6. 提高信噪比、抗干扰、多用户共享带宽

7. 多路窄带正交子载波

8. 对抗频率选择性衰落、OFDM 技术容易实现、更高在频谱利用率、抗码间干扰能力强

9. 对频率与定时的要求特别高、OFDM 信号的峰值平均功率比很大

10. 操作简单、通用性强、可跨机排号、信号强、传输距离远、健康环保、应用范围广、高速率、永远在线、便捷安全、支持加密技术、不需要布线

三、简答题答案

略

第12章　第五代移动通信接入技术

一、单项选择题答案

1. D	2. D	3. D	4. A	5. A
6. D	7. D	8. B	9. B	10. A
11. B	12. D	13. D	14. B	15. C
16. A	17. A	18. A	19. C	20. A

二、填空题答案

1. 国际电信联盟(International Telecommunication Union,ITU)

2. 国内自主研发的5G技术

3. AMF、SMF、UPF

4. 10~20Gb/s

5. 高通公司的RSMA(资源扩展多址)、华为公司的SCMA(稀疏码分多址)、大唐公司的PD-NOMA(功率域非正交多址)、中兴公司的MUSA(多用户共享)

6. 宏基站+微基站组网、微基站+微基站组网

7. Pattern Division Multiple Access,PDMA

8. 电子科技大学唐友喜团队、北京大学焦秉立团队、西安电子科技大学张海林团队

9. 传统蜂窝网络需要全面升级、频谱资源共享造成的干扰、通信高峰造成的通信问题

10. 将网络设备的控制面与数据面分离开来

三、简答题答案

略

模拟试题一

一、单项选择题(每小题 2 分,限选一项,多选或不选得 0 分,本题共 40 分)

1. IP 接入网的总体标准是(　　)。

    A. ITU G.902　　　　　　　　　　B. ITU G.967.1

    C. ITU Y.1231　　　　　　　　　　D. IEEE 802.16

2. TMN 的含义是(　　)。

    A. 电信接入网　　　　　　　　　　B. 电信管理网

    C. 以太接入网　　　　　　　　　　D. 以太管理网

3. SNI 的含义是(　　)。

    A. 业务节点接口　　　　　　　　　B. 用户节点接口

    C. 业务管理接口　　　　　　　　　D. 用户管理接口

4. CPN 的含义是(　　)。

    A. 用户驻地网　　　　　　　　　　B. 核心网

    C. 用户管理网　　　　　　　　　　D. 企业内部网

5. ISDN 俗称为(　　)。

    A. 一线通　　　　　　　　　　　　B. 基本速率接口

    C. 基群速率接口　　　　　　　　　D. 以上都不对

6. xDSL 中的小写字母"x"是指(　　)。

    A. 对称　　　　B. 不对称　　　　C. 一系列　　　　D. 未知数

7. PPPoE 是指(　　)。

    A. 基于以太网的点对点协议　　　　B. 基于局域网的点对点协议

    C. 基于城域网的点对点协议　　　　D. 基于广域网的点对点协议

8. Q3 是一种(　　)接口。

    A. 电信管理网　　　B. IP 接入网　　　C. 通信　　　　D. 非标准

9. U 接口位于(　　)。

    A. 接入网与网络终端 NT1 之间

    B. 网络终端 NT1 与网络终端 NT2 之间

    C. 网络终端 NT2 与用户计算机之间

    D. 接入网与交换设备之间

10. VB5 接口共有(　　)种功能。

    A. 3　　　　　　　　B. 4　　　　　　　　C. 5　　　　　　　　D. 6

11. 2B+D 是指(　　)。

    A. 一线通　　　　　　　　　　　　B. 基本速率接口

    C. 基群速率接口　　　　　　　　　D. 以上都不对

12. FTTC 是指(　　)。

    A. 光纤到路边　　B. 光纤到大楼　　C. 光纤到办公室　　D. 光纤到家

13. APON 中的字母 A 是指(　　)。

    A. ATM　　　　　B. Access　　　　C. AN　　　　　　D. AP

14. BS 的含义是(　　)。

    A. 基站　　　　　B. 转发站　　　　C. 服务器　　　　　D. 基础业务

15. WiMAX 的含义是(　　)。

    A. 微波存取全球互通技术论坛　　　B. 无线局域网技术论坛

    C. 无线城域网技术论坛　　　　　　D. 无线广域网技术论坛

16. CDPD 中的字母"C"的含义是(　　)。

    A. 蜂窝　　　　　B. 中心　　　　　C. 分组　　　　　　D. 集成

17. 我国自主研发的 3G 技术是(　　)。

    A. CDMA 2000 1x　　　　　　　　B. W-CDMA

    C. TD-SCDMA　　　　　　　　　　D. i-BURST

18. 5G 技术的研究项目是(　　)。

    A. 3GPP　　　　　B. METIS　　　　C. 5G-PPP　　　　D. 以上都是

19. 5G 核心网的核心功能块是(　　)。

    A. AMF　　　　　B. SMF　　　　　C. UPF　　　　　　D. 以上都是

20. 大规模天线技术的天线数量是(　　)。

    A. 4　　　　　　　B. 8　　　　　　　C. 16　　　　　　　D. 尚无定论

二、填空题(每个空 2 分,本题共 10 分)

1. 网络的数据传输速率至少应达到_____b/s 才能称之为宽带接入网。

2. 电话铜线接入技术的发展已经经历了三代,这三代技术依次是普通 Modem 接入技术、ISDN 技术和_____。

3. 电信管理网的 4 种接口是_____接口、Qx 接口、F 接口和 X 接口。

4. 定义 V5(V5.1 和 V5.2)接口标准的组织是_____。

5. HFC 的含义是_____。

三、名词解释(每小题 4 分,本题共 20 分)

1. IP 接入网

2. ADSL

3. ONU

4. CSMA/CA

5. SCMA

四、作图题(每小题 **5** 分,本题共 **10** 分)

1. 请画图说明 IP 接入网的体系结构。

2. 请画图说明 ADSL 的工作原理。

五、简答题(每小题 10 分,本题共 20 分)

1. 同频同时全双工的工作原理是什么?

2. GPON 的工作原理是什么?

模拟试题二

一、单项选择题(每小题 2 分,限选一项,多选或不选得 0 分,本题共 40 分)

1. 电信接入网的总体标准是(　　)。

    A. ITU G.902　　　　　　　　　　　B. ITU G.967.1

    C. ITU Y.1231　　　　　　　　　　　D. IEEE 802.16

2. UNI 的含义是(　　)。

    A. 用户接入接口　　　　　　　　　　B. 用户管理接口

    C. 用户节点接口　　　　　　　　　　D. 用户网络接口

3. RP 的含义是(　　)。

    A. 远程接点　　　　　　　　　　　　B. 参考点

    C. 业务提供者　　　　　　　　　　　D. 管理接口

4. CPN 的含义是(　　)。

    A. 互联网　　　　　　　　　　　　　B. 企业外联网

    C. 用户驻地网　　　　　　　　　　　D. 企业内部网

5. Z 接口属于(　　)。

    A. 用户网络接口　　　　　　　　　　B. 基本速率接口

    C. 基群速率接口　　　　　　　　　　D. 以上都不对

6. HDSL 是一种(　　)的接入技术。

    A. 对称　　　　　　B. 不对称　　　　　　C. 无线　　　　　　D. 光纤

7. PPPoE 是指(　　)。

    A. 基于以太网的点对点协议　　　　　B. 基于局域网的点对点协议

    C. 基于城域网的点对点协议　　　　　D. 基于广域网的点对点协议

8. Qx 是一种（　　）接口。

    A. 电信管理网　　　　　　　　　　B. IP 接入网

    C. 通信　　　　　　　　　　　　　D. 非标准

9. T 参考点位于（　　）。

    A. 接入网与网络终端 NT1 之间

    B. 网络终端 NT1 与网络终端 NT2 之间

    C. 网络终端 NT2 与用户计算机之间

    D. 接入网与交换设备之间

10. U 接口共有（　　）种功能。

    A. 2　　　　　　B. 3　　　　　　C. 4　　　　　　D. 5

11. 基群速率接口是指（　　）。

    A. 2B+D　　　　　　　　　　　　B. 24B+D

    C. 30B+D　　　　　　　　　　　D. 24B+D 或 30B+D

12. FTTB 是指（　　）。

    A. 光纤到路边　　　　　　　　　B. 光纤到大楼

    C. 光纤到办公室　　　　　　　　D. 光纤到家

13. GPON 中的字母"G"是指（　　）。

    A. 光纤　　　　B. 以太网　　　　C. 百兆　　　　D. 千兆

14. QAM 的含义是（　　）。

    A. 正交幅度调制　　　　　　　　B. 无载波幅度/相位调制

    C. 离散多音频调制　　　　　　　D. 动态载波幅度调制

15. WiFi 属于（　　）。

    A. 无线个域网技术　　　　　　　B. 无线局域网技术

    C. 无线城域网技术　　　　　　　D. 无线广域网技术

16. GPRS 中的字母"P"的含义是（　　）。

    A. 蜂窝　　　　B. 中心　　　　C. 分组　　　　D. 集成

17. TD-SCDMA 是哪个国家研发的 3G 技术（　　）。

    A. 中国　　　　B. 日本　　　　C. 德国　　　　D. 美国

18. 以下属于华为公司的技术是（　　）。

    A. RSMA　　　　B. SCMA　　　　C. PD-NOMA　　　　D. MUSA

19. D2D 通信是指（　　）。

    A. 设备到设备　　　　　　　　　B. 数据终端到数据终端

    C. 数据终端到设备　　　　　　　D. 设备到数据终端

20. 软件定义网络的整体结构包括（　　）。

    A. 数据平面　　　B. 控制平面　　　C. 应用平面　　　D. 以上都是

二、填空题（每个空 2 分，本题共 10 分）

1. Cable Modem 的数据传输速率可以达到_____ b/s。

2. 电话铜线接入技术的发展已经经历了三代，这三代技术依次是普通 Modem 接入技术、_____技术和 xDSL 技术。

383

附录 B

两套模拟试题

3. 用户网络接口包括_____接口、U 接口、ISDN-PRA 基群接口和各种租用线接口。

4. 定义 Y.1231 标准的组织是_____。

5. ADSL 的含义是_____。

三、名词解释(每小题 4 分,本题共 20 分)

1. AN

2. RP

3. VB5 接口

4. VDSL

5. massive MIMO

四、作图题(每小题 5 分,本题共 10 分)

1. 请画图说明接入网的功能结构。

2. 请画图说明极化码的信道的极化过程。

五、简答题（每小题 10 分,本题共 20 分）

1. Cable Modem 系统的工作原理是什么？

2. 第五代移动通信技术的关键性能指标是什么？

附录C | 3个模拟实验

实验一 xDSL Modem 接入实验

1.1 实验目的
(1) 学习并掌握 xDSL Modem 的工作原理及应用。
(2) 掌握 xDSL Modem 典型应用电路的连接方法。

1.2 实验设备
PC 一台,Packer Tracer 7.0 软件。

1.3 实验内容
1. 基本的 xDSL Modem 接入实验

在 Packet Tracer 的模拟网络环境中,使两台计算机通过 xDSL Modem 和电话线与核心网连接在一起,实现网络互联。

2. 扩展的 xDSL Modem 接入实验

在 Packet Tracer 的模拟网络环境中,使两个用户驻地网通过 xDSL Modem 和电话线与核心网连接在一起,实现网络互联。

1.4 实验原理
实验原理如图 C-1 和图 C-2 所示。

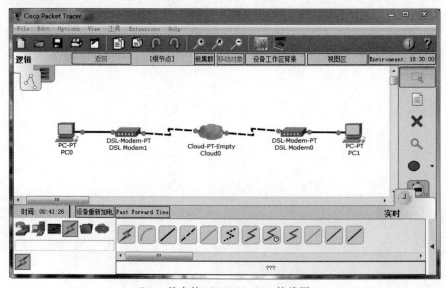

C-1 基本的 xDSL Modem 接线图

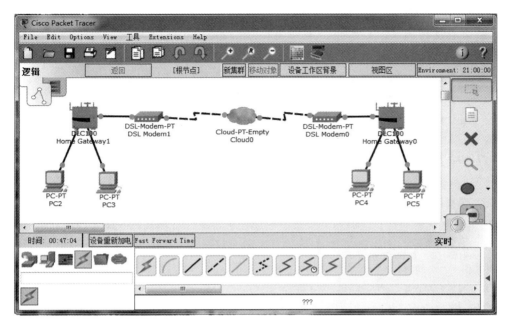

C-2 扩展的 xDSL Modem 接线图

1.5 实验步骤

1. 基本 xDSL Modem 接入实验

本实验使用 Packet Tracer 7.0 软件模拟基本 xDSL Modem 接入,使计算机通过 xDSL Modem 和电话线接入互联网,然后通过对计算机和 xDSL Modem 调试来实现网络接入功能。具体实验步骤如下述。

(1) 实验接线图如图 C-1 所示,请按图 C-1 连接实验线路图。

(2) 选择【Network Devices】(网络设备),然后选择【WAN Emulation】(广域网仿真)。

(3) 将【Cloud-PT-Empty】(云)图标拖到工作区,然后将两个【DSL-Modem-PT】图标拖到工作区。

(4) 选择【End Devices】(终端设备),然后将两个【PC-PT】(台式计算机)图标拖到工作区。

(5) 单击【Cloud-PT-Empty】(云)图标,接着单击【Physical】按钮,然后关闭云的电源,再将两个【PT-CLOUD-NM-1AM】(电话接口模块)拖到【Cloud-PT-Empty】的空白插座中,最后重新开启云的电源。

(6) 选择【Connections】(接线),然后选择【电话线】(Phone),分别将【DSL-Modem-PT】与【Cloud-PT-Empty】连接起来。

(7) 选择【Connections】(接线),然后选择【直通线】(Copper Straight-Through),分别将【PC-PT】(台式计算机)与【DSL-Modem-PT】连接起来。

(8) 如果所有接线两端的信号灯都将变成绿色,则表明整个网络连接正常;否则,表明网络连接异常,请检查相关的网络设备和接线。

2. 扩展的 xDSL Modem 接入实验

本实验是在以上基本的 xDSL Modem 接入实验的基础上,将网络终端设备从原来单一台计算机扩展为用户驻地网,即同时让多台计算机一起连接互联网。实验步骤如下所述。

(1) 实验接线图如图 C-2 所示,是在图 C-1 的基础上扩展而成。

(2) 选择右侧的【×】删除工具,删除工作区中的两台【PC-PT】(台式计算机)。

(3) 选择【Network Devices】(网络设备),然后选择【Wireless Devices】(无线设备),并分别将两个【Home Gateway】(家庭路由器)图标拖到工作区。

(4) 选择【End Devices】(终端设备),然后将 4 个【PC-PT】(台式计算机)图标拖到工作区。

(5) 选择【Connections】(接线),然后选择【直通线】(Copper Straight-Through),分别将【DSL-Modem-PT】与【Home Gateway】(家庭路由器)的【Internet 接口】连接起来。

(6) 选择【Connections】(接线),然后选择【直通线】(Copper Straight-Through),分别将 4 个【PC-PT】(台式计算机)与【Home Gateway】(家庭路由器)的【Ethernet 接口】连接起来。

(7) 稍等 1 分钟,如果【PC-PT】(台式计算机)与【Home Gateway】(家庭路由器)之间接线两端的信号灯都变成绿色,则表明该段网络连接正常。

(8) 如果所有接线两端的信号灯都将变成绿色,则表明整个网络连接正常;否则,表明网络连接异常,请检查相关的网络设备和接线。

实验二 Cable Modem 和光纤接入实验

2.1 实验目的
(1) 学习并掌握 Cable Modem 和光纤接入的工作原理及应用。
(2) 掌握 Cable Modem 和光纤接入的典型应用电路连接方法。

2.2 实验设备
PC 一台,Packer Tracer 7.0 软件。

2.3 实验内容
基本的及扩展的 Cable Modem 接入实验。在 Packet Tracer 7.0 网络环境中,连接并调试有关实验设备,使两台计算机(或两个用户驻地网)通过 Cable Modem 和同轴电缆与核心网(云)连接在一起,实现网络互联。

光纤接入实验。在 Packet Tracer 7.0 网络环境中,连接并调试有关实验设备,使两台计算机(或两个用户驻地网)通过光纤和本地路由器与核心网(云)连接在一起,实现网络互联。

2.4 实验原理
实验原理如图 C-3～图 C-5 所示。

2.5 实验步骤

1. 基本 Cable Modem 接入实验

本实验使用 Packet Tracer 7.0 软件模拟基本 Cable Modem 接入,使计算机通过 Cable Modem 和同轴电缆接入互联网,然后通过对计算机和 Cable Modem 的调试来实现网络接入功能。具体实验步骤如下述。

(1) 实验接线图如图 C-3 所示,请按图 C-3 连接实验线路图。

(2) 选择【Network Devices】(网络设备),然后选择【WAN Emulation】(广域网仿真)。

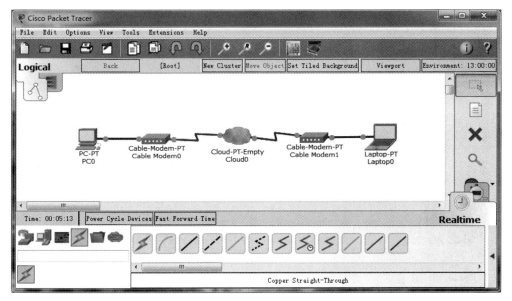

C-3　基本的 Cable Modem 接线图

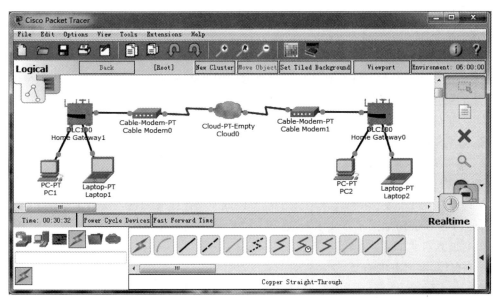

C-4　扩展的 Cable Modem 接线图

（3）将【Cloud-PT-Empty】（云）图标拖到工作区,然后将两个【Cable-Modem-PT】图标拖到工作区。

（4）选择【End Devices】（终端设备）,然后将一个【PC-PT】（台式计算机）图标拖到工作区左侧;再将一个【Laptop-PT】（笔记本电脑）图标拖到工作区右侧。

（5）单击【Cloud-PT-Empty】（云）图标,接着单击【Physical】按钮,然后关闭云的电源,再将两个【PT-CLOUD-NM-1CX】（同轴电缆接口模块）拖到【Cloud-PT-Empty】的空白插座中,最后重新开启云的电源。

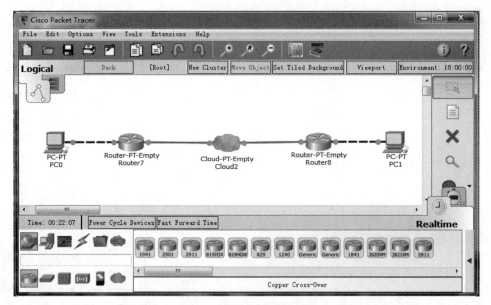

C-5　光纤接入网接线图

(6) 选择【Connections】(接线),然后选择【同轴电缆】(Coaxial),分别将【Cable-Modem-PT】与【Cloud-PT-Empty】连接起来。

(7) 选择【Connections】(接线),然后选择【直通线】(Copper Straight-Through),将【PC-PT】(台式计算机)与【Cable-Modem-PT】连接起来;再选择【直通线】(Copper Straight-Through),将【Laptop-PT】(笔记本电脑)与【Cable-Modem-PT】连接起来。

(8) 如果所有接线两端的信号灯都将变成绿色,则表明整个网络连接正常;否则,表明网络连接异常,请检查相关的网络设备和接线。

2. 扩展的 Cable Modem 接入实验

本实验是在以上基本的 Cable Modem 接入实验的基础上,将网络终端设备从原来的一台计算机扩展为用户驻地网,即同时让多台计算机一起连接互联网。实验步骤如下所述。

(1) 实验接线图如图 C-4 所示,是在图 C-3 的基础上扩展而成。

(2) 选择右侧的【×】删除工具,分别删除工作区中的【PC-PT】(台式计算机)和【Laptop-PT】(笔记本电脑)。

(3) 选择【Network Devices】(网络设备),然后选择【Wireless Devices】(无线设备),并分别将两个【Home Gateway】(家庭路由器)图标拖到工作区。

(4) 选择【End Devices】(终端设备),然后将一台【PC-PT】(台式计算机)图标和一台【Laptop-PC】(笔记本电脑)拖到工作区左侧,并将一台【PC-PT】(台式计算机)图标和一台【Laptop-PC】(笔记本电脑)拖到工作区右侧。

(5) 选择【Connections】(接线),然后选择【直通线】(Copper Straight-Through),分别将【Cable-Modem-PT】与【Home Gateway】(家庭路由器)的【Internet 接口】连接起来。

(6) 选择【Connections】(接线),然后选择【直通线】(Copper Straight-Through),分别将两侧的【PC-PT】(台式计算机)与【Home Gateway】(家庭路由器)的【Ethernet 接口】连接起来。

(7) 稍等 1 分钟,如果【PC-PT】(台式计算机)与【Home Gateway】(家庭路由器)之间接线两端的信号灯都变成绿色,则表明该段网络连接正常。

(8) 选择【Connections】(接线),然后选择【直通线】(Copper Straight-Through),分别将两侧的【Laptop-PT】(笔记本电脑)与【Home Gateway】(家庭路由器)的【Ethernet 接口】连接起来。

(9) 稍等 1 分钟,如果【Laptop-PT】(笔记本电脑)与【Home Gateway】(家庭路由器)之间接线两端的信号灯都变成绿色,则表明该段网络连接正常。

(10) 如果所有接线两端的信号灯都将变成绿色,则表明整个网络连接正常;否则,表明网络连接异常,请检查相关的网络设备和接线。

3. 光纤接入实验

本实验使用 Packet Tracer 7.0 软件模拟基本的光纤接入,使计算机通过光纤和本地路由器接入互联网,然后通过对计算机和路由器的调试来实现网络接入功能。具体实验步骤如下述。

(1) 实验接线图如图 C-5 所示,请按图 C-5 连接实验线路图。

(2) 选择【Network Devices】(网络设备),然后选择【WAN Emulation】(广域网仿真),再将一个【Cloud-PT-Empty】(云)图标拖到工作区。

(3) 选择【Network Devices】(网络设备),接着选择【Router】(路由器),然后将两个【Router-PT-Empty】(可扩展的路由器)图标拖到工作区。

(4) 选择【End Devices】(终端设备),再将两个【PC-PT】(台式计算机)图标拖到工作区的两侧。

(5) 单击【Cloud-PT-Empty】(云)图标,接着单击【Physical】按钮,然后关闭云的电源,再将两个【PT-CLOUD-NM-1FFE】(光纤接口模块)拖到【Cloud-PT-Empty】的空白插座中,最后重新开启云的电源。

(6) 单击左侧的【Router-PT-Empty】(可扩展的路由器)图标,接着单击【Physical】按钮,然后关闭【Router-PT-Empty】(可扩展的路由器)的电源,再分别将一个【PT-CLOUD-NM-1FCE】(快速以太网接口模块)和一个【PT-CLOUD-NM-1FFE】(光纤接口模块)拖到【Cloud-PT-Empty】的空白插座中,最后重新开启【Router-PT-Empty】(可扩展的路由器)的电源。

(7) 同理,单击右侧的【Router-PT-Empty】(可扩展的路由器)图标,接着单击【Physical】按钮,然后关闭【Router-PT-Empty】(可扩展的路由器)的电源,再分别将一个【PT-CLOUD-NM-1FCE】(以太网接口模块)和一个【PT-CLOUD-NM-1FFE】(光纤接口模块)拖到【Cloud-PT-Empty】的空白插座中,最后重新开启【Router-PT-Empty】(可扩展的路由器)的电源。

(8) 选择【Connections】(接线),然后选择【光纤】(Fiber),分别将两个【Router-PT-Empty】(可扩展的路由器)与【Cloud-PT-Empty】(云)连接起来。

(9) 选择【Connections】(接线),然后选择【交叉线】(Copper Cross-Over),分别将左右两侧的【PC-PT】(台式计算机)与【Router-PT-Empty】(可扩展的路由器)连接起来。

(10) 单击单击左侧的【Router-PT-Empty】(可扩展的路由器)图标,接着单击【Config】(配置)按钮,再依次单击左边的两个【FastEthernet】(快速以太网接口),分别在【Port Status】(接口状态)所在行 On 前面的小正方形处打钩,启动两个快速以太网接口。

（11）同理，单击单击右侧的【Router-PT-Empty】（可扩展的路由器）图标，接着单击【Config】（配置）按钮，再依次单击左边的两个【FastEthernet】（快速以太网接口），分别在【Port Status】（接口状态）所在行 On 前面的小正方形处打钩，启动两个快速以太网接口。

（12）如果所有接线两端的信号灯都将变成绿色，则表明整个网络连接正常；否则，表明网络连接异常，请检查相关的网络设备和接线。

（13）此外，还可以用光纤将核心网与用户驻地网连接起来，即用光纤将核心网与本地局域网的多台计算机连接，具体步骤请同学们自己尝试。

实验三　WiFi 与 3G/4G 接入实验

3.1　实验目的

（1）学习并掌握无线网络接入技术的工作原理及应用。

（2）掌握无线局域网（WiFi）与各种无线设备典型应用电路的连接方法。

（3）掌握无线广域网（3G/4G）典型应用电路的连接方法。

3.2　实验设备

PC 一台，Packer Tracer 7.0 软件。

3.3　实验内容

1. 无线局域网接入实验

在 Packet Tracer 的模拟网络环境中，使无线路由器与配置了无线网卡的计算机、笔记本电脑等设备连接在一起，实现无线局域网与各种无线设备的互联。

2. 无线广域网接入实验

在 Packet Tracer 的模拟网络环境中，使无线基站与配置了 3G/4G 无线网卡的计算机、笔记本电脑等设备连接在一起，实现无线广域网与各种无线设备的互联。

3.4　实验原理

实验原理如图 C-6 和图 C-7 所示。

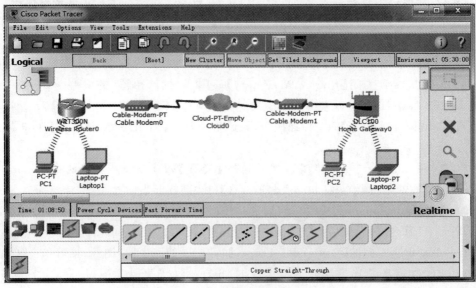

C-6　WiFi 实验接线图

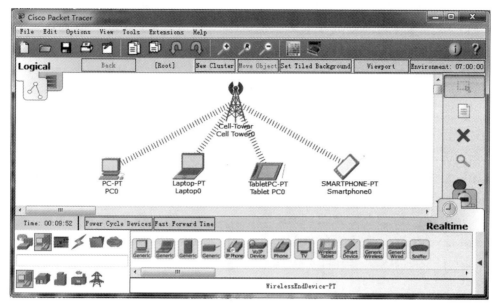

C-7　3G/4G 实验接线图

3.5　实验步骤

1. 无线局域网接入实验

本实验使用 Packet Tracer 7.0 软件模拟 WiFi(无线局域网)接入,使无线局域网中的多台计算机通过 WiFi 连接,并通过对有关设备和计算机调试来实现无线网络的接入功能。具体实验步骤如下述。

(1) 实验接线图如图 C-6 所示,请按图 C-6 连接实验线路图。

(2) 选择【Network Devices】(网络设备),然后选择【WAN Emulation】(广域网仿真)。

(3) 将【Cloud-PT-Empty】(云)图标拖到工作区,然后将两个【Cable-Modem-PT】图标拖到工作区。

(4) 选择【Network Devices】(终端设备),然后选择【Wireless Devices】,并将一个【WRT300N】(无线路由器)图标拖到工作区;再分别将一台【PC-PT】(台式计算机)和一台【Laptop-PT】(笔记本电脑)图标拖到工作区的左侧。

(5) 选择【Network Devices】(终端设备),然后选择【Wireless Devices】,并将一个【Home Gateway】(家庭路由器)图标拖到工作区;再分别将一台【PC-PT】(台式计算机)和一台【Laptop-PT】(笔记本电脑)图标拖到工作区的右侧。

(6) 单击【Cloud-PT-Empty】(云)图标,接着单击【Physical】按钮,然后关闭云的电源,再将两个【PT-CLOUD-NM-1CX】(同轴电缆接口模块)拖到【Cloud-PT-Empty】的空白插座中,最后重新开启云的电源。

(7) 选择【Connections】(接线),并选择【同轴电缆】,然后用【同轴电缆】分别将两个【Cable-Modem-PT】与【Cloud-PT-Empty】连接起来。

(8) 单击左侧的【PC-PT】(台式计算机),关闭电源,移除有线网卡,然后将【PT-CLOUD-NM-1W】(无线网卡)安装到空白的插座上,开启电源。稍等片刻,即会自动实现【PC-PT】(台式计算机)与【WRT300N】无线路由器的无线连接。

(9) 单击左侧的【Laptop-PT】(笔记本电脑),关闭电源,移除有线网卡,然后将【PT-CLOUD-NM-1W】(无线网卡)安装到空白的插座上,开启电源。稍等片刻,即会自动实现【Laptop-PT】(笔记本电脑)与【WRT300N】无线路由器的无线连接。

(10) 单击右侧的【PC-PT】(台式计算机),关闭电源,移除有线网卡,然后将【PT-CLOUD-NM-1W】(无线网卡)安装到空白的插座上,开启电源。稍等片刻,即会自动实现【PC-PT】(台式计算机)与左侧的【WRT300N】无线路由器的无线连接。

(11) 需要将右侧的【PC-PT】(台式计算机)改接到【Home Gateway】(家庭路由器),单击【Home Gateway】图标,单击【Config】(配置)按钮,再单击【Wireless】(无线网络),查看【SSID】无线网络标志,可知的【Home Gateway】(家庭路由器)的无线网络标志为"HomeGateway"。

(12) 单击右侧的【PC-PT】(台式计算机),单击【Config】(配置)按钮,再单击【Wireless0】(无线网络),然后将【SSID】无线网络标志修改为 HomeGateway。稍等片刻,即会自动实现【PC-PT】(台式计算机)与右侧的【Home Gateway】(家庭路由器)的无线连接。

(13) 还需要将右侧的【Laptop-PT】(笔记本电脑)改接到【Home Gateway】(家庭路由器)。单击右侧的【Laptop-PT】(笔记本电脑),单击【Config】(配置)按钮,再单击【Wireless0】(无线网络),然后将【SSID】无线网络标志修改为 HomeGateway。稍等片刻,即会自动实现【Laptop-PT】(笔记本电脑)与右侧的【Home Gateway】(家庭路由器)的无线连接。

(14) 此外,还可以用 WiFi(无线局域网)连接平板电脑、手机等无线终端设备,并且可以为 WiFi(无线局域网)设置连接密码(WEP 和 WPA-PSK 等),具体步骤请同学们自己尝试。

2. 无线广域网接入实验

本实验使用 Packet Tracer 7.0 软件模拟无线广域网(3G/4G)接入,使无线广域网中的多台计算机和无线终端与无线广域网(3G/4G)连接,并通过对有关设备和计算机调试来实现无线网络的接入功能。具体实验步骤如下。

(1) 实验接线图如图 C-7 所示,请按图 C-7 连接实验线路图。

(2) 选择【Network Devices】(网络设备),然后选择【Wireless Devices】(无线设备)。

(3) 将一个【Cell Tower】(无线发射塔)图标拖到工作区。

(4) 选择【End Devices】(终端设备),然后将一个【PC-PT】(台式计算机)图标拖到工作区。

(5) 单击【PC-PT】(台式计算机)图标,接着单击【Physical】按钮,关闭【PC-PT】(台式计算机)的电源,移除网卡,然后将一个【PT-HOST-NM-3G/4G】模块拖到插座上,最后重新启动【PC-PT】(台式计算机)的电源。

(6) 稍等片刻,将会看到【PC-PT】(台式计算机)与【Cell Tower】(无线发射塔)连接成功。

(7) 选择【End Devices】(终端设备),然后将一个【Laptop-PT】(笔记本电脑)图标拖到工作区。

(8) 单击【Laptop-PT】(笔记本电脑)图标,接着单击【Physical】按钮,关闭【Laptop-PT】(笔记本电脑)的电源,移除网卡,然后将一个【PT-HOST-NM-3G/4G】模块拖到插座上,最后重新启动【Laptop-PT】(笔记本电脑)的电源。

（9）稍等片刻,将会看到【Laptop-PT】(笔记本电脑)与【Cell Tower】(无线发射塔)连接成功。

（10）选择【End Devices】(终端设备),然后将一个【TabletPC-PT】(平板电脑)图标拖到工作区。稍等片刻,将会看到【TabletPC-PT】(平板电脑)与【Cell Tower】(无线发射塔)自动连接成功。

（11）同理,选择【End Devices】(终端设备),然后将一个【SMARTPHONE-PT】(智能手机)图标拖到工作区。稍等片刻,将会看到【SMARTPHONE-PT】(智能手机)与【Cell Tower】(无线发射塔)自动连接成功。

附录 D　常用英文缩写对照表

英文缩写	英语全称	中文含义
2D	Two Dimensional	二维
3D	Three Dimensional	三维
3G-MSC	3rd Generation Mobile Switching Center	第三代移动交换中心
3GPP	3rd Generation Partnership Project	第三代合作项目
4G	the 4th Generation Mobile Communication System	第四代移动通信系统
5G	the 5th Generation Mobile Communication System	第五代移动通信系统
5GC	5G Core	5G 核心网
5G-PPP	the 5th Generation Public Private Partnership	5G 公私合作联盟
AAA	Authentication Authorization and Accounting	认证授权计账
AAS	Adaptive Antenna System	自适应天线系统
AAL	ATM Adaptation Layer	ATM 适配层
ACIR	Adjacent Channel Interference Ratio	相邻信道干扰比
ACLR	Adjacent Channel Leakage power Ratio	相邻信道泄漏功率比
ACK	Acknowledged Message	确认信息
ACS	Adjacent Channel Selectivity	相邻信道选择性
ADSLAM	ADSL Access Multiplexer	ADSL 接入复用器
ALCAP	Access Link Control Application Part	接入链路控制应用部分
AMC	Adapt Modulation Coding	自适应调制编码
AMF	Access and Mobility Management Function	接入与移动管理功能块
AN	Access Network	接入网
AON	Active Optical Network	有源光网络
AP	Access Point	接入点
API	Application Programming Interface	应用程序接口
APON	ATM Passive Optical Network	ATM 无源光网络
APSK	Amplitude Phase Shift Keying	振幅相移键控
ARIB	Association of Radio Industries and Businesses	无线工业及商贸联合会
ARP	Address Resolution Protocol	地址解析协议
ARQ	Automatic Repeat Request	自动重复请求
ASA	Authorized Spectrum Access	授权频谱接入

ASN.1	Abstract Syntax Notation One	抽象语法标记1
ASON	Automatically Switched Optical Network	自动交换光网络
ATM	Asynchronous Transfer Mode	异步传输模式
ATU-C	ADSL Transceiver Unit-Central office side	局端 ADSL 传输单元
ATU-R	ADSL Transceiver Unit-Remote side	远端 ADSL 传输单元
AUC	Authentication Center	鉴权中心
BCC	Bearing Channel Control	承载信道控制
BCCH	Broadcast Control Channel	广播控制信道
BCH	Broadcast Channel	广播信道
BDM	Bit Division Multiplexing	比特分割多路复用
BER	Bit Error Rate	比特误码率
BGCF	Breakout Gateway Control Function	边界网关控制功能
BP	Belief Propagation	置信传播
BPSK	Binary Phase Shift Keying	二进制相移键控
BRA	Basic Rate Access	基本速率接入
BRI	Basic Rate Interface	基本速率接口
BS	Base Station	基站
BSA	Basic Service Area	基本服务区
BSC	Base Station Controller	基站控制器
BSS	Base Station Subsystem	基站子系统
BT	Britain Telecommunication	英国电信
BTS	Base Transceiver Station	基站收发机
BW	Band Width	频带宽度
CA	Carrier Aggregation	载波聚合
CAP	Carrierless Amplitude/Phase Modulation	无载波幅度/相位调制
CATV	Cable TeleVision	有线电视
CB	Coordinated Beamforming	协调波束成形
CC	Call Control	呼叫控制
CCA	Clear Channel Assessment	空闲信道评估
CCCH	Common Control Channel	公共控制信道
CCH	Control Channel	控制信道
CCI	Co-Channel Interference	同道干扰
CCK	Complementary Code Keying	补码键控
CCPCH	Common Control Physical Channel	公共控制物理信道
CCSA	China Communication Standards	中国通信标准化协会
CDMA	Code Division Multiple Access	码分多址
CDMA TDD	CDMA Time Division Duplex	码分多址时分双工
CDN	Content Delivery Network	内容分发网络

常用英文缩写对照表

CDPD	Cellular Digital Packet Data	蜂窝数字分组数据
CDPI	Control Data Plane Interface	控制数据平面接口
CFN	Connection Frame Number	连接帧号
CM	Cable Modem	电缆调制解调器
CN	Core Network	核心网
CNE	Core Network Element	核心网网元
C-Plane	Control Plane	控制平面
CPN	Customer Premises Network	用户驻地网
CQI	Channel Quality Indicator	信道质量指示器
C-RAN	Centralized Radio Access Network	集中式无线接入网
CRC	Cyclic Redundancy Check	循环冗余检验
CRNC	Controlling Radio Network Controller	受控的无线网络控制器
CS	Circuit Switched	电路交换
CSCF	Call Server Control Function	呼叫服务器控制功能
CSI	Channel State Information	信道状态信息
CSMA/CA	Carrier Sense Multiple Access/Collision Avoidance	载波侦听多路访问/冲突避免
D2D	Device to Device	设备到设备
DAS	Distribution Antenna System	分布式天线系统
DCA	Dynamic Channel Allocation	动态信道分配
DCCH	Dedicated Control Channel	专用控制信道
DCH	Dedicated Transport Channel	专用传输信道
DCS	Digital Communication System	数字通信系统
DDN	Digital Data Network	数字数据网络
DFS	Dynamic Frequency Selection	动态频率选择
DFT	Discrete Fourier Transform	离散傅里叶变换
DHCP	Dynamic Host Configuration Protocol	动态主机配置协议
DL	Down-Link	下行链路
DN	Data Network	数据网络
DOA	Direction Of Arrival	到达方向
DPCH	Dedicated Physical Channel	专用物理信道
DRNC	Drift Radio Network Controller	移动无线网络控制器
DRNS	Drift Radio Network Service	移动无线网络服务
DS CDMA	Direct Spreading CDMA	直接扩频码分多址
DSCH	Down-link Shared Channel	下行共享信道
DS	Distribution System	分布式系统
DSL	Digital Subscriber Line	数字用户线
DSLAM	Digital Subscriber Line Access Multiplexer	数字用户线接入复用器

DSN	Distributed Service Network	分布式服务网络
DSS	Distribution System Service	分布式系统服务
DSSS	Direct Sequence Spread Spectrum	直接序列扩频
DTCH	Down-link Traffic Channel	下行传输信道
DWDM	Dense Wavelength Division Multiplexing	密集波分复用
DwPCH	Downlink Pilot Channel	下行导频信道
DwPTS	Downlink Pilot Time Slot	下行导频时隙
E2E	End to End	端到端
EIR	Equipment Identity Register	设备标识寄存器
EP	Elementary Procedure	基本过程
EPC	Evolution Packet Core	演进型分组核心网
EPON	Ethernet PON	以太网无源光网络
eMBB	Enhanced Mobile Broad Band	增强型移动宽带
ES	End System	端系统
ESA	Extended Service Area	扩展服务区
ESS	Extended Service Set	扩展服务组
ETSI	European Telecommunications Standards Institute	欧洲电信标准协会
FACH	Forward Access Channel	前向接入信道
FCC	Federal Communication Commission	美国联邦通信委员会
FCS	Frame Check Sequence	帧校验序列
FD	Full Duplex	全双工
FDD	Frequency Division Duplex	频分双工
FDM	Frequency Division Multiplexing	频分复用
FDMA	Frequency Division Multiple Access	频分多址
FE	Fast Ethernet	快速以太网
FEC	Forward Error Correction	前向纠错
FFT	Fast Fourier Transform	快速傅里叶变换
FHSS	Frequency Hopping Spread Spectrum	跳频扩频
FP	Frame Protocol	帧协议
FPACH	Fast Physical Access Channel	快速物理接入信道
FT	Frame Type	帧类型
FTP	File Transfer Protocol	文件传输协议
FTTB	Fiber To The Building	光纤到大楼
FTTC	Fiber To The Curb	光纤到路边
FTTH	Fiber To The Home	光纤到家
FTTN	Fiber To The Neighbour	光纤到邻居
FTTO	Fiber To The Office	光纤到办公室
FTTZ	Fiber To The Zone	光纤到小区

GEM	GPON Encapsulation Mode	GPON 封装模式
GGSN	Gateway GPRS Support Node	网关 GPRS 支持节点
GII	Global Information Infrastructure	全球信息基础设施
GMM	GPRS Mobility Management	GPRS 移动性管理
GMSC	Gateway Mobile Services Center	网关移动业务中心
GPON	Gigabit-capable PON	千兆无源光网络
GPRS	General Packet Radio Service	通用分组无线服务
GPS	Global Positioning System	全球定位系统
GRR	GPRS Radio Resources	GPRS 无线资源
GSM	Global System for Mobile Communication	全球移动通信系统
GTC	GPON Transmission Convergence layer	GPON 传输会聚层
GTP	GPRS Tunneling Protocol	GPRS 隧道协议
GW-C	GateWay Control plane	网关控制平面
GW-U	GateWay User plane	网关用户平面
HARQ	Hybrid Automatic Repeat Request	混合自动重复请求
HBF	Hybrid Beamforming	混合波束成形
HDLC	High-level Data Link Control	高级数据链路控制
HetNet	Heterogeneous Network	异构网络
HEW	High Efficiency WLAN	高效无线局域网
HFC	Hybrid Fiber Coaxial	混合同轴光纤
HFN	Hyper Frame Number	超帧号
HLR	Home Location Register	归属位置寄存器
HSDPA	High Speed Downlink Packet Access	高速下行分组接入
HSPA	High Speed Packet Access	高速分组接入
HSUPA	High Speed Uplink Packet Access	高速上行分组接入
HSS	Home Subscriber Server	归属用户服务器
IBC	Interfering Broadcast Channel	干扰广播信道
IC	Interference Cancellation	干扰消除
ICI	Inter-Cell Interference	小区间干扰
ICT	Information and Communication Technology	信息和通信技术
IDFT	Inverse Discrete Fourier Transform	离散傅里叶逆变换
IDMA	Interleave Division Multiple Access	交织多址
IEEE	Institute of Electrical and Electronics Engineers	电子电气与电子工程师协会
IGMA	Interleave Grid Multiple Access	交织网格多址
IGMP	Internet Group Management Protocol	网络群组管理协议
IMSI	International Mobile Subscriber Identity	国际移动用户标识码
IMT	International Mobile Telecommunications	国际移动通信

IoT	Internet of Things	物联网
IP	Internet Protocol	国际互联网协议
IPSec	Internet Protocol Security	国际互联网安全协议
IS	Interference Suppression	干扰抑制
ISA	International Society for Automation	国际自动化学会
ISP	Internet Service Provider	互联网服务提供商
ITU	International Telecommunication Union	国际电信联盟
ITU-R	International Telecommunication Union-Radio Communication Sector	国际电信联盟无线电通信组
LAN	Local Area Network	局域网
LCP	Link Control Protocol	链路控制协议
LDPC	Low Density Parity Check Code	低密度奇偶校验码
LDS	Low Density Signature	低密度签名序列
LEO	Low Earth Orbit	低轨道地球卫星
LMU	Location Measurement Unit	位置测量单元
LSA	Link State Advertisement	链路状态广播
LTE	Long Term Evolution	长期演进
LTE-A	Long Term Evolution Advanced	增强型长期演进
M2M	Machine to Machine	机器到机器
MAC	Medium Access Control	媒体接入控制
MAP	Mapping	映射
massive MIMO	massive Multiple Input Multiple Out	大规模多输入多输出
MC CDMA	Multiple Carrier CDMA	多载波码分多址
MC TDMA	Multiple Carrier TDMA	多载波时分多址
MCS	Modulation and Coding Scheme	调制和编码方案
ME	Mobile Equipment	移动设备
MEO	Medium Earth Orbit	中轨道地球卫星
MGCF	Media Gateway Control Function	媒体网关控制功能
MGW	Media Gateway	媒体网关
MH	Multi-Hop	多跳
MIB	Management Information Base	管理信息库
MIMO	Multiple Input Multiple Out	多输入多输出
MISO	Multiple Input Single Out	多输入单输出
MLD	Maximum Likelihood Decode	最大似然译码
MM	Mobility Management	移动性管理
MME	Mobility Management Entity	移动性管理实体
mMTC	massive Machine Type of Communication	大规模机器类通信
MN	Mobility Networks	移动网络

MNO	Mobility Networks Operator	移动网络运营商
MPA	Message Passing Algorithm	消息传递算法
MPLS	Multi-Protocol Label Switching	多协议标签交换
MRF	Media Resource Function	媒体资源功能
MRFC	Media Resource Function Controller	媒体资源功能控制器
MRFP	Media Resource Function Processor	媒体资源功能处理器
MS	Mobile Station	移动站
MSC	Mobile Services Center	移动业务中心
MSPP	Multiple Service Providing Platform	多业务提供平台
MTP	Message Transfer Part	消息传输部分
MTP3-B	Message Transfer Part level 3	3层消息传输部分
MUD	Multi-User Detection	多用户检测
MUSA	Multi-User Shared Access	多用户共享接入
MUST	Multi-User Superposition Transmission	多用户叠加传输
M3UA	MTP3 User Adaptation Layer	MTP3用户适配层
NAA	Network Access Authority	网络接入授权者
NAR	Network Access Requestor	网络接入申请者
NAS	Non Access Stratum	非接入层
NBAP	Node B Application Part	B节点应用部分
NCMA	Non-Orthogonal Coded Multiple Access	非正交编码多址接入
NOCA	Non-Orthogonal Coded Access	非正交编码接入
NOMA	Non-Orthogonal Multiple Access	非正交多址接入
NEF	Network Element Function	网络单元功能
NEXT	Near End Cross Talk	近端串扰
NF	Network Function	网络功能
NFV	Network Function Virtualization	网络功能虚拟化
NFVI	Network Function Virtualization Infrastructure	网络功能虚拟化基础设施
NGMN	Next Generation Mobile Network	下一代移动网络
NGN	Next Generation Network	下一代网络
NG-RAN	Next Generation Radio Access Network	下一代无线接入网
NI	Network Interface	网络接口
NII	National Information Infrastructure	国家信息基础设施
NIC	Network Interface Card	网络接口卡
NID	Network Interface Device	网络接口设备
N-ISDN	Narrow-band ISDN	窄带综合业务数字网
NIU	Network Interface Unit	网络接口单元
NOC	Network Operating Center	网络运营中心
NR	New Radio	新空口

O&M	Operation and Maintenance	操作维护
OAM	Operation Administration and Maintenance	操作管理与维护
OAN	Optical Access Network	光纤接入网
OBD	Optical Branching Device	光分路器
OCDMA	Optical Code Division Multiple Access	光码分多址
ODN	Optical Distribution Network	光配线网络
ODT	Optical Distribution Terminal	光配线终端
OFDM	Optical Frequency Division Multiplexing	光频分复用
OFDMA	Orthogonal Frequency Division Multiple Access	正交频分多址
ONT	Optical Network Terminal	光网络终端
ONU	Optical Network Unit	光网络单元
OLT	Optical Line Terminal	光线路终端
OS	Operating System	操作系统
OSCM	Optical SubCarrier Multiplexing	光副载波复用
OSCMA	Optical SubCarrier Multiple Access	光副载波多址
OSDM	Optical Space Division Multiplexing	光空分复用
OSI	Open System Interconnection	开放系统互连
OTDM	Optical Time Division Multiplexing	光时分复用
OTDMA	Optical Time Division Multiple Access	光时分多址
OID	Object IDentifier	对象标识符
OWDM	Optical Wavelength Division Multiplexing	光波分复用
OWDMA	Optical Wavelength Division Multiple Access	光波分多址
PC	Power Control	功率控制
PCCH	Paging Control Channel	寻呼控制信道
PCH	Paging Channel	寻呼信道
PCPCH	Physical Common Control Packet Channel	物理公共分组信道
PDMA	Pattern Division Multiple Access	图样多址
PDSCH	Physical Downlink Shared Channel	物理下行链路共享信道
PDNG	Packet Data Network Gateway	分组数据网络网关
PHY	Physical Layer	物理层
PIC	Parallel Interference Cancellation	并行干扰消除
PLD	Physical Layer Device	物理层设备
PLMN	Public Land Mobile Network	公共陆地移动网
PON	Passive Optical Network	无源光网络
POS	Passive Optical Splitter	无源光分路器
PPP	Point-to-Point Protocol	点对点协议
PPPoE	Point-to-Point Protocol over Ethernet	基于以太网的点对点协议
PRACH	Physical Random Access Channel	物理随机接入信道

常用英文缩写对照表

PRI	Primary Rate Interface	基群速率接口
PS	Packet Switched	分组交换
PSTN	Public Switched Telephone Network	公用电话交换网
PUSCH	Physical Uplink Shared Channel	物理上行链路共享信道
QAM	Quadrature Amplitude Modulation	正交幅度调制
QE	Quality Estimate	质量评估
QPSK	Qudrature Phase Shift Keying	相移键控
QoE	Quality of Experience	体验质量
QoS	Quality of Service	业务质量
R-SGW	Roaming Signalling Gateway	漫游信令网关
RA	Receiver Address	接收地址
RAB	Radio Access Bearer	无线接入承载器
RACH	Random Access Channel	随机接入信道
RADIUS	Remote Authentication Dial in User Service	远程拨号用户认证服务
RAN	Radio Access Network	无线接入网
RANAP	Radio Access Network Application Part	无线接入网应用部分
RAP	Radio Access Point	无线接入点
RAT	Radio Access Technology	无线接入技术
RB	Radio Bearer	无线承载器
RDMA	Repetition Division Multiple Access	重复分割多址
RFI	Radio Frequency Interference	射频干扰
RG	Residential Gateway	家庭网关
RL	Radio Link	无线链路
RLC	Radio Link Control	无线链路控制
RN	Relay Node	中继节点
RNC	Radio Network Controller	无线网络控制器
RNE	Radio Network Element	无线电网元
RNS	Radio Network Subsystem	无线网络子系统
RNSAP	Radio Network Subsystem Application Part	无线网络子系统应用部分
RNTI	Radio Network Temporary Identity	无线网络临时标志
RP	Reference Point	参考点
RR	Radio Resources	无线资源
RRC	Radio Resources Control	无线资源控制
RRM	Radio Resources Management	无线资源管理
RS	Relay Station	中继站
RSMA	Resource Spread Multiple Access	资源扩展多址接入
RSVP	Resource reSerVation Protocol	资源保留协议
RTCP	Real Time Control Protocol	实时控制协议

RT	Remote Terminal	遥控终端
RTP	Real Time Protocol	实时协议
RTS	Request To Send	请求发送
SA	Service Area	服务区域
SABP	Service Area Broadcast Protocol	服务区广播协议
SAP	Service Access Point	服务接入点
SBM	Subnetwork Bandwidth Management	子网带宽管理
SC TDMA	Single Carrier TDMA	单载波时分多址
SCCP	Signalling Connection Control Part	信令连接控制部分
SCCPCH	Secondary Common Control Physical Channel	辅助公共控制物理信道
SCH	Synchronization Channel	同步信道
SCMA	Sparse Code Multiple Access	稀疏码分多址
SCP	Service Control Point	服务控制点
SCTP	Simple Control Transmission Protocol	简单控制传输协议
SDN	Software Defined Network	软件定义网络
SDMA	Space Division Multiple Access	空分多址
SFN	System Frame Number	系统帧号
SGSN	Serving GPRS Support Node	服务 GPRS 支持节点
SGW	Serving Gateway	服务网关
SIB	System Information Block	系统信息块
SIC	Successive Interference Cancellation	串行干扰消除
SIM	Subscriber Identity Module	用户识别模块
SIMO	Single Input Multiple Out	单输入多输出
SLF	Subscription Location Function	签约位置功能
SM	Session Management	会话管理
SMF	Session Management Function	会话管理功能
SMS	Short Message Service	短消息服务
SNR	Signal to Noise Ratio	信噪比
SON	Self Organizing Network	自组织网络
SRNC	Serving Radio Network Controller	无线网络服务控制器
SRNS	Serving Radio Network Subsystem	无线网络服务子系统
SS	Station Service	站点服务
SSI	Security System Interface specification	安全系统接口规约
SSCF	Service Specific Co-ordination Function	特定服务协调功能
STA	Supplier Technical Assistance	供应商技术支持
STM	Synchronous Transfer Mode	同步传输模式
T-SGW	Transport Signalling GateWay	传输信令网关
TA	Transmitter Address	发送方地址

常用英文缩写对照表

TB	Transport Block	传输块
TBS	Transport Block Set	传输块集
TC	Transport Convergence	传输汇聚
TCP	Transfer Control Protocol	传输控制协议
TDD	Time Division Duplex	时分双工
TDM	Time Division Multiplexing	时分复用
TDMA	Time Division Multiple Access	时分多址
TD-SCDMA	Time Division Synchronous CDMA	时分同步码分多址
TFC	Transport Format Combination	传送格式组合
TFCI	Transport Format Combination Indicator	传送格式组合指示器
TFCS	Transport Format Combination Set	传送格式组合集
TFI	Transport Format Indicator	传送格式指示器
TFS	Transport Format Set	传送格式集
TLS	Transport Layer Security	安全传送层
TM	Terminal Multiplexer	终端复用器
ToA	Time of Arrival	到达时间
TPC	Transmit Power Control	传输功率控制
TSN	Transmission Sequence Number	传输序列号
TTI	Transmission Time Interval	传输时间间隔
TV	Television	电视
TVWS	Television White Space	电视空白频段
Tx	Transmitter	发射器
UDN	Ultra Dense Network	超密集网络
UDP	User Datagram Protocol	用户数据报协议
UE	User Equipment	用户设备
UFMC	Universal Filtered Multi-Carrier	通用滤波多路载波器
UL	Up-Link	上行链路
UMA	Universal Mobile Access	通用移动接入
UMTS	Universal Mobile Telecommunication System	通用移动通信系统
UNI	User Network Interface	用户网络接口
UPF	User Plane Function	用户平面功能
UPF	User Port Function	用户端口功能
UpPTS	Uplink Pilot Time Slot	上行导频时隙
UpPCH	Uplink Pilot Channel	上行导频信道
uRLLC	Ultra-Reliable and Low Latency Communication	极可靠低时延通信
USCH	Up-link Shared Channel	上行共享信道
USIM	UMTS Subscriber Identity Module	UMTS用户识别模块
UT	User Terminal	用户终端

UTRAN	UMTS Terrestrial Radio Access Network	UMTS陆地无线接入网
VC	Virtual Circuit	虚电路
VLAN	Virtual Local Area Network	虚拟局域网
VLR	Visitor Location Register	访问位置寄存器
VM	Virtual Machine	虚拟机
VNF	Virtual Network Function	虚拟网络功能
VOD	Video On Demand	视频点播
VP	Virtual Path	虚通路
VPC	Virtual Path Connection	虚通路连接
VPL	Virtual Path Link	虚通路链路
VPN	Virtual Private Network	虚拟专用网
VR	Virtual Reality	虚拟现实
VUP	Virtual User Port	虚拟用户端口
WAP	Wireless Application Protocol	无线应用协议
W-CDMA	Wideband Code Division Multiple Access	宽带码分多址
W-CP	Wireline Access Control Plane Protocol	有线接入控制面协议
WDM	Wavelength Division Multiplexing	波分复用
WDMA	Wavelength Division Multiple Access	波分多址
WG	Working Group	工作组
WiFi	Wireless Fidelity	无线保真
WiMAX	Worldwide Interoperability for Microwave Access	全球微波互联接入
WLAN	Wireless Local Area Network	无线局域网
WM	Wireless Medium	无线介质
WNC	Wireless Network Coding	无线网络编码
WPAN	Wireless Personal Area Network	无线个人区域网
WRC	World Radio Conference	世界无线电会议
W-UP	Wireline Access User Plane protocol	有线接入用户面协议
WWAN	Wireless Wide Area Network	无线广域网
WWW	World Wide Web	万维网
xDSL	x Digital Subscriber Line	数字用户线路系列

常用英文缩写对照表

图书资源支持

感谢您一直以来对清华版图书的支持和爱护。为了配合本书的使用,本书提供配套的资源,有需求的读者请扫描下方的"书圈"微信公众号二维码,在图书专区下载,也可以拨打电话或发送电子邮件咨询。

如果您在使用本书的过程中遇到了什么问题,或者有相关图书出版计划,也请您发邮件告诉我们,以便我们更好地为您服务。

我们的联系方式:

地　　址:北京市海淀区双清路学研大厦 A 座 714

邮　　编:100084

电　　话:010-83470236　　010-83470237

客服邮箱:2301891038@qq.com

QQ:2301891038（请写明您的单位和姓名）

资源下载:关注公众号"书圈"下载配套资源。

资源下载、样书申请

书圈

图书案例

清华计算机学堂

观看课程直播